Edition Sales Excellence

Reihe herausgegeben von

Gabi Böttcher, Springer Gabler, Springer Fachmedien Wiesbaden GmbH, Wiesbaden, Hessen, Deutschland

Die Edition Sales Excellence bietet fundierte, praxisorientierte Fachinformation und Hintergrundberichte für alle Ebenen im Vertrieb – kompetent aufbereitet von renommierten Autoren aus Wissenschaft, Beratung und Vertriebspraxis. Indem sie neueste Forschungsergebnisse mit Beispielen und Erkenntnissen aus dem Vertriebsalltag verknüpfen, stellen die Fachautoren einen hohen Praxisbezug sicher und zeigen, mit welcher Dynamik sich vertriebsrelevante Themen wie beispielsweise Digitalisierung, Kundenbeziehungsmanagement, Pricing, Kundenprofitabilität, Vertriebsteuerung oder Führung entwickeln.

Freuen Sie sich auf einen spannenden Mix aus theoretischem Wissen und praktischen Tipps.

Weitere Bände in der Reihe http://www.springer.com/series/16315

Livia Rainsberger

Digitale Transformation im Vertrieb

So machen Sie aus einem Buzzword gelebte Vertriebspraxis – Eine Anleitung in 21 Schritten

Livia Rainsberger
WISSENCE
Eichgraben, Österreich

ISSN 2662-9208   ISSN 2662-9216   (electronic)
Edition Sales Excellence
ISBN 978-3-658-33670-7   ISBN 978-3-658-33671-4   (eBook)
https://doi.org/10.1007/978-3-658-33671-4

Die Deutsche Nationalbibliothek verzeichnet diese Publikation in der Deutschen Nationalbibliografie;
detaillierte bibliografische Daten sind im Internet über http://dnb.d-nb.de abrufbar.

Planung: Manuela Eckstein
Springer Gabler ist ein Imprint der eingetragenen Gesellschaft Springer Fachmedien Wiesbaden GmbH und ist
ein Teil von Springer Nature.
Die Anschrift der Gesellschaft ist: Abraham-Lincoln-Str. 46, 65189 Wiesbaden, Germany

Der Geist der Digitalisierung

Jemand hat den Geist aus der Flasche befreit und er macht seinem Ruf alle Ehre. Er hält sich an keine Regeln, hat keinen Respekt vor den Älteren oder Ranghöheren, legt sich mit jedem an und hat enorm Spaß dabei, Wünsche an ihn anders zu erfüllen, als sie gemeint sind. Er beschäftigt die klügsten Köpfe der Menschheit, wütet in allen Bereichen der Gesellschaft und der Geschäftswelt und hat sich offensichtlich zum Hobby gemacht, seit Jahrtausenden funktionierende Strukturen und Geschäftsmodelle mehr oder weniger über Nacht ins Wanken zu bringen. Und je mehr er umkrempelt, desto mehr gewinnt er an Kraft und macht sich an noch größere und einst für unangreifbar gehaltene Marktgiganten. Er scheint es sich zur persönlichen Aufgabe gemacht zu haben, der Geschäftswelt zu beweisen, dass es kein „too big to fail" gibt, und dabei spielt er mit seinen Opfern ein Katz-und-Maus-Spiel, wie Flaschengeister es gerne tun, bevor er sie frisst. Zudem scheint er sich prächtig dabei zu amüsieren und denkt nicht im Traum daran, in seine Flasche zurückzukehren.

So oder so ähnlich fühlen sich viele Unternehmen, wenn sie sich vom Digitalisierungsgeist bedroht fühlen, dabei meint er es in Wirklichkeit gut mit uns und bietet uns wesentlich mehr Chancen als Bedrohungen. Mit seiner spielerischen Natur will er die Chancen nur nicht so offensichtlich machen und fordert uns heraus, diese selbst zu entdecken.

Noch nie so leicht und noch nie so schwierig

Es war noch nie so leicht wie heute, Aufmerksamkeit für das eigene Angebot zu schaffen, neue Kunden zu gewinnen und neue Märkte zu erschließen. Denn es standen uns noch nie so viele unterschiedliche und gleichzeitig auch so leicht zugängliche und günstige Wege zur Verfügung, Geschäft zu generieren und aufzubauen. Technologie macht es möglich.

Zugleich war es aber auch noch nie so schwierig. Weil man es wirklich wissen muss, wie man diese Möglichkeiten nutzt und wie man sich von den Tausenden und Abertausenden anderer Anbieter differenziert, die genau dasselbe bezwecken. Denn am Ende des Tages, dank der Digitalisierung und der damit verbundenen Globalisierung, fischen alle im selben Teich und kämpfen um denselben Kunden, und zwar mit denselben Mitteln.

Der Vertrieb hat sich in den letzten fünf Jahren mehr verändert, als in den letzten zehn und in den letzten zwei Jahren mehr als in den letzten fünf. Und „dank" Pandemie, innerhalb von zwei Monaten mehr als in den ganzen zwei Jahren zuvor. Die analogen Verkaufstechniken verlieren an Relevanz, bewährte Akquise-Modelle gehören der Vergangenheit an und erfolgreiche Vermarktungsmodelle werden konsistent zerstört. Heute geht es im Vertrieb nicht mehr primär um Beziehungsaufbau, Urteilsvermögen und Abschlusstechnik, sondern man will den modernen Kunden mit seinen Bedürfnissen viel stärker mit einer ausgeklügelten Kombination aus Business Intelligenz und Technologie erreichen.

Neben den klassischen Herausforderungen im Vertrieb wie Preiskampf, Wettbewerb und Kundengewinnung sowie auch dem Druck, mit dem unerbittlichen Bestreben, Kunden stärker zu binden, Lösungen schneller zu liefern und Geschäfte besser abzuschließen Schritt zu halten, stehen viele mittelständische Unternehmen heute vor der womöglich größten Herausforderung seit ihrer Gründung: Ein zeitgemäßes Vertriebsmodell zu entwickeln, um nicht an Relevanz zu verlieren und den modernen Kunden bei seinen Bedürfnissen weiterhin zu erreichen. Viele Unternehmen kämpfen gegen veraltete, fragmentierte Technologie, uneinheitliche Datenquellen, stark umkämpfte Märkte, ständig wachsende Kundenerwartungen, soziale Medien und Multi-Channel-Reichweite und vor allem mit dem mangelnden Verständnis für die Notwendigkeit der Veränderung in den eigenen Vertriebsreihen.

Noch ein Buch über Digitalisierung?

Auch wenn es heute schon gefühlt zu viel Literatur über Digitalisierung gibt und einzelne Themenbereiche fundiert behandelt werden, möchte ich mit diesem Werk nicht einfach einen weiteren Platz in Ihrem Bücherregal – analog oder virtuell – einnehmen, sondern Ihnen einen praktischen Wegweiser zur digitalen Transformation im Vertrieb bieten. Dieses Buch soll Ihnen nicht nur dabei helfen, zu verstehen, wie radikal sich die Vertriebswelt verändert, sondern wie Sie auf diese Veränderungen eingehen und die gängigsten Herausforderungen bewältigen können.

Mit dieser Zielsetzung behandelt dieses Buch die drei essenziellen Fragen zu diesem Thema: Das WARUM der digitalen Transformation im Vertrieb, das WAS und das WIE:

- **Warum soll Sie das wirklich kümmern?**
  - Jedes Unternehmen – und zwar ausnahmslos – lebt nur, und nur von der Qualität seines Vertriebs. Denn egal, was wir tun, wir müssen es verkaufen. Und das Verkaufen hat sich in den wenigen Jahren fundamental verändert. Anfangs im B2C-Bereich und nun unweigerlich auch im B2B-Segment. Es gibt eine Menge an neuen Entwicklungen im Vertrieb, deren sich viele Unternehmen noch nicht bewusst sind, und es ist kein Ende in Sicht. Der Vertrieb wird regelrecht von Trends aus mehreren Richtungen erschlagen, und es findet ein massiver struktureller Wandel statt.

– Auf diese Veränderungen wird bei der Beantwortung der Frage „Warum?" gleich zu Anfang des Buches eingegangen. Denn auch wenn die meisten Unternehmen die Veränderungen in ihrem Vertrieb in irgendeiner Art und Weise schon klar wahrnehmen, das Bewusstsein darüber, wie fundamental sie sind und auf wie vielen unterschiedlichen Ebenen sie geschehen, fehlt oft noch. Um Ihnen ein klares Verständnis der wichtigsten Entwicklungen im Vertrieb zu ermöglichen, werden die verschiedenen hochaktuellen und langfristig relevanten Entwicklungen und Trends aus diesen vier Perspektiven beleuchtet:

Wie verändert sich das Verhalten der Kunden?

Welche technologischen Trends beeinflussen den Vertriebsbereich?

Wie verändern sich Vertriebsmodelle und -ansätze?

Und nicht zuletzt: Welchen nachhaltigen Einfluss nimmt die Pandemie auf den Vertriebsbereich?

– All diese Trends werden in ihrem Kern samt ihrer Auswirkungen auf den Vertrieb beschrieben, und zudem werden auch die Treiber der digitalen Transformation im Vertriebsbereich dargestellt: Markt, Technologie und Kunde. Dies mit dem Ziel, dass Sie ein umfassendes Bild von den radikalen Veränderungen im Vertrieb erhalten und erkennen, dass kein einziges Unternehmen davon verschont bleibt, und zwar branchen-, geschäftsbereich- und größenunabhängig und dass Handlungsbedarf schon längst fällig ist.

- **Was steckt hinter dem überstrapazierten Begriff?**
  – Auch wenn viele über Digitalisierung reden, verstehen nur wenige wirklich, worum es dabei geht. Der Begriff ist inzwischen mehr als überstrapaziert, und wenn sich schon die Experten nicht einig sind und Schwierigkeiten haben, die Grundprinzipien der digitalen Transformation zu erklären, wie wird es wohl Vertriebsführungskräften damit gehen? In diesem Kapitel wird explizit darauf eingegangen, was digitale Transformation im Vertrieb ist und vor allem was sie nicht ist. Zudem werden die gängigsten Missverständnisse im Zusammenhang mit diesem misshandelten Begriff der Digitalisierung aufgelöst.

- **Wie kann man aus dem Buzzword Digitalisierung konkrete Vertriebsrealität schaffen?**
  – Nun begeben wir uns in den Bereich der Königsdisziplin: Das WIE der digitalen Vertriebstransformation. Obwohl bereits viel qualifiziertes Wissen im Markt zur Erklärung der digitalen Transformation vorhanden ist, gibt es immer noch zu wenig konkrete und praxisorientierte Anleitungen, um dieses Wissen in die Praxis zu transferieren. Der Hauptfokus dieses Buches liegt darin, Ihnen eine Anleitung zu geben, damit Sie die digitale Transformation in Ihrer eigenen Vertriebsorganisation konzipieren und umsetzen können. Nach der Lektüre dieses Buches sollten Sie eine klare Vorstellung davon haben, wie Sie aus dem Schlagwort eine handfeste Strategie machen.

- Dazu bekommen Sie ein erprobtes Werkzeug in die Hand: Das 7W-Digital-Sales-Transformation-Modell, mit dem Sie die digitale Transformation in Ihrem Vertrieb auf allen relevanten Ebenen konzipieren können. Im Grunde ist das 7W-Modell eine Blaupause zur Entwicklung einer Transformationsstrategie und beleuchtet insgesamt 21 Bausteine, die notwendig sind, um eine fundierte Strategie erarbeiten zu können. Die einzelnen Dimensionen werden auf sieben Ebenen aufgebaut, in denen die Kernfragen und die Kernelemente für die Strategie-Konzeption behandelt werden. Auch konkrete Methoden und Ansätze zur Entwicklung der notwendigen Elemente werden innerhalb der einzelnen Bausteine vorgestellt. Dabei wird insbesondere auf die Vermeidung von gängigen Fehlern Wert gelegt und auf mögliche Fallen in jedem Abschnitt besonders hingewiesen. Abgerundet wird dies mit Praxisbeispielen, damit Sie leichter nachvollziehen können, wie das Ergebnis in der Realität aussehen kann. Nicht zuletzt wird auf die Besonderheiten im Prozess der Entwicklung und Umsetzung der 7W-Strategie eingegangen.

Nach dem Lesen der ersten drei Kapitel sollten Sie keine Zweifel mehr an der Notwendigkeit der Veränderung in Ihrem Vertrieb haben und auch schon wissen, um welche Art von Veränderungen es geht, wie Sie diese für Ihre Organisation konkret angehen und in welchem Umfang sie erforderlich sein könnten. Am Ende sollten Sie eine gute Vorstellung davon gewinnen, *warum* die Transformation initiiert werden soll, *worum* es dabei geht und *wie* sie konkret konzipiert wird.

Und was ist mit Technologie?
Dieses Buch wäre wirklich unvollständig, wenn man auf den Aspekt „Technologie für den Vertrieb" nicht eingehen würde. Denn insbesondere der Vertrieb kann maßgeblich von den technologischen Entwicklungen, und zwar in jedem einzelnen Schritt des Vertriebsprozesses, profitieren. Diesem Thema ist Kap. 4 gewidmet. Hier werden die unzähligen – und das ist nicht übertrieben – Möglichkeiten in strukturierter Form dargestellt, sodass Sie ein Nachschlagewerk an die Hand bekommen, womit Sie sich schnell einen Überblick über alle für den Vertrieb relevanten technologischen Ansätze verschaffen können.

Zu diesem Zweck werden die Technologien aus drei Perspektiven betrachtet:

- **Technologie:** Hier werden die unterschiedlichen Technologien betrachtet – wie AR, VR, KI, Cloud, M2M, IoT, Wearables u. v. m. – einschließlich ihrer Einsatzmöglichkeiten speziell im Vertrieb. Abgerundet werden sie mit Inspirationsbeispielen jeweils aus den B2C- und B2B-Bereichen.
- **Vertriebsprozess:** Hier werden die technologischen Möglichkeiten anhand jedes einzelnen Schrittes im Vertriebsprozess dargestellt, von der Lead-Generierung, über die Auftragsabwicklung und bis zur Kundenentwicklung und der Kundenkommunikation. Dabei werden die Bereiche Vertriebseffizienz und Vertriebssteuerung

nicht ausgelassen und auch nicht auf die heutzutage wichtige Positionierung im digitalen Raum verzichtet.

- **Vertriebstools:** Hier werden die für den Vertriebsbereich speziell entwickelten Tools dargestellt: CRM Systeme, Sales Acceleration, Automation und Enablement Tools, Sales Analytics, Account Based Marketing u. v. m. Diese Darstellung gibt Aufschluss darüber, welche Ziele diese Tools verfolgen und worauf Sie bei der Auswahl achten müssen. Einige Anbieter-Beispiele sollten Ihnen einen Überblick über den Markt verschaffen.

Am Ende dieses Kapitels wird man womöglich ein leichtes Gefühl der Überforderung empfinden und durch die schiere Unendlichkeit des technologischen Potenzials im Vertrieb gar nicht mehr wissen, wo man anfangen soll. Um diese Frage fundiert zu beantworten, müssen Sie einen strategischen Ansatz, wie in Kap. 3 beschrieben, entwickeln.

Meine Anregung: Nutzen Sie das 7W-Digital-Sales-Transformation-Modell als eine Anleitung, um Ihre Strategie zur digitalen Vertriebstransformationen zu erarbeiten und lassen Sie sich dabei von den technologischen Möglichkeiten in Kap. 4 inspirieren.

Nicht schon wieder Amazon, Facebook, Apple und Uber…

Während der gemeinsamen Reise in diesem Buch versuche ich, Ihnen Einblicke und Einsichten aus der Praxis zu geben und auch Beispiele abseits der überstrapazierten Namen wie Apple und Amazon. Weil man sie vielleicht nicht mehr hören kann und vor allem, weil viele Leser angesichts der Größe dieser Unternehmen schwer einen Bezug zur eigenen Realität herstellen können. Mein Ziel mit diesem Buch ist es, einerseits darzustellen, was alles im Vertriebsbereich im Umbruch ist und was Technologie alles möglich macht. Andererseits soll dieser Leitfaden Ihnen helfen, konkrete Ideen für Ihr Unternehmen zu generieren.

Dies ist kein weiteres Theoriebuch, sondern eine Übersicht über die für den Vertrieb relevanten Entwicklungen und Technologien in Kombination mit einer Anleitung, um sinnvoll und strategisch auf Veränderungen und Anforderungen reagieren zu können. Führungskräfte kommen bei all den vielfältigen und rasanten Veränderungen einfach nicht mehr hinterher. Auch mit den besten Intentionen ist es de facto unmöglich, sich einen umfassenden Überblick über die relevanten Veränderungen im Vertriebsbereich zu verschaffen, geschweige denn, dies neben dem Tagesgeschäft zu tun.

Ist dieser Guide für mich?

Dieses Buch richtet sich an all diejenigen, die wissen wollen, wie sie ihr Unternehmen und ihre Organisation an die Anforderungen der digitalen Welt ausrichten und wie sie unter digitalen Bedingungen nicht nur den Fortbestand des Unternehmens sichern, sondern auch mehr Umsatz generieren und Wachstumspläne umsetzen. Primär werden die Geschäftsführung und Führungskräfte in Vertrieb und Marketing adressiert. Doch auch Vertriebsmitarbeiter[1], die den eigenen Horizont erweitern wollen und sich mit den modernen Herausforderungen im Vertrieb beschäftigen, werden von den Inhalten profitieren.

Auch wenn das Buch primär Unternehmen adressiert, die es schon länger im Markt gibt, die einen akuten Bedarf nach Veränderung spüren und sich gezielt damit auseinandersetzen wollen, werden die Inhalte auch für neu gegründete Unternehmen nicht uninteressant sein. Denn das Buch behandelt alle Themen, die für den Aufbau eines unter digitalen Bedingungen funktionierenden Vertriebs relevant sind. Im Grunde ist es eine Anleitung zur Entwicklung und Umsetzung einer Vertriebsstrategie für die digitale Welt.

Darüber hinaus werden diejenigen, die sich für Technologie interessieren, eine klare Übersicht über die für den Vertriebsbereich verfügbaren Möglichkeiten bekommen. Damit können Sie viele neue Ideen generieren, was Technologie für Ihr Unternehmen tun kann.

---

[1] Ich bitte um Nachsicht, dass in diesem Buch zum Zweck der leichteren Lesbarkeit auf das Gendern verzichtet und die gewohnte männliche Sprachform verwendet wird. Dies impliziert selbstverständlich keine Benachteiligung des weiblichen Geschlechts, sondern soll im Sinne der sprachlichen Vereinfachung als geschlechtsneutral zu verstehen sein.

Inhaltsverzeichnis

Über die Autorin

Livia Rainsberger, Mag. Lic., ist Geschäftsführerin des Beratungsunternehmens WISSENCE und fokussiert sich in ihrer Tätigkeit als Unternehmensberaterin auf die digitale Transformation von Vertriebsorganisationen. Die Expertin hat zahlreiche Unternehmen bei der Ausrichtung ihrer Vertriebsansätze und -modelle an die Herausforderungen der modernen Welt und bei der Entwicklung von zeitgemäßen, kundenorientierten Vertriebsmodellen und -ansätzen begleitet. Sie lehrt an Fachhochschulen in Österreich und Deutschland und vermittelt mit Keynotes, Vorträgen und Fachpublikationen wertvolles Wissen zu diesen komplexen und wichtigen Themen.

Ihr Buch „KI – Die neue Intelligenz im Vertrieb" (2021) ist ebenfalls bei Springer Gabler erschienen.

Kontakt:
Mag. Lic. Livia Rainsberger
WISSENCE Enabling Sales Performance
livia.rainsberger@wissence.at

Abkürzungsverzeichnis

ABM	Account Based Marketing
AI	Artificial Intelligence
AGI	Artificial General Intelligence
ANI	Artificial Narrow Intelligence
AIDA	Attention, Interest, Desire, Action
AR	Augmented Reality
BC	Buying Center
BI	Business Intelligence
Bus.Intelligence	Business Intelligence
CLM	Contract Lifecycle Management
CLS	Contract Lifecycle Management Systems
CMS	Contract Management System
CPQ	Configure Price Quote
CRM	Customer Relationship Management
DL	Deep Learning
DSGVO	Datenschutzgrundverordnung
ERP	Enterprise Resources Planning
EDI	Electronic Data Interface
FAQ	Frequently Asked Questions
IaaS	Infrastructure-as-a-Service
ID	Identifikationsnummer
IT	Informationstechnologie
KAM	Key Account Management I Key Account Manager
KD-Zufriedenheit	Kundenzufriedenheit
KI	Künstliche Intelligenz
Komm-Kanal	Kommunikationskanal
KPI	Key Performance Indicator
MA	Mitarbeiter
MBO	Management by Objectives
MINT	Mathematik, Informatik, Naturwissenschaft,Technik

MKT	Marketing
ML	Machine Learning
NABC	Need, Approach, Benefit, Competition
NL	Newsletter
NLP	Natural Language Processing
NPS	Net Promoter Score
PaaS	Platform-as-a-Service
POS	Point of Sale
PR	Public Relations
QBR	Quarterly Business Review
ROI	Return on investment
SaaS	Software-as-a-Service
SEO	Search Engine Optimisation
SEA	Search Engine Advertising
SFA	Sales Force Automation
STEM	Science, Technology, Engineering, Mathematics
SWOT	Strenghts, Weaknesses, Opportunities, Threats
TAM	Total Addressable Market
UN	Unternehmen
USP	Unique Selling Proposition
V-Gebiet	Vertriebsgebiet
V-Kanal	Vertriebskanal
V-Prozess	Vertriebsprozess
VR	Virtual Reality
VoIP	Voice over Internet Protocol
X-Sell / X-Selling	Cross-Sell / Cross-Selling

Digitale Transformation im Vertrieb, WARUM eigentlich?

Zusammenfassung

Der Vertrieb ist einer der Bereiche, der von den technologischen Veränderungen vermutlich am stärksten betroffen ist. Mehrere Trends und Entwicklungen, primär im Kundenverhalten und in der Vertriebstechnologie, verändern nachhaltig Vertriebsansätze und -modelle. Nicht zuletzt hat auch die Pandemie ihren Beitrag geleistet und viele Veränderungen massiv beschleunigt. Märkte, Technologien und vor allem Kunden treiben die digitale Transformation im Vertrieb voran, unabhängig davon, ob Unternehmen und Vertriebsorganisationen den Bedarf der Veränderung völlig verinnerlicht haben. Tätigkeiten, Rollen, Werkzeuge und Ansätze im Vertrieb verändern sich radikal, dabei wissen viele nicht, worum es bei der Transformation im Vertrieb wirklich geht. Trotz Experten-Diskussionen und Veranstaltungen gehen die Meinungen oft weit auseinander und enden vorwiegend auf der Technologie-Ebene und beim Einsatz von Werkezeugen. Dabei ist Technologie nur das Mittel und nicht der Zweck der digitalen Transformation.

Es ist wohl für niemanden ein Geheimnis mehr, dass die Geschäftswelt im Umbruch steht: Vieles hat sich verändert und die Veränderungen reißen einfach nicht ab. Wir alle wissen nicht, wohin das führt, und niemand kann die Zukunft mit hundertprozentiger Sicherheit vorhersagen. Insbesondere heute ist es de facto unmöglich geworden, präzise Vorhersagen zu machen, weil Veränderungen parallel und in unterschiedlicher Geschwindigkeit auf mehreren Ebenen stattfinden, sodass Zusammenhänge erst im Nachhinein erkennbar sind. Bestes Beispiel liefert uns die Pandemie, die uns Zusammenhänge offenbart hatte, derer man sich im Vorfeld gar nicht bewusst war, und zwar jedem einzelnen von uns. Denn dank Globalisierung geschehen die Veränderungen in unserem Zeitalter in der Regel auf globaler Ebene. Irgendwo im Kleinen angefangen, können sie zu drastischen Veränderungen an einem weitentfernten Ort unseres Planeten führen. Noch nie war der Wandel so stark und so unvorhersehbar wie heute. Und das betrifft alle Bereiche unserer Gesellschaft und der Geschäftswelt.

So ist es heutzutage unerlässlich, sich mit den Entwicklungen im Markt zu beschäftigen, um auch die Vertriebsorganisation am Puls der Zeit zu halten. Sich auf den Erfolgen der letzten Jahre auszuruhen ist grob fahrlässig, und wir haben alle miterlebt, wie schnell kategoriebildende Marken verschwinden können und wie schnell die Disruption von ganzen Marktsegmenten vonstattengeht. Insbesondere im B2B-Bereich ist diese Gefahr sehr groß, denn viele Unternehmen nehmen die vielen maßgeblichen Veränderungen, die zum Teil im Verborgenen geschehen, noch nicht wirklich wahr. In der Regel werden lediglich die Symptome dieses Wandels gesehen, weil sie eben offensichtlich sind:

- Verschärfter Wettbewerb
- Vergleichbare und austauschbare Produkte
- Preisdruck und Kostendruck
- Sinkende Umsätze und Margen
- Erschwerter Kundenzugang und Neukundengewinnung
- Verstärkte Kundenabwanderung und sinkende Kundenloyalität
- Fordernde Kunden und steigende Ansprüche
- Niedrigere Effektivität im Vertrieb
- Fachkräftemangel und unzufriedene Mitarbeiter
- Steigende Komplexität und Geschwindigkeit
- Erschwertes Informations- und Datenmanagement
- Längere Vertriebsprozesse

All dies sind moderne Herausforderungen, die viele Vertriebsorganisationen an ihre Leistungsgrenzen bringen. Leider werden sie nicht allzu selten den falschen Ursachen zugeordnet: Wettbewerb, fehlende Mitarbeitermotivation und untreue Kunden… Dabei werden die wirklichen Ursachen für diese symptomatischen Entwicklungen übersehen, und so tendieren wir auch hier dazu – so wie auch bei einer sich ankündigenden Erkältung – schnell ein Aspirin zu nehmen, um eine Verbesserung herbeizuführen. Zum „Aspirin" der Vertriebsführungskräfte gehören verstärkte Motivationssteigerungsmaßnahmen, allfällige Vertriebsschulungen und unvermeidliche monetäre Anreize. Dabei übersieht man gerne die wahren Verursacher, die nicht an der Oberfläche sichtbar sind: Die massiven Veränderungen im Vertriebsbereich, die auf mehreren Ebenen zugleich geschehen und den ganzen Vertriebsbereich regelrecht erschüttern. Es ist kein Schnupfen, der mit einem schnellen Aspirin behandelt werden kann, sondern ein hochansteckendes und schnell mutierendes Virus, das nur mit strukturellen und tiefgreifenden Maßnahmen im Vertriebsalltag in Grenzen gehalten werden kann und von dem man sich langfristig nur mit einer „Transformations-Impfung" schützt.

1.1 Vertrieb im Wandel

Der Wandel, den wir gerade in der Gesellschaft, in Kultur und Wirtschaft erleben, ist zu einem großen Teil das Ergebnis der rasanten technologischen Entwicklungen der letzten Jahrzehnte. So werden beispielsweise **Informationskonsum** und **Informations-verbreitung** durch einen sehr leichten, durchgehenden und schnellen Zugang zu Informationen ermöglicht. Die Kombination dieser beiden Möglichkeiten führt dazu, dass wir zum ersten Mal in der Menschheitsgeschichte mehr oder weniger live das Geschehen weltweit nicht nur beobachten, sondern uns auch daran aktiv beteiligen können – sowohl wirtschaftlich, ökologisch, sozial, politisch als auch kulturell. Auf diese Weise entstehen Unmengen an Bewegungen und Trends, die sich viral entwickeln und mit einer Geschwindigkeit verbreiten, die wir uns noch vor wenigen Jahren nicht hätten vorstellen können. Wir leben in einer Zeit, in der viele Entwicklungen sichtbar werden: Klimawandel, Umweltverschmutzung, Artensterben, Finanzkrisen, Globalisierung, Pandemien, etc.

Dasselbe passiert in der Geschäftswelt, die auf mehreren Ebenen mit einer höheren Transparenz zu kämpfen hat. Einerseits bietet der leichte und schnelle Informations-zugang den **Unternehmen** die Möglichkeit

- neue und größere Absatzmärkte zu finden,
- Innovationen zu entwickeln oder zuzukaufen,
- bessere und kostengünstigere Geschäftspartnerschaften zu schließen und
- schneller und kostengünstiger Produkte zu vermarkten.

Andererseits werden diese höhere Transparenz und der freie Informationszugang zu einer erheblichen Herausforderung, denn die **Wettbewerber** haben dieselben Möglich-keiten. Sie können

- schneller und leichter Einsicht in unsere Strategien gewinnen,
- unsere innovativen Produkte rascher und besser nachahmen,
- ungehindert Zugang zu unseren Kunden bekommen und
- die über die Jahre in mühsamer Arbeit aufgebauten Kundenbeziehungen kurzerhand unter Druck setzen.

Diese Möglichkeiten stehen natürlich nicht nur unserer „guten alten" Konkurrenz zur Verfügung, die wir kennen und die wir im Laufe der Jahre einzuschätzen gelernt haben, sondern auch ganz neuen Marktteilnehmern. Sie verschaffen sich Zutritt zu unserem Markt auf leichten, schnellen, günstigen, digitalen Wegen, sie kommen entweder aus der Ferne – Stichwort Globalisierung – oder um die Ecke – Stichwort Start-ups – und sie üben Druck auf bestehende Geschäftsmodelle aus.

Mit diesen neuen Herausforderungen, die Unternehmen sowohl Chancen bieten als auch Gefahren bergen, lernen Unternehmen inzwischen langsam, aber sicher, umzugehen. Im Hintergrund bahnt sich jedoch bereits die nächste, weit größere und unausweichliche Gefahr an, die trotz des vielen Lärms, die sie verursacht, weitestgehend immer noch unerkannt bleibt: der Wandel im Kundenverhalten.

Viele Vertriebsorganisationen haben noch nicht wirklich erkannt, dass dieselben Möglichkeiten nicht nur ihnen selbst und ihren Wettbewerbern offenstehen, sondern auch ihren Kunden. Denn auch **Kunden**

- haben heute in der Regel Zugang zu denselben Informationen wie der Vertrieb.
- suchen selbstständig nach Lösungen und glauben, dabei auch ohne Vertrieb gut oder sogar besser auszukommen.
- sind nicht mehr bereit, sich nur auf einen Anbieter zu verlassen, und evaluieren ständig neue Alternativen.
- sind ungeduldig und haben keine Lust mehr auf mühsame traditionelle Vertriebsinteraktionen.
- haben mit einem komplexeren und langwierigen Beschaffungsprozess zu kämpfen.

Diese Kombination an Faktoren führt dazu, dass der Vertrieb heute vor noch nie da gewesenen Herausforderungen steht und lernen muss, umzudenken. Denn der digitale Wandel im Vertrieb ist kein Trend mehr, sondern längst greifbare Realität. Dabei sind die aktuellen Entwicklungen und Herausforderungen im Vertriebsbereich nicht nur das Ergebnis der Digitalisierung, sondern auch die Reaktion darauf. Demzufolge vollzieht sich der Vertriebswandel parallel auf mehreren Ebenen, auf die wir in den nächsten Abschnitten genau eingehen werden:

- Veränderungen im Kundenverhalten
- Entwicklung von Technologien
- Veränderungen der Vertriebsansätze und -modelle

1.1.1 Top-Trends im Kundenverhalten

Durch die Digitalisierung haben sich die Einstellungen, die Verhaltensweisen und die Kaufprozesse der Kunden grundlegend verändert. Im B2C-Segment haben wir diesen Wandel schon vor wenigen Jahren durchlaufen, wo wir alle miterlebten, wie namhafte Unternehmen in kürzester Zeit von der Bildfläche verschwanden. Dabei brauchen wir nicht an internationale Riesen wie Kodak, Blackberry oder Compaq zu denken, wir haben im deutschsprachigen Raum genug Pleiten und Übernahmen miterlebt. Beispiele aus Deutschland: Hertie, Schlecker, Praktiker, Woolworth, Rosenberger, Quelle, Eduscho, Air Berlin … und auch in Österreich mangelt es nicht an „guten" Beispielen: Niedermeyer, Cosmos, Neckermann, BauMax, Eybl, Vögele, Zielpunkt … Wenn schon nicht ganz verschwunden, dann haben sie zumindest eine Insolvenz oder Übernahme hinter sich.

Was ist passiert? Was haben sie alle gemeinsam? Sie haben die Veränderungen im Verhalten ihrer Kunden nicht erkannt bzw. nicht richtig darauf reagiert. So einfach ist es. Und zugleich so kompliziert. Diese Veränderungen setzen sich weiter im Gleichklang mit den rasanten technologischen Entwicklungen fort und verursachen aktuell im B2B-Bereich grundlegende Umwälzungen. Wobei der Kunde mit seinem neuen Verhalten und seinen neuen Erwartungen die größte Veränderung und auch den wichtigsten Trend im Vertrieb darstellt.

Die neue Unbekannte im Vertrieb: der Kunde

Wir haben es heute im Vertrieb mit einem neuen Kunden zu tun: Er ist sehr informiert, agiert sehr eigenständig und glaubt zu wissen, was er braucht. Er meint, ohne den Vertrieb bzw. den Anbieter bei seiner Entscheidungswahl gut auszukommen. Früher war der Vertrieb im Grunde die einzige Informationsquelle, denn der Verkäufer hatte die Hoheit über alle relevanten Details: Produkt, Funktionalität, Preis, Wettbewerb etc. Heute hat sich das um 180 Grad gedreht. Der Kunde hat im Grunde Zugang zu denselben Informationen wie der Verkäufer und ist außerordentlich gut informiert – manchmal sogar besser als der Verkäufer. Denn wenn ein Kunde nach einer bestimmten Lösung sucht, wird er sich für gewöhnlich in Bezug auf dieses eine Produkt ausgiebig informieren und diverse Alternativen evaluieren. Und ein Verkäufer, der mehrere Produkte im Angebot hat – womöglich Hunderte oder Tausende –, kann gar nicht im Detail denselben Wissensgrad aufweisen wie ein Kunde, der sich ganz detailliert zu diesem einen speziellen Thema intensiv und seit Monaten im Internet informiert. Was folgt daraus?

▶   Der Vertrieb verliert die Informationsvormacht und dadurch auch die Kontrolle über die Kundenbeziehung.

Laut Gartner (2019) verbringt der typische B2B-Einkäufer heute insgesamt 45 % seiner Zeit mit Recherchen, ob online oder offline. Dabei zieht er es vor, unerkannt zu bleiben und sich anonym zu informieren. Er meidet sogar aktiv Verkäufer, weil er während seiner Recherche nicht „belästigt" werden will. Der moderne Einkäufer empfindet einen Verkäufer – der anstatt ihm bei seiner Entscheidungsfindung zu helfen, ihm etwas zu verkaufen versucht – als reine Belästigung. Dafür hat er keine Zeit. Besser gesagt, er nimmt sich nicht die Zeit dafür. Zuerst will er sich informieren, über Ihre Produkte, Ihre Dienstleistungen, über Ihr Unternehmen, über Sie als Person und dann entscheidet er, ob, wann und wie er in Kontakt mit Ihnen tritt.

Und wenn es soweit ist, dass er Kontakt aufnehmen möchte, wird er ungeduldig. In der Welt der sofortigen Belohnung, wo alles, was man braucht, meist nur wenige Klicks entfernt ist, will der Kunde seine Bedürfnisse sofort erfüllt haben. Und das nicht nur als Konsument. Denn Kunden transformieren die bequeme und nahtlose Erfahrung, die sie als Konsumenten im digitalen Raum machen, in eine Erwartung an die Geschäftswelt.

Wir wollen das Beste, das Neueste auf dem schnellsten und bequemsten Weg und natürlich zu den kundenfreundlichsten Bedingungen. Und das nicht nur als Konsument, sondern auch als Geschäftspartner.

B2B und B2C: bald Geschichte

Die klassische klare Trennung zwischen B2C und B2B, die wir alle gewohnt sind und tagtäglich leben, wird bald nicht mehr möglich sein. Die Bedürfnisse, die Erwartungen und das Verhalten von Kunden werden in beiden Bereichen zunehmend ähnlicher. B2B-Kunden wollen explizit eine B2C ähnliche Erfahrung und das auch im Prozess von komplexen Entscheidungen. Dies führt dazu, dass beide Bereiche verschmelzen und aus Business-to-Business und Business-to-Consumer eine neue Form entsteht: B2P, Business-to-Person.

Egal, in welchem Bereich, am Ende des Tages haben wir es mit einer Person zu tun, die die Entscheidung trifft. Einzelne Entscheidungsträger – Menschen – innerhalb eines Entscheidungsgremiums treffen die Entscheidungen für ihre Unternehmen, nicht unpersönliche, ungebundene Unternehmen als Ganzes. Sie konsumieren wie nie zuvor Unmengen an Medien, äußern ihre Meinung über Likes und Kommentare, konsultieren Soziale Medien zu ihrer Entscheidungsfindung und tauschen sich dort aktiv aus. Durch diese Interaktionen im digitalen Raum wird eines noch offensichtlicher: Es sind *Menschen,* die letztendlich die Entscheidungen treffen. Und Menschen entwickeln unterschiedliche Präferenzen gegenüber Anbietern und Marken und entscheiden selten rein faktenbasiert. Auch im B2B nicht, wie viele vielleicht annehmen würden.

Kunden auf der Flucht vor dem Vertrieb

Unterschiedlichen Erhebungen zufolge sind rund 70 bis 80 % des Beschaffungsprozesses des Kunden anonym. In dieser Phase vermeidet der Kunde aktiv Lead-Formulare, E-Mails und Aufrufe zur Kontaktaufnahme mit dem Vertrieb. Solange er sich über mögliche Lösungen informiert, will er mit dem Vertrieb nichts zu tun haben. Eine Studie aus 2018 von CSO Insights brachte hervor, dass mehr als 70 % der B2B-Einkäufer ihre Anforderungen vollständig definiert haben, bevor sie sich mit einem Vertriebsmitarbeiter in Verbindung setzen, und fast die Hälfte haben zu diesem Zeitpunkt schon spezifische Lösungen entwickelt (PRWeb 2018).

Kunden sind nicht bereit, mit einem Verkäufer zu interagieren, solange sie ihre eigenen Recherchen nicht abgeschlossen haben. Die alte Schule des Vertriebs, wo es primär um Techniken geht – Akquise, Argumentation, Einwandbehandlung und Abschlussstärke – hat auf lange Sicht dazu geführt, dass Kunden den Verkäufern gegenüber das Vertrauen verloren haben. Sie trauen den Verkäufern nicht zu, dass sie in ihrem Interesse agieren. Nun haben sie – endlich – die Möglichkeit, ihre Entscheidungen vom Vertrieb unabhängig zu treffen und die Macht über den eigenen Kaufprozess zu erlangen. Und diese Macht nutzen sie auch und beschaffen sich die notwendigen Informationen im Alleingang und involvieren den Verkäufer erst am Ende des Beschaffungsprozesses, falls überhaupt, um den Kauf zu tätigen.

Heute zieht die Mehrheit der Kunden Online-Recherchen einer Interaktion mit Verkäufern vor. 33 % der B2B-Einkäufer wollen eine Verkäufer-freie Kundenerfahrung (Gartner B2B Buying Survey 2019). Sie sind im Glauben, dadurch mehr Alternativen und bessere Informationen zu finden und in der Entscheidungsfindung unbeeinflusst und schneller zu sein. Verkäufern sollte es zu denken geben, dass ihre Kunden lieber surfen, anstatt sich von ihnen beraten zu lassen. Und auch wenn der Kunde eine Beratung in Anspruch nimmt, wird er mit ziemlicher Wahrscheinlichkeit die Aussagen des Verkäufers überprüfen. Früher *musste* der Kunde dem Vertrieb mangels Alternativen Glauben schenken, heute ist er nicht mehr darauf angewiesen. Das spiegelt sich auch im nächsten Trend wieder.

Digitale Mundpropaganda

Moderne Kunden vertrauen nicht mehr den Aussagen der Anbieter – ob Werbung oder Verkäufer –, sondern verlassen sich auf Meinungen Dritter. Insbesondere die jungen Generationen sind Werbungen gegenüber sehr skeptisch eingestellt. Diverse Studien zeigen, dass Millennials und die Generation Z auf klassische Werbung nicht reagieren und sie sogar aktiv blockieren. Wenn es um eine Kaufentscheidung geht, informieren sie sich in erster Linie darüber, was ihre Freunde oder andere Menschen tun. Sie verlassen sich auf die Aussagen von Influencern und die Bewertungen anderer Kunden, statt auf Ihre Werbeaussagen. Folglich beeinflussen Online-Bewertungen Kaufgrundlagen im starkem Ausmaß, weil sie leicht zugängliche und verdauliche Informationen für Kaufentscheidungen bieten, wodurch sie zunehmend an Wichtigkeit für den Vertrieb gewinnen.

Neben den Produkteigenschaften und dem Preis sind Ratings bereits das drittwichtigste Kriterium für Kaufentscheidungen und damit sogar wichtiger als die Marke selbst (Simon & Kucher 2019). Dadurch verändern sie nachhaltig das Einkaufsverhalten und die Markentreue der Kunden. Im B2C-Bereich ist dies wahrscheinlich kein Geheimnis mehr, aber dieser Trend verlagert sich nun auch in den B2B-Bereich.

Influencer mischen im B2B mit

Der reine Consumer-Trend, der im Internet bei den jungen Generationen entstand, beeinflusst nun auch das B2B-Umfeld. Es entstehen sogenannte B2B-Influencer, meistens jedoch als Berater und Experten bekannt, die in den jeweiligen Nischen unterschiedliche Anbieter und Produkte testen und Empfehlungen aussprechen. Einige davon kennt man inzwischen von den diversen Bewertungsplattformen, die Anbieter – insbesondere Software – testen und bewerten. Dabei verdienen sie Affiliate Provisionen, wenn Kunden das Produkt über den Link auf ihrer Plattform kaufen.

Nicht nur Konsumenten, sondern auch B2B-Kunden vertrauen vermehrt auf Meinungen unabhängiger Dritter, Branchenexperten und Berater. Sie suchen aktiv nach neutralem Expertenwissen und wünschen sich auch von den Anbietern mehr Use-Cases und Customer-Stories, statt Werbung und Beschreibung von Produktfunktionalitäten. Sie vertrauen sogar mehr darauf, was ihre eigene Konkurrenz macht, als auf das, was Ihr Vertrieb ihnen anbietet.

Kunde im Generationenmix

Aktuell haben wir fünf aktive Generationen in der Geschäftswelt, ob als Entscheider, Käufer oder Verkäufer. Das Arbeitsumfeld wird von der Generation X gemeinsam mit den Millennials dominiert. Die Babyboomer steigen langsam aus, die Stille Generation ist nur noch vereinzelt anzutreffen und die jüngste Generation Z macht gerade ihre ersten Gehversuche in der Arbeitswelt. Jede dieser Generationen vertritt unterschiedliche Wertvorstellungen und hat andere Erwartungen und Prioritäten in ihren jeweiligen Rollen. Noch nie zuvor waren die Unterschiede in den Generationen so groß, was wir in Wirklichkeit auch der Digitalisierung zu verdanken haben. Und in dem Maße, wie die Digitalisierung vorangeschritten ist, haben sich auch die Einstellungen, Fähigkeiten, Bedürfnisse und Erwartungen der jeweiligen Gruppen verändert. Vertriebsorganisationen müssen sich dieser Unterschiede bewusst sein, wodurch die Zielgruppenansprache vor eine riesige Herausforderung gestellt wird.

Kunden aus der Perspektive der unterschiedlichen Generationen

Die Stille Generation – geboren zwischen 1933 und 1945 Die stille Generation wuchs unter Bedingungen auf, die durch Krieg und wirtschaftlichen Abschwung erschwert wurden. Sie wird als „still" bezeichnet, weil von den Kindern dieser Zeit erwartet wurde, dass sie gesehen, aber nicht gehört werden. Sie haben eine hohe Arbeitsmoral und betrachten Arbeit als Privileg, was sich auch auszahlt, denn sie gelten als die wohlhabendste Generation. Sie besitzen einen starken Willen und glauben, dass man sich seinen eigenen Weg durch harte Arbeit verdient. So sind sie der Meinung, Andere sollten das auch tun.

Finanziell sind sie konservativ und gehen sorgfältig mit ihren Ausgaben um, ob privat oder geschäftlich. Daher finden sie Sonderpreise und Aktionen sehr attraktiv. Sie neigen dazu, sparsam zu sein und legen Wert auf die Langlebigkeit der Produkte. Sie werden das, was sie besitzen, gewissenhaft pflegen, um die Lebensdauer ihres Eigentums zu verlängern. Das kann bei den jüngeren Generationen auf Unverständnis stoßen, die im Überfluss aufgewachsen sind.

Als Kunden sind sie treu und erwarten im Gegenzug Loyalität von ihren Geschäftspartnern. Sie verlangen Höflichkeit und Respekt vom Vertrieb, was für jüngere Generationen als übertrieben formell empfunden werden kann. Auch wenn sie technisch in der Lage sind, E-Mails zu versenden und online zu recherchieren, reicht der virtuelle Kontakt für sie nicht aus, um eine Kaufentscheidung zu treffen oder eine Geschäftsbeziehung aufzubauen. Dafür benötigen sie den persönlichen Kontakt und die Möglichkeit, mit dem Vertrieb bei Bedarf telefonisch zu sprechen, und begrüßen einen regelmäßigen Kontakt.

Babyboomer – geboren zwischen 1946 und 1964 Die Babyboomer sind die Generation, die auf die Jahre unmittelbar nach dem Zweiten Weltkrieg zurückgeht. Auch wenn sie ebenfalls eher traditionell orientiert sind und zunächst versuchen, ein Problem persönlich oder telefonisch zu lösen, sind sie technisch versierter, als viele denken. Tatsächlich besitzen 81 % ein Smartphone, und 44 % nutzen Facebook (Presseportal 2019), und aus diesem Grund dürfen sie von den modernen Kommunikationskanälen nicht ausgeschlossen werden. In Anbetracht der Tatsache, dass sie die Gruppe mit einem hohen verfügbaren Einkommen in Verbindung mit viel „Freizeit" darstellen, wird ihr Potenzial bei der Zielgruppenansprache über digitalen Medien gerne unterschätzt.

Als Kunde sind die Babyboomer etwas kompliziert, denn sie sind grundsätzlich loyal wie die stille Generation auch, gleichzeitig sind sie aber auch offen für andere Optionen. Sie sind bereit, Anbieter und Lieferanten zu wechseln, wenn sie glauben, eine bessere Option gefunden zu haben. Bei ihren Kaufentscheidungen schätzen sie Unternehmen mit langjähriger Geschäftstätigkeit und gutem Ruf. Sie finden Preisnachlässe zwar attraktiv, sind aber auch bereit, den vollen Preis auszugeben, wenn sie glauben, dass er gerechtfertigt ist.

Wie auch die stille Generation brauchen die Babyboomer-Kunden persönliche Gespräche mit dem Vertrieb und bevorzugen persönliche Treffen. Dabei legen sie Wert auf Beziehungsaufbau zu ihren Geschäftspartnern und wollen im ständigen Dialog bleiben, statt sporadische Kommunikation zu betreiben. Die Babyboomer reagieren gut auf geschäftsmäßige, politisch korrekte Ansprache.

Generation X – geboren zwischen 1965 und 1979 Die Generation X ist die Gruppe, der wir den aktuellen Stand der technologischen Entwicklung zu verdanken haben. Die Anhänger dieser Generation sind technologisch sehr fortgeschritten, obwohl sie in der Regel nicht in dem Maße als „Digital Natives" angesehen werden, wie es bei den Millennials der Fall ist. Im Gegensatz zu den jüngeren Generationen weisen sie einen höheren Grad des technologischen Verständnisses nicht nur in der *Nutzung* der modernen Technologien auf, sondern sie können einen geschäftlichen Bezug dazu herstellen.

Sie agieren autonom und denken unabhängig. Sie sind offen dafür, anders zu arbeiten, erreichen eine hohe Produktivität bei ausgewogener Work-Life-Balance und sind die Generation, die ausgeprägt unternehmerisch denkt und handelt. Einige der innovativsten Start-ups wurden von dieser Generation gegründet.

Als Kunde sind sie sehr herausfordernd, denn sie wollen den Kaufprozess kontrollieren. Sie können extrem motiviert sein, eigene Nachforschungen anzustellen (sowohl mit der Unterstützung des Vertriebs als auch selbstständig), um relevante Informationen zu finden und eine fundierte Kaufentscheidung zu treffen. Keine andere Generation liest mehr Rezensionen oder verbringt mehr Zeit mit Recherchen, bevor sie sich zum Kauf eines Produkts entscheidet. Dabei legen sie großen Wert auf die Meinungen anderer Menschen und beraten sich gerne mit Gleichaltrigen über Kaufentscheidungen. Sie werden das gewonnene Wissen als Gewissheit nutzen, dass sie nicht ausgenutzt werden und dass sie das bestmögliche Produkt und den bestmöglichen Preis erhalten und einen wahren Mehrwert für ihren Kauf bekommen.

Entgegen der landläufigen Meinungen, die jüngeren Generationen würden am meisten Zeit in den sozialen Medien verbringen, sind es die Anhänger der Generation X. Facebook, LinkedIn, XING und Twitter sind die sozialen Netzwerke, in denen sie am aktivsten sind. Diese Generation mag keine persönlichen Treffen. Sie schätzen ihre Arbeitszeit und bevorzugen es, Geschäfte effizient telefonisch, per E-Mail oder virtuell abzuwickeln, was es ihnen auch ermöglicht, ihre Optionen in Ruhe abzuwägen. Sie benötigen auch nicht die ständige Begleitung des Vertriebs in ihrem Entscheidungsprozess, die sie eher als Einmischung empfinden.

Im Gegensatz zu älteren Generationen achtet die Generation X nicht unbedingt auf Formalitäten in der Vertriebskommunikation. Dafür erwarten sie, dass die Anbieter so schnell wie möglich zum Punkt kommen und sich klar und deutlich ausdrücken. Aber, sobald Sie sich ihr Vertrauen erarbeitet haben, sind dies die treuesten Kunden, die Sie gewinnen können.

Generation Y (Millennials) – geboren zwischen 1980 und 1994 Gegenwärtig sind die Entscheider-Etagen von der Generation X belegt, und es wird noch eine Weile so bleiben, aber die Millennials rücken schnell nach. Bereits im Jahr 2015 waren in den USA fast die Hälfte (46 %) derjenigen, die B2B-Entscheidungen beeinflussen, unter 35 Jahre alt. In Deutschland lag die Zahl nur leicht darunter. Roland Berger (2015), Die Millennials sind die sogenannten Digital Natives, die mit den digitalen Medien aufgewachsen sind und neue Standards in der Geschäftswelt setzen. Sie sind die Treiber vieler digitaler Innovationen und besitzen höhere digitale Kompetenzen als viele ihrer Vorgänger. Für sie stellt die digitale Welt einen wesentlichen Teil des Lebens dar. Sie bewegen sich im Internet wie ein Fisch im Wasser, stehen der Digitalisierung sehr positiv gegenüber und erachten die fortschreitende technologische Entwicklung primär als persönliche Chance. Sie zeichnen sich durch Selbstdarstellung, Diversität, Globalität und Technologieabhängigkeit aus.

Die Millennials haben einen hohen Grad an Technologie-Akzeptanz und adaptieren sehr schnell aufkommende Technologien und Kommunikationskanäle.

Als Kunde kann sich diese Generation als etwas komplexer im Umgang mit dem Vertrieb herausstellen. Aufgrund ihrer elterlichen Erziehung haben sie teilweise Schwierigkeiten, selbstständig Entscheidungen zu treffen. Möglicherweise sind sie auf die Beratung durch Kollegen und Führungskräfte sowie auf Online-Informationen angewiesen. Für diese Generation hält das Internet alle Antworten bereit, und deshalb sind umfassende digitale Informationen äußerst relevant, um sie zu erreichen. Millennials brauchen Zeit und ausreichend Informationen, um sich zu entscheiden. Gleichzeitig können sie ungeduldig sein und wollen so schnell und einfach wie möglich Zugriff zu Informationen. Wo die Generation X in Ruhe gelassen werden möchte, werden Millennials zusätzliche Aufmerksamkeit schätzen, wenn Sie sie im Beschaffungsprozess anleiten und sie bei der Entscheidungsfindung unterstützen.

Millennials wollen, dass ihre Kommunikation mit den Anbietern einfach und effizient ist. Sie sind schnell, und deshalb entsprechen persönliche Treffen nicht ihrem Stil. In den meisten Fällen werden sie sich für eine direkte Nachricht über soziale Medien oder Messenger Apps entscheiden, anstatt traditionellere Kanäle zu nutzen. Sie kommunizieren auch gerne mit ihren Lieferanten über Likes, Kommentare und Austausch über Blogs und andere Sozialforen. Sie geben bereitwillig Rezensionen und Produktempfehlungen in den sozialen Netzwerken.

Millennials sind sozial bewusst und engagiert. Sie schätzen Unternehmen, die zu einer guten Sache beitragen. Sie sind eher markenbewusst als markentreu: Sie sind sehr anpassungsfähig, wenn es darum geht, in Geschäftsbeziehungen ein- und auszusteigen, und haben kein Problem, den Lieferanten zu wechseln, wenn die Konkurrenz mehr zu bieten hat oder bessere Preise anbietet.

Generation Z – geboren zwischen 1995 und 2015 Während die Millennials heute die treibende Kraft der Geschäftswelt sind, steht die Generation Z bereit, in die Arbeitswelt einzutreten. Diese Generation will die Welt verändern und setzt sich gerne für Marken ein, die klarstellen, wofür sie stehen. Die Mitglieder dieser Generation arbeiten hart, sie sind technologisch fortschrittlich und leidenschaftlich unternehmerisch. Sie sind auch multitaskingfähig, da sie mit mehreren Bildschirmen aufgewachsen und es gewohnt sind, zwischen unterschiedlichen Welten schnell zu wechseln.

Als Kunde setzen sie Technologie in ihrer Kundenerfahrung voraus, und diese muss einwandfrei funktionieren und leicht in der Handhabung sein. In der Welt der sofortigen Belohnung aufgewachsen, wollen sie alles sofort haben. Sie haben keine Lust auf seitenlange Formulare und lange Ladezeiten von Webseiten. Sie wollen eine schnelle und nahtlose Kundenerfahrung und werden persönlich für Marken werben, die ihnen einen erstklassigen Kundendienst bieten. Für Vertriebsorganisationen bedeutet dies, dass die Vertriebsprozesse auf der Kundenseite einfach und intuitiv sein müssen. Sie wollen die Möglichkeit haben, sich selbst zu bedienen und wollen dabei von Verkäufern nicht gestört werden. Diese Kunden haben sich durch die jahrelange Erfahrung mit Online- und Selbstbedienungslösungen daran gewöhnt, ohne menschliche Interaktion auszukommen. So ist es das Letzte, was sie wollen, dass Ihre Vertriebsmitarbeiter sie in ihrer Kundenerfahrung stören, ohne einen Mehrwert dabei zu schaffen.

Die Vertreter dieser Generation sind für ihre mangelnde Markentreue bekannt und gegen klassische Werbung und Unternehmensbotschaften regelrecht allergisch. Sie kommunizieren gerne über soziale Medien und kaufen dort direkt ein, wollen aber auch die Möglichkeit haben, Produkte in der Hand zu halten und sie auszuprobieren. So sind Retail-Flächenangebote für diese Generation sehr wohl relevant. Im Grunde benötigt man eine Omni-Channel Präsenz, um diese Generation zu erreichen.

Personenbezogene Daten im Austausch für hochpersonalisierte Erfahrungen
Unternehmen haben über die letzten Jahre gelernt, ihre Kunden personalisiert anzusprechen, und Kunden haben sich inzwischen daran gewöhnt. Dazu gehören personalisierte E-Mails und Newsletter sowie Produktempfehlungen, die auf früheren Einkäufen basieren. Kunden lieben diese Art von Service, weil sie bekommen, was sie wollen, ohne ein Wort zu sagen. Für diese Erfahrung sind sie sogar bereit, ihre personenbezogenen Daten preiszugeben.

Von welchen Unternehmen kaufen Kunden?
Laut einer Studie von Accenture (2016) geben 75 % der Kunden zu, dass sie eher von einem Unternehmen kaufen, das

- sie an ihrem Namen erkennt,
- über ihre Kaufhistorie informiert ist und
- Produkte auf der Grundlage ihrer bisherigen Käufe empfiehlt.

Das Beste daran ist, dass sie sich darüber freuen, dass Organisationen ihre Daten verwenden.

Insbesondere bei den jüngeren Generationen ist dieser Trend zu beobachten, denn sie haben weniger ein Problem damit, ihre personenbezogenen Daten im Austausch für eine personalisierte Kundenerfahrung und für sie relevante Informationen zu geben. Kunden sind bereit, Zugang zu Verhaltensdaten, ihren Präferenzen und Vorlieben zu geben, um für sie relevante Informationen zu bekommen. Darüber hinaus haben sie auch kein Problem damit, Ihnen die Möglichkeit zu bieten, ihr Verhalten zu analysieren, um für sie das richtige Produkt herauszufinden, zum Beispiel mithilfe von Gesundheitstrackern, Optimierungstools etc. Auch im B2B-Bereich ist es nicht anders: 54 % der B2B-Einkäufer erwarten personalisierte Empfehlungen über alle Interaktionen im Kaufprozess hinweg (Accenture 2015).

Nutzen statt Besitz
Die Digitalisierung ist zu einer Spielwiese für viele neue Geschäftsmodelle geworden und lässt viele traditionelle Akteure unvorbereitet zurück. Geschäftslandschaften und Finanzierungsmodelle verändern sich heutzutage mit rasender Geschwindigkeit. Heute läuft der Kunde nicht mehr zur Bank und ersucht um einen Kredit, um den Kauf zu finanzieren, sondern bezieht bequem die reine Nutzung des gewünschten Produkts direkt beim Anbieter – und das solange er es braucht.

Wir erleben einen sehr starken Trend weg vom Besitz in Richtung Nutzung von Produkten und Dienstleistungen. Neben den bekannten traditionellen Leasing-Modellen entstehen neue nutzenorientierte Geschäftsmodelle, wie Pay-per-Use, Subscription- und Sharing-Modelle.

Ein großer Teil dieser Bewegung hat mit einem einzigen großen Schuldigen zu tun: der Technologie. Die Verbraucher haben jetzt Zugang zu allem, was sie wollen, wann und wo immer sie es wollen, buchstäblich direkt unter den Fingerspitzen. Von der Zahnspange und bis zur Heizung im Abo-Modell: heute rückt der Nutzen in den Vordergrund und verdrängt die Produkte selbst.

Die Evolution des Nutzens

In den 70ern haben wir Produkte als Hardware verkauft. In den 90ern haben wir begonnen, die passenden Dienstleistungen dazu anzubieten, und in den 2000ern haben wir unsere Produkte in Lösungen konvertiert: Der Lösungsansatz ist entstanden. Und heute geht es primär um die Nutzung des Produkts und nicht um den Kauf oder den Besitz.

Nehmen wir als Beispiel einen PC: Anfangs wurde die reine Hardware verkauft. Dann die passende Software – auf CDs – dazu, und wer sich noch erinnern kann, auch auf Floppy-Discs. Später wurde die Software zum bequemen Download angeboten und heute verkaufen wir Cloud-Lizenzen: Stichwort Office 365.

Ein anderes plakatives Beispiel aus der Musik-Industrie: Zuerst hörten wir Musik auf Vinyl, dann auf Kassetten, auf CDs, und ehe wir uns versahen, benutzten wir ein revolutionäres neues Gerät namens iPod mit einem Abonnement-Dienst, über den wir Musik online herunterladen konnten. Das Produkt verwandelte sich in einen Dienst, bei dem wir vom Kauf materieller Dinge zum Kauf von Nutzungsrechten übergingen, eine beträchtliche Veränderung innerhalb eines relativ kurzen Zeitraums. Und heutzutage nutzen wir Streaming-Dienste wie Spotify und iTunes bequem über mehrere Online-Dienste und auf mehreren Geräten.

Dasselbe auch im Filmbereich – wir streamen zeit- und ortsunabhängig auf Netflix, Maxdome und Amazon. Und statt Bücher zu kaufen, wenden sich immer mehr Verbraucher an „All-you-can-read"-Dienste wie Oyster und Mofibo.

Und nicht zuletzt: Anstatt ein Auto zu kaufen oder zu leasen, buchen wir einen Service-Paket bei Porsche und fahren im Sommer ein Cabrio und im Winter ein SUV. Oder noch besser, wir fahren Car-to-Go.

Kaufen wird zunehmend schwieriger

So, wie es für den Vertrieb schwieriger geworden ist zu verkaufen, ist es auch für Kunden viel schwieriger geworden, einzukaufen.

▶   „77 % der B2B-Einkäufer geben an, dass ihre letzte Beschaffung sehr komplex oder schwierig war" (Gartner 2019).

Innerhalb der letzten Jahre sind Einkaufsprozesse im B2B deutlich länger und komplexer geworden und involvieren mehr Personen innerhalb des Buying Centers. „Durchschnittlich sind elf einzelne Stakeholders in einem B2B-Einkauf involviert, zeitweise sind es bis zu 20 Involvierte" (Gartner 2019). Dadurch wird die Recherchephase zur wichtigsten Phase im Beschaffungsprozess. Und je komplexer die Beschaffung, desto wichtiger auch die Recherche-Phase. Darüber hinaus werden die Entscheidungen wesentlich kritischer evaluiert. Es werden mehr Quellen zur Bewertung herangezogen, mehrere Anbieter verglichen und detailliertere Investitionsrechnungen durchgeführt. Die große und unübersichtliche Menge an Alternativen und Optionen führt dazu, dass der gesamte Beschaffungsprozess mehr Zeit in Anspruch nimmt und zudem mehr Personen involviert.

Highlights des 2017 B2B Buyers Survey Report von DemandGen

- 59 % der Befragten geben an, dass sie jetzt formelle Einkaufsgruppen bilden.
- 52 % sagen, dass die Anzahl der Personen, die in der Einkaufsentscheidung involviert werden, erheblich zugenommen hat.
- 86 % sagen, dass Kaufentscheidungen aufgrund von sich ändernden geschäftlichen Bedürfnissen und Prioritäten sehr volatil geworden sind.
- 77 % stimmten zu, dass sie vor einer Kaufentscheidung viel detailliertere ROI-Analysen durchführen.
- 78 % stimmten zu, dass sie „mehr Zeit mit Recherchen während des Einkaufsprozesses verbringen".
- 75 % stimmten zu, dass sie „mehr Quellen zur Recherche und Evaluierung im Einkaufsprozess nutzen" (DemandGen 2017).

Es ist nicht mehr zu ignorieren, dass auch B2B-Kunden sich die notwendigen Informationen eigenständig und überwiegend auf digitalen Wegen verschaffen, was dazu führt, dass der gesamte Beschaffungsprozesses vermehrt digital wird. Darüber hinaus ist der B2B-Beschaffungsprozess nicht mehr linear, so wie es früher der Fall war. Die einzelnen Schritte im Prozess spielen sich nicht mehr in einer vorhersehbaren, linearen Reihenfolge ab. Stattdessen drehen Kunden, laut Gartner (2019) eine Art „Schleife" in einem typischen Einkaufsprozess, wobei sie unterschiedliche Aufgaben mehrmals durchlaufen müssen, siehe Abb. 1.1.

1.1.2   Top-Trends in der Vertriebstechnologie

Die Tatsache, dass die Technologie in der Zukunft eine zentrale Rolle für den Verkauf spielen wird, ist vermutlich nicht mehr überraschend. Dennoch wird oft nicht erkannt, dass Vertriebstechnologie kein Thema für die Zukunft, sondern für die Gegenwart ist. Sie ist greifbare Realität und verändert und beeinflusst heute schon viele Prozesse und Ansätze im Vertrieb. Auf ihrem heutigen Stand der Entwicklung kann sie den gesamten Vertriebsprozess von A bis Z unterstützen, wie in Kap. 4 detailliert dargestellt wird. Wichtig ist es, nicht nur ihre Relevanz in den Vertriebsprozessen zu erkennen, sondern auch die Trends, die sie mit ihren Möglichkeiten im Vertriebsbereich auslöst.

Die neue Dimension der Verkaufspräsentation
Kunden werden vermehrt auf die Interaktion mit erweiterten Realitäten in mehreren Dimensionen konditioniert, und die positiven Erfahrungen aus dem B2C-Bereich werden in den B2B-Bereich verlagert. Augmented-Reality-Technologie erweitert die Realitätswahrnehmung und bietet Kunden die Möglichkeit, Produkte und Lösungen in einer volldimensionalen Weise zu erleben. Wir leben in einer Welt, die von Bildschirmen aller

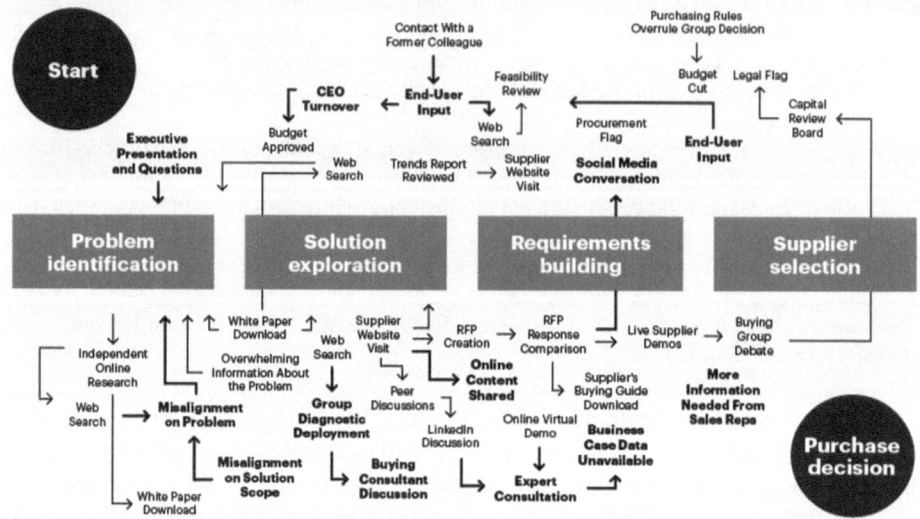

Abb. 1.1 Der neue B2B Beschaffungsprozess. (Aus Gartner 2019; mit freundlicher Genehmigung von © 2019 Gartner Inc. and/or ist affiliates. All rights reserved)

Größen dominiert wird, die immer stärker visuell, interaktiv und immersiver werden. In Verbindung mit anderen Technologien, wie beispielsweise 3D-Visualisierung, können gesamte Produktportfolios potenziellen Käufern auf interaktive, mehrdimensionale Art und Weise präsentiert werden, die über die klassische Produktpräsentationen hinausgeht.

Diese Technologie bietet Unternehmen die Möglichkeit, komplexe Produkte und Anwendungen zu visualisieren und sie in absoluten Größen überall und jederzeit in realen Szenarien zu demonstrieren. Für Kunden werden diverse Optionen sichtbar und greifbar gemacht, sie können mit Funktionen spielen und besser nachvollziehen, wie die Lösung die Investition rechtfertigt.

Beispiel

L'Oreal setzt die Augmented-Reality-Technologie ein, um Käufern zu helfen, verschiedene Make-up-Farben und Looks „anzuprobieren", ohne kosmetische Produkte auftragen zu müssen.

Ein weiteres Beispiel bietet die Augmented-Reality-App von IKEA: Der Möbelhändler bietet eine App an, mit der Kunden Produkte in ihren persönlichen Wohn- und Arbeitsräumen virtuell visualisieren können, sodass sie sich die zukünftige Lebensumgebung vor dem Kauf nicht nur vorstellen, sondern sie wirklich sehen können. ◄

Zukunftsreisen sind – endlich – möglich
Die Virtual-Reality-Technologie geht noch einen Schritt weiter als die AR-Technologie und versetzt Kunden in die Zukunft, wo sie ihr Leben mit dem neuen Kauf nicht nur sehen, sondern erleben können. Produkte werden in den persönlichen Kontext des Kunden eingebettet, wodurch auch die Kaufwahrscheinlichkeit drastisch steigt. Wenn Kunden beispielsweise ihr zukünftiges, schön eingerichtetes Haus virtuell begehen können, werden dadurch auch die letzten Zweifel ausgeräumt und die Kaufentscheidung beschleunigt. Und dies nicht nur im B2C-Segment. Beispielsweise muss ein Büromöbel-Verkäufer keine Kataloge mehr schleppen und darin herumblättern, sondern kann die Möbel direkt vor Ort im Raum auf der Grundlage hochwertiger Bilder oder Videos visualisieren. Das Vertrauen des Kunden, eine richtige Kaufentscheidung zu treffen, wird durch die Tatsache erhöht, dass er sehen kann, wie das Möbelstück tatsächlich in seinen eigenen Raum hineinpasst.

Chatbots verdrängen die Apps
Chatbots liefern nicht nur schnelle Antworten, sondern etablieren sich zunehmend als virtuelle Assistenten, die Erstaunliches leisten können. Sie revolutionieren die Art und Weise, wie Anbieter mit ihren Kunden kommunizieren. Es ist noch nicht lange her, dass wir Chatbots für die Kommunikation mit Menschen nicht wirklich ernsthaft in Betracht gezogen haben. Aber in den wenigen letzten Jahren hat sich die Fähigkeit von Maschinen, menschliche Interaktionen zu erlernen, natürliche Sprache zu verstehen und emotionale Absichten hinter dem Gesagten zu erkennen, drastisch verbessert. Folglich festigen die Chatbots zunehmend ihren Platz in den Vertriebsorganisationen, indem sie Kunden einen bequemen Zugang zum Unternehmen und seinen Leistungen bieten – und das zeit- und ortsunabhängig und mit geringem Ressourcenaufwand. Sie funktionieren rund um die Uhr, werden nicht müde und sind immer gut gelaunt und freundlich. Dank der jüngsten Entwicklungen in der KI-Technologie können einige Chatroboter jetzt sinnvolle Gespräche führen, ohne umständlich und lächerlich zu wirken wie noch vor Kurzem.

Dadurch steigt auch ihre Beleibtheit bei Kunden, denen es inzwischen egal ist, ob sie von einer Maschine oder einem Menschen beraten werden, solange der Service stimmt. Sicherlich wird den Chatbots nicht das gleiche Maß an Vertrauen wie Menschen entgegengebracht, aber solange sie in der Lage sind, Kundenanfragen schnell und verständlich zu lösen, verbessern sie die Kundenerfahrung und finden Akzeptanz auf beiden Seiten. Denn nicht nur den Kunden werden lange Wartezeiten und Herumklicken in Telefon-Schleifen erspart, sondern auch den Unternehmen massive Kosten für Ressourcen in Callcentern.

Hinter dem KI-Hype

KI ist mehr als nur ein Hype, insbesondere für den Vertriebsbereich. KI-Technologie allein kann heute den gesamten Vertriebsprozess unterstützen und sehr viel Mehrwert auf vielen Ebenen im Vertrieb generieren:

- **Einsicht:** Daten analysieren und sie in wertvolle Erkenntnisse umwandeln und zum richtigen Zeitpunkt über den richtigen Kanal zur Verfügung stellen. Dadurch werden Abschlussquoten gesteigert und Vertriebsprozesse verkürzt.
- **Interaktion:** Analyse des Kundenverhaltens, Kommunikation und Interaktion mit Kunden – über Text und Stimme – und die Verbesserung der Kundenerfahrung. Damit kann man starke Differenzierungsmerkmale aufbauen und sich einen Wettbewerbsvorsprung verschaffen.
- **Steuerung:** Entscheidungsgrundlagen werden mit fundierten Analysen verbessert, wodurch der Vertrieb wirksamer gesteuert werden kann.
- **Administration:** Übernahme von repetitiven Routineaufgaben und Datenerfassung im Vertrieb. Dadurch können Vertriebsmitarbeiter sich auf Kundeninteraktionen und Verkaufstätigkeiten fokussieren.

Die Möglichkeiten der KI für den Vertrieb sind so vielfältig und auch vielversprechend (Abschn. 4.1.7), dass auch hier tagtäglich neue Tools und Anbieter entstehen. Demzufolge wurde KI zur wichtigsten Technologie für den Vertrieb in den kommenden Jahren gekürt.

Aus Daten werden Einsichten

Vertriebsorganisationen generieren heute zwar Unmengen an Daten, die die Effektivität der Organisation stark beeinflussen können, aber die meisten Unternehmen stehen immer noch vor der Herausforderung, wie sie aus diesen Daten realen Nutzen ziehen können. Der Vertrieb wird mehr und mehr datengetrieben, und hier kommt die Big-Data-Technologie ins Spiel, die in Zusammenarbeit mit KI-Analytics dieses Problem in eine greifbare Chance verwandelt.

Diverse Ebenen der Analytics ermöglichen es Unternehmen, nicht nur die Daten aus der Vergangenheit zu erheben und Ergebnisse zu analysieren, sondern Zusammenhänge in den Daten sichtbar zu machen, Anomalien frühzeitig zu erkennen und zukünftige Entwicklungen vorauszusagen (Abschn. 4.1.11). Predictive Analytics können eine Unmenge an diversen Faktoren – innerhalb und außerhalb der Organisation – miteinbeziehen und ermöglichen einen realistischen Blick in die Zukunft, was für zuverlässige Absatzplanung und Lagerverwaltung und Produktionsplanung von unersetzlichem Wert ist. Darüber hinaus können die Prescriptive Analytics sogar Empfehlungen unterbreiten, wie man auf gewisse Trends und Entwicklungen optimal reagieren soll. Damit werden im Vergleich zur jüngsten Vergangenheit die Entscheidungsgrundlagen im Vertrieb wesentlich verbessert.

Schnell genug kann Vertrieb nie sein

Unter der Gattung der Sales Acceleration Tools, sogenannten „digitalen Verkaufsbeschleunigern" gruppieren sich derzeit jede Menge unterschiedlicher Tools, die sich zur Aufgabe gesetzt haben, Prozesse und Aktivitäten im Vertrieb zu beschleunigen. Überwiegend sind es Insellösungen für Detailaufgaben von der Datenanreicherung durch Social Media bis hin zu gängigen Tracking-Werkzeugen. Die spannendsten Neuerungen finden sich im erweiterten CRM-Segment. Diese Anwendungen optimieren und verkürzen Vertriebsprozesse und steigern die Vertriebsproduktivität. Im Grunde sind es Tools, die Ihren Weg zum Kunden beschleunigen. Daher auch der Name „Sales Acceleration".

Sprachassistenten wollen mitreden

Die Technologie der Sprachassistenten (Voice Assistants) entwickelt sich rasant und zeigt bereits eine hohe Akzeptanz bei Kunden. In etwas mehr als drei Jahren sind die „Skills" von Amazon's Alexa von 130 auf über 100.000 gestiegen, Stand September 2019 (Statista 2020). Diese Entwicklung seit ihrer Einführung im November 2014 gibt eine kleine Vorstellung der Geschwindigkeit, mit der sich KI-Technologie entwickelt.

Das führt auch zu einer drastischen Veränderung im Verbraucherverhalten: Think with Google gab schon im Jahr 2018 an, dass 72 % der Menschen, die einen Sprachassistenten besitzen, die Geräte in ihre tägliche Routine integrieren (Think with Google 2018). Wie wird es wohl jetzt aussehen? Diesem Trend wird große Zukunft vorhergesagt, und Kunden nutzen vermehrt die Voice-Suchfunktion, nicht nur um das Wetter abzufragen und das Navigationsziel zu befehlen, sondern auch um Produkte zu finden. Für Anbieter bedeutet dies, dass man über die Voice-Suche auffindbar sein muss.

CRM auf dem Weg von der Beschäftigungstherapie zum unersetzlichen Werkzeug

CRM-Systeme entwickeln sich ständig weiter und konnten schon in den letzten Jahren die Verwandlung von Systemen zur Informationserfassung und Speicherung in wahre Werkzeuge für den Vertrieb schaffen. Aber diese Entwicklung geht noch weiter: KI-gesteuerte CRM-Systeme bringen eine neue Dimension hinein, indem sie es Unternehmen ermöglichen, Kundenverhalten besser zu analysieren und sogar vorherzusagen und den Vertrieb mit relevanten Einsichten über den gesamten Vertriebsprozess zu versorgen.

Darüber hinaus bieten moderne CRM-Systeme dem Vertrieb zeit- und ortsunabhängigen Zugang zu relevanten Daten – Stichwort Mobile CRM – und verringern die Anzahl an Systemen, mit denen der Vertrieb sich herumschlagen muss – Stichwort Integration. Nicht nur die Integration mit internen Systemen, sondern auch mit externen, beispielsweise mit sozialen Netzwerken, wird zum Thema, sodass der Vertrieb die Kundenaktivitäten auch außerhalb des eigenen Unternehmens verfolgen kann. Darüber hinaus bietet die KI-Technologie auch mehr Bequemlichkeit in der Nutzung von CRM-Systemen: Voice-Aufnahmen werden direkt als Kundenberichte abgelegt und auch transkribiert, Kundendatensätze werden durch einen Scan der Visitenkarte erstellt und mit Daten aus dem Internet vervollständigt, Benachrichtigungen alarmieren über wichtige Ereignisse etc. Die modernen CRM-Systeme nehmen Verkäufern vermehrt administrative und wiederkehrende Tätigkeiten ab und unterstützen sie darüber hinaus, mehr zu verkaufen (Abschn. 4.3.1).

Wer hätte es gedacht: Kunden-Akquise wird zum Kinderspiel
Technologie kann heute den mühsamen Prozess der Kundengewinnung maßgeblich optimieren. Unmengen an Tools stehen uns hier zur Verfügung, die im Grunde den gesamten Prozess der Lead-Generierung unterstützen und sogar zum Teil abnehmen. Verkäufer müssen nicht mehr selbst recherchieren und nach potenziellen Kunden suchen. Diese werden ihnen seitens Search-Bots mehr oder weniger auf dem Silbertablett präsentiert, sodass sie sie nur noch anzusprechen brauchen. Darüber hinaus können KI-Bots selbst mit Leads kommunizieren, Auskünfte geben und den Vertrieb erst involvieren, wenn der Kunde soweit ist. Und das ist noch nicht alles. Algorithmen beobachten das Verhalten und die Interaktionen der Kunden, errechnen ihre Kaufwahrscheinlichkeit und priorisieren sie, sodass der Verkäufer nur noch mit „heißen" Leads interagiert und sich nicht von „kalten" abweisen lassen muss, wie es in der Vergangenheit der Fall war.

1.1.3   Top-Trends in den Vertriebsansätzen und -modellen

Die technologischen Veränderungen ziehen unweigerlich Veränderungen in den Vertriebsansätzen und -modellen nach sich. Weil sie das Verhalten der Kunden so stark beeinflussen, müssen die Vertriebsansätze diesen Veränderungen zwingend folgen, denn im Endeffekt hat der Vertrieb die Kontrolle über die Kundenbeziehung schon verloren, was dazu führt, dass die traditionellen Ansätze nicht mehr optimal funktionieren. Der moderne Kunde weigert sich, in von Unternehmen entwickelten Prozessen zu denken und ihren vorgegebenen kontrollierten Schritten zu folgen. Die Machtverhältnisse haben sich gedreht: Heute sitzt der Kunde am Steuer und kann über den Vertrieb bestimmen, was zu einer massiven Veränderung in den Vertriebsansätzen führt. In der Vergangenheit erfolgreiche Modelle verlieren plötzlich an Wirksamkeit und folglich auch an Relevanz.

▶   Wir sind an einem Punkt der Vertriebsgeschichte angelangt, an dem die Technologie mit tatkräftiger Mitwirkung von Kunden die Vertriebsansätze grundlegend verändert.

Vom Massen-Marketing zur hyper-personalisierten Kundenansprache
Lang vorbei sind die Zeiten des Massenmarketings. Klassische Massenwerbung und Aktionen funktionieren nur noch bedingt. Schon besser ist die persönliche Kundenansprache, wobei Kunden zwar mit ihrem Namen angesprochen werden, aber immer

noch mit derselben pauschalen Massenwerbung zwangsbeglückt. Die Marketingansprache erreicht heute ihre nächste Entwicklungsstufe: Hyper-Personalisierung. Damit
werden Kunden bei ihren individuellen Bedürfnissen mit individualisierten Produktempfehlungen zu individuellen Preisen angesprochen. Und das über die vom Kunden
bevorzugten Kanäle und zu dem von ihm bevorzugen Zeitpunkt bzw. am besten in Echtzeit und in dem Moment, wenn der Kunde aktiv auf der Suche ist. Wie das geht?

Die Technologie bietet die notwendige Unterstützung: Mit der vermehrten Nutzung
diverser IoT-Geräte bekommen Marken Zugang zu mehr und tieferen Daten über ihre
Kunden als je zuvor. Sie können diese Daten nutzen, um das Verhalten, die Kauf-
gewohnheiten und die Interaktionen der Kunden zu analysieren und ihre Bedürfnisse zu erkennen und sogar zu antizipieren. All das mit dem Ziel, einen hochgradig
personalisierten Service zu bieten. KI-Technologie bringt hier die notwendige
Kompetenz, und in Kombination mit biometrischer Identifizierung und GEO-Targeting
können Anbieter in Echtzeit jedem Kunden maßgeschneiderte Inhalts-, Produkt- und
Serviceinformationen bieten.

Vom B2B-Verkauf zum Buying Center zentrierten Vertrieb
Das Verkaufen an Unternehmen unterscheidet sich grundlegend vom Verkauf an
Einzelpersonen, was eigentlich einleuchtend sein sollte. Dennoch haben wir genügend
traditionelle Ansätze, die primär einzelne Personen – Ansprechpartner – in den Vordergrund stellen. Eine B2B-Kaufentscheidung wird in der Regel von mehreren Personen
getroffen, ob offensichtlich oder im Verborgenen. Zudem werden, wie wir bei den
Trends im Kundenverhalten gesehen haben, die Entscheidungsprozesse im B2B-
Bereich zunehmend komplexer und involvieren mehrere Personen auf der Kundenseite:
Es entsteht ein sogenanntes Buying Center, das alle involvierten Personen und Rollen
beinhaltet. Umso wichtiger wird es für den Vertrieb, das Buying Center bei jedem einzelnen Kunden zu erkennen und zu identifizieren, inklusive sämtlicher Personen darin: die
Buying Personas und ihre Rollen im Buying Center (Abschn. 3.2.1).

Um die individuellen Bedürfnisse und Interessen der Beteiligten zu erkennen, bedarf
es einer tiefgehenden Analyse dieser Personas innerhalb des Buying Centers. Denn
nur dann kann man sie auch richtig im Vertrieb und Marketing adressieren: Anwender,
Entscheider, Gatekeeper, Influencer, Approver, Initiator, Einkäufer. Alle haben unterschiedliche Entscheidungskriterien und Motivationen und alle müssen richtig adressiert
werden. Durch die steigende Komplexität in den B2B-Entscheidungen muss der Vertrieb seinen klassischen Verkaufsansatz in einen Buying Center zentrierten Ansatz
umwandeln.

**Social Selling: Vom neuen Spam-Kanal zu einer wertvollen Informationsquelle für
Kunden**
Im Juli 2020 nutzten fast vier Milliarden Menschen soziale Medien (Datareportal 2020).
Das ist mehr als die Hälfte der Weltbevölkerung. Menschen sind Kunden und demzufolge
wurden auch die sozialen Medien längst als potenzielle Werbekanäle entdeckt: Sie sind

im B2C-Bereich schon länger und inzwischen auch im B2B-Segment nicht mehr wegzudenken. Soziale Medien haben sich in kürzester Zeit zu einem wirksamen Vertriebskanal
erwiesen: Einerseits nutzen Entscheider vermehrt soziale Medien zur Entscheidungsfindung, und andererseits sehen wir die Wirksamkeit dieses Ansatzes auf der Vertriebs-
seite. Denn Vertriebsmitarbeiter, die soziale Netzwerke in ihren Vertriebsaktivitäten
verwenden, verzeichnen bessere Ergebnisse im Vergleich zu ihren Kollegen, die es nicht
tun.

LinkedIn und XING sind die neuen Business-Standards, Facebook, Instagram
und Pinterest die neuen Werbeplattformen und YouTube entwickelt sich von einer
Unterhaltungs- zu einer Informations- und Bildungsplattform. So ist es logisch, dass
viele Unternehmen versuchen, dort Zugang zu Kunden zu finden. Leider wird hier viel
falsch gemacht. Klassische Marketing- oder Akquisemaßnahmen werden undifferenziert
einfach in die sozialen Netzwerke verlagert. Abgesehen davon, dass moderne Kunden für
traditionelle Verkaufstechniken wenig anfällig sind, funktionieren die „alten" Verkaufs-
ansätze in den „neuen" sozialen Medien nicht. Allzu gut kennen wir die unbeholfenen
Kontakt- und Verkaufsversuche diverser Anbieter über LinkedIn, die im Grunde statt
E-Mails jetzt **In**Mails senden.

Diese Mentalität muss überdacht werden und weg von der Masse in Richtung
Qualität gehen. Wenn soziale Netzwerke zum neuen Spam-Kanal werden, werden wir
auch hier die Kunden in die Flucht schlagen. Im Wesentlichen beruht das Prinzip des
Social Sellings darin, sich zu einer wertvollen Informationsquelle für bestehende und
potenzielle Kunden zu entwickeln. Es ist kein direkter Verkaufsansatz, sondern bietet
dem Kunden für seine Entscheidung relevante Informationen, wodurch sein Interesse an
einer Interaktion erweckt wird, die irgendwann in einem Verkaufsabschluss resultieren
kann – aber nicht *muss*. Zum Großteil besteht Social Selling darin, die Dinge aus der
Perspektive des Kunden zu betrachten und ihm einen Grund zu geben, mit dem Verkäufer freiwillig zu interagieren, anstatt einen kalten, unpersönlichen Akquise-Versuch
seitens des Verkäufers über sich ergehen zu lassen. Kunden sind durchaus bereit, mit
potenziellen Lieferanten und Verkäufern in den sozialen Netzwerken zu interagieren,
sofern diese ihnen relevante Einblicke und Möglichkeiten bieten. Auf Werbung und
klassische Kaltakquise über einen anderen – neuen – Kanal haben sie keine Lust. Social
Selling, richtig eingesetzt, entwickelt sich zu einem mächtigen Vertriebswerkzeug, das
in der heutigen Zeit einfach nicht vernachlässigt werden darf, aber auch richtig gemacht
gehört.

Von Massen-Newslettern zum Account Based Marketing
Auch im B2B-Segment erleben wir den starken Trend in Richtung Personalisierung der
Marketingansprache. Anstatt die Posteingänge der Kunden mit Massen-Newslettern zu
füllen, wird das ABM-Prinzip in den Vordergrund gestellt: Account Based Marketing.
Dabei geht es darum, Kunden gezielt mit ihren individuellen Bedürfnissen zu erreichen,
und zwar nicht nur auf der Unternehmensebene, sondern auch auf der Ebene des
jeweiligen Ansprechpartners und seiner Rolle im Buying Center. Dazu werden spezifische

hoch-individualisierte und personalisierte Kampagnen konzipiert, die die jeweilige Person nur mit für sie relevanten Informationen adressieren und darüber hinaus auf die Interaktion der Person mit den Kampagneninhalten reagieren. Beispielsweise wenn jemand auf ein bestimmtes Angebot in der Kampagne reagiert, wird im Workflow der nächste personalisierte Schritt ausgelöst. Mit dem ABM-Ansatz werden einerseits Ihre Kunden nicht mehr mit für sie irrelevanten Inhalten „zugespamt" und anderseits erhöhen Sie auch die Effizienz Ihrer Marketingaktivitäten.

Vom Trichter-Prinzip zum Effekt-Prinzip

Eine der vielleicht größten Entwicklungen der vergangenen Jahre in Marketing und Vertrieb verliert an Effektivität: das Prinzip des Marketing-Funnels (Trichter). Denn Kunden folgen inzwischen keinen linearen Prozessen bzw. fallen nicht mehr in einen Trichter-Prozess ein wie die Fliegen auf das Licht. Heute folgen Kunden keinen von der Marketingabteilung vordefinierten Customer-Journey-Prozessen, sondern steigen in diversen Stufen ein und wieder aus, je nachdem, in welchem Stadium ihres Entscheidungsprozesses sie sich befinden. Die durch die Digitalisierung greifbar gewordene Unmenge an Alternativen im digitalen Raum verlängert die Recherchephase während des Kaufprozesses. Je komplexer das Produkt, desto länger die Recherchephase. Infolgedessen entwickelt sie sich zum wichtigsten Teil des Kaufprozesses.

Um potenzielle Kunden in dieser Phase effektiv zu erreichen, sind Relevanz und Qualität der Informationen sowie Kundenerfahrung erfolgsentscheidend. Denn es dauert einen Bruchteil einer Sekunde, um Kunden im digitalen Raum zu verlieren. Und auch wenn Sie womöglich selbst den Bedarf mit einer Werbeschaltung oder interessanten Information auslösten, wird der Kunde in den meisten Fällen nicht direkt kaufen, sondern nach weiteren Alternativen suchen und dort kaufen, wo er für sich die beste Erfahrung erlebt. Denn er hat genug Alternativen und wird sie auch alle nutzen.

Demzufolge müssen Unternehmen ihr Trichter-Prinzip überdenken und sich nicht nur darauf fokussieren, eine große Menge an Leads zu generieren, damit am Ende des Tunnels etwas „kleben" bleibt, sondern vermehrt auf die Qualität der Kundenerfahrung während des Entscheidungsprozesses legen. Die Qualität geht vor Quantität, und die Kunst liegt darin, den Kunden im richtigen Moment mit den richtigen Informationen auf dem für ihn bequemsten Weg bei seinen zu diesem Zeitpunkt relevanten Bedürfnissen abzuholen. Die Wahrscheinlichkeit des Abschlusses soll nicht durch die Menge an Leads, sondern durch die Qualität der Kundenerfahrung gesteigert werden. Hier ist das Effekt-Prinzip ausschlaggebend.

Von langwierigen Kaufprozessen zum Echtzeit-Verkauf

Moderne Kunden sind es gewohnt, dass Dinge sofort passieren. Alles, was sie wollen, ist meistens nur wenige Klicks entfernt. Und das betrifft auch die Interaktion mit Ihrem Unternehmen. Genau darum geht es bei Real-Time-Sales: auf Kundenbedürfnisse in Echtzeit oder nahezu in Echtzeit zu reagieren und Kunden relevante Informationen oder Erlebnisse zu bieten, indem man auf ihre Bedürfnisse hört und diese bestenfalls sogar antizipiert. Wenn ein Kunde Interesse zeigt, müssen Sie schnell reagieren und ihm die Gelegenheit bieten, einen Kauf abzuschließen, am besten nur einen einzigen Klick entfernt. Das bedeutet, dass man Kunden dort abholen muss, wo sie gerade sind (beim Surfen, Chatten, Posten, Kommentieren, Liken etc.), und ihnen eine möglichst unkomplizierte und bequeme Möglichkeit bietet, ihren Bedürfnissen nachzugehen. Schon eine Frage, eine Maske, ein Ausfüllfeld oder ein Klick zu viel kann bei Kunden eine Fluchtreaktion auslösen, denn unser aller Toleranzgrenze ist sehr niedrig geworden, und niemand hat Lust auf mühsame und komplizierte Bestellprozesse.

Von der Omnichannel-Kommunikation zum Omnichannel-Verkauf

LinkedIn, Facebook, Instagram, Twitter, Snapchat … Heutzutage sind Kunden im digitalen Raum unterwegs und Unternehmen haben gelernt, sie mit dem Omnichannel-Ansatz über diverse Kanäle einheitlich anzusprechen und mit ihnen zu kommunizieren. Nun geht das Omnichannel-Prinzip einen Schritt weiter: Von der reinen Kommunikation hin zum effektiven Verkauf. Kunden wollen überall kaufen wollen, exakt dann, wenn die Entscheidung gefallen ist. Spontaneität und sofortige Erfüllung der Wünsche werden zur Norm.

Die Reise des modernen Käufers kann mit einer Google-Suche beginnen, über eine Instagram-Story, eine Amazon-Kundenbewertung oder einen Facebook-Post führen und in einem Geschäft oder Onlineshop enden. Und das oft in wenigen Minuten, sogar Sekunden. Wenn Unternehmen es schaffen, Kunden auf all diesen Kanälen richtig abzuholen und ihnen direkte und einfache Kaufmöglichkeiten anzubieten, können sie sich einen erheblichen Wettbewerbsvorteil sichern.

Vom linearen Marketing-Vertriebs-Prozess zur Kundenzentrierung

Der klassische, lineare Prozess der „alten Schule", indem Marketing die Leads generiert, sie an den Vertrieb übergibt und dieser sie zu Kunden konvertiert, funktioniert nicht mehr. Denn der lineare Fluss vom Marketing in Richtung Vertrieb spiegelt die Realität auf der Kundenseite nicht mehr wider. Beide Funktionen generieren heute enorme Mengen an wertvollen Daten über Kunden und ihre Präferenzen, aber anstatt sie auszutauschen und daraus zu profitieren, verläuft der Fluss dieser Erkenntnisse in der Regel immer noch in eine Richtung: vom Marketing zum Vertrieb.

Der Kunde steht heute nicht am Ende des Prozesses, sondern in seinem Zentrum und wird in einem ständigen Wechselspiel von den beiden Abteilungen adressiert. Die Vertriebs- und Marketingbereiche lassen sich heute nicht mehr so klar abgrenzen wie früher. Und sie können nicht mehr – so wie seit Jahrzenten gewohnt – in einem Vakuum arbeiten, sondern müssen in einem engen Zusammenspiel Kunden gemeinsam adressieren, wobei jeder von ihnen unterschiedliche Ansichten über Kundenbedürfnisse gewinnen und unterschiedliche Ansprache-Strategien verfolgen kann. Mehr dazu in Abschn. 3.6.

Vom Hardselling zum Buying Enabling

Vorbei sind die alten Hardselling-Zeiten, niemand lässt sich etwas verkaufen, jeder Kunde kann eigenmächtig kaufen und lässt sich von keinen Verkaufstechniken und Tricks mehr beeinflussen. Ich hege die Hoffnung, dass auch die klassischen Hardselling-Ansätze bald aus den Vertriebsschulungen verschwinden werden, denn sie funktionieren nicht mehr. Statt Kunden anzuziehen, schlagen sie sie eher in die Flucht. All die Verkäufertricks, Abschlusstaktiken, Verhandlungstechniken, Fragetechniken und Incentives haben ausgedient, denn nichts davon hat irgendeinen Einfluss auf die Kaufentscheidung des Kunden. Der Hardselling-Ansatz verjagt aktiv Kunden, statt sie anzuziehen, und mehrere Studien zeigen, dass B2B-Käufer ein verkäuferfreies Kauferlebnis wünschen: Sie wollen mit dem Vertrieb nichts mehr zu tun haben.

Hardselling hat heute einfach keine Berechtigung mehr und muss dem neuen Vertriebsansatz Platz machen: Buying Enabling (Kaufen ermöglichen). Dabei geht es um die Unterstützung im Entscheidungsprozess des Kunden: Anstatt zu verkaufen soll der Vertrieb dem Kunden helfen, die für ihn richtige Entscheidung zu treffen. Denn Kunden, insbesondere im B2B-Bereich, sind heute der Meinung, dass sie auf den Vertrieb nicht mehr angewiesen sind, deshalb bieten sie keinen Zugang zu ihrem Beschaffungsprozess mehr. Sie treffen ihre Kaufentscheidung unabhängig vom Vertrieb. Um sich dennoch Zutritt zum Kaufprozess des Kunden zu verschaffen, muss der Vertrieb dem Kunden einen triftigen Grund geben, ihn miteinzubeziehen. Und dieser Fall wird nur dann eintreten, wenn der Kunde den Vertrieb als Unterstützung in seinem Entscheidungsprozess anerkennt. Dafür benötigt der Vertrieb ein tiefes Verständnis über die Kundenbedürfnisse und die Kundenziele, um im Stande zu sein, so relevante Einsichten zu bieten, dass sie den Kunden bei seiner Entscheidungsfindung tatsächlich weiterbringen. In der Regel sind es nicht die leicht verfügbaren Informationen wie Produktbeschreibungen und Funktionalitäten. Es sind Erfahrungen, Anwendungswissen, Daten, Analysen und Forschungsergebnisse, die Kunden helfen, eine fundierte Kaufentscheidung zu treffen.

Der Vertrieb muss Kunden das Erlangen wichtiger Erkenntnisse ermöglichen, indem er ihm für seine Geschäftssituation spezifische Einsichten bietet: Auswirkungen der Entscheidung auf seine Zukunft, wichtige Umsetzungsvoraussetzungen und Entscheidungskriterien.

▶ Im Grunde wollen wir Kunden zum Nachdenken bringen und eine Art „Oh-Effekt" erzeugen: *Oh! daran haben wir wirklich nicht gedacht ... So haben wir es nicht betrachtet ... Diese Perspektive ändert Einiges ...*

Wenn wir das schaffen, wird unser Kunde uns bereitwillig in seine Entscheidung involvieren und am Ende womöglich auch bei uns kaufen.

Von der Kaltakquise zu Pull–Push-Mix

Innerhalb von wenigen Jahren haben sich die Kundengewinnungsansätze gänzlich verändert: Kaltakquise, so wie wir sie kennen und immer noch zu Genüge praktizieren, funktioniert nicht mehr. Auch wenn es gegenläufige Meinungen gibt, hat das Internet diesen Ansatz weitestgehend unwirksam gemacht. Kunden können fast alle Informationen, die sie für ihre Kaufentscheidung benötigen, im digitalen Raum erhalten. Sie brauchen keine Vertriebsmitarbeiter, die Produktdetails erklären, Preisauskünfte geben oder ihnen sagen, warum ihre Produkte besser sind als die der Konkurrenz. Tatsächlich wollen sie diese Art von Vertriebsinteraktionen nicht mehr und schon gar nicht Kaltanrufe. Stattdessen gehen sie lieber selbst aktiv auf die Suche nach passenden Lösungen und Anbietern.

Für den Vertrieb bedeutet es, dass man für Kunden bei ihrer Suche auffindbar und attraktiv genug sein muss, sodass Kunden freiwillig Interesse an einer Kontaktaufnahme entwickeln. Im Gegensatz zur aktiven Suche nach Kunden (Push-Ansatz) schafft man im Grunde die Voraussetzungen dafür, dass Kunden Sie bei ihrer Suche finden (Pull-Ansatz) und auch mit Ihnen interagieren wollen. Die Pull-Strategie ist inzwischen kein Trend mehr, sondern gängige Praxis. Viele Unternehmen haben schon längst auf diesen Ansatz umgestellt.

Dabei müssen wir nicht die Entweder-oder-Entscheidung treffen: Richtig gemacht haben beide Ansätze ihre Berechtigung, und das Geheimnis der erfolgreichen Kundengewinnung liegt heutzutage in einer durchdachten Kombination beider Modelle: **Pull–Push-Mix.** Dies, weil je nach Schritt im Kaufprozess des Kunden unterschiedliche Ansätze benötigt werden. Den Push-Ansatz benötigen wir immer noch, um aktiv und punktuell Bedarf zu generieren und den Pull-Ansatz, um Kunden bei ihrer Entscheidungsfindung richtig abzuholen. Wichtig dabei: Man darf den Push-Ansatz nicht mit der „alten" Kaltakquise verwechseln, denn sie ist endgültig vorbei. Man benötigt heute zeitgemäße Ansprache-Strategien, um Kunden auch erreichen zu können. Die Technologie spielt hier eine Schlüsselrolle, denn sie kann beide Ansätze maßgeblich unterstützen.

Von Standardprodukten zu Massenpersonalisierung

Von Start-ups bis hin zu bekannten Traditionsmarken, alle bieten zunehmend personalisierte Produktoptionen an, um dem Hyper-Personalisation-Trend nachzukommen. Es ist noch gar nicht so lange her, dass personalisierte Produkte eher die Ausnahme als die Regel waren. Hauptsächlich ging es dabei um Geschenkartikel oder gebrandeten Give-aways (Schlüsselanhänger und Kaffeebecher). Das Internet, E-Commerce und der 3D-Druck haben es ermöglicht, dass man sich heute fast alles personalisieren und maßschneidern lassen kann: Von den altbekannten T-Shirts bis zu den Turnschuhen und von den eigenen Müsli- und Vitamin-Mischungen bis zu den Futtermischungen für den Hund.

46 % der Verbraucher warten gerne länger auf ihr personalisiertes Produkt, und jeder Fünfte ist bereit, 20 % mehr dafür zu bezahlen. Darüber hinaus sind 22 % der Konsumenten bereit, ihre personenbezogenen Daten preiszugeben, um ein personalisiertes Produkt zu erhalten (Deloitte 2019). Personalisierte Produkte sind hoch im Trend, denn sie erfüllen das „moderne" Bedürfnis nach Differenzierung. Dieser, so wie viele andere,

anfängliche Verbraucher-Trend verlagert sich nun in den B2B-Bereich, wo Kunden keine Standardprodukte mehr wollen, sondern speziell für ihre Bedürfnisse entwickelte Lösungen. Folglich müssen auch Unternehmen nachdenken, wie sie ihre Standardprodukte in personalisierte Kundenlösungen umwandeln.

Vom Lösungsverkauf zur gemeinsamen Lösungsentwicklung
Und der Trend geht noch weiter, nämlich in Richtung gemeinsame Entwicklung von B2B-Kundenlösungen. Der Differenzierungs- und Innovationsdruck in der modernen Geschäftswelt führt dazu, dass man individuelle und maßgeschneiderte Lösungen benötigt, um sich im Markt differenzieren zu können. Hierzu ist eine enge und strategische Zusammenarbeit mit Lieferanten notwendig. Es geht nicht mehr darum, vorhandene Lösungen zu verkaufen, sondern sie mit Kunden gemeinsam zu entwickeln. Dieser neue, aber sehr starke Trend im B2B-Bereich gibt Unternehmen die Möglichkeit, Kunden zu unterstützen und gleichzeitig das eigene Geschäftsmodell zukunftssicher zu machen. Dazu ist aber weitaus mehr nötig als eine Verkaufsmannschaft, die Produkte erklären und verkaufen kann.

1.1.4 Top-Trends im Kundenverhalten, durch COVID-19 ausgelöst

Als ob all die Trends im Kundenverhalten, in der Technologie und in den Vertriebsansätzen nicht schon genug Herausforderung für die Vertriebsorganisationen wären, musste auch noch die Pandemie kommen. Die COVID-19-Krise hat massive Veränderungen auf mehreren Ebenen der Gesellschaft und der Wirtschaft ausgelöst, und auch der Vertrieb blieb davon nicht verschont. Denn das Virus hat auch das Kaufverhalten der Kunden nachhaltig verändert, sowohl im B2C-, als auch im B2B-Segment. Daher dürfen diese Trends in diesem Kontext nicht unerwähnt bleiben, insbesondere weil die Gefahr besteht, dass Unternehmen die langfristigen Auswirkungen der Krise unterschätzen.

Konsumentenloyalität und Markentreue geraten in Bedrängnis
Die Verunsicherung der Konsumenten im ersten Lockdown hatte die Regale im Einzelhandel leergefegt und Menschen dazu gebracht, das zu nehmen, was verfügbar war, ungeachtet ihrer Markenvorlieben. Diese Knappheit, wenn auch nur kurz, samt der positiven Erfahrungen mit den „neuen" Marken reichte jedoch aus, um die Markenloyalität unter Druck zu setzen. Das hat zur Folge, dass es den Konsumenten egal ist, ob sie ein Markenprodukt oder ein No-Name-Produkt kaufen, sofern die Qualität stimmt. Im Gegenteil, sie sind sogar weniger bereit, Geld „nur für Namen" auszugeben. Denn durch die Krise haben Menschen begonnen, bewusster einzukaufen und sich genau zu überlegen, wo und wie sie ihr Geld ausgeben. Sie recherchieren gründlich, bevor sie eine wichtige Kaufentscheidung treffen.

Regionalität und Nachhaltigkeit bei Konsumenten hoch angesehen

Während der Krise stieg die Loyalität der Verbraucher gegenüber lokalen und regionalen Anbietern massiv an. Neben den durch die Krise sichtbar gewordenen Nachteile der Globalisierung entstand eine Solidarität den Nachbarn gegenüber und folglich auch ein starker Trend in Richtung nachhaltiges lokales Einkaufen. Auch die Krisensituation an sich, in Verbindung mit der Zukunftsunsicherheit führte dazu, dass mehr Wert auf Nachhaltigkeit und Langlebigkeit gelegt wird. Diese Entwicklung sollte mehreren Studien zufolge auch nach der Krise anhalten, was wichtig für die Anbieter von Konsumentenprodukten ist, denn sie benötigen hier die richtige Positionierung und Markenkommunikation.

Digitales Verhalten durch die Krise noch mehr verstärkt

Das durch die Krise erzwungene digitale Verhalten wollen Menschen auch in der Zukunft beibehalten. Online einkaufen, digital kommunizieren, soziale Netzwerke vermehrt nutzen, über Apps und Chatbots bestellen… All das ist einfach bequem und erspart viel Zeit, demzufolge planen Konsumenten weiterhin auch nach der Krise, sich dieser Bequemlichkeit zu bedienen. Abgesehen davon glauben Viele, bessere Angebote und Schnäppchen online zu finden.

Interaktion mit Maschinen? Kein Problem!

Menschen ist die Interaktion mit Maschinen nicht mehr fremd: Den meisten ist es egal, ob sie von einem Menschen oder einer Maschine beraten werden, sofern die Leistung stimmt. Virtuelle Assistenten, Sprach-Assistenten und Chatbots finden vermehrt Einzug in unseren Alltag und nicht zuletzt leistete die Krise auch ihren Beitrag zu ihrer Verbreitung, denn der persönliche Kontakt war teils nicht mehr möglich und wurde durch Technologie ersetzt. Durch die positiven Erfahrungen damit, weil sie bequem sind und unsere Bedürfnisse auf eine subtile Art und Weise erfüllen, nehmen Maschinen ihren festen Platz in der Tagesroutine der Menschen ein.

Lieferantenwechsel im B2B-Umfeld

Die Krisenumstände haben Unternehmen vor Herausforderungen gestellt, die außerhalb ihres Einflussbereiches lagen. Die existenzielle Bedrohung und der Selbsterhaltungsdruck hat die Treue der B2B-Unternehmen ihren Lieferanten gegenüber auf den Prüfstand gestellt und sie begannen, ihre langjährigen Geschäftsbeziehungen aufzugeben und wechselten zu anderen Anbietern aufgrund besserer Erfahrungen. Folglich veränderten sich auch die Faktoren bei der Lieferanten-Evaluierung: Neben den klassischen Kriterien, wie Preis, Verfügbarkeit und Betreuungsqualität, traten plötzlich „digitale" Faktoren in den Vordergrund und Kunden sind zunehmend bereit, nicht nur wegen einem besseren Preis, sondern auch wegen einer besseren digitalen Erfahrung, ihre Lieferanten zu wechseln:

- Digitale Einkaufsprozesse
- Integration von Bestellprozessen
- Digitale Selbstbedienungskanäle
- Zugang zu personalisierten, marktadäquaten, dynamischen Preisen
- Selbstkonfiguration von Produkten und Lösungen
- Selbst-Individualisierung von Bestellungen
- Multichannel-Kommunikation

Traditionelle B2B-Kanäle geraten unter Druck

Der Wechseltrend zu einer besseren digitalen Erfahrung war schon vor der Krise sichtbar. Sie hatte ihn nur noch massiv verstärkt. Denn B2B-Einkäufer haben heutzutage weder Zeit noch Lust auf mühsame Interaktionen mit dem Vertrieb, die auf traditionellen Ansätzen beruhen, beispielsweise die klassischen telefonischen Preis- und Verfügbarkeit-Abfragen. Sie haben auch keine Lust mehr darauf, Preise jedes Mal nachzuverhandeln, sondern benötigen die Möglichkeit, sich zeit- und ortsunabhängig „selbst" zu informieren und fordern Zugang zu realistischen Preisen, Produktinformationen, Verfügbarkeiten, Vertrags- und Zahlungsoptionen. Darüber hinaus wollen sie die Möglichkeit haben, ihre Bestellungen selbst zu konfigurieren und zu individualisieren. Kunden benötigen keinen Zugang zu „klassischen" Onlineshops im B2B-Bereich, wo die Verfügbarkeit nur begrenzt sichtbar ist und die Preise nur für die Allgemeinheit bestimmt sind, wodurch klassische Onlineshops oder Webseiten auch schon zu „traditionellen" Kanälen zählen. Was B2B-Kunden heute wirklich wollen: Eine autonome digitale Selbstbedienung über den gesamten Beschaffungsprozess bzw. komplette Integration der Bestellprozesse.

B2B-Kunden recherchieren lieber online, als mit dem Vertrieb zu interagieren

Wenn noch vor Kurzem im B2B-Bereich eine digitale Erfahrung primär bei Bestellungen und Nachbestellungen erwünscht war, wird sie inzwischen auch im Bereich der Recherche und der Evaluierung von Lieferanten erwartet. Webseiten, digitale Materialien und Live-Chats gewinnen vermehrt an Wichtigkeit im Vergleich zu den herkömmlichen Kanälen, wie Empfehlungen, Mundpropaganda und Interaktionen mit dem Vertrieb. Zugang zu relevanten Informationen, Produkten, Preisen und Einkaufskonditionen zur Selbstbedienung zählt inzwischen zu den regulären Bewertungskriterien von Lieferanten. Auch das Format Messe hat durch die Krise stark gelitten und auch wenn viele sich diese Formate zurückwünschen, werden sich zukünftig vermehrt hybride Formate mit einer digitalen Besuchererfahrung durchsetzen.

Virtuelle Kommunikation wird dem Vertrieb erhalten bleiben

Eines hat das Virus eindeutig bewiesen: virtuelle und digitale Kommunikationskanäle funktionieren besser, als viele zuvor annahmen. Dies belegen inzwischen mehrere Studien, die zeigen, dass Geschäftsleute zukünftig weniger reisen und vermehrt virtuell kommunizieren wollen. Infolgedessen ist es zu erwarten, dass Alltagskommunikation und Tagesgeschäft zukünftig vermehrt online abgewickelt wird und Online-Meetings und Videokonferenzen werden weiterhin an der Tagesordnung stehen. Das heißt nicht, dass der persönliche Kontakt an Relevanz verlieren wird. Er wird noch immer wichtig sein, aber primär in „anderen" Bereichen, als vor der Krise: in strategischen Meetings, Business Development. Business Reviews, etc. Das bedeutet, dass das operative Tagesgeschäft vermehrt in die virtuelle Welt versetzt und der persönliche Kontakt dem strategischen Geschäft gewidmet wird.

Wenn wir diese Entwicklungen betrachten, die inzwischen von mehreren Studien bestätigt sind, dann dürfen Vertriebsorganisationen die langfristigen Auswirkungen der Krise nicht vernachlässigen. Denn es ist nicht zu bestreiten, dass die Pandemie einen richtigen Digitalisierungsschub im Einkauf und Verkauf ausgelöst hat und dass die Relevanz von traditionellen personenbezogenen Kanälen – ob Verkäufer, Innendienst oder Außendienst – stark abnahmen. Diese Entwicklung wird nicht umkehrbar sein, auch wenn manche Vertriebsorganisationen eine abwartende Position beziehen und immer noch warten, bis die Welt wieder „normal" wird. Das wird sie nicht, zumindest nicht „normal" im Sinne der altentraditionellen Vertriebswelt. Sobald sich das Verhalten ändert, gibt es in der Regel kein Zurück mehr.

▶   Die zu Krisenbeginn mehr oder weniger über Nacht angepassten Vertriebsmodelle und -ansätze müssen auf ihre Wirksamkeit und Langfristigkeit
    überprüft werden, denn sie dürfen nicht auf dem Krisen-Stand bleiben,
    um auch zukunftssicher zu sein. Die Neigung ist groß, diese aus der Not
    heraus umgesetzten Maßnahmen weiterhin beizubehalten, ohne sie auf ihre
    strategische Relevanz zu überprüfen, worin auch ihre größte Gefahr liegt:
    Ansätze erweisen sich wirksamer, wenn sie aktiv und strategisch anstatt
    reaktiv und notgedrungen eingeführt werden.

Vertrieb im Wandel: Fazit

In Anbetracht all dieser Trends ist für Sie nun hoffentlich besser erkennbar, wie sehr der traditionelle Vertrieb ins Wanken geraten ist. Es fühlt sich so an, als ob jemand – aus Spaß oder sonstigen Gründen – begann, das Wasser im Glas umzurühren und einfach darauf vergessen hat, aufzuhören. Das Schiff ist dem Sturm hilflos ausgeliefert, alle Schrauben werden locker und ganze Bauteile drohen, auseinander zu fliegen…

So oder so ähnlich verhält es sich auch mit dem Vertriebswandel. All diese Entwicklungen und Trends aus den unterschiedlichsten Bereichen – Kundenverhalten, Technologie und Vertriebsansätze – greifen ineinander zu und verstärken sich gegenseitig, was dazu führt, dass der Wandel nur noch mehr an Kraft gewinnt. Diese Trends entstehen womöglich voneinander unabhängig, wachsen dann aber zusammen, wenn sie aufeinandertreffen, wie Wellen zu einem Tsunami und rasen gemeinsam auf den Vertrieb zu und gewinnen durch ihr Zusammenspiel nur noch mehr an Zerstörungskraft, was tiefgreifende strukturelle Veränderungen für Vertriebsorganisationen bedeutet.

Wenn eine neue Technologie Kunden begeistert und schnell von ihnen akzeptiert wird, führt dies unweigerlich dazu, dass Unternehmen ihre Vertriebsmodelle anpassen müssen … und umgekehrt: Ein innovativer Vertriebsansatz kann Kundenverhalten beeinflussen und eine weitere Technologie-Entwicklung nach sich ziehen … und so weiter und so fort … es findet sich immer ein neuer Faktor, der das Wasser im Glas in Bewegung hält.

All diese Entwicklungen offenbaren den notwendigen Paradigmenwechsel im Vertrieb, der auf mehreren korrelierenden Ebenen stattfinden soll. So dürfen Unternehmen nicht den Fehler machen, einzelnen Entwicklungen nachzurennen und sich auf bestimmte Trends oder Bereiche zu fokussieren. Nur ein agiler strategischer und ganzheitlicher Ansatz kann hier langfristig die Lösung sein.

▶   Vertriebsorganisationen müssen ihre Ansätze, Methoden, Modelle und Vorgehensweisen aus diversen Perspektiven grundlegend hinterfragen und überprüfen, ob sie noch zeitgemäß sind.

1.2   Die Treiber der digitalen Transformation im Vertrieb

Die im vorigen Kapitel aufgezeigten Trends und Entwicklungen beweisen, dass die digitale Transformation im Vertrieb keine Zukunftsvision und kein Trend mehr ist, sondern Realität. Sie schreitet voran, mit uns oder ohne uns. Es sind viele Treiber am Werken, die die digitale Transformation auf ihren einzelnen Ebenen vorantreiben und die sich gleichzeitig gegenseitig verstärken und sich in drei übergreifenden Kategorien zusammenfassen lassen: Markt, Technologie und Kunde.

1.2.1   Markt

Durch die voranschreitende Digitalisierung sind die Geschäftsmärkte zu volatilen, komplexen und unbeständigen Variablen geworden, die in einem Kontinuum von politischen Ereignissen, Naturkatastrophen, Finanzmärkten, Währungsschwankungen und wissenschaftlichen Entwicklungen beeinflusst werden. Zudem führt die durch das Internet möglich gewordene rasante Informationsverbreitung dazu, dass Marktentwicklungen nur noch schwer und für immer kürzer werdenden Perioden einigermaßen präzise vorherzusagen sind. Es ist noch gar nicht so lange her, dass man mit gutem Gewissen behaupten konnte, man kenne sich in seiner Industrie und seinem Spezialbereich gut aus und heute ist es praktisch unmöglich geworden, mit allen relevanten Entwicklungen Schritt zu halten und Trends eindeutig zu erkennen und vorherzusagen, Niemand weiß, welche Innovationen Akzeptanz im Markt finden und wie schnell. Die Volatilität der Geschäftsmärkte ist einerseits das Ergebnis der Digitalisierung und andererseits ist sie zum Treiber der digitalen Transformation geworden.

Neue Geschäftsmodelle lösen traditionelle Konzepte ab

Der technologische Wandel und die damit verbundenen Entwicklungen ermöglichen eine weitreichende Innovation von Geschäftsmodellen: Pay-Per-Use, Subscription, On-Demand, Cloud, Sharing-Economy, Plattform-Business, Freemium, Crowd-Economy, Öko-Systeme, Blockchain, User-Experience, Smart-Thing, etc. In Windeseile hat die Digitalisierung traditionelle Geschäftsmodelle, die seit Jahrtausenden existieren, verändert und wird es weiter tun, Stichwort Disruption. Unternehmen müssen sich darüber im Klaren werden, dass die klassischen Geschäftsmodelle die auf den alten Prinzipien von „Einkaufen und mit Aufschlag verkaufen" und „Herstellen und zum Kauf anbieten" basieren, in der heutigen Welt nur noch bedingt erfolgreich funktionieren.

B2C-Player mischen in B2B Märkten um

B2C-Anbieter, die durch den digitalen Wandel in den letzten Jahren schnell gewachsen sind, nutzen ihre Erfahrungen aus dem Konsumentengeschäft und adressieren damit vermehrt den B2B-Markt, Beispiel Amazon, Ebay, Alibaba und Facebook. Insbesondere Amazon fokussiert sich auf den B2B-Markt und entwickelt spezielle Angebote dafür, womit traditionelle Unternehmen sich unmöglich messen können und gezwungenermaßen unter Druck geraten. Es entstehen **digitale Ökosysteme,** die immer weniger Umsatz über ihren eigenen Onlineshop und immer mehr über ihre Funktion als Marktplatz generieren.

Start-ups setzen neue Standards in der Geschäftswelt

Die Start-up-Szene, Co-Working Plattformen und die Fucked-up-Mentalität verändern die Art, wie man ein Geschäft aufbaut und wie man im Markt miteinander kooperiert. Innovative und einfache Ideen finden schnell ihren Weg aus Garagen und Kellern in die Wirtschaft und verändern grundlegend ganze Branchen. Darüber hinaus kommen die neue Denkweise, die Flexibilität und die Agilität der Start-Up Szene bei Kunden gut an und verändern auch die Erwartungen der Kunden ihren langjährigen Lieferanten gegenüber. Große Marktplayer versuchen mit Übernahmen von vielversprechenden oder „gefährlichen" Start-Ups zu reagieren, was aber langfristig keine Lösung sein kann. Ein Umdenken und Überdenken der alten Modelle und Ansatzweisen sind notwendig.

Hoher Wettbewerb dominiert den Markt

Mit dem leichteren Zugang zu Informationen und Knowhow kommen vermehrt neue Wettbewerber ins Spiel, die mit kostengünstigeren Betriebsmodellen ähnliche Produkte billiger anbieten können. Es entstehen Unmengen an Anbietern, die ähnliche Produkte – zum Teil sogar identische – anbieten und sich lediglich im Namen und Markenauftritt unterscheiden. Diejenigen, die die beste Vermarktungsstrategie – primär im digitalen Raum – erarbeiten, wachsen schneller. Sie finden auch leichteren Zugang zu Ihren Kunden und können Ihre langjährigen, mühsam aufgebauten Geschäftsbeziehungen im Nu zerstören. Leider betreiben traditionelle Unternehmen viel mehr Vertriebsaufwand für die Aufrechterhaltung der langjährigen Partnerschaften und den „Kundenschutz" sowie auch für die Erarbeitung von Strategien gegen die neuen „Eindringlinge", anstatt sich mit Geschäftsinnovation zu beschäftigen und Kunden einen Grund zu geben, freiwillig „zu bleiben".

Transparenz auf allen Ebenen

Das Internet, die sozialen Plattformen und die Kundenbewertungsportale bringen neue Herausforderungen im Bereich der Kundenkommunikation und der Unternehmenspositionierung mit sich mit, denn sie schaffen eine extreme Transparenz, die unmöglich zu kontrollieren ist. Darüber hinaus ist auch die Vertriebsorganisation, samt jedem Vertriebsmitarbeiter transparenter denn je geworden und die Grenzen zwischen dem privaten und beruflichen Bereich im Internet verschwinden zunehmend. So wie Arbeitgeber sich über Kandidaten auf Facebook informieren, tun es inzwischen auch Kunden: Sie informieren sich aktiv über die Verkäufer, mit denen sie zu tun haben.

Globalisierung öffnet neue Wege und verschließt andere

Die Globalisierung ist so ein integraler Bestandteil der modernen Welt geworden, dass die meisten von uns nicht erkennen, wie sehr sie unser tägliches Leben beeinflusst. Einen guten Eindruck davon hat uns die COVID-19 Krise gewährt, wo undenkbare Zusammenhänge plötzlich sichtbar geworden sind. Auch wenn die Globalisierung einige Vorteile birgt – wie Zugang zu neuen Märkten, Expansionsmöglichkeiten und niedrigere Produktionskosten – bringt sie doch einige Herausforderungen für die Geschäftswelt mit sich. Denn wenn durch die Globalisierung für Unternehmen neue Märkte entstehen, werden gleichzeitig die eigenen Märkte anderen Playern zugänglich, die mit ganz anderen Voraussetzungen agieren, bleiben wir bei den niedrigen Produktionskosten als Beispiel. Die Globalisierung ist für die Unternehmen eine Chance und Bedrohung in Einem, die auf beiden Ebenen nicht zu unterschätzen ist.

1.2.2   Technologie

Heutzutage bestimmt die Technologie unser Leben, privat und geschäftlich. Sie ist es, die in den letzten 50 Jahren die Qualität unseres Lebens wesentlich verbessert hat. Ständig werden Technologien weiterentwickelt und miteinander kombiniert, um etwas Besseres zu schaffen als das, was gerade vorhanden ist. Wir streben nach Innovation, und sie soll im Eiltempo geschehen. Demnach ist es kein Wunder, dass viele Unternehmen Mühe haben, Schritt mit den rasanten technologischen Entwicklungen zu halten. Um ehrlich zu sein, ist es schlichtweg unmöglich geworden, mit *allen* technologischen Entwicklungen Schritt zu halten.

Die Veränderungen in der Technologie entwickeln sich exponentiell, wobei Organisationen sich linear verändern. Dies führt dazu, dass viele Organisationen fast vor einer nicht zu bewältigenden Aufgabe stehen, das gesamte Potenzial der technologischen Entwicklung für sich zu entdecken und zu nutzen. Unabhängig von der Unternehmensentwicklung entwickelt sich aber die Technologie weiter. Sie ist leicht zugänglich geworden, findet bei Kunden hohe Akzeptanz und verändert fundamental traditionelle Geschäftsmodelle, wodurch sie sich zu einem alleinstehenden und mächtigen Treiber der digitalen Transformation im Vertrieb entwickelt.

Produktlebenszyklen werden kürzer

Neue Produkte werden schneller auf den Markt gebracht und wieder ersetzt. Die Lebenszyklen werden immer kürzer, womit der Vertrieb oft an seine Grenzen gebracht wird: manch ein Produkt wurde erst ausgeliefert, und da kommt schon der Nachfolger oder die Konkurrenz ist doch schneller gewesen.

Innovation treibt die Produktentwicklung

Auch der Druck, immer auf dem neusten Stand zu sein und die Marktposition nicht zu verlieren, wird immer stärker. Teilweise werden sogar alte Technologien als „Neuheiten" auf den Markt gebracht, allein aus dem Grund, um im Innovationsmarkt mitmischen zu dürfen oder die führende Rolle nicht zu verlieren. Vermehrt wird auch der Vertrieb seitens der Kunden mit „Innovationserwartungen" konfrontiert. Unternehmen müssen kreativ sein, um anhaltend ein State-of-the-Art Niveau auf allen Ebenen anbieten zu können: Produkt, Service und Kundenerfahrung.

Neue Technologien erfordern Expertise im Vertrieb

Neue Entwicklungen im Technologie-Markt ermöglichen die Konzeption neuartiger Produkte und Dienstleistungskonzepte. Immer mehr Funktionen des Produktes werden durch Software realisiert, wodurch die Produkte komplexer werden. Demzufolge entsteht ein technologischer Expertise-Bedarf im Vertrieb. Vertriebsfähigkeiten und Produktkenntnisse reichen oft nicht mehr aus, um Kunden qualifiziert beraten zu können.

1.2.3 Kunde

Neben den technologischen und marktbezogenen Entwicklungen ist es vor allem der Kunde, der der Haupttreiber der digitalen Transformation im Vertrieb ist. Die digitalen Technologien haben zu einer Verschiebung der Kundenerwartungen und -verhalten geführt. Kunden sind ständig mit der Technologie verbunden und wissen sehr genau, was sie damit tun können. Die meisten nutzen sie inzwischen intuitiv und erwarten eine technologische Erfahrung von den Anbietern, wodurch sie die digitale Transformation vorantreiben. Die Technologie hat die Erwartungen der Kunden verändert: Mobile Geräte, Anwendungen, Künstliche Intelligenz und Automatisierung ermöglichen es den Kunden, das zu bekommen, was sie wollen und wann sie es wollen. Folglich haben Kunden heute viele „technologische" Erwartungen:

Digitale Kundenerfahrung

Wir haben heute die Situation, dass Kunden die Anbieter zunächst nach ihrem digitalen Kundenerlebnis beurteilen, als nach ihren Produkten und Preisen. Kunden erwarten heute eine bequeme und unkomplizierte digitale Kundenerfahrung, die ihren Interessen und individuellen Gewohnheiten entspricht und zwar auf allen möglichen Geräten, die sie zu nutzen pflegen: Desktop, Notebook, Tablet, Mobiltelefon, sowie auch diversen Applikationen: Browser, Apps, Messenger, sozialen Netzwerken.

Einheitliche Omni-Channel Erfahrung

Darüber hinaus erwarten sie eine einheitliche Erfahrung auf allen Kanälen: Kommunikation, Information und Kauf. Sie wollen nicht mehr an einem einzigen Kanal gebunden sein, sie stöbern im Geschäft, kaufen online ein, geben ihr Feedback über mobile Anwendungen weiter und stellen Fragen an Ihr Support-Team über soziale Medien oder den virtuellen Assistenten. Und sie sind bereit zu wechseln, wenn die Erfahrung nicht ihren Erwartungen entspricht: Über 60 % der Konsumenten würden nach einer einzigen schlechten Erfahrung auf der Website, der mobilen App oder anderen Plattformen wahrscheinlich bei dem Anbieter nicht mehr einkaufen (Contentstack 2019).

Personalisierte und individualisierte Kundenerfahrung

Die Erfahrung, die man ihnen bieten soll – insbesondere für die jüngeren Generationen – muss hochpersonalisiert sein. Kunden erwarten, dass Inhalte und Produkte auf der Grundlage ihrer bisherigen Interaktionen mit Ihrem Unternehmen personalisiert werden, ebenso dass die Marketingmaterialien, Werbung und E-Mails auf sie zugeschnitten sind. Wie schon dargestellt, sind sie im Gegenzug bereit, Ihnen die Informationen zu geben, die Sie benötigen, um ihnen eine personalisierte Erfahrung zu bieten – solange es sich für sie lohnt.

Zeit- und ortsunabhängige Kommunikation

Auch Einschränkungen in der Kommunikation – was Zeit, Ort und Weg betrifft – wollen moderne Kunden nicht mehr in Kauf nehmen. Sie wollen die Möglichkeit haben, mit Ihrem Unternehmen dann zu kommunizieren, wann sie wollen und nicht, wann Sie offen haben. Sie erwarten auch an Wochenenden die gleichen Antwortzeiten und Qualität, wie an Wochentagen. Und das unabhängig von den Anliegen, die sie haben: Informationsanfrage, Lieferauskunft, Kauf, Service oder Support.

Zugang zu Informationen

Ebenso erwarten sie einen orts-, zeit- und kanalunabhängigen Zugang zu den für sie wichtigen Informationen. Sie sind vermehrt weniger bereit, sich irgendwo neu anzumelden, um Informationen zu erhalten oder explizit nach Informationen zu fragen. Sie gehen den Weg des geringsten Wiederstands und verschaffen sich die Informationen dort, wo sie sie schneller und bequemer finden, womöglich bei der Konkurrenz.

Nahtlose Identifikation

Dabei erwarten Kunden eine nahtlose Erfahrung: Sie haben keine Lust darauf, sich auf mehreren Geräten immer wieder und auf unterschiedlicher Art und Weise zu identifizieren und sich bei unterschiedlichen Abteilungen mit ihrem Anliegen zu wiederholen. Sie erwarten, dass Sie wissen, wer sie sind und einmal eine Anfrage gestellt, diese Information über alle relevanten Abteilungen in Echtzeit transportiert wird.

Sofortige Reaktion

Zu warten sind sie auch nicht mehr bereit. Alles geschieht jetzt in Echtzeit, wenige Klicks entfernt. Demzufolge erwartet die Mehrheit der Kunden eine sofortige Antwort auf ihre Anfragen und das 24/7, ohne Einschränkungen.

Easy-to-use

Technologie hat unser Leben in vielerlei Hinsicht einfacher gemacht, Bequemlichkeit und Einfachheit stehen im Vordergrund. So erwarten auch Kunden eine einfache und unkomplizierte Navigation durch Ihre Anwendungen und möglichst schnellen und einfachen Zugang zu den relevantesten Inhalten, ohne unnötige Funktionen, Abfragen, Informationen und Schritte.

Treiber der digitalen Transformation im Vertrieb FAZIT

Es ist Tatsache, dass der Vertrieb sich neu orientieren muss, um das Potenzial der Digitalisierung nutzen zu können. Die Kunden, der Markt und die Technologie bestimmen gemeinsam, wohin die Reise geht. All diese Faktoren greifen ineinander und halten das Rad in Bewegung, siehe Abb. 1.2.

Der technologische Fortschritt ermöglicht die Entwicklung innovativer Produkte, die Kunden begeistern und ihre Erwartungen neu definieren, wodurch die Anbieter unter Innovationsdruck geraten und wiederum Technologien weiterentwickeln, folglich auch Produkte, die wiederum die Kundenbedürfnisse beeinflussen … das Rad dreht sich … immer weiter … Denn es findet sich immer ein neuer Faktor, der es in Bewegung setzt. Und der Vertrieb ist mittendrin und fragt sich: Wer hat am Rad gedreht? Es ist egal wer „anfing", denn es wird immer irgendwen oder irgendwas geben, das es in Bewegung hält. Früher hatte man als Vertriebsverantwortlicher das starke Gefühl „am Steuer" zu sein, heute dagegen hat man oft das Gefühl, ferngesteuert zu sein, ob vom Markt, den Kunden- oder den Produktanforderungen. Die gute Nachricht: Man kann das Steuer wieder übernehmen. Dafür müssen wir uns mit der digitalen Transformation des Vertriebs in ihrem Kern beschäftigen, nicht nur an der Oberfläche kratzen und dem einen oder anderen Trend oder Technologie nachlaufen.

▶ Die Technologie ist der Schlüssel zur Erfüllung von modernen Kundenerwartungen und gleichzeitig ermöglicht sie es, Kundenbedürfnisse zu verstehen und folglich das Kundenerlebnis zu verbessern und neue Produkte anzubieten.

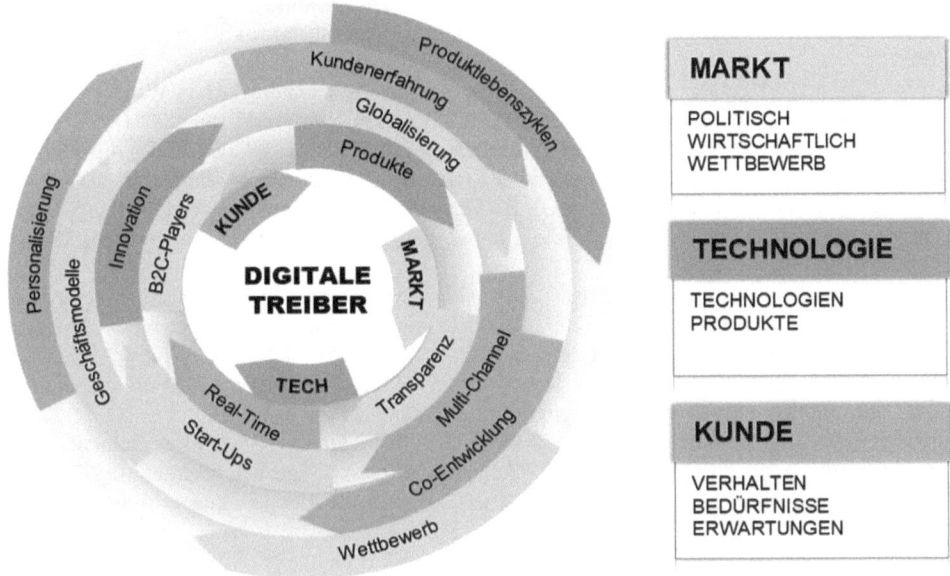

Abb. 1.2 Treiber der digitalen Transformation im Vertrieb

Literatur

Accenture (2015) Omni-channel experience is critical to fueling B2B customer engagement, finds accenture and SAP hybris study. https://newsroom.accenture.com/news/omni-channel-experience-is-critical-to-fueling-b2b-customer-engagement-finds-accenture-and-sap-hybris-study.htm. Zugegriffen: 14. Jan. 2021

Accenture (2016) Consumers welcome personalized offerings but businesses are struggling to deliver, finds accenture interactive personalization research. https://newsroom.accenture.com/news/consumers-welcome-personalized-offerings-but-businesses-are-struggling-to-deliver-finds-accenture-interactive-personalization-research.htm. Zugegriffen: 1. Nov. 2020

Contentstack (2019) Digital experience survey. https://www.contentstack.com/blog/all-about-headless/what-consumers-expect-digital-experience-survey/. Zugegriffen: 29. Dez. 2020

Datareportal (2020) Digital 2020: july global statshot. https://datareportal.com/reports/digital-2020-july-global-statshot. Zugegriffen: 30. Okt. 2020

Deloitte (2019) The Deloitte consumer review, made-to-order: the rise of mass personalisation. https://www2.deloitte.com/content/dam/Deloitte/ch/Documents/consumer-business/ch-en-consumer-business-made-to-order-consumer-review.pdf. Zugegriffen: 14. Jan. 2021

DemandGen (2017) B2B buyers survey report. https://www.demandgenreport.com/resources/research/2017-b2b-buyers-survey-report. Zugegriffen: 29. Dez. 2020

Gartner (2019) New B2B buying journey & its implication for sales. https://www.gartner.com/en/sales/insights/b2b-buying-journey. Zugegriffen: 14. Jan. 2021

Gartner B2B Buying Survey (2019) The future of sales. https://emtemp.gcom.cloud/ngw/globalassets/en/sales-service/documents/trends/future_of_sales_ebook.pdf. Zugegriffen: 5. Jan. 2021

Presseportal (2019) Digitaler als ihr Ruf: Die Babyboomer im technologischen Wandel | Presseportal. https://www.presseportal.de/pm/60247/4200139. Zugegriffen: 21. June 2021

PRWeb (2018) Study: half of B2B buyers make up their minds before talking to sales reps. https://www.prweb.com/releases/2018/06/prweb15537641.htm. Zugegriffen: 14. Jan. 2021

Roland Berger, Die digitale Zukunft des B2B-Vertriebs (2015). https://www.rolandberger.com/publications/publication_pdf/die_digitale_zukunft_des_b2b_vertriebs.pdf. Zugegriffen: 31. Jan. 2021

Sara Kleinberg, Think with Google 2018, 5 ways voice assistance is shaping consumer behaviour. https://www.thinkwithgoogle.com/future-of-marketing/emerging-technology/voice-assistance-consumer-experience/. Zugegriffen: 14. Jan. 2021

Simon & Kucher (2019) The rating economy – consumer survey. https://www.simon-kucher.com/en/TheRatingEconomy-Overview. Zugegriffen: 14. Jan. 2021

Statista (2020) Total number of Amazon Alexa skills from January 2016 to September 2019. https://www.statista.com/statistics/912856/amazon-alexa-skills-growth/#:~:text=In%20a%20little%20over%20three,services%20such%20as%20Amazon%20Echo. Zugegriffen: 28. Okt. 2020

Digitale Vertriebstransformation: WAS ist sie wirklich?

2

Zusammenfassung

Das Thema digitale Transformation im Vertrieb bewegt sich irgendwo zwischen Ignoranz und Hype und schafft es immer noch nicht, den notwendigen Grad an Verständnis innerhalb von Vertriebsorganisationen zu erreichen. Es wird viel geredet und diskutiert, aber immer noch nicht wirklich erkannt, worum es bei der digitalen Vertriebstransformation tatsächlich geht. Die Missverständnisse beginnen schon mit den Begrifflichkeiten selbst und werden durch die widersprüchlichen Informationen im Markt und mit tatkräftiger Unterstützung der unterschiedlichen Meinungen und Ansichten von Experten nur noch verschlimmert. Folglich agieren Vertriebsorganisationen trotz der einen oder anderen Digitalisierungsinitiative in Wirklichkeit immer noch wie vor 20 Jahren und erkennen nicht, wie erfolgskritisch das Schaffen des notwendigen Wissens über die digitale Transformation im Vertrieb für das langfristige Überleben ist.

Darf ich bitte dieses Kapitel mit einer Frage beginnen: Woran denken Sie beim Begriff **Digitaler Vertrieb?** An Video-Meetings? Zoom oder eher MS Teams? An Onlineshops? LinkedIn? An Facebook Werbung? Oder an Ihre Webseite? SEO? Oder doch an CRM? Vielleicht sogar an Chatbots?

So oder so ähnlich ist die Wahrnehmung von Führungskräften zum Thema Digitaler Vertrieb. Zumindest ist dies die Realität, die ich am häufigsten innerhalb von Vertriebsorganisationen antreffe. Dabei sind dies alles nur winzig kleine Bestandteile eines großen Konzepts der digitalen Transformation des Vertriebs, die die Vertriebsorganisationen auch nach dem Hype über viele Jahre beschäftigen und vermutlich nie aufhören wird. Dazu später, zuerst wollen wir uns der Aufklärung dieser gängigen Missverständnisse widmen.

L. Rainsberger, *Digitale Transformation im Vertrieb,* Edition Sales Excellence, https://doi.org/10.1007/978-3-658-33671-4_2

2.1   Digitalisierung im Vertrieb: Worüber viele reden und was nur wenige verstehen

Wenn Sie zehn Vertriebsleiter fragen, was Digitalisierung für ihre Vertriebsorganisation bedeutet, werden Sie wahrscheinlich 20 verschiedene Antworten erhalten. Und wenn Sie zehn Vertriebsberater fragen, worum es bei der Digitalisierung im Vertrieb geht, dann bekommen Sie mit Sicherheit 40 unterschiedliche Meinungen. Über Digitalisierung wird viel geredet, debattiert und theoretisiert. Es gibt noch kaum einen Bereich in der Geschäftswelt, dem der Ausdruck „digital" oder „Digitalisierung" noch fremd ist. Der Begriff kommt inzwischen überall vor: in passenden oder auch unpassenden Zusammenhängen.

Für IT-Experten ist Digitalisierung nichts Neues, denn der Kern unserer digitalen Welt sind immer noch die Nuller und die Einser: Das binäre Zahlensystems, das der Mathematiker Gottfried Wilhelm Leibniz bereits im Jahr 1703 entwickelte. In diesem Zusammenhang herrscht in IT-Kreisen oft die Meinung, dass die Digitalisierung nichts Neues und schon längst geschehen sei. Für andere ist die Digitalisierung wiederum ein Hype: ein hochaktuelles Diskussionsthema und auch ein Weg, Aufmerksamkeit für sich zu schaffen. Man liest überall darüber, es gibt unzählige Veranstaltungen und Angebote in unterschiedlichsten Formen. Das Thema ist überpräsent, und wenn man möchte, kann man sich von früh morgens, bis spät abends in Webinaren, Events und Konferenzen zum Thema „belehren" lassen, ob vor Ort oder gemütlich von zu Hause aus. Es gibt kaum noch ein Event, das sich nicht um die Digitalisierung dreht. Die sozialen Netzwerke wimmeln von Videos, Fachartikeln, Podcasts, Blogs, Vlogs … Der Ausdruck „Digitalisierung" ist schon fast zum Unwort geworden. Alles ist digital oder Irgendwas. Punkt.Null. Aktuell im Trend 4.0 … wie lange es wohl dauern wird, bis 5.0 oder 6.0 ansteht?

Digitalisierung: Ein misshandelter Begriff

Und für einige, nicht wenige, ist es eine neue Gelegenheit, Geld zu verdienen. Wenn man Digitalisierung googelt, wird man von Tausenden Anbietern regelrecht erschlagen, ob Technologie-Anbieter, Dienstleister oder Berater, Trainer, Tools-Anbieter etc. Tagtäglich, wenn nicht schon stündlich, werden neue Experten zum Thema Digitalisierung geboren. Jeder kennt sich aus und will der Welt erklären, wie es „richtig" geht. Fakt ist aber, dass trotz Unmengen an Veranstaltungen und Experten das Wissen in den Unternehmen selbst fehlt, ebenso wie im Markt das grundlegende Verständnis darüber, was digitale Transformation im Vertrieb wirklich bedeutet.

Was tatsächlich geschieht:

- Der eine erklärt, wie man mit Google verkauft …
- Der andere zeigt, wie man SEO optimiert …
- Und der dritte gibt Anleitungen, wie man Social Selling betreibt …

Man hört von allen Seiten:

- „Sie müssen Ihre Website mobil optimieren!"
- „Backlinks sind wichtig!"
- „Sie müssen Google Ads schalten!"
- „Onlineshop ist unumgänglich!"
- „Sie müssen auf LinkedIn sein! XING Events!"
- „Content Marketing ist Pflicht!"
- „Sie müssen Webinare machen!"
- Und so weiter …

Jeder weiß, was für Sie das Beste ist. Alles unter dem „Schirm der Digitalisierung" transportiert. Aber in Wirklichkeit sind es alles lediglich Werkzeuge, kleine Bausteine und Puzzleteile im großen Kontext der digitalen Transformation. Aber ein gemeinsames Verständnis über das große Ganze ist das noch nicht.

Experten schaffen mehr Verwirrung als Klarheit
Experten helfen da auch nicht unbedingt weiter, denn jeder versucht, seine Meinung zu transportieren. Was per se nicht schlecht ist, denn die unterschiedlichen Ansichten und das Debattieren machen es in der Regel möglich, sich mit dem Thema kritisch auseinanderzusetzen und eine „bessere" eigene Wahrheit herauszufinden. Das Problem dabei ist aber, dass nicht jeder Vertriebsverantwortliche die Zeit und die Möglichkeit hat, sich mit diesen Themen fundiert zu befassen und die variierenden Sichtweisen von Experten zu analysieren. So schaffen diese uneinheitlichen Meinungen und unübersichtlichen Informationen nur noch mehr Verwirrung in den Unternehmen.

Folglich versinken Unternehmen in der Flut an Möglichkeiten und Alternativen zur „Digitalisierung". Dabei geht es aber im Markt oft um den Versuch, mit diesem Begriff der eigenen Leistung und dem eigenen Produkt mehr Attraktivität zu verschaffen oder die eigenen Ansichten in dem Hype zu transportieren. Der Begriff ist en vogue, und viele Menschen sind aus unterschiedlichen Gründen mehr am Digitalisierungshype als am wirklichen Verständnis über sie interessiert. Darüber hinaus wird Digitalisierung eher als ein Technologietrend wahrgenommen, was teilweise der Flut an technologischen Buzz-Wörtern geschuldet ist.

Letztendlich wird viel geredet, aber nur Wenige verstehen – auch in „Expertenkreisen". Dabei ist es für Unternehmen erfolgsentscheidend, ein fundiertes Verständnis über die Digitale Transformation zu erlangen, um einerseits wettbewerbsfähig zu bleiben und andererseits Fehlinvestitionen – in Form von Zeit, Geld und Ressourcen – in digitale Initiativen zu vermeiden.

Mit der Unwissenheit muss aufgeräumt werden
Neben den verwirrenden Informationen haben wir es noch mit einem weiteren Hindernis zu tun: Studien zeigen auf, dass eines der größten Hindernisse bei der digitalen Transformation

in der Angst von unbekannten Technologien liegt. Diese wird auch oft noch bewusst geschürt, indem man gerne über Roboter, die uns ja überlegen sind und unsere Job gefährden, ausgiebig debattiert. Das Schaffen einer fundierten Wissensbasis über die wahre Rolle der Technologien in den Unternehmen ist jedoch eine wichtige Voraussetzung, um die Notwendigkeit einer Veränderung zu erkennen, beginnend bei den Führungskräften selbst. Hier liegt oft schon die erste Hürde, denn viele geben offen ihr technologisches Unwissen zu und betrachten es ebenfalls als Hindernis für die Technologie-Implementierung im eigenen Unternehmen. Dabei liegt auch hier meiner Ansicht nach ein Missverständnis vor: Entscheider müssen nicht unbedingt verstehen, wie die Technologien genau funktionieren, sondern ihre Auswirkungen auf die Veränderungen im Markt und im Kundenverhalten erkennen und auch den Mehrwert sehen, den sie für die eigene Organisation bieten.

2.2   Das gut gehütete Geheimnis der Vertriebsorganisationen

Es ist zwar ein gut gehütetes Geheimnis des Vertriebs, aber unzählige Studien legen es offen, dass die meisten Vertriebsstrukturen noch genauso wie vor 20 Jahren angelegt sind. Zwar erachten die meisten Führungskräfte die Digitalisierung als äußerst wichtig und können oft auch gut darstellen, in welchen Bereichen sie einen Mehrwert sehen, aber nur sehr wenige haben eine wirkliche Strategie, wie sie die Digitalisierung in ihrem Vertrieb umsetzen wollen. Man weiß, dass man etwas machen muss, tut aber nichts.

Der ernüchternde Zustand in den mittelständischen Unternehmen
Der Wahrheit ist, dass der Vertrieb im Mittelstand immer noch hauptsächlich mit drei Werkzeugen arbeitet: E-Mail, Telefon und Kundebesuche.

Ich nenne diese drei Werkzeuge gerne „die Heilige Dreifaltigkeit im Vertrieb" oder – treffender ausgedrückt – die *Heilige Einfaltigkeit im Vertrieb.* „Heilig" deswegen, weil sie uns scheinbar heilig ist. Warum würde der Vertrieb sonst so fest daran festhalten? Und Einfaltigkeit deswegen, weil es in heutigen Zeiten bei den Unmengen an Möglichkeiten nun wirklich unverständlich ist, warum man immer noch nichts Neues dazu gelernt hat. Wobei, ich darf korrigieren: Mit der COVID-19 Krise kam noch ein weiteres Werkzeug dazu: Online-Meeting. Die Krise hat den Vertrieb regelrecht gezwungen, digital zu agieren, aber die meisten haben auch hier nur auf das Naheliegende und Unvermeidbare zugegriffen: Online-Meetings – und viele warten nur darauf, bis dies alles *vorbei*geht.

Die „digitale" Wirklichkeit im Vertrieb ist leider ernüchternd. Die meisten Unternehmen beschäftigen sich mit der Digitalisierung, wenn überhaupt, dann nebenbei: Eine Webseite wird gebaut oder aktualisiert, vielleicht sogar ein Webshop eingeführt, oder irgendein Tool installiert, das man bei einem Vortrag gesehen hat. Ein bisschen Social Selling da, ein bisschen CRM-Pflege dort – alles ohne Strategie und vielfach auch unbeholfen. Insbesondere traditionelle Unternehmen in konservativen Branchen haben Schwierigkeiten, mit den rasanten Entwicklungen Schritt zu halten. Als Ergebnis verzeichnen sie sinkende Umsätze und Erträge, verlieren Kunden und irgendwann auch an Relevanz im Markt.

Die Gründe dafür sind vielfältig, doch primär geht es darum, dass:

- man die wirklichen Gründe für gewisse Entwicklungen nicht erkennt und nur ihre Auswirkungen an der Oberfläche sieht.
- man keine Zeit hat, sich damit zu beschäftigen, weil man im Tagesgeschäft „gefangen" ist.
- man sich mit diesen Themen nicht auskennt und die Zeit fehlt, sich das notwendige Wissen aufzubauen.

Zudem denken viele bei den Begriffen

- „Digitalisierung" an Abschaffung der Zettel-Wirtschaft,
- „Künstliche Intelligenz" an Roboter,
- „CRM" an Beschäftigungstherapie für Vertriebsmitarbeiter,
- „Vertrieb digital" an Online-Meetings oder Onlineshops.

Und manche denken, sie hätten ihren Vertrieb schon digitalisiert, weil sie

- ein CRM-System eingeführt haben,
- in den sozialen Medien Beiträge posten,
- einen Onlineshop implementiert haben.

Viele namhafte Markforschungsunternehmen wie Gartner und IDC sagten schon vor Jahren voraus, dass die Digitalisierung schnell Einzug in die Geschäftswelt nehmen wird, weil sie so grundlegende Veränderungen nach sich zieht und es eigentlich keine Alternativen gibt. Dennoch spiegeln sich die optimistischen Vorhersagen in der Realität des Mittelstandes bei weitem nicht wider. Denn dieselben Marktforschungsinstitute belegen inzwischen die ernüchternde Wirklichkeit und den Stand der Nicht-Digitalisierung in den Unternehmen. Zu den Ursachen wird vieles gezählt: mangelndes technologisches Verständnis, fehlende Ressourcen und hohe Komplexität und ganz weit vorne das veraltete Denken, gepaart mit fehlendem Wissen und mangelndem Willen zur Veränderung.

Bei uns ist es aber anders

Auch wenn die Pandemie bei vielen das Bewusstsein für die Digitalisierung geschärft hat, vertritt man im Vertrieb immer noch gerne dieser Einstellung: *Bei uns ist es anders, unsere Kunden sind anders, unsere Branche ist noch nicht soweit … Ich darf vehement widersprechen: Das ist es nicht! Es ist *nicht* anders. Jedes Unternehmen – ausnahmslos – ist davon betroffen. Es gibt nur diejenigen, die sich nicht ganz im Klaren darüber sind. Oder andere, die sich dessen zwar bewusst sind, aber viel zu viel an ihren alten Mustern,

Strukturen und Methoden hängen. Oft ist die Angst zu groß, dass das „gute alte" Modell, das in der Vergangenheit gut funktioniert hat, aufgegeben werden muss: *Vielleicht wird es dadurch noch schlimmer …* Und oft scheut man die Anstrengung, sich von den alten Denkweisen und Einstellungen zu lösen: *Es hat ja schon immer gut funktioniert …* Und die Kombination dieser beiden Faktoren ist kaum zu schlagen. Denn mit diesen Argumenten werden viele gute Initiativen im Keim erstickt bzw. enden in einem „Projekt", wo man das Eine oder das Andere schon unternommen hat, siehe vorige Beispiele.

▶   Man kann Veränderung nicht herbeiführen, indem man die Realität bekämpft.

Die Art, wie wir einkaufen, hat sich verändert
… und deshalb muss sich die Art, wie wir verkaufen, ebenfalls verändern. Und das betrifft nicht nur den Konsumentenbereich, wo wir alle, statt früher auf den Märkten, inzwischen bei Amazon, E-Bay, Zalando and Co. einkaufen. Vertriebsmodelle, die seit Jahrhunderten und sogar Jahrtausenden existieren, verschwinden und keiner trauert ihnen nach, außer die Nostalgiker. Und auch sie nutzen die neuen Wege, weil sie einfach eine bessere Erfahrung bieten. Viele Unternehmen sind zugrunde gegangen, weil sie es nicht geschafft haben, auf das veränderte Einkaufsverhalten der Konsumenten entsprechend zu reagieren. Sie haben den Wandel des Konsumentenverhaltens einfach verpasst. Genau dasselbe geschieht aktuell im B2B-Segment. Derselbe Wandel im Einkaufsverhalten, der sich über die letzten Jahrzehnte im B2C-Bereich vollzogen hat, geschieht gerade im B2B-Segment, zwar im Verborgenen, aber unaufhaltsam.

• Laut Statista nutzten im Jahr 2020 49 % der Österreicher und 45 % der Deutschen regelmäßig soziale Netzwerke (Statista 2020), aber nur 21 % der europäischen Unternehmen nutzen soziale Medien, um mit ihren Kunden und Interessenten zu kommunizieren (Europäische Kommission 2019).
• Während im Jahr 2019 83 % aller EU-Bürger mindestens einmal pro Woche im Internet surfen, mit steigender Tendenz, besitzen bei weitem noch nicht alle Unternehmen eine Online-Präsenz. Dabei kauften im Jahr 2020 80 % der Österreicher (AIM 2020) online ein und 29 % der Deutschen kaufen mindestens einmal pro Woche im Internet.
• Rund die Hälfte aller Verbraucher nutzen ihre Mobiltelefone zum Einkaufen und 7 von 10 der Konsumenten unter 29 Jahre kaufen mittlerweile via Smartphone ein. Zugleich liegt die Zahl der KMU, die ihre Waren und Dienstleistungen online anbieten, seit einigen Jahren unverändert bei 17 % (Europäische Kommission 2019).

Vermutlich hat das Jahr 2020 eine grundlegende Veränderung herbeigeführt, dennoch ist diese Diskrepanz in den Zahlen in den heutigen Zeiten schwer zu verstehen. Fraglich ist auch, wie viele dieser durch die Krise erzwungener Veränderungen auch langfristig funktionieren. Die Digitalisierung scheint auf der Kundenseite Realität zu sein, auf der Anbieterseite hingegen immer noch als Zukunftstrend gesehen zu werden, denn in den mittelständischen Unternehmen wird immer noch sehr wenig getan. Mehrere Studien stellen immer wieder großen Nachholbedarf hinsichtlich der Digitalisierung im Vertrieb fest. Die meisten Organisationen beginnen gerade erst, sich Gedanken darüber zu machen und legen in kleinen Schritten los. Und diejenigen, die bereits damit begonnen haben, haben Schwierigkeiten, die Initiativen erfolgreich umzusetzen.

▶   Die digitale Transformation im Vertrieb schreitet voran, egal, ob mit oder ohne uns.

Und spätestens seit der Krise 2020 ist die Digitalisierung im Vertrieb keine Option mehr. Denn die traditionellen Vertriebsprozesse einfach digitalisieren oder sie in den digitalen Raum verlagern funktioniert nicht. Genau das passiert leider viel zu oft, was durch die krisenbedingte Dringlichkeit deutlich zu beobachten war. Den Organisationen fehlte es einfach an Zeit und Möglichkeit, diesen Prozess der Veränderung durchdacht und strategisch anzugehen. Nach der Krise wird die Hautaufgabe darin bestehen, die Wirksamkeit der Maßnahmen zu überprüfen. Dann wir sich zeigen, ob es gelungen ist, Dinge anders und besser statt einfach nur die alten Dinge schneller und manchmal auch effizienter zu machen.

2.3   Digitale Transformation im Vertrieb: Worum es wirklich geht

Nicht alle verweigern die Realität, es gibt auch viele Unternehmen, die zahlreiche Initiativen zur Digitalisierung schon initiiert haben und tatkräftig daran arbeiten. Auch hier stoßen wir auf Schwierigkeiten, wie Studien wiederholt aufzeigen, denn die überwiegende Mehrheit der Digitalisierungsinitiativen erreichen ihre Ziele nicht und scheitern im Endeffekt. *Warum?*

Der Zusammenhang zwischen „digital" und „Transformation" ist bei weitem noch unklar
Nicht nur durch den Umfang an oft widersprüchlichen Informationen ist der eigentliche Kern der digitalen Transformation unklar. Der Wahrnehmungsfokus liegt in der Regel auf „digital", was zu der allgemein herrschenden Annahme führt, dass es dabei um den Einsatz von Technologie ginge. In Folge nehmen Unternehmen an, dass sie beispielsweise mit der Einführung eines Onlineshops oder eines CRM-Systems die Digitalisierung in ihren Vertriebsorganisationen erfolgreich umgesetzt hätten. Falsch gedacht, denn bei der digitalen Transformation des Vertriebs geht es nicht um die Einführung von Technologie. Dies ist eine der offensichtlichsten Fallen, in die die meisten tappen, weil die Technologie zunehmend Platz in unserem täglichen Leben einnimmt, wodurch sie *sichtbar* ist.

Was aber noch teilweise verborgen bleibt ist der disruptive Wandel auf mehreren Ebenen der Gesellschaft und der Wirtschaft. Wir leben in einer Welt, in der der gegenwärtige Zustand nicht konstant ist, sondern wir erleben zahlreiche kulturelle und wirtschaftliche Veränderungen, Änderungen von Geschäftsmodellen, Ökonomien und Strategien, wissenschaftliche und politische Veränderungen, etc. Vieles von dem, was wir dachten, mit Gewissheit zu kennen, verändert sich und erfindet sich neu, und zwar mit rasanter Geschwindigkeit.

Und im Vertrieb? Wie bereits erläutert, finden grundlegende Veränderungen auf mehreren Ebenen statt, primär auf der Kundenseite. Wir haben es im Grunde mit einer neuen Spezies von Kunden zu tun, die sich anders verhält, neue Bedürfnisse und veränderte Erwartungen hat und ihre Kaufentscheidungen anders trifft. Die Unternehmen beschäftigen sich aber nicht mit den neuen Kunden und der Transformation ihrer Ansätze, um auf diese Veränderungen einzugehen, sondern mit dem Naheliegenden und Offensichtlichen: Einführung von Technologien. Weil die technologischen Veränderungen sichtbar sind und die Veränderungen im Kundenverhalten oft noch im Verborgenen geschehen, wird der Fokus auf die Technologie gelegt: Nutzung von Technologien, Digitalisierung von Prozessen. Dabei reicht die Investition in Technologie allein bei weitem nicht aus, um die digitale Transformation umzusetzen.

▶ Technologie ist nicht das Ziel, sondern das **Werkzeug** der digitalen Transformation.

Digitale Transformation und Digitalisierung: Es ist doch nicht dasselbe

Das nächste Missverständnis liegt in der Vermischung von Begrifflichkeiten der „digitalen Transformation" und der „Digitalisierung". Ein Unternehmen, das digitalisiert, transformiert nicht unbedingt etwas. Wenn Sie etwa einen vorhandenen Prozess oder ein Papierdokument digitalisieren, dann haben Sie lediglich seine Form verändert, aber keinesfalls den Kern des Prozesses. Ein einfaches Beispiel: Umstellung der Bestellannahme von der manuellen Erfassung auf OCR-Scan oder die Integration von vorhandenen Printkatalogen in einen Onlinekatalog.

▶ Bei der Digitalisierung geht es um die Optimierung von Prozessen mittels Technologie, wogegen es bei der digitalen Transformation um die Transformation von Prozessen und ihre Anpassung an die neuen Marktbedingungen geht.

Der Fokus der meisten Digitalisierungsprojekte bezieht sich rein auf die Effizienzsteigerung mit Technologie. Dabei wird oft übersehen, dass die Digitalisierung oder die Optimierung von „traditionellen" Prozessen zwar eine Effizienzsteigerung der jeweiligen Prozesse erwirken, aber in keinerlei Art und Weise die Prozesse selbst verbessern bzw. sie nicht auf ihre Relevanz hinterfragen.

Darüber hinaus haben Vertriebsorganisationen, die die Vertriebsleistung durch den Einsatz von digitalen Technologien verbessern wollen, oft ein bestimmtes Werkzeug im Blick. *„Wir brauchen ein CRM-System oder Chatbots, KI."* Hohe Vertriebsleistung wird nicht durch den punktuellen Einsatz von digitalen Werkzeugen nachhaltig gesichert und auch nicht durch deren eingebrachte Effizienzsteigerung und Kostenreduktion, sondern nur, wenn man Technologie nutzt, um Kundenbedürfnisse innovativ und besser zu erfüllen. Dabei gibt es keine einzige Technologie, die „Innovation" als solches bietet.

Um es auf den Punkt zu bringen: Technologie an sich spielt keine Rolle. Das Kundenerlebnis ist das Wichtigste: Zwar mittels Technologie, aber kundenorientiert gestaltet, entwickelt es sich zu einem starken Wettbewerbsvorteil. Haben Sie sich schon mal gefragt, warum Kunden immer noch bei Amazon und nicht bei den lokalen Onlineshops kaufen? Auch wenn die Preise dort seit langem nicht mehr die niedrigsten sind? Ganz einfach: Weil Amazon eine bessere Kundenerfahrung bietet und Kunden sogar bereit sind, mehr dafür zu zahlen. Die Bequemlichkeit siegt im Kampf mit einer mühsamen Erfahrung für ein paar Euro weniger bei einem anderen Anbieter. Und technologisch ist es immer noch in beiden Fällen ein Onlineshop, bei Amazon und bei dem Händler um die Ecke. Die Kundenerfahrung macht den Unterschied. Es reicht nicht, sich über Amazon und seine Geschäftspraktiken aufzuregen, wir müssen verstehen, warum Kunden dort kaufen, und versuchen, ihnen eine bessere Erfahrung zu bieten. Ich selbst kaufe primär bei den nationalen Anbietern online, trotz der oft mühsamen Erfahrung in ihren Shops, der fehlerhaften Lieferungen und mangelnder Kommunikation und Kundenorientierung. Weil ich eben die kleinen und die lokalen Anbieter unterstützen möchte und diese oft mühsamen Erfahrungen in Kauf nehme. Was glauben Sie, wie viele Ihrer Kunden das tun?

Digitale Transformation im Vertrieb geht weit über die Einführung von Technologie hinaus. Sie sollte als ein Prozess der Veränderung betrachtet werden, um den Anforderungen der neuen digitalen Welt gerecht zu werden. Es geht um die Veränderungen des gesamten Vertriebsansatzes und die Gestaltung einer einmaligen Kundenerfahrung, die den Bedürfnissen der modernen Kunden entspricht.

▶ Bei der digitalen Transformation im Vertrieb geht es nicht um *Verkauf mit digitalen Tools,* sondern um *wirksamen Vertrieb unter digitalen Bedingungen.*

Nur langsam höhlt sich der Stein
In der Realität benötigen Vertriebsorganisationen Zeit, um zu dieser Erkenntnis zu gelangen, auch wenn dabei viele Ressourcen vergeudet werden. Die Digitale Evolution des Vertriebs geschieht in der Regel in diesen drei Schritten (s. Abb. 2.1):

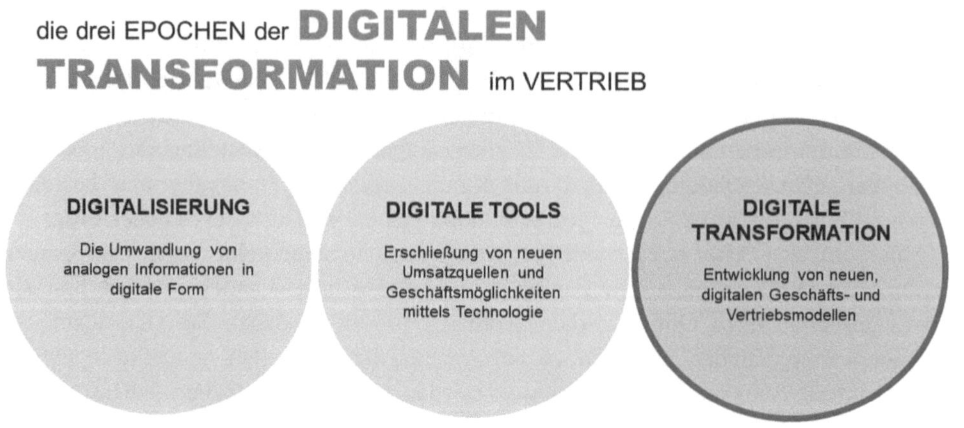

die drei EPOCHEN der **DIGITALEN**

TRANSFORMATION im VERTRIEB

DIGITALISIERUNG

Die Umwandlung von
analogen Informationen in
digitale Form

DIGITALE TOOLS

Erschließung von neuen
Umsatzquellen und
Geschäftsmöglichkeiten
mittels Technologie

**DIGITALE
TRANSFORMATION**

Entwicklung von neuen,
digitalen Geschäfts- und
Vertriebsmodellen

Abb. 2.1   Die drei Epochen der digitalen Transformation im Vertrieb

1. Zuerst werden die Informationen digitalisiert, sprich man transformiert die Print-Materialien, Werbeprospekte, Verkaufsmedien und Unternehmenspräsentationen in digitale Medien, wie E-Mails, Newsletter, Website, Onlinekataloge, etc.
2. In der zweiten Stufe beginnt man, mittels digitaler Tools und auf digitalen Wegen, aktiv neues Geschäft zu generieren: Onlineshop, Social Selling, Web-Advertising etc.
3. In der dritten Stufe entwickelt man neue digitale Geschäfts- und Vertriebsmodelle, die den Anforderungen des modernen Kunden entsprechen.

Erst in der dritten Stufe geht es um die *wahre* digitale Transformation des Vertriebs, womit man im Idealfall beginnen sollte, weil sie das richtige Fundament für die anderen beiden Stufen bildet. Die Geschäfts- und die Vertriebsmodelle sollten die digitalen Tools, Taktiken, Informationen und Kommunikation vorgeben und nicht umgekehrt. In Wirklichkeit aber beginnen die meisten Digitalisierungsinitiativen auf der ersten Stufe und erreichen höchstens die zweite bzw. bleiben dort einfach stecken. Auch die Digitalisierungsinitiativen, die mit dem Ausbruch der Pandemie unternommen wurden, spiegeln in der Regel die dritte Stufe nicht wider: die wahre Vertriebstransformation.

▶ Digitale Transformation im Vertrieb ist ein durch technologische Veränderungen unterstützter Prozess, um neue – oder modifizierte – Vermarktungsmodelle, Kunden-erfahrungen und Vertriebsprozesse zu schaffen und den sich verändernden Markt- und Kundenanforderungen gerecht zu werden.

Digitale Transformation ist die Art und Weise, wie wir die Rolle der Technologie bei der Verbesserung der Kundenerfahrungen verstehen, und ihr ultimatives Ziel besteht darin, Mehrwert für Kunden durch technologische Prozesse zu generieren. Die oft im Vorder-grund stehende Prozessoptimierung, Produktivitätssteigerung und Kosteneffizienz ist im Grunde nur eine Begleiterscheinung, nicht das Ziel. Auch wenn Technologie hier schnelle Erfolge erzielen kann, dürfen wir nicht den Fehler machen, uns lediglich darauf zu konzentrieren. Letztendlich kann man sehr kosteneffizient und hochproduktiv an den Marktanforderungen und Kundenerwartungen komplett vorbei agieren.

Die gründliche Auseinandersetzung mit den Wünschen Ihres modernen Kunden in Kombination mit dem fundierten Verständnis dessen, was Technologie für Sie tun kann, und dem Mut, sich von den alten Denkweisen zu lösen und sich *wirklich* zu verändern – und nicht nur ein wenig „Schminke aufzutragen" –, wird letztendlich den richtigen Weg zur digitalen Transformation offenlegen und Ihnen einen erheblichen Vorteil gegenüber der Konkurrenz verschaffen.

Wahre digitale Transformation erfordert Bereitschaft zu fundamentalen Veränderungen. Denn sie kann und soll auch zu grundlegenden Veränderungen im Vertrieb führen: strukturell, organisatorisch und prozesstechnisch. Aus diesem Grund erfordert die digitale Umgestaltung des Vertriebs, dass das Unternehmen Veränderungen zu einem grundlegenden Konzept der Kernstrategie des Unternehmens macht. Denn die Welt war nie statisch, der Markt ist es nicht und auch Kunden und der Wettbewerb sind es nicht. Das wissen wir zwar, aber wir sind einen langsamen Lauf der Dinge gewohnt, und die Geschwindigkeit, mit der sich Veränderungen heutzutage vollziehen, ist einfach schwer zu begreifen. Dennoch müssen wir die unwiderlegbare Tatsache annehmen, dass die Veränderung zu einer Konstante wird, die als fixer Bestandteil einer Strategie zur digitalen Transformation integriert werden soll. Wie Sie diese Strategie entwickeln und umsetzen, erfahren Sie in Kap. 3.

Literatur

Austrian Internet Monitor (2020) Kommunikation und IT in Österreich 1. Halbjahr 2020. https://www.integral.co.at/downloads/Internet/2020/08/AIM-C_-_Q2_2020.pdf. Zugegriffen: 28. Sept. 2020

Europäische Kommission (2019) Index für die digitale Wirtschaft und Gesellschaft. https://ec.europa.eu/commission/news/digital-economy-and-society-index-2019-jun-11_de. Zugegriffen: 28. Sept. 2020

Statista (2020) Active social media penetration in selected European countries in 2020. https://www.statista.com/statistics/295660/active-social-media-penetration-in-european-countries/. Zugegriffen: 28. Sept. 2020

7W-Strategie zur digitalen Transformation des Vertriebs: WIE schließen wir die Lücken?

Zusammenfassung

Die Entwicklung und die Umsetzung der digitalen Transformation im Vertrieb bedarf einer durchdachten Vorgehensweise und der Berücksichtigung vieler Faktoren, die teils offensichtlich, aber auch verborgen sein können. Das 7W-Digital-Sales-Transformation-Modell stellt sicher, dass bei der Erarbeitung der Strategie nichts übersehen wird, indem es auf alle relevanten Kernfragen und Bereiche eingeht, die bei der Konzeption der Transformationsstrategie wichtig sind: vom Leistungsversprechen, den Zielkunden, dem Vertriebszugang und -modell, den Vertriebskanälen und -prozessen, der Technologieauswahl und dem Aufbau von State-of-the-Art-Organisationsstrukturen, der Marktpositionierung und -differenzierung, der Vertriebs- und Marketingaktivitäten bis hin zur strategischen Zielsetzung und digitalen Positionierung – und nicht zuletzt der Vertriebssteuerung. Abgerundet wird das Modell mit nützlichen Hinweisen zum Prozess seiner Entwicklung und Umsetzung sowie auch zur Vermeidung von gängigen Fehlern.

Das Geheimnis eines langen Lebens, so scheint es, besteht darin, eine Qualle zu sein.

Die Transformation der Unsterblichen Qualle

Die ihrer Wesensart nach benannte „Unsterbliche Qualle" beginnt ihr Leben als Ei, wie alle anderen Quallen auch. Dann transformiert sie sich in eine frei schwimmende Larve, lässt sich zu einem Polypen auf dem Meeresboden nieder und verwandelt sich schließlich in eine Qualle. Im Gegensatz zu den meisten anderen Quallen ist die Unsterbliche Qualle in der Lage, jederzeit in das Polypenstadium zurückzukehren, wenn sie Umweltstress, Angriffen von Raubtieren,

L. Rainsberger, *Digitale Transformation im Vertrieb,* Edition Sales Excellence, https://doi.org/10.1007/978-3-658-33671-4_3

> Krankheiten oder dem Altern ausgesetzt ist. Anstatt den Krisenumständen zu erliegen, wandelt sie alle ihre vorhandenen Zellen in einen jüngeren Zustand um und erreicht dadurch eine bemerkenswerte Altersumkehr – sie wird als junge Qualle wiedergeboren. Erstaunlicherweise kann sie das immer und immer wieder tun: Sie ist unsterblich.

Ebenso wie die Unsterbliche Qualle, muss auch ein modernes Unternehmen die Fähigkeit erlangen, sich grundlegend und auf der einzelnen Zellebene zu transformieren, um in digitalen Zeiten langfristig zu überleben. Denn unser Zeitalter und der Wandel, den wir gerade erleben, ist durchaus mit einer Krise zu vergleichen: Die äußeren Umstände verändern sich rasant, und zwar ohne unseren Einfluss, worauf wir zwangsläufig reagieren müssen. Die Reaktionen darauf sind äußerst unterschiedlich:

- Manche Unternehmen beharren auf ihrer Erfahrung, dem Erfolg vergangener Jahre und auf ihren erprobten Ansätzen, wodurch sie Veränderungen grundsätzlich mit hoher Skepsis entgegentreten.
- Einigen ist die Notwendigkeit zur Veränderung zwar bewusst, dennoch tun sie nichts in diese Richtung, wie zahlreiche Studien belegen.
- Andere wiederum versuchen, partiell und in einzelnen Bereichen Veränderungen herbeizuführen. Sie fokussieren sich auf die Steigerung der Vertriebsleistung, gestalten Prozesse effizienter und führen Verbesserungsmaßnahmen ein.
- Und nur die allerwenigsten gehen dem Beispiel der Unsterblichen Qualle nach und lösen mutig einen Prozess der ganzheitlichen Metamorphose aus.

Um den Unsterblichkeitszustand einer Qualle zu erreichen, reicht es nicht, vereinzelte digitale Initiativen einzuführen und Prozesse zu digitalisieren, wie es in der Regel der Fall ist. Es bedarf einer gründlichen Evaluierung der Vertriebsorganisation auf allen Ebenen, auf allen ihren einzelnen Zellen. Denn um die Metamorphose zu erreichen ist es notwendig, Vertriebsstrukturen, Ansätze, Modelle und Prozesse unter die Lupe zu nehmen und zu überprüfen, inwiefern sie sich noch eignen, um die Unternehmensziele unter den Bedingungen der modernen Welt langfristig zu erreichen.

▶   Für eine wahre Transformation muss jede einzelne Zelle der Vertriebs-
     organisation in einen zeitgemäßen Zustand umgewandelt werden.

Als Werkzeug dafür darf ich Ihnen ein erprobtes Modell an die Hand geben, das schon mehrere Unternehmen bei ihrer digitalen Vertriebstransformation begleitet und sich in seiner Wirksamkeit bewährt hat. Das Model ist praxisnah, leicht verständlich, und ich habe es speziell dafür entwickelt, um eine fundierte Strategie zur digitalen Transformation des Vertriebs zu konzipieren (s. Abb. 3.1).

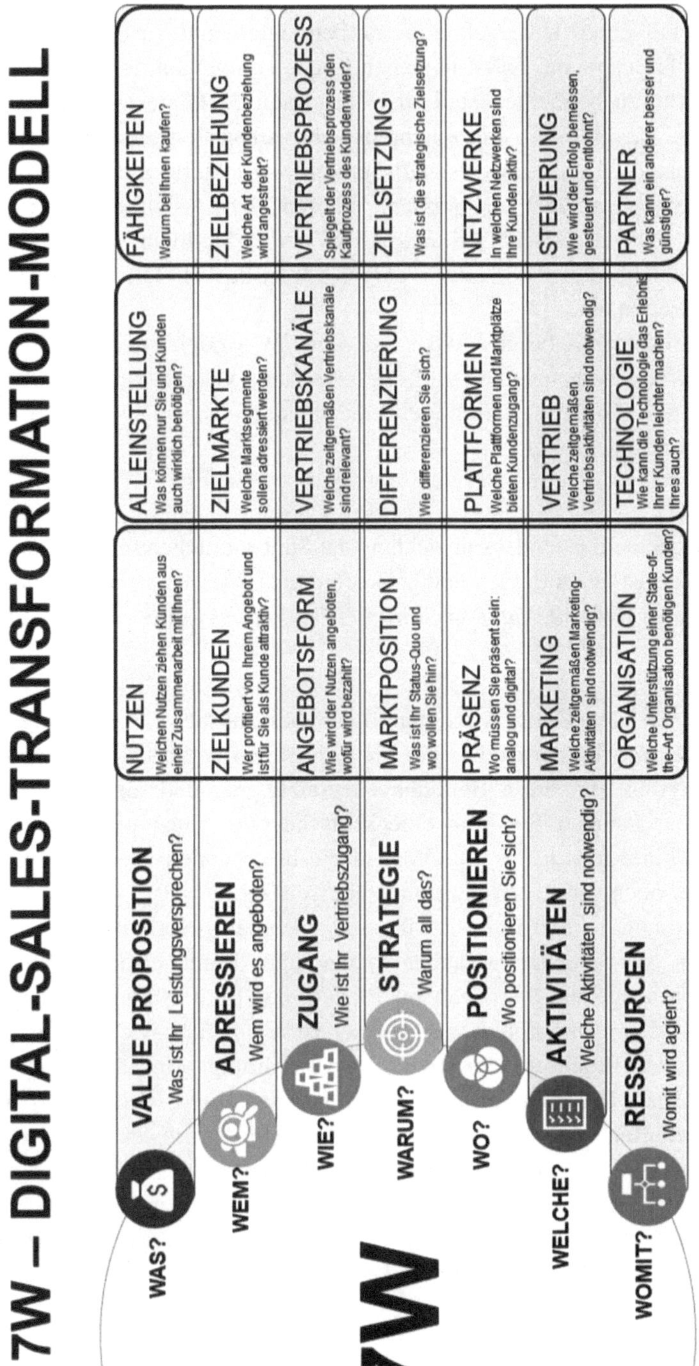

7W – DIGITAL-SALES-TRANSFORMATION-MODELL

7W

WAS?	**VALUE PROPOSITION** Was ist Ihr Leistungsversprechen?	**NUTZEN** Welchen Nutzen ziehen Kunden aus einer Zusammenarbeit mit Ihnen?	**ALLEINSTELLUNG** Was können nur Sie und Kunden auch wirklich benötigen?	**FÄHIGKEITEN** Warum bei Ihnen kaufen?
WEM?	**ADRESSIEREN** Wem wird es angeboten?	**ZIELKUNDEN** Wer profitiert von Ihrem Angebot und ist für Sie als Kunde attraktiv?	**ZIELMÄRKTE** Welche Marktsegmente sollen adressiert werden?	**ZIELBEZIEHUNG** Welche Art der Kundenbeziehung wird angestrebt?
WIE?	**ZUGANG** Wie ist Ihr Vertriebszugang?	**ANGEBOTSFORM** Wie wird der Nutzen angeboten, wofür wird bezahlt?	**VERTRIEBSKANÄLE** Welche zeitgemäßen Vertriebskanäle sind relevant?	**VERTRIEBSPROZESS** Spiegelt der Vertriebsprozess den Kaufprozess des Kunden wider?
WARUM?	**STRATEGIE** Warum all das?	**MARKTPOSITION** Was ist Ihr Status-Quo und wo wollen Sie hin?	**DIFFERENZIERUNG** Wie differenzieren Sie sich?	**ZIELSETZUNG** Was ist die strategische Zielsetzung?
WO?	**POSITIONIEREN** Wo positionieren Sie sich?	**PRÄSENZ** Wo müssen Sie präsent sein: analog und digital?	**PLATTFORMEN** Welche Plattformen und Marktplätze bieten Kundenzugang?	**NETZWERKE** In welchen Netzwerken sind Ihre Kunden aktiv?
WELCHE?	**AKTIVITÄTEN** Welche Aktivitäten sind notwendig?	**MARKETING** Welche zeitgemäßen Marketing-Aktivitäten sind notwendig?	**VERTRIEB** Welche zeitgemäßen Vertriebsaktivitäten sind notwendig?	**STEUERUNG** Wie wird der Erfolg bemessen, gesteuert und entlohnt?
WOMIT?	**RESSOURCEN** Womit wird agiert?	**ORGANISATION** Welche Unterstützung einer State-of-the-Art Organisation benötigen Kunden?	**TECHNOLOGIE** Wie kann die Technologie das Erlebnis Ihrer Kunden leichter machen? Ihres auch?	**PARTNER** Was kann ein anderer besser und günstiger?

Abb. 3.1 7W-Sales-Transformation-Modell

Das 7W-Modell bietet einen Rahmen – eine Blaupause –, um all die vertriebs-relevanten Aspekte eines Unternehmens zu betrachten und sie auf ihre zeitgemäße Relevanz hin zu hinterfragen. Es ist in sieben Ebenen aufgebaut, innerhalb derer jeweils drei Fokusbereiche zu betrachten sind, also insgesamt 21 Dimensionen, sprich: *Transformationszellen.* Das Modell ermöglicht es, alle relevanten Bereiche – unabhängig der Unternehmensgröße und des Geschäftsbereichs – fundiert zu evaluieren und an die aktuellen Marktgegebenheiten anzupassen. Während der Arbeit mit dem 7W-Modell wird der Fokus, je nach Geschäftssituation, auf unterschiedliche Bereiche gelegt, und je nach Bedarf taucht man mehr oder weniger tief in das Modell und die spezifischen Transformationszellen ein.

Die primäre Zielsetzung bei der Arbeit mit dem 7W-Modell besteht darin, Annahmen und Faktoren aus der Vergangenheit zu hinterfragen. Im Grunde werden das bestehende Vertriebsmodell und die Organisation auf den Prüfstand gestellt bzw. einem gründlichen Gesundheits-Check unterzogen.

▶ **Wichtig**

Die Leitfrage, die Sie bei der Entwicklung der Strategie stellen sollten: *Warum?*

Das Motto ist „hinterfragen und herausfordern": *Warum machen wir das? Ist es immer noch relevant? Falls ja, warum? Und warum wollen wir es weiterhin machen?*

Viele Elemente aus dem Modell werden Ihnen bekannt sein, weil sie in der Regel Bestandteile einer Vertriebsstrategie sind. Sie können gerne auf bekannte und gewohnte Werkzeuge zugreifen, um diese Bereiche zu konzipieren und um die Kernfragen zu beantworten. Aber nehmen Sie bitte eine kritische oder sogar provozierende Grund-haltung ein und hinterfragen Sie grundlegend die bestehenden Modelle. Wenn sie sich danach als immer noch valide erweisen, umso besser.

Eine Transformation kann ohne – oft unangenehmer – Herausforderung und dem Anzweifeln von vorhandenen Glaubenssätzen und Denkweisen nicht geschehen. Man muss davon ausgehen, dass man im Prozess der Entwicklung mit Sicherheit auf Ablehnung und Widerstand stoßen wird. Daher ist es überaus wichtig, für die richtige Einstellung bei allen Beteiligten zu sorgen. Die Erfahrung zeigt, dass man im Prozess immer wieder diese Grundeinstellung neu einnehmen muss, denn im – natürlicher-weise – schmerzhaften Prozess einer Veränderung und des Loslassens ist die Tendenz hoch, immer wieder zu den alten, gut bekannten Mustern zurückzukehren. Um Sie dabei bestmöglich zu unterstützen, wird in den jeweiligen Transformationszellen neben der Erklärung von notwendigen Elementen und Arbeitsmethoden auf typische Fallen hin-gewiesen, die im Arbeitsprozess entstehen können, sodass Sie der Gefahr, in alte Muster zurückzufallen, bewusst entgehen.

Zum Nachdenken: Aus einem anderen Blickwinkel

Ein wohlhabender Mann litt an starken Augenschmerzen. Unzählige medizinische Experten hatte er konsultiert und war schon von mehreren Ärzten behandelt worden. Dabei nahm er eine große Menge an Medikamenten ein und unterzog sich Hunderten von Injektionen. Aber die Schmerzen wollten einfach nicht nachlassen. Letztendlich wendete sich der Mann an einen Mönch, der als Experte in der Behandlung solcher Fälle galt. Der Mönch verstand sein Problem und sagte, er solle sich eine Zeitlang nur auf grüne Farben konzentrieren und seine Augen nicht auf andere Farben richten. Der Mann fand die Anordnung seltsam, aber er war verzweifelt genug, um es auszuprobieren.

Der wohlhabende Mann beauftragte eine Gruppe von Malern, jeden Gegenstand, auf den sein Blick fallen könnte, grün anzumalen – so, wie es der Mönch angeordnet hatte. Als dieser ihn nach wenigen Tagen besuchte, liefen ihm die Diener des Hauses mit Eimern grüner Farbe entgegen und schütteten grüne Farbe auf sein rotes Kleid, damit ihr Herr keine andere Farbe sehe und sein Augenschmerz nicht zurückkäme.

Als der Mönch die Erklärung hörte, lachte er und sagte: „Hätten Sie nur eine grüne Brille gekauft, die nur ein paar Dollar wert ist, dann hätten Sie diese Mauern und Bäume und Töpfe und alle anderen Gegenstände und auch einen großen Teil Ihres Vermögens retten können. Man kann die Welt nicht grün anmalen."
(Deepu 2013)

Denkanstoß Wie oft gestalten wir die Welt nach unserer Vorstellung, anstatt unsere Perspektive zu wechseln?

In diesem Sinne darf ich Sie bitten, für die Arbeit mit dem 7W-Modell Ihre *Transformationsbrille* aufzusetzen und zu versuchen, dem teilweise starken Drang zu widerstehen, sie während der Arbeit wieder abzusetzen.

3.1 WAS: Value Proposition

Beginnen wir mit der ersten wichtigen Kernfrage und erarbeiten das Leistungsversprechen des Unternehmens. Ziel dabei ist es, das Leistungsversprechen kundennutzenorientiert auszuformulieren.

Kernfrage

Was ist Ihr Leistungsversprechen?

Im Prozess der Entwicklung eines Leistungsversprechens gehen wir die Produkte und die Leistungen des Unternehmens durch, eruieren die Kundenprobleme, die unsere

Produkte lösen, und hinterfragen zugleich ihre tatsächliche Notwendigkeit und die Relevanz für Kunden und den Markt. Im Grunde verbinden wir den Kundennutzen mit dem eigenen Leistungsangebot und zeigen zusätzlich auf, wie sich unser Angebot von ähnlichen Angeboten im Markt wirklich unterscheidet.

Kernelemente

Ein starkes Leistungsversprechen beinhaltet optimalerweise den **Kundennutzen,** das **Alleinstellungsmerkmal** und die sogenannte **Vertrauensposition** des Unternehmens, die die Fähigkeiten und die Kompetenzen des Unternehmens darstellt. Darüber hinaus beinhaltet ein Leistungsversprechen auch die **Zielgruppe,** sodass sie sich darin sofort wiederfindet und einen Bezug zu sich selbst herstellt.

Methode

Es gibt viele Methoden, ein Leistungsversprechen auszuformulieren, die Sie nach Belieben einsetzen können. Suchen Sie einfach die Methode aus, die Ihnen am besten zusagt, nur achten Sie auf die Integration der Kernelemente, um nichts Wichtiges auszulassen.

In diesem Guide darf ich Ihnen einen Weg vorstellen, der sich für mich in vielen Projekten bewährt hat: Zuerst gehen Sie die Anleitungen zur Ausarbeitung des Kundennutzens (Abschn. 3.1.1), der Alleinstellung (Abschn. 3.1.2) und der Vertrauensposition (Abschn. 3.1.3) einzeln durch. Wenn Sie alle drei Bereiche haben, kehren Sie zu diesem Schritt wieder zurück und formulieren daraus Ihr Leistungsversprechen: Ihre Value Proposition. Dabei können Sie sich anfangs an dieser Baustein-Formulierung orientieren:

▶ Unser Produkt ist ein <Produktkategorie> das <Kundennutzen>. Anders als <Wettbewerb> haben wir ein Produkt entwickelt, das <Alleinstellungsmerkmal>. Mit uns <Vertrauensposition> erreichen unsere Kunden <Zielgruppe> ein <Kundennutzen>.

Womöglich klingt die Formulierung im ersten Schritt etwas fremd und sagt wenig aus. Keine Sorge, dies ist erst der Anfang und sie wird nach dem Finalisieren der drei Kernelemente auch Sinn ergeben. Der Satz muss nicht so wortwörtlich zusammengesetzt werden, er ist nur eine Anleitung, um die Kernelemente des Leistungsversprechens in einer Aussage zusammenzufassen. Verändern Sie, je nach Relevanz für Ihr Geschäft, die Stärke der Aussagen und ihrer Betonung.

Im nächsten Schritt reduzieren Sie die Aussage auf Ihren Kern. Kürzen Sie. Und dann kürzen Sie nochmal. Das Ziel ist es, eine kurze, prägnante, ausdrucksstarke Aussage zu formulieren, die leicht in Erinnerung behalten werden kann.

Was man falsch machen kann

Einfach komplex Eine gut ausformulierte Value Proposition ist kurz und prägnant. Darin liegt auch die größte Schwierigkeit: den Kern Ihres Leistungsversprechens auf den

Punkt zu bringen und in einem kurzen Satz zusammenzufassen. Denken Sie daran: In der Kürze liegt die Würze. Anstatt zu versuchen zu beweisen, dass das eigene Geschäft einfach zu komplex sei, sollte man versuchen zu erkennen, wie einfach komplex sein kann.

Leere Worte Immer wieder werden Leistungsversprechen ausformuliert, die keinen Bezug zum Kunden oder zum Geschäft haben. Wenn man sie für sich allein betrachten würde, könnten sie für alle mögliche Bereiche relevant sein. Klassische Beispiele: *„Ihr Erfolg ist unser Ziel"*, *„Beste Qualität und Service"*, *„Kundenzufriedenheit an erster Stelle"*, *„Wir beraten, beschaffen und begleiten"*, etc.

Mehr ist mehr Im Optimalfall beinhaltet eine aussagekräftige Value Proposition alle drei Elemente: Kundennutzen, Alleinstellung und die Vertrauensposition, plus die Zielgruppe. Dies kann aber dazu führen, dass die Aussage zu lang wird. Oft wird es notwendig sein, auf einzelne Bausteine zugunsten der Aussagekraft zu verzichten. Orientieren Sie sich an der Relevanz für den Kunden, wenn Sie Schwierigkeiten haben, alles unterzubringen.

Beispiele aus der Vertriebspraxis

Die ursprüngliche „alte" Value Proposition eines Versicherungsmaklers war *„Ihr unabhängiger Versicherungsexperte"*. Auch wenn sie mit „Ihr" beginnt, stellt Sie nicht den Kundennutzen in den Vordergrund, sondern den Makler selbst: *Der Experte*. Darüber hinaus ist auch *die Versicherung* an sich kein Kundennutzen, denn der Kunde will keine Versicherung, sondern er möchte sein Vermögen bestmöglich absichern. Die Versicherung ist nur ein Mittel zum Zweck. Zudem lag der Fokus der Tätigkeit im Risiko-Management, also primär in der Vermeidung von möglichen Schäden, und die Versicherung war nur ein Baustein des Leistungsportfolios. Das „neue" Leistungsversprechen klang am Ende so: *Wir (vor) sorgen dafür, dass Ihr Vermögen sicher ist. Denn der beste Schaden ist der, der nicht eintritt.*

In einem anderen Fall wurde aus *„Wohnträume aus Stein"* die Formulierung *„Edle Böden und Terrassen für Ihre exklusive Immobilie"*, wodurch die Zielgruppe nun sofort erkennen kann, was sie bei dem Anbieter erwartet. Auch wenn die Aussage *„Wohnträume aus Stein"* auf der emotionalen Ebene gut abholte, kann man sich darunter vieles vorstellen: vom Boden bis zu Fensterbänken und Blumentöpfen. Darüber hinaus führte der Anbieter auch Parkettböden, daher wurde die Value Proposition in *„Edle Böden & Terrassen"* umgewandelt, und mit dem Teil *„für Ihre exklusive Immobilie"* wird nun direkt die Zielgruppe der exklusiven Immobilienbesitzer angesprochen, die größere Projekte ausstatten und nicht nur eine Kellertreppe belegen wollen. Binnen kürzester Zeit, nach dem die neue Value Proposition auf der Webseite publiziert wurde, konnte das Unternehmen vermehrt Anfragen der gewünschten Zielgruppe verzeichnen. ◄

3.1.1   Kundennutzen

Kernfrage

Welchen Nutzen ziehen Kunden aus einer Zusammenarbeit mit Ihnen?

Begleitende Fragen Welche konkreten Ergebnisse erreichen Ihre Kunden aus einem Geschäft mit Ihnen? Welche konkreten Ergebnisse erreichen Sie für Ihre Kunden? Was hat der Kunde davon?

Kernelemente

Kundennutzen ist eine klare Aussage über die konkreten Geschäftsergebnisse, die Kunden durch die Nutzung Ihres Produkts, Ihrer Dienstleistung oder Ihrer Lösung erzielen. Ein starker Kundenmehrwert ist sehr spezifisch und enthält oft Zahlen oder Prozentsätze.

Methode

Listen Sie zuerst alle möglichen Gründe auf, die Ihnen einfallen, warum Kunden bei Ihnen kaufen. Danach ermitteln Sie den *wahren* Kundennutzen hinter jedem Grund. Fragen Sie sich: *Ist es wirklich ein Nutzen?* Machen Sie hier eine klare Trennung zwischen der klassischen Funktionalität Ihrer Produkte, Ihrer Vorteile und der Beschreibung Ihrer Art zu arbeiten (Kundenservice, Qualität etc.). Fokussieren Sie sich rein auf den Nutzen des Kunden: *Was hat er denn von der hohen Qualität? Wozu benötigt er sie?* Anschließend clustern Sie sie anhand der Kaufgründe und der Geschäftstreiber. Und im dritten Schritt versuchen Sie, diesen Nutzen zu quantifizieren und möglichst mit Zahlen zu untermauern. Nicht zuletzt werden die identifizierten Nutzen anhand ihrer Relevanz für Kunden evaluiert.

1. **Geschäftstreiber/Kaufgründe:** Bestimmen Sie die wichtigsten Geschäftsgründe, aus denen Kunden Ihr Angebot nutzen würden. Was ist es, was ihnen *wirklich* wichtig ist? Beispiele:
   - Produktivität
   - Durchlaufzeit
   - Integration
   - Umsatz/Kunden/Geschäftsergebnisse
   - Produkte/Entwicklung
   - Kosten der verkauften Produkte und Leistungen
   - Betriebskosten
   - Ausfallzeiten
   - Betriebszeiten
   - Rentabilität

2. **Motivation:** Kunden werden nichts verändern, es sei denn, Ihr Angebot ist deutlich besser als ihre aktuelle Situation. Finden Sie die Motivation hinter den Kaufgründen. Beispiele:
   - Erhöhen/Beschleunigen/Verstärken
   - Reduzieren/eliminieren/minimieren
   - Verbessern/optimieren/maximieren
3. **Kennzahlen:** Das Hinzufügen von Kennzahlen macht das Leistungsversprechen noch stärker und glaubwürdiger. Nicht gerundete Zahlen sind glaubwürdiger, weil sie auf der unbewussten Ebene ein Gefühl der „Richtigkeit" vermitteln, Das bedeutet, dass 37 % besser sind als 40 % und 36,7 % besser als 37 %. Je genauer die Zahl, desto glaubwürdiger wirkt sie. Folgende Möglichkeiten kann man nutzen:
   - Zeitrahmen
   - EURO-Betrag
   - Prozentsätze

   Ein Paar Ideen dazu: „93,5% Absicherung Ihrer Vermögenswerte", „Ihre Rechnung in maximal 7 Sekunden" „67,6% weniger Aufwand in Ihrer Buchhaltung", „Am nächsten Tag vor Ihrer Tür, garantiert.", „In 17 Minuten geliefert, sonst Geld zurück." Wie Sie sehen, es geht nicht um die Produkte oder Ihrer Funktionalität, sondern um den konkreten Nutzen (Ergebnis), das der Kunde erzielt.
4. **Ranking:** Nachdem Sie alle Kundennutzen ermittelt haben, bewerten Sie sie auf einer Skala von 1–10 auf die Relevanz für Ihre Kunden. Die am höchsten bewerteten sind auch Ihre stärksten Aussagen.

Was man falsch machen kann

Drang zur Selbstdarstellung Das Angebot, die Produkte oder das Unternehmen werden in den Vordergrund gestellt, anstatt des Kundennutzens. Denken Sie daran, dass der Kunde in erster Linie sich nicht dafür interessiert, wer Sie sind und was Sie machen (Ihre Vision, Mission etc.), sondern es ihm rein um seinen Nutzen geht. Es kümmert ihn auch nicht, was Sie sich dabei gedacht haben und warum Sie das tun. Im *ersten* Schritt, wenn es um das Leistungsversprechen geht, will er möglichst schnell erfahren, was er davon hat, um die Entscheidung zu treffen, ob er mit Ihnen weiter interagieren will. Er soll sofort erkennen können, was er von Ihnen bekommt. Das heißt nicht, dass Sie als Anbieter nicht wichtig sind. Doch, natürlich, aber zu einem späteren Zeitpunkt im Kaufprozess. Verwechseln Sie das nicht, und stellen Sie den Kundennutzen in den Vordergrund, nicht sich selbst.

Schau, was wir alles haben Gerne verliert man sich auch in Produkt-Funktionalitäten und erklärt, wie toll die eigenen Produkte sind. Transformieren Sie die Eigenschaften Ihrer Produkte in Kundennutzen und suchen Sie nach Problemen auf der Kundenseite, die Ihre Produkte und Dienstleistungen lösen. Hinter jedem Produkt und seiner Funktion steckt für gewöhnlich eine Lösung für ein bestehendes Problem oder ein zukünftiger Nutzen. Und damit wollen wir argumentieren.

Das kann man nicht messen Oft fällt es Unternehmen schwer, den Nutzen zu quantifizieren, aber die Erfahrung zeigt, dass man mit „Out of the box"-Denken in den meisten Fällen kreative Wege findet, die Aussagen doch mit Zahlen zu untermauern. Suchen Sie nach Kennzahlen, denn die gibt es durchaus.

Beweisaufnahme vor Gericht Auch diese Frage kommt gerne auf bzw. die Unsicherheit, dass Aussagen mit Referenzen untermauert werden müssen. Dies ist eindeutig ein Missverständnis. Es geht hier nicht darum, einen Beweis für Ihre Aussagen zu erbringen, sondern einen Nutzen darzustellen, der auf Ihren Erfahrungen und langjähriger Arbeit oder sonstigen Kennzahlen basiert. Man kann hier Durchschnittswerte über Produktlinien oder Kundengruppen aus der Vergangenheit nehmen, auf die Sie niemand festnageln kann und wird.

Umsatz wollen alle Nach so einer Arbeit im B2B-Bereich kann man am Ende bei den allgemeingültigen Geschäftstreibern landen: Produktivitätssteigerung und Umsatzsteigerung. Was auch natürlich ist, denn am Ende des Tages dienen die meisten Produkte und Dienstleistungen einer Kostenreduktion, Effizienzsteigerung oder Ertragsverbesserung. Man darf aber nicht in diesen allgemeinen Kriterien verbleiben, sondern muss den *spezifischen* Nutzen für Ihre Kunden und Ihre Branche ausarbeiten. Hier ist es wichtig, einen direkten Bezug zu Ihrem Geschäft und Ihren Produkten herzustellen. Je spezifischer, desto besser.

3.1.2 Alleinstellung

Kernfrage
Was können nur Sie, was Kunden auch wirklich benötigen?

Begleitende Fragen Was unterscheiden Sie von den Marktbegleitern? Was ist an Ihrem Angebot einzigartig? Worin kommen Ihnen andere nicht nach? Was ist Ihr Differenzierungsmerkmal?

Kernelemente
Eine starke Alleinstellungsaussage fokussiert sich auf das, was Kunden *wirklich* wollen, *Sie* gut *können* und sonst *keiner* kann (Abb. 3.2).

In den Überschneidungsbereichen dieser Elemente finden wir die wahren Alleinstellungsmerkmale:

- Was Kunden wollen und Wettbewerber gut können: **gefährliches Terrain.** Dieses überlassen Sie lieber Ihren Mitbewerbern. Damit zu argumentieren ist gefährlich.
- Was Sie gut können und Ihre Wettbewerber gut können: **uninteressant.** Wenn Kunden dies nicht wollen, dann interessiert es niemanden. Damit zu argumentieren ist ineffektiv.

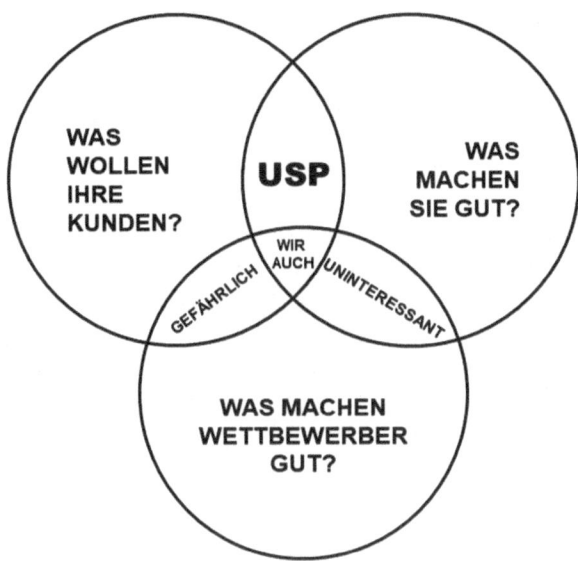

Abb. 3.2 Alleinstellungsmerkmal

- Was Kunden wollen, Sie und auch Ihre Wettbewerber gut können: **wir auch.** Hier bewegen Sie sich auf der „Me-too" Ebene. Nichts unterscheidet Sie von den Wettbewerbern.
- Das wahre Alleinstellungsmerkmal liegt in der Überschneidung der Bereiche: **Was Kunden *wollen* und *nur* Sie auch *gut* können.**

Methode
Um den wirklichen USP (Unique Selling Proposition) auszuarbeiten, müssen wir zuerst die drei Bereiche voneinander unabhängig betrachten, indem wir diese Fragen einzeln beantworten:

1. Was wollen Ihre Kunden?
2. Was können Sie gut?
3. Was können Ihre Wettbewerber gut?

Beantworten Sie die Fragen am besten komplett voneinander unabhängig, um sich nicht von den anderen Bereichen beeinflussen zu lassen. Machen Sie eine Denkpause dazwischen und legen Sie die vorherigen Antworten weg, bevor Sie zum nächsten Bereich übergehen. Wichtig ist es, dass Sie sich dabei nicht selbst beeinflussen. Anschließend clustern Sie die jeweiligen Fähigkeiten nach Schwerpunkten und suchen im Ausschlussverfahren die Alleinstellungsmerkmale.

Zukünftiger USP Im Zusammenhang mit der Alleinstellung müssen Sie sich auch die Frage stellen, wie Sie sich in der Zukunft unterscheiden wollen. Nicht nur wie sie es heute tun, sondern wie Sie es zukünftig werden. Denn die bestehenden Alleinstellungsmerkmale mögen später unter Umständen nicht mehr ausreichend sein. Überlegen Sie, womit Sie sich zukünftig differenzieren wollen und wie Sie diese Kompetenz aufbauen. In Zeiten, wo Produkte leicht kopierbar sind und es kaum noch möglich ist, Geschäftsgeheimnisse zu wahren, rücken Faktoren wie eine einfache und bequeme Kundenerfahrung, die auf einem guten Verständnis der Kundenbedürfnisse beruht, in den Vordergrund. Richtig gemacht, kann sie sich zu einem mächtigen Differenzierungsmerkmal entwickeln. Für Ihre Überlegungen bieten sich die Antworten auf die erste Frage („Was wollen Kunden") an, und wenn Sie hier gute Arbeit geleistet haben, werden Sie auch gute Ideen gewinnen, in welche Richtung Sie sich differenzieren könnten.

Was man falsch machen kann
Aber nichts besser Oft entsteht der Eindruck, es gäbe keinen USP, da der Wettbewerb alles genauso gut kann. *Wir können nichts besser,* lautet hier die Einstellung. Die gegenteilige Antwort findet sich in der Regel in einer Kombination von Fähigkeiten, die das eigene Unternehmen tatsächlich von den anderen unterscheidet. Es gilt herauszufinden, warum Kunden bei Ihnen kaufen und nicht beim Wettbewerb. Denn darin sind Sie vermutlich besser als der Wettbewerb. Und wenn Sie wirklich keine USPs finden, überlegen Sie, wie welche aufgebaut werden können.

Die große Selbstlüge Immer wieder werden Fähigkeiten als UPSs dargestellt, die in Wirklichkeit keine Alleinstellungsmerkmale sind, entweder weil sie der Kunde nicht benötigt oder weil der Wettbewerb sie ebenso gut kann. Daher auch die Empfehlung, die Ausarbeitung im Ausschlussverfahren durchzugehen. Dabei gewinnen Sie auch interessante Erkenntnisse über Ihren Wettbewerb.

Alles fake Oft sind die vermeintlichen Kundenbedürfnisse keine wahren Bedürfnisse, sondern nur das, was wir selbst glauben, dass sie benötigen. Hier ist wichtig herauszufinden, was Kunden *wirklich* wollen. Nicht nur das, was wir glauben, dass sie wollen, nur deshalb, weil wir das anbieten.

Wen kümmert's Produkte höchster Qualität, niedrigste Preise, Weltklasse Qualität, 24/7-Kundenservice, exzellente Betreuung, langjährige Erfahrung und viele ähnliche Aussagen sind keine Alleinstellungsmerkmale. Außer der Tatsache, dass man sich damit vermutlich von der Konkurrenz nicht wirklich unterscheidet, gehören diese Punkte inzwischen zu den Voraussetzungen, die Kunden erwarten. Suchen Sie nach dem einzigartigen *Nutzen,* den Sie Ihren Kunden bieten.

3.1.3   Vertrauensposition

Kernfrage
Warum bei Ihnen kaufen?

Begleitfragen Was sind Ihre besonderen Fähigkeiten und Kompetenzen? Warum sollte man Ihnen vertrauen?

Kernelemente
Vertrauen war schon immer einer der wichtigsten Erfolgsfaktoren im Vertrieb. Wenn ein Kunde bei Ihnen kauft oder einen Vertrag unterschreibt, dann vertraut er darauf, dass Sie Ihr Versprechen einhalten: ob es um die Lieferung des gekauften Produkts geht, die Erbringung einer Dienstleistung oder um die Erfüllung des Vertrags. Hier geht der Kunde in Vorleistung, und ohne darauf zu vertrauen, dass Sie Ihr Versprechen erfüllen, wird er nicht kaufen. Demzufolge ist die Vertrauensbasis ein wichtiger Bestandteil Ihrer Value Proposition und Ihrer Positionierung als vertrauenswürdiger Partner und besteht aus drei Grundelementen: Vertrauensbeweise, Kompetenz und Fähigkeiten.

Methode
Bei der Beantwortung der Kernfrage gehen Sie die drei Elemente einzeln durch und erfassen alles, was Sie nutzen können, um eine Vertrauensbasis zu schaffen.

Vertrauensbeweise Was haben Sie für andere Kunden schon erreicht? Referenzen, Use-Cases, Testimonials, Bewertungen, Reviews etc.

Kompetenz Wie können Sie Ihre Kompetenz beweisen? Zertifikate, Ausbildungen, Auszeichnungen, Zertifizierungen, Mitglied in Verbänden etc.

Fähigkeiten Wie können Sie beweisen, dass Sie auch die Fähigkeiten besitzen, die versprochene Leistung zu erbringen? Know-how, Ressourcen, Organisationsgröße, Partnerschaften? Aussagen wie *„seit 20, 50, 100 … Jahren im Markt"*, *„mehr als 10.000 Kunden vertrauen auf uns"* können hilfreich sein.

Vertrauen im digitalen Raum Insbesondere dank Internet haben Kunden diverse Möglichkeiten, sich über Sie zu informieren, was sie auch tun, wie wir bei den Trends gesehen haben. In diesem Zusammenhang muss gut überlegt werden, wie Sie online mehr Vertrauen schaffen. Dazu gehören neben wertvollem Content, guten Bewertungen und professionellem Auftritt auf allen Kanälen auch kostenlose Testperioden, Geld-Zurück-Garantien und ähnliche Vertrauensbeweise. Zudem schaffen auch der Umgang mit negativen Bewertungen und Ihre Reaktion auf Kundenkommentare und öffentliche Beschwerden Vertrauen darauf, dass Sie in einem kritischen Fall Ihre Kunden ernst nehmen.

Was man falsch machen kann

Wer glaubt's? Immer wieder heißt es, dass ohnehin niemand mehr an Referenzen und Bewertungen glaubt und dass eh jeder weiß, dass sie Fake sind. Mag sein, dass sie ausgedacht sind, dennoch wirken sie und beeinflussen Kundenentscheidungen. Und sicherlich kaufen Kunden nicht nur wegen den Referenzaussagen auf Ihrer Webseite, aber Aussagen Dritter verstärken die Entscheidungen potenzieller Kunde und reduzieren ihre Unsicherheit, wenn auch nur unbewusst. Was nicht heißen soll, dass man Referenzen selbst fälschen soll. Aber Sie haben sicherlich Kunden, die bereit sind, über ihre hervorragenden Erfahrungen mit Ihrem Unternehmen zu berichten.

Einfach die Besten Häufiger noch als unterbewertet, werden die Vertrauensbeweise *über*bewertet, indem zu viel Wert auf die eigene Unternehmenspräsentation gelegt wird. Bedenken Sie hier, dass die Vertrauensposition eine – oft – schon getroffene Entscheidung auf der Gefühlsebene untermauert. Kunden kaufen nicht bei Ihnen, weil es Sie seit 35 Jahren gibt oder weil Sie 10.000 Kunden haben, sondern weil sie einen Nutzen aus der Zusammenarbeit mit Ihnen ziehen. All diese Vertrauensbeweise bestärken die Entscheidung des Kunden, nicht umgekehrt. Was bedeutet, dass sie wichtig sind, aber auch nicht übertrieben in den Vordergrund gestellt werden dürfen. Stellen Sie den Kundennutzen in den Vordergrund und untermauern Sie ihn mit Vertrauensbeweisen.

Möchte-gern-Experten Ein anderer Weg, diesen Bereich zu missverstehen, ist es, den Fokus darauf zu legen, sich selbst als „Experte" darzustellen". Einige Vertriebstrainer und Berater tragen zur Entstehung dieses Missverständnisses tatkräftig bei, indem Sie propagieren, dass man sich im digitalen Raum unbedingt als Experte positionieren muss. Der Grundgedanke dabei ist richtig, nur die Ausführung ist oft falsch. Indem ich selbst behaupte, dass ich ein Experte bin, werden mich die Kunden noch lange nicht als Experten wahrnehmen. Eine Experten-Positionierung entsteht nicht durch die Selbsternennung zum Experten, sondern dadurch, dass andere (Referenzen, unabhängige Berater, Kunden etc.) über Ihre Expertise berichten und auch dadurch, dass Sie Expertise beweisen: Fachartikel, Publikationen, Bücher, Blogs etc.

Experte für alles Das zweite Missverständnis mit dem Experten-Status besteht darin, dass man nicht in allen Branchen ein Experte sein muss: Oft geht es vielmehr um das Produkt an sich als um den Anbieter und seine Expertise. Hier sind andere Vertrauensbeweise relevant: Lieferfähigkeit, Zuverlässigkeit, Zufriedenheit anderer Kunden mit dem Produkt und nicht der Experten-Status des Anbieters. Überprüfen Sie Ihre Vertrauensbeweise auf ihre Relevanz für die Kunden und gehen Sie durchdacht und sorgsam mit ihnen um.

3.2   WEM: Adressieren

Auf dieser Ebene des 7W-Modells wird die Zielgruppe definiert. Auch wenn es unzählige Anleitungen und Literatur zur Zielgruppendefinition gibt, zeigt die Praxis, dass in den wenigsten Fällen die Analysen fundiert durchgeführt werden. Das bedeutet, dass Zielgruppenprofile irgendwo in Regalen verstauben und nicht damit gearbeitet wird. Das Ziel hier liegt darin, diejenigen Kunden zu identifizieren, die das höchste Potenzial für Ihr Geschäft aufweisen und sie tiefgehend genug zu analysieren, um sie auch mit allen Vertriebs- und Marketingmaßnahmen wirksam erreichen zu können. Die richtige Balance dabei zu finden ist eine der größten Herausforderungen, denn sehr detaillierte, seitenlange Zielgruppenanalysen stellen eine Überforderung dar, und dürftige, oberflächliche, meist auf die demografischen Merkmale reduzierte Profile reichen nicht aus.

Kernfrage
Wem wird es angeboten?

Kernelemente
Eine fundierte Zielgruppenanalyse beschäftigt sich mit den Kunden, die wirklich Potenzial für Ihr Geschäft aufweisen. Sie ist spezifisch und tief gehend genug, um alle relevanten Elemente in Betracht zu ziehen. Im B2C-Bereich mag eine Analyse der Zielpersonen ausreichend sein, im B2B wird dagegen eine fundierte Analyse mehrere Elemente beinhalten:

- Ein **Zielkunden-Profil:** Das Unternehmen, das adressiert wird.
- Eine **Buying-Center-Analyse:** Das Einkaufsgremium des Zielkunden.
- **Buying-Personas-Analysen:** Personen aus dem Buying Center, die in der Zielgruppenansprache adressiert werden.

Diese Elemente werden in Zusammenhang mit den Zielmärkten gebracht, ob geografisch oder branchenspezifisch, und nicht zuletzt wird die Art der Kundenbeziehung definiert, die die Basis Ihres Vertriebsansatzes bildet.

Methode
Wenn es heute wirklich nicht an etwas fehlt, dann an Methoden und auch Tools – analog und digital –, um fundiert Zielgruppenanalysen durzuführen. Im Grunde ist es egal, welche Methodik Sie verwenden, solange Sie auf die Grundelemente achten.

Technologische Unterstützung Auch Technologie kann hier ihren Beitrag leisten. Zum Beispiel kann Künstliche Intelligenz dynamische Zielgruppen – primär im B2C-Bereich – generieren und neue Einblicke in Zielgruppen liefern. Sie kann Muster in den Daten, Eigenschaften und Verhalten von Kunden identifizieren, die uns womöglich verborgen bleiben, und Veränderungen in den Zielgruppen schneller wahrnehmen, als es der Organisation von allein möglich wäre. Dabei können neue und interessante Zielgruppen identifiziert werden, für die spezielle Strategien und auch Produkte entwickelt werden können.

Zielgruppen aktuell halten Zielgruppen sind nicht statisch. Sie verändern sich in einem Kontinuum, daher ist es auch wichtig, Prozesse einzuführen, um die Zielgruppen regelmäßig zu beobachten, um Veränderungen schnell zu erkennen und darauf mit entsprechenden Anpassungen in den Kommunikations- und Vertriebsmaßnahmen zu reagieren. Darüber hinaus bietet eine fortlaufende Beobachtung der Zielgruppe wertvolle Einblicke für die Geschäftsentwicklung. Setzen Sie Ihre Transformationsbrille auf und überlegen Sie, wie Sie dynamische Zielgruppenprofile zum festen Bestandteil Ihrer Vertriebstaktiken machen.

Was man falsch machen kann
Brauchen wir nicht Nach dem Motto „Wir wissen, wer unsere Kunden sind", wird gerne komplett auf die Zielgruppendefinition verzichtet. Das Ziel in diesem Schritt liegt darin, diese Definition auf den Prüfstand zu stellen und sich auf die Suche nach neuen und hoffentlich lukrativeren Marktsegmenten zu begeben.

Die kennen wir schon Oft verliert man sich bei der Zielgruppendefinition in bestehenden und – nicht selten genug – veralteten Denkmustern. Denken Sie bei der Erarbeitung von Zielkundenprofilen und Zielmärkten groß und weit über die vorhandenen Marktsegmente und Kundenstrukturen hinaus.

Produkt-gelähmt In der Regel wird die Zielgruppe vom Leistungsportfolio definiert, was logisch erscheint. Daher fragen wir uns auch: *Wer kann von unserem Angebot profitieren?* Aber manchmal wird es sinnvoll sein, die Produkt-Perspektive bewusst zu verlassen und den Markt aus der Mehrwert-Perspektive zu betrachten. Dabei können neue interessante Produkt- und Angebotsideen und auch Geschäftsmodelle entstehen.

Beispiele aus der Vertriebspraxis

Im Rahmen einer Strategie-Entwicklung für ein Start-up aus der Kreativ-Branche stellten wir fest, dass die eigentliche Zielgruppe nicht die Nutzer der Produkte selbst sind (in diesem Fall Hotels), sondern die Hotel-Ausstatter und die Projektplaner. Denn sie sind es, die primär bestimmen, welche Produkte und Möbel in das Design-Konzept des Hotels passen und nicht die Hotels selbst. Diese Erkenntnis veränderte die gesamte Strategie.

In einem anderen Fall aus der IT-Branche stellten wir ebenfalls fest, dass die vom Unternehmen zuvor adressierten Nutzer des Produkts nicht nur nicht die Entscheider waren, sondern sich sogar als Gegner erweisen konnten, weil sie oft die Lösung als

Gefahr für die eigene Position im Unternehmen betrachteten. Infolgedessen wurde die gesamte Marketingkommunikation angepasst und auch die Vertriebsaktivitäten wurde anders ausgerichtet.

Und bei einem anderen Unternehmen konnten wir eine Zielgruppe identifizieren, die erst in der Zukunft einen Bedarf an dem Produkt haben wird. Dies wurde durch eine Marktanalyse erkannt, denn es ist anzunehmen, dass dieser Trend sich auch auf andere Märkte mit Zeitversatz umlegen wird. Diese Erkenntnis führte dazu, dass man eine gezielte Strategie erarbeitete, um diese Zielgruppe zu adressieren und sie über die Marktveränderungen aktiv zu informieren, um dadurch den Bedarf auszulösen. Auf diese Weise konnte sich das Unternehmen einen klaren Vorsprung verschaffen und in einem neuen Markt positionieren, statt mit vielen anderen in demselben „Fischbecken zu fischen".

Noch ein gutes Beispiel bietet ein Softwarehersteller, der eine Marktexpansion innerhalb Europas plante. Im Prozess der Strategieentwicklung und der durch-geführten Analysen stellten wir fest, dass es sinnvoller ist, die nordischen Staaten als erstes zu adressieren, anstatt der zuvor geplanten Spanien und Frankreich, weil dort die regulatorischen Voraussetzungen besser waren. Zuvor wurde die Entscheidung aufgrund der Marktgröße getroffen, nun führten neue Erkenntnisse dazu, diese Ent-scheidung zu revidieren. Denn die nordischen Staaten sind zwar als Markt kleiner, bieten aber für das Unternehmen selbst durch die vorteilhaften gesetzlichen Voraus-setzungen bessere Chancen für einen Markteintritt. ◄

3.2.1 Zielkunden

Kernfrage
Wer profitiert von Ihrem Angebot und ist für Sie als Kunde attraktiv?

Begleitende Fragen Welche Zielkunden ziehen den größten Nutzen aus einer Zusammenarbeit mit Ihnen? Welche Zielgruppen sind am attraktivsten für Sie? Welche Zielgruppen können sich aus anliegenden Geschäftsbereichen ergeben?

Kernelemente
Eine fundierte Zielgruppenanalyse geht weit über die klassische Definition der demo-grafischen Merkmale hinaus. Hier ist es wichtig zu erkennen, dass es weniger um die Beschreibung der Person an sich geht, als vielmehr um die Analyse der Bedürfnisse, der Probleme und des Verhaltens der Zielkunden. Natürlich gibt es hier Abweichungen je nach Geschäft – B2C oder B2B – und nach Branche und Geschäftsart. Unabhängig davon gibt es einige Grundelemente, die zu berücksichtigen und Prozess-Schritte, die notwendig sind, um eine fundierte Zielgruppenanalyse durchzuführen: Potenzial-Erhebung, Ziel-gruppen-Identifikation, Zielkunden-Profil, Buying Center- und Personas-Analysen.

Methode

Welche Methode Sie verwenden, sei Ihnen überlassen, solange Sie die wichtigen Schritte durchgehen und die Elemente berücksichtigen. Wichtig ist es auch, dass relevante Personen im Prozess involviert werden, insbesondere Personen, die täglichen Kundenkontakt haben, denn sie können gute Einblicke in die Entscheidungsprozesse der Kunden bieten. Darüber hinaus sind auch die Personen zu involvieren, die eine globale Sicht auf den Markt haben, um das gesamte Marktpotenzial zu erkennen, außerhalb der bekannten Zielgruppen – oft ist es die Entscheidungsebene wie Vertriebsleitung oder die Geschäftsführung. Summa Summarum darf die Zielgruppendefinition nicht allein dem Marketing überlassen werden, was in der Praxis oft der Fall ist. Denn Zielgruppen sind nicht nur für das Aufsetzen von Marketing-Kampagnen wichtig, sondern bilden die Basis Ihrer Vertriebsstrategie und definieren alle Vertriebstätigkeiten. Marketing kann und soll den Prozess initiieren, muss aber auch dafür sorgen, dass all die notwendigen Personen involviert sind, und der Führungsebene muss die Wichtigkeit dieser „Übung" bewusst sein.

Potenzial-Erhebung Im allerersten Schritt wird das gesamte Kundenpotenzial für Ihr Leistungsportfolio erhoben. Stellen Sie sich die Frage: *Wer alles kann von Ihrem Angebot profitieren?* Denken Sie dabei groß und außerhalb von bekannten Rahmen. Listen Sie einfach *jeden* auf, der Interesse an Ihrem Angebot haben könnte. Danach bewerten Sie die identifizierten Kunden auf einer Skala von 1 bis 10: *Wie relevant und attraktiv ist Ihr Angebot für sie?*

Zielgruppen-Identifikation Im nächsten Schritt bewerten Sie die identifizierten Kunden anhand ihrer Attraktivität für Ihr Unternehmen. Hier können Sie mit einer Entscheidungsmatrix arbeiten (s. Abb. 3.3), mit der Sie die identifizierten potenziellen Kunden anhand ihrer Attraktivität und ihrer Geschäftsstärke einordnen.

- **Beispiele für Attraktivitätsfaktoren:** Umsatz, Potenzial, Referenz, Innovation, Internationalität, Zahlungsfähigkeit, Investition, Kosten, Profit, Wachstum, Standard-Lösungen, Kompatibilität etc.
- **Beispiele für Geschäftsstärke-Faktoren:** Marktposition, Produkte, Brand, Markenstäke, Umsatz, Dauer im Geschäft, Kunden, Technologie, Geschäftsmodell, Zukunftsaussichten, etc.

Die Kunden, die im oberen rechten Feld landen (Abb. 3.3) und auch die höchste Bewertung (10) aufweisen, sind diejenigen, die das höchste Potenzial für Ihr Geschäft aufweisen und auch adressieren werden sollen. Suchen Sie hier auch nach Gemeinsamkeiten: Was verbindet all diese Kunden? In der Regel gibt es übereinstimmende Kriterien, und mehrere Kunden lassen sich zu einer gesamten Zielgruppe anhand ihrer Kriterien gut zusammenfassen.

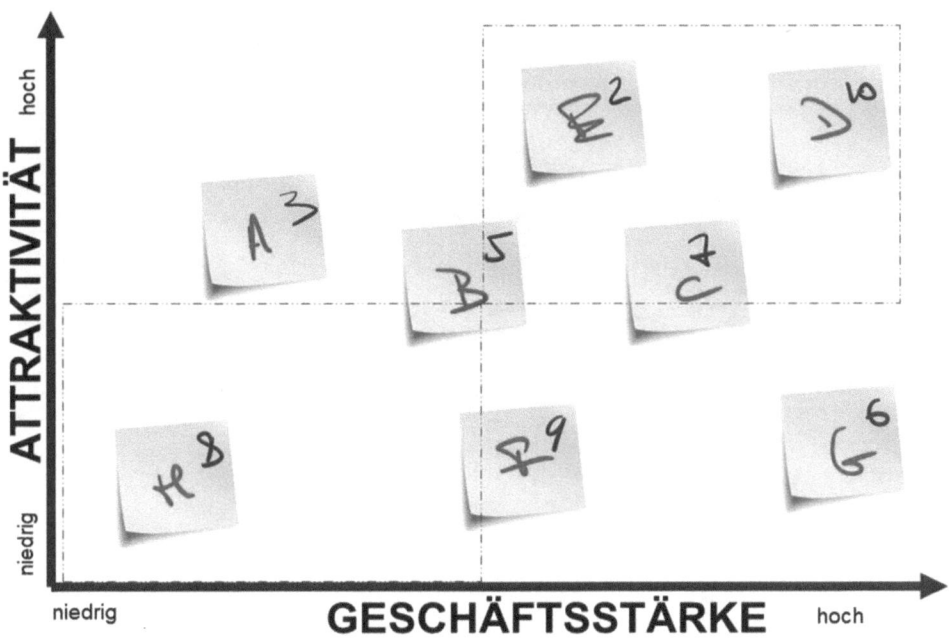

Abb. 3.3 Identifikation der Zielgruppe

Zielkunden-Profil Im nächsten Schritt wird die identifizierte Zielgruppe detailliert analysiert. Dazu wird ein Kundenprofil erstellt. Im B2B-Segment geht es um das Unternehmen als Ganzes. Dabei werden die Bedürfnisse, die Ziele, die Situation und die
Herausforderungen des Unternehmens analysiert. Darüber hinaus ist es äußerst wichtig,
den Entscheidungsprozess und die Einkaufsprozesse des Kunden unter die Lupe zu
nehmen. Zu den Kernelementen eines fundierten Zielkunden-Profils (s. Abb. 3.4)
gehören:

- **Unternehmensgrunddaten:** Größe, Region, Branche, Umsatz, Mitarbeiter etc.
- **Attribute:** Bestimmte übergreifende Merkmale Ihrer Zielgruppe.
- **Unternehmensziele:** Geschäftsziele, was wollen sie erreichen?
- **Situation:** Markt, Markt-Trends, Kunden, Wettbewerber, Marktanteile etc.
- **Probleme:** Herausforderungen, Hindernisse, Frustrationen etc.
- **Bedürfnisse:** Unternehmensziele und -strategien, Wünsche, Pläne etc.
- **Kauf-Beweggründe:** Was ist dem Kunden in Bezug auf Ihre Leistung wichtig?
  Welche Kaufgründe hat er? Was will er?

Abb. 3.4 Zielkundenprofil B2B

- **Kauf-Hindernisse:** Was will er nicht? Welche Risiken vermeidet er? Was schreckt ihn ab?
- **Entscheidungs- und Kaufprozess:** Wie werden Entscheidungen getroffen? Allein? Im Gremium? Komplex? Schnell? Unbürokratisch? Langsam? Ausschreibungen?
- **Recherche-Verhalten:** Webverhalten, Events, Ressourcen, Informationsquellen etc.

Im B2C-Segment ist der Aufbau ähnlich bzw. reduziert sich auf die Buying Personas.

Buying-Center-Analyse Es reicht nicht nur, ein Kundenprofil zu erstellen, sondern man muss in die Tiefe des Buying Centers gehen. Wer alles ist in die Entscheidungs-findung involviert? Dabei ist es wichtig zu verstehen, dass nicht nur im B2B-Bereich eine Buying-Center-Analyse notwendig ist, sondern oft auch im B2C-Bereich. Zum Beispiel, wenn mehrere Personen aus der Familie involviert sind: Beim Hausbau oder Interiorausstattung. Dabei geht es primär darum, die Rollen, die Interessen und die Bedürfnisse jeder einzelnen Person (Rolle) innerhalb der Entscheidungsgruppe zu ana-lysieren.

- **Position im Unternehmen:** Geschäftsführer, IT-Leiter, Verkaufsleiter, Finanzleiter etc.
- **Bedürfnisse/Interessen im Prozess:** Problemlösung, Kosten minimieren, Ergebnisse verbessern, Prozessoptimierung, Erleichterung bei der Arbeit, Aufwandreduktion etc.

- **Rolle im Entscheidungsprozess:** Jede Person in der Einkaufsgruppe hat eigene Rollen, die identifiziert werden müssen, um sie auch richtig adressieren zu können:
  - Initiator: **initiiert** den Kaufprozess
  - Influencer: **beeinflusst** den Kaufprozess
  - Entscheider: **entscheidet** über den Kauf
  - Buyer: **bestellt,** tätigt effektiv den Kauf
  - User: **verwendet** die Lösung oder das Produkt
  - Gatekeeper: **blockiert** den Prozess, hat die Hoheit über Informationen
  - Approver: **genehmigt** den Kauf, unterschreibt den Vertrag
- **Nutzenverbindung:** Anschließend werden Verbindungen zwischen dem Nutzen Ihrer Produkte und Dienstleistungen mit den Interessen der einzelnen Rollen im Entscheidungsprozess hergestellt. Im Grunde matchen Sie die Bedürfnisse und die Probleme der jeweiligen Personen mit dem Nutzen Ihrer Produkte. Dies ist für die gezielte Ausrichtung aller Marketing- und Vertriebsaktivitäten wichtig. *Richtige* Personen müssen mit dem für sie *richtigen* Nutzen angesprochen werden. Denn es nutzt wenig, bei einem User mit dem ROI oder einer Kostensenkung zu argumentieren.
- **Buying Personas:** Darüber hinaus ist es wichtig, *die* Personen bzw. *die* Rollen im Buying Center des Unternehmens zu identifizieren, die Sie mit Marketing und Vertrieb *primär* adressieren wollen. Es sind die Personen, die Ihnen die Tür öffnen und das größte Interesse an Ihrem Angebot haben. Die Buying-Center-Analyse gibt Aufschluss darüber, welche Rollen im Unternehmen sich als Buying Personas besonders gut eignen.

Buying-Persona-Analyse Wenn Sie Ihre Buying Personas identifiziert haben, dann werden diese Personen im nächsten Schritt detaillierter analysiert, um sie auch mit Ihren Marketing- und Vertriebsmaßnahmen gezielt zu adressieren und zu erreichen. Dazu gehören folgende Elemente (s. Abb. 3.5):

- **Beschreibung:** Rolle im Einkaufsprozess, Berichtslinien, Verantwortungsbereich, Job und tägliche Aufgaben etc.
- **Herausforderungen:** Sorgen, Frustrationen, Probleme, Angst, Schmerzpunkte etc.
- **Bedürfnisse:** Lösungsbedarf, Verbesserungen, Wünsche, Hoffnungen, Träume etc.
- **Ziele:** Was versucht er zu erreichen und warum? Wie erreicht er seine Ziele? Hindernisse?
- **Kaufgründe:** Was motiviert ihn zum Kauf? Was hindert ihn am Kauf? Was schreckt ihn im Kaufprozess ab?
- **Interessen:** Welche Informationen konsumiert er? Welche Inhalte zieht er vor? In welcher Form? Welche Quellen nutzt er?
- **Aufenthaltsort:** Wo ist er zu finden? Im digitalen Raum: Auf welchen Plattformen, in welchen Netzwerken? Welche Veranstaltungen besucht er? Messen?
- **Verhalten:** Wie sucht er? Wonach sucht er? Wie recherchiert er? Welche Suchbegriffe verwendet er? Keywords?

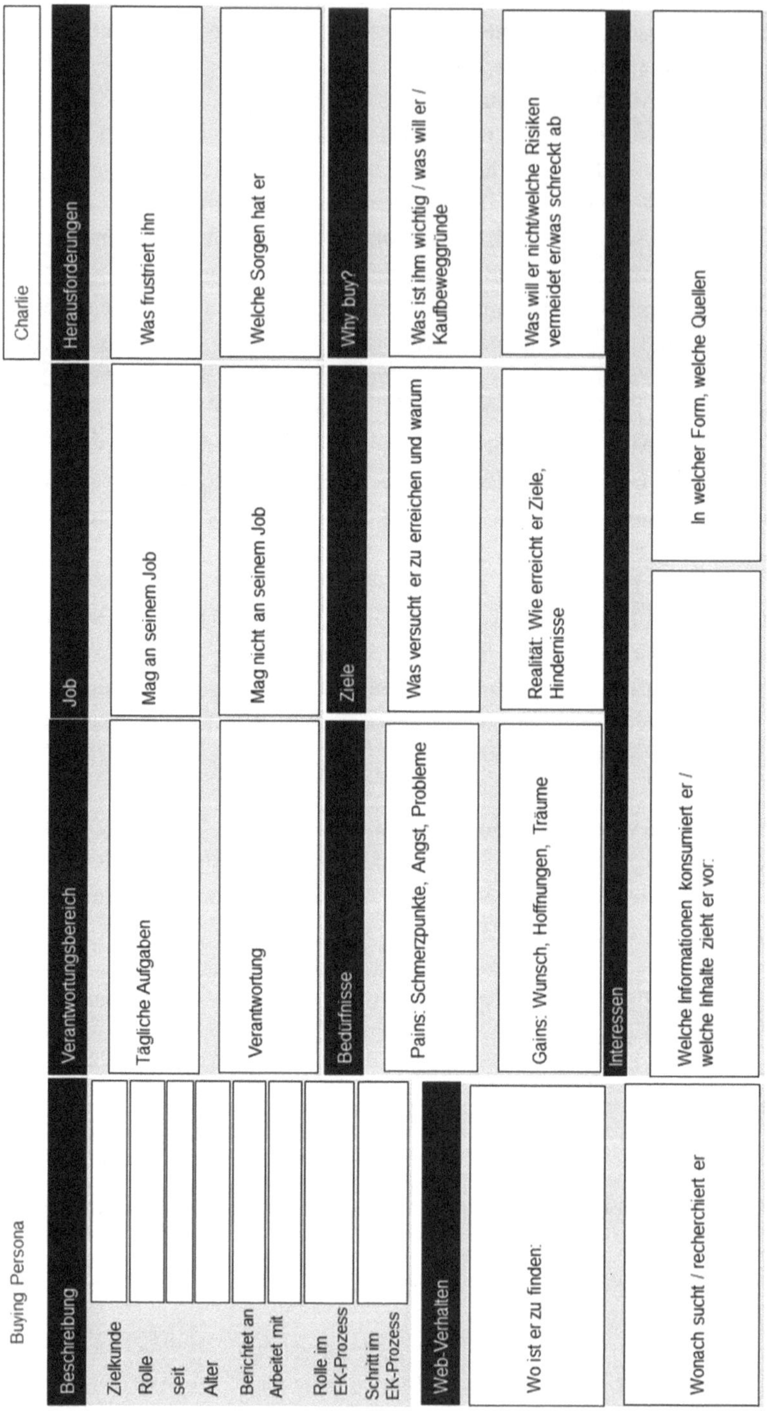

Buying Persona

Beschreibung	Verantwortungsbereich	Job	Charlie
Zielkunde			
Rolle	Tägliche Aufgaben	Mag an seinem Job	
seit			
Alter			
Berichtet an	Verantwortung	Mag nicht an seinem Job	
Arbeitet mit			
Rolle im EK-Prozess			Herausforderungen
Schritt im EK-Prozess			Was frustriert ihn

Bedürfnisse	Ziele		Welche Sorgen hat er
Pains: Schmerzpunkte, Angst, Probleme	Was versucht er zu erreichen und warum		Why buy?
Gains: Wunsch, Hoffnungen, Träume	Realität: Wie erreicht er Ziele, Hindernisse		Was ist ihm wichtig / was will er / Kaufbeweggründe

Interessen		Was will er nicht/welche Risiken vermeidet er/was schreckt ab
Welche Informationen konsumiert er / welche Inhalte zieht er vor:	In welcher Form, welche Quellen	

Web-Verhalten

Wo ist er zu finden:

Wonach sucht / recherchiert er

Abb. 3.5 Buying-Persona-Analysen

Versuchen Sie auch hier, komprimiert auf den Punkt zu kommen. Nicht zu viel und nicht zu wenig ist das Ziel.

Datennutzung Ihr Unternehmen verfügt wahrscheinlich über eine Vielzahl von Daten, die Ihnen helfen können, Ihre Zielgruppen besser zu analysieren und Merkmale darin zu identifizieren, die auf den ersten Blick nicht offensichtlich sind. Mit technologischer Hilfe (CRM, KI) können Sie interessante Muster und Zusammenhänge für die Kundensegmentierung finden. Mit künstlicher Intelligenz lassen sich dynamische Zielprofile generieren, die die tatsächlichen Veränderungen auf der Kundenseite in Echtzeit nachverfolgen. Auch Ihre Website verfügt über Daten, die Ihnen helfen können, etwas Neues über Ihre Zielgruppe zu erfahren. Verwenden Sie Google Analytics, um Details zu der Marktsegmentierung zu finden. Weitere Web-Analytics-Tools wie Leadfeeder können Ihnen detaillierte Auskunft über die Branchenzugehörigkeit und die Unternehmen, die auf Ihrer Webseite landen, geben. Es gibt auch viele weitere Tools, die je nach Geschäftsart und Branche noch tiefere Einblicke in die Zielgruppe ermöglichen: von Interessen, Verhalten, Eigenschaften, Rechercheverhalten und bis zur den einzelnen Keywords, die sie verwenden.

Was man falsch machen kann
Haben oder wünschen Wichtig ist es, insbesondere für Unternehmen, die länger am Markt sind, Zielkunden vom bestehenden Kundenstamm zu unterscheiden. Denn oft wachsen Unternehmen organisch und Kundenstämme entwickeln sich in einer Eigendynamik, je nach Fähigkeiten und Präferenzen der einzelnen Mitarbeiter. Das Zielkundenprofil kann, muss aber nicht, dem Profil des bestehenden Kundenstamms entsprechen. Hier liegt die Gefahr, dass man bei der Zielgruppendefinition einfach das Profil von Bestandskunden übernimmt. Achten Sie darauf, wirklich Zielkunden zu identifizieren: die, die Sie wollen, und nicht die, die Sie haben. Versuchen Sie, hier generell außerhalb von bestehenden Kundensegmenten zu denken. Dabei ist es aber auch wichtig, den Realitätsbezug nicht zu verlieren: Ihr Zielkunden-Profil sollte die Arten von Unternehmen widerspiegeln, die Sie mit Ihren Dienstleistungen oder Produkten auch tatsächlich erreichen können.

Ahnungslos gedacht Viele Unternehmen haben Schwierigkeiten, ihre Zielkunden fundiert zu analysieren, weil ihnen Daten fehlen. Dies sollte allerdings kein Grund dafür sein, keine Zielgruppenanalysen durchzuführen. In der Regel ist das Wissen im Unternehmen vorhanden, es muss nur aus den einzelnen Köpfen extrahiert werden. Darüber hinaus können Sie recherchieren, Webseiten Ihrer Wunschkunden scannen und Interessen der Personen in den jeweiligen Unternehmen analysieren. Dafür eignen sich die sozialen Netzwerke besonders gut. Und in letzter Instanz können Sie in diesen Prozess auch effektiv Kunden involvieren oder Berater, die Sie dabei unterstützen können, die Bedürfnisse der Kunden zu identifizieren und in Verbindung mit Ihren Produkten zu bringen.

Frau, 35 Jahre alt, verheiratet, wohnhaft in … So oder so ähnlich beginnen viele Zielgruppenprofile und manche enden auch damit. Zweifelsohne sind demografische und im B2B-Fall auch firmografische Faktoren bei der Erstellung eines Kundenprofils wichtig, denn Sie möchten Dinge wie Unternehmensgröße, geografische Lage und Branche wissen. Aber firmografische Merkmale allein reichen nicht aus. Sie müssen auch wissen, was Ihre Zielkunden antreibt, Kaufentscheidungen zu treffen, oder welche ihrer Probleme Sie lösen können. Die demo- und firmografischen Daten sind nur ein einzelner Bereich von einem Schlüsselsatz von Attributen und Merkmalen, die einen umfassenden Überblick über die Bedürfnisse Ihrer Kunden bieten. Stellen Sie Bedürfnisse vor Merkmale, denn so werden Sie auch potenzielle Kunden besser adressieren können.

Die Flucht in die Perfektion Sehr detaillierte und seitenlange Profile sind das andere Extrem, das es zu vermeiden ist. Wenn Sie ein Kundenprofil erstellen, achten Sie darauf, dass Sie die Definition nicht zu eng fassen. Denn sonst enden sie bei zig Profilen, die sehr detailliert sind, aber am Ende brachliegen. Ein gutes Profil umreißt zwar die allgemeinen Einstellungen, Bedürfnisse und Wünsche für die Art von Personen und Unternehmen, mit denen Sie arbeiten möchten, bringt sie aber auch auf den Punkt. Versuchen Sie, ein Profil mit wirklich wichtigen Kriterien auf einem einzigen Blatt Papier darzustellen: maximal in einem A4-Format, sodass man alle Informationen mit einem Blick erfassen kann. Zwei Seiten sind schon zu viel. Auch bei digitalen Formaten wollen wir nicht übertreiben.

Jeder und Alle Auch diese Situation kommt häufig vor: *Jeder kann von unserem Produkt und der Dienstleistung profitieren.* Diese Einstellung resultiert oft aus Unwissen und oft auch aus Angst, potenzielle Kunden auszuschliessen oder zu verlieren. Besonders bei den Jungunternehmern ist diese Denkweise ausgeprägt, denn man möchte keinen einzelnen potenziellen Kunden auslassen, was auch verständlich ist. Hier muss man aber verstehen, dass sich der Vertriebserfolg nur dann schnell einstellen wird, wenn man äußerst fokussiert möglichst spezifische Zielgruppen adressiert. Allen nachzurennen funktioniert selten, bis gar nicht. Je spezifischer und auch nischenorientierter die Zielgruppenansprache, desto höher die Wahrscheinlichkeit, sie zu erreichen. Später, wenn der Erfolg sich einstellt, kann man weitere Zielgruppen ausbauen, aber insbesondere am Anfang ist eine fokussierte Ansprache sinnvoll.

Was sie isst oder was sie ist Oft werden Profile erstellt, die einen beschreibenden Charakter haben, für gewöhnlich auch noch von bestehenden Kunden. Denken Sie daran, hier eine wirkliche Analyse davon durchzuführen, was die Zielgruppe braucht und was sie benötigt, anstatt einfach nur ihre Eigenschaften zu beschreiben. Denn nur so kommen neue Potenziale ans Licht. Im B2B-Bereich muss darauf geachtet werden, keine einzelnen Personen, sondern Rollen und Funktionen innerhalb der Unternehmen zu analysieren.

Bunten Schmetterligen nach Immer wieder ist zu beobachten – und zwar häufiger, als man annehmen würde – dass Unternehmen „falsche" Buying Personas adressieren. Es werden sehr oft User, sprich Anwender der Lösung oder des Produkts adressiert, weil es naheliegend ist: Diese Personen verwenden die Lösung. Man geht den zwar offensichtlichen, aber oft falschen Weg. Denn nicht selten genug sind diese Personen nicht die Entscheider. Sie sind zwar im Prozess involviert, entscheiden aber nicht wirklich über den Kauf. Und noch schlimmer: Obwohl Ihre Lösung ihnen mehr Effizienz im Alltag bieten würde, betrachten sie sie gleichzeitig als Bedrohung, weil sie denken, dass dadurch ihre Rolle im Unternehmen gefährdet sein könnte. Daher ist eine fundierte Analyse des Buying Centers wichtig, denn nur so werden die „richtigen" Personen darin erkannt, die auch ein Interesse am Kauf Ihres Produkts haben sowie auch darüber entscheiden dürfen.

Der Köder und der Fisch Neben der richtigen Identifikation der Buying Personas, die wir adressieren wollen, muss auch die Ansprache passen. Denn sie werden nur dann reagieren, wenn sie sich in der Ansprache wiedererkennen und einen Nutzen sehen – wozu auch die Analyse ihrer Bedürfnisse dient. Oft werden alle mit demselben „Marketing-Köder" angesprochen, was unwirksam ist. Wir müssen sehr gezielt vorgehen und für die jeweiligen Rollen im Entscheidungsprozess auch passende Inhalte und Ansprachen erarbeiten.

Marketing-Sache Ein weiterer häufig zu beobachtender Fehler liegt darin, dass die Zielkundenprofile von Marketing im Alleingang erarbeitet werden, ohne die Einbeziehung anderer Abteilungen. Der Vertrieb, der Kundendienst und alle anderen, die regelmäßig mit Kunden interagieren, werden wertvolle Einblicke in diesen Prozess einbringen. Unterschätzen Sie diesen Faktor nicht. Diejenigen, die Kunden nahestehen, können sie auch am besten einschätzen. Womöglich ist es die Telefonistin oder die Reklamationsabteilung, weil sie sich tagtäglich das „Jammern" der Kunden „anhören müssen" und vielleicht deswegen auch die besten Einblicke in ihre Bedürfnisse und Wünsche bieten können. Diese Personen bemerken wahrscheinlich Dinge, die dem Marketing und den Führungsebenen verborgen bleiben. Zum Beispiel die Putzfrau, die täglich hinter den Kunden herräumt. Natürlich sollte alles auch durch Daten belegt sein, aber man sollte immer bereit sein, externe Meinungen zu berücksichtigen und sich gut überlegen, wer noch „bessere" Meinungen bieten kann.

Ins Stein gemeißelt Ihre Kunden sind nicht statisch, sie verändern sich. So müssen auch Ihre Zielkundenprofile mit diesen Veränderungen mitgehen und dürfen nicht in Stein gemeißelt sein. Unternehmen und auch die Rollen innerhalb dieser Unternehmen werden sich im Laufe der Zeit verändern. Was ein Kunde heute braucht, entspricht nicht unbedingt dem, was er in einem Jahr brauchen oder wollen wird. Darüber hinaus verändern sich auch Ihr eigenes Unternehmen und Ihre Unternehmensziele, sodass sich auch Ihr idealer Kunde verändern kann. Wie wir gesehen haben, wird unsere Geschäftswelt aktuell von diversen Trends regelrecht erschüttert, und damit verändern sich ständig auch die Prioritäten, die Herausforderungen und die Bedürfnisse der Kunden. Daher sollten Sie Ihre Zielgruppen-Definition immer wieder evaluieren und auf den neuesten Stand bringen. Je aktueller Ihre Analysen, desto effektiver Ihre Vertriebs- und Marketing-bemühungen.

Zum Verstauben verdammt Das mag offensichtlich klingen, aber viele Unternehmen leisten die harte Arbeit und entwickeln Zielkundenprofile, nur um sie zu vergessen und weiterzumachen wie bisher. Diese Profile und Analysen sind keine Beschäftigungs-initiative, sondern sollten die Basis für alle Marketing- und Vertriebsaktivitäten bilden: Werbung, Lead-Generierung, Interaktion mit Kunden und Positionierung. Darüber hinaus muss der Vertrieb trainiert werden, die einzelnen Rollen im Buying Center des Kunden zu identifizieren – insbesondere im Key Account Management – und diese Personen bei ihren Bedürfnissen gezielt zu adressieren.

3.2.2   Zielmärkte

Kernfrage
Welche Marktsegmente sollen adressiert werden?

Begleitende Fragen Welche Branchen können von unseren Produkten profitieren? Wenn nicht heute, vielleicht in der Zukunft?

Kernelemente
Das Konzept, Märkte nach Geografie oder Kundentyp zu segmentieren, gibt es schon seit Jahrzehnten. Dabei darf es aber heute nicht mehr bleiben. Denn digitale und mobile Technologien ermöglichen den Zugriff und die Analyse enormer Mengen an Vertriebs- und Marketinginformationen, und zwar auf einer mikroskopisch kleinen Ebene, wesent-lich detaillierter, als es jemals zuvor möglich war. Diese verfügbaren Daten kann der Vertrieb nutzen, um neue, interessante und vielleicht noch nicht erkannte Märkte zu identifizieren. Das bedeutet, dass wir hier neben der klassischen Segmentierung der Märkte auch nach weiteren, noch unerschlossenen Möglichkeiten für die identifizierten Zielgruppen gezielt suchen.

Methode
Um alle relevanten Märkte zu identifizieren, müssen die potenziellen Märkte aus mehreren Perspektiven betrachtet werden:

Branchen Welche Branchen gibt es, die von Ihrem Produkt profitieren können? In welchen Branchen sind Ihre Zielkunden oder ähnliche interessante Beteiligte zu finden? Gehen Sie hier am besten das Branchenregister durch und analysieren Sie dort alle verzeichneten Branchen. Oft mache ich die Erfahrung, dass dabei neue interessante Kundengruppen erkannt werden.

Geografische Märkte Die geografische Marktsegmentierung ist der klassische Ansatz, der auch hier nicht fehlen darf. Insbesondere aus der Digitalisierungs- und Globalisierungsperspektive ergeben sich interessante Märkte, die adressiert werden können. Denn Technologie kennt keine Grenzen und keine geografischen Einteilungen. Denken Sie hier global.

Marktteilnehmer Identifizieren Sie (listen Sie auf) alle Marktteilnehmer in Ihrem Geschäft/Ihrer Branche und evaluieren Sie, welche davon für Sie als direkte oder indirekte Zielgruppe dienen könnten. Manchmal ergeben sich neue, indirekte Zielgruppen, die nicht sofort offensichtlich sind.

Interessenssynergien Identifizieren Sie diejenigen Anbieter, die dieselbe Zielgruppe adressieren und evaluieren Sie mögliche Interessenssynergien. Oft entwickeln sich hier interessante Partnerschaften: Erweiterung und Komplementierung des eigenen Angebots oder in Bezug auf eine bessere gemeinsame Zielgruppenansprache.

Nischenmärkte Wir leben in Zeiten von Nischenmärkten, die lukrativer sein können als der Massenmarkt. Evaluieren Sie mögliche relevante Märkte aus der „Nischen"-Perspektive, womöglich ergeben sich da interessante Möglichkeiten.

Eine fundierte Marktanalyse kann hier vonnöten sein, um wichtige Faktoren nicht zu übersehen. Darauf wird Abschn. 3.4.1 näher eingegangen. Auch das Konzept der Blue-Ocean-Strategie (W. Chan Kim und Mauborgne 2005) können im Prozess der Identifikation von neuen Zielmärkten nützlich sein.

Was man falsch machen kann
Eingegrenzt Die traditionelle Marktsegmentierung erfolgt in der Regel auf geografischer Grundlage, was bedeutet, dass man die identifizierten Zielkunden in Regionen aufteilt. Dabei werden womöglich interessante Marktteilnehmer oder Branchen übersehen. Versuchen Sie hier bewusst mehrere, auch ungewohnte Perspektiven zu betrachten und über die bekannten Grenzen – nicht nur geografisch – zu denken.

Dem Wind nach In der Regel vollziehen sich Veränderungen über mehrere Märkte hinweg: Zuerst beginnen sie in einem gewissen Segment und irgendwann folgen weitere. Insbesondere im Bereich von Innovationen ist diese Entwicklung zu beobachten. Versuchen Sie zu ergründen, welche andere Marktsegmente könnten Ihre Produkte benötigen: Wenn nicht heute, dann vielleicht in der Zukunft? Denken Sie insbesondere an morgen, nicht nur an gestern und heute. Damit übernehmen Sie eine klare Vorreiterrolle, die zwar eine gewisse Investition im Marktaufbau erfordert, dafür aber mit einer in der Regel profitablen Vorlaufzeit belohnt wird. Marktforschungen und Trend-Reports können hier wichtige Hilfe leisten.

Auf toten Pferden reiten Oft erkennt man nicht, wie gut oder schlecht es dem Zielmarkt gerade geht. Womöglich fokussiert man sich auf ein Marktsegment, das stagnierend oder sogar rückläufig ist. Betrachten Sie auch die Situation Ihrer Zielmärkte, denn auf ein erschöpftes Pferd zu setzen ist vielleicht nicht die beste Strategie. Ein weiterer oft vorkommender Fehler ist, sich aus Gewohnheit auf Verdrängungsmärkte zu fokussieren, wo sich schon so viele andere tummeln und wo es nur noch um den Preis geht.

Zum Nachdenken: Weil es schon immer so war

Eine Frau wollte einen Schmorbraten machen. Bevor sie ihn in den Topf legte, schnitt sie eine kleine Scheibe davon ab. Als sie gefragt wurde, warum sie das tue, hielt sie inne, wurde ein bisschen verlegen und sagte, das tue sie, weil ihre Mutter es mit Schmorbraten auch immer so gemacht habe.

Sie war jetzt selbst neugierig geworden und rief ihre Mutter an, um zu fragen, warum sie immer eine Scheibe Fleisch abschnitt. Die Antwort war dieselbe. „Weil meine Mutter das auch immer so gemacht hat." Schließlich rief sie, weil sie eine sinnvollere Antwort haben wollte, ihre Großmutter an und fragte sie dasselbe. Ohne zu zögern antwortete die Großmutter: „Weil der Braten sonst nicht in meinen Topf hineingepasst hätte."

(Regenbogenblog 2014)

Denkanstoß *Wie oft nehmen wir Sachen an, ohne sie zu hinterfragen? Oder ahmen nach? Oder machen einfach weiter, ohne uns darüber Gedanken zu machen? Versuchen Sie, bei der Zielmarktdefinition außerhalb von bekannten alten Mustern zu denken.*

3.2.3 Zielbeziehung

Kernfrage
Welche Art der Kundenbeziehung wird angestrebt?

Begleitende Fragen Welchen Status beim Kunden streben Sie an?

Kernelemente
Hier definieren wir, wie die Kundenbeziehung sein soll. Denn darauf beruht unser Vertriebsansatz sowie auch die Vertriebsstruktur. Neben der angestrebten Kundenbeziehung müssen auch die Erwartungen des Kunden an diese Beziehung definiert werden, um zu wissen, wie man darauf eingeht.

Methode

Um die Zielbeziehung zu definieren, müssen wir zuerst analysieren, wie solche Produkte und Dienstleistungen in der Regel gekauft werden. Dabei beantworten wir im Grunde zwei Fragen:

- Wie wichtig ist das Produkt/die Investition für den Zielkunden?
- Wie schwierig ist der Wechsel (Produkt/Lieferant) nach dem Kauf?

Die Antworten auf diese Fragen ergeben die strategische Wichtigkeit der Investition für den Kunden, woraus sich auch die Qualität der Kundenbeziehung ableitet (Abb. 3.6). Im Grunde haben wir vier unterschiedliche Arten der Kundenbeziehung.

Bevorzugter Lieferant Der Kauf ist nicht strategisch und der Wechsel des Produkts bzw. des Anbieters ist leicht. Hier haben wir das Ziel, uns als einen bevorzugten Lieferanten bzw. Anbieter zu positionieren.

Bei dieser Art der Beziehung geht es Kunden im Grunde um das Beste Preis-/Leistungsverhältnis. Hier punkten Sie mit Verfügbarkeit, Qualität, Lieferung, Einkaufskonditionen und Bequemlichkeit im Kaufprozess.

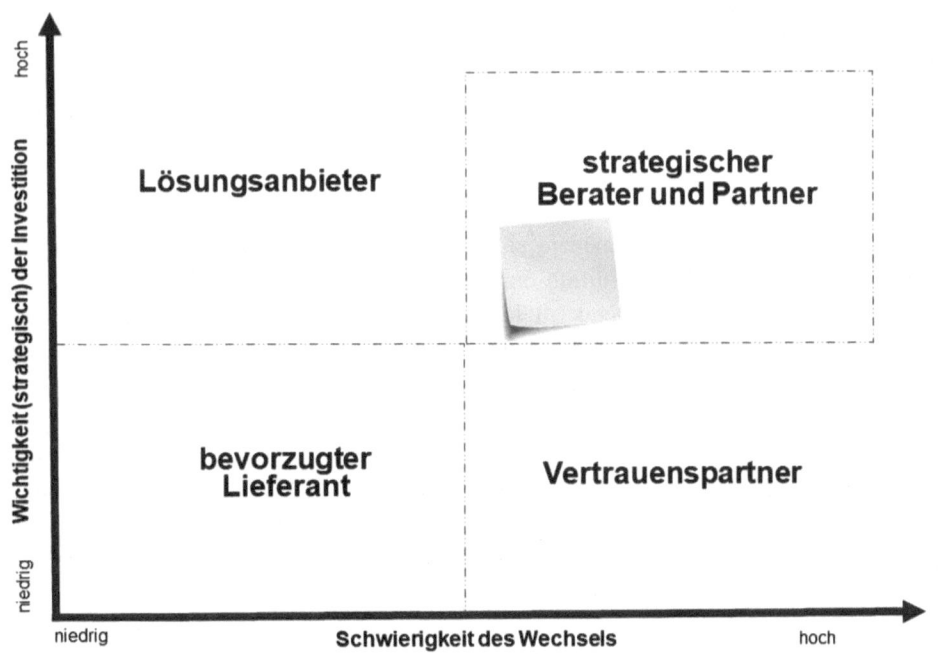

Abb. 3.6 Angestrebte Kundenbeziehung

Vertrauenspartner Die Investition ist zwar nicht strategisch, aber der Wechsel des Produkts oder zu einem anderen Anbieter ist schwierig. Hier ist das Ziel, eine vertrauensvolle Kundenbeziehung aufzubauen.

Durch die Schwierigkeit des Wechsels geht es Kunden hier primär um die Risiko-Minimierung. Unter Umständen sind sie sogar bereit, mehr zu bezahlen, wenn sie Ihnen gegenüber im Vergleich zu anderen Anbietern mehr Vertrauen aufgebaut haben.

Lösungsanbieter Die strategische Wichtigkeit der Investition ist zwar hoch, aber der Wechsel ist nicht besonders schwierig. Demzufolge ist das Ziel hier, sich als einen kompetenten Lösungsanbieter zu positionieren. Denn durch die strategische Wichtigkeit der Investition benötigen Kunden eine möglichst wirksame Lösung für ihr Problem. Hier geht es den Kunden primär darum zu verstehen, wie Ihre Lösung ihre Unternehmens-strategie und die Erreichung ihrer Ziele unterstützt und welcher – zusätzliche – Mehr-wert durch den Einsatz Ihrer Lösung generiert werden kann.

Strategischer Berater Sowohl die Wichtigkeit der Investition als auch die Schwierig-keit des Wechsels sind hoch. Um Kunden hier erreichen zu können, müssen wir uns als strategische Geschäftspartner positionieren. Strategische Partner tragen der Erreichung der Unternehmensziele maßgeblich und tatkräftig bei. Hier werden Kunden aktiv unter-stützt, und es werden gemeinsame Taktikten und Strategien entwickelt und umgesetzt.

Was man falsch machen kann
Auf der Stelle oder von der Stelle Es kann passieren, dass man während dieser Analyse lediglich den Ist-Stand erfasst. Ziel dabei ist es aber, die Ziel-Beziehung zu definieren. Oft befindet man sich heute in einem Quadranten, das Ziel wäre aber, in einen anderen zu gelangen. Hierzu bedarf es eines Aktionsplans, um dorthin zu kommen.

Banal aber strategisch Oft erkennt man im B2C-Bereich die Notwendigkeit dieser „Übung" nicht. Auch wenn die Relevanz sehr wohl primär für den B2B-Bereich gegeben ist, darf die Wichtigkeit der Definition einer Zielbeziehung für den B2C-Bereich nicht außer Acht gelassen werden. Denn oft haben wir auch im B2C-Bereich strategische Kundenbeziehungen, wo beides auftritt: Die Investition ist strategisch und auch der Wechsel schwierig, zum Beispiel beim Hauskauf oder -bau.

Für immer entschieden Oft ist es Kunden selbst nicht bewusst, wie wichtig ihre Investition ist und sie evaluieren die Anbieter nach „falschen" Kriterien bzw. übersehen es, wie schwerwiegend ein Wechsel sein kann. Hier muss man oft den Kunden helfen, zu dieser Erkenntnis zu gelangen beispielsweise mit Content-Marketing und auch direkt im Verkaufs- und Beratungsprozess.

Ungebunden verbunden Auch die Transaktionsart wird gerne mit der Art der Kunden-beziehung verwechselt. Die Art der Transaktion bezieht sich aber auf den effektiven

Kauf-Akt: Einzelner Kauf, Vertrag, Subscription etc. (s. Abschn. 3.3.1). Die Kundenbeziehung ist unabhängig von der Transaktionsart zu betrachten: Nur weil man einen unbefristeten Vertrag mit dem Kunden abgeschlossen hat, muss es noch lange nicht um eine strategische Partnerschaft gehen – und umgekehrt.

3.3 WIE: Zugang

Nachdem wir wissen, was und wem wir unser Produkt oder unsere Leistung anbieten wollen, müssen wir auch den besten Weg ermitteln, um das Leistungsversprechen zu erfüllen. Hier suchen wir nach der optimalen Form des Angebots und dem besten Weg, es zu unterbreiten. Wir beantworten die Frage *Wie*. Insbesondere auf dieser Ebene ist Offenheit gegenüber neuen Vertriebsansätzen und Modellen wichtig sowie auch Kreativität, denn genau hier entsteht Innovation im Vertrieb. Oft wird Innovation rein auf die Produktebene reduziert, wir wollen aber Innovation im Vertriebsansatz erreichen. Wir müssen nicht immer neue Produkte erfinden, es reicht oft ein innovativer und kreativer Ansatz, das Produkt zu vermarkten. Denn wie die Erfahrung oft zeigt, sind es weniger die Erfindungen oder großartige Produkte, die wirklich erfolgreich sind, sondern diejenigen Unternehmen, die Produkte – auch weniger innovative – gut vermarkten können. Darin liegt die wahre Vertriebskunst.

Kernfrage
Wie ist Ihr Vertriebszugang?

Kernelemente
Der Vertriebszugang definiert die Art und Weise, wie Sie Ihr Leistungsversprechen erfüllen. Es ist die Kombination aus der **Angebotsform,** der **Transaktionsart,** der **Preisstrategie,** dem **Vertriebsansatz,** dem **Vertriebsmodell,** der **Vertriebskanäle** und des **Vertriebsprozesses.** Im Grunde beantworten wir die Frage: *Wie bringen wir unser Produkt/unsere Dienstleistung an den Zielkunden?*

Methode
Um diese Fragestellung zu beantworten, wird zuerst das Leistungsportfolio aus der Nutzenperspektive analysiert, um festzustellen, in welcher Form, zu welchem Preis und auf welchem Weg das Leistungsversprechen erfüllt wird. Wir müssen den Nutzen des Produkts ermitteln und den besten Weg identifizieren, diesen zu transportieren. Dazu werden zeitgemäße Geschäftsmodelle evaluiert und passende Preisstrategien entwickelt. Zudem werden unterschiedliche zeitgemäße analoge und digitale Vertriebskanäle in Betracht gezogen, um das Angebot zu vermarkten. Und nicht zuletzt wird basierend darauf ein Vertriebsprozess designt, der vor allem das Einkaufsverhalten der modernen Kunden widerspiegeln soll.

Was man falsch machen kann

Digital veraltet Nach dem Motto „schnell digitalisieren" digitalisieren Unternehmen alte traditionelle Prozesse, ohne das Kundenverhalten und die Erwartungen gründlich zu analysieren. Die Folge davon: Systeme, die zwar digital sind, aber von niemandem genutzt werden, weil sie den Anforderungen der modernen Welt nicht entsprechen. Bei dieser Arbeit geht es nicht darum, Vertriebsprozesse zu digitalisieren – damit beschäftigen wir uns zu einem späteren Zeitpunkt –, sondern wir müssen innovative Wege ermitteln, Kundenbedürfnisse zu erfüllen.

Der Vogel in der Hand Insbesondere beim Vertriebszugang ist oft die Veränderungs-angst sehr groß, die dazu führt, dass man am Ende in alten Modellen verweilt. Die Befürchtung, bestehende Kunden durch zu große Umstellungen möglicherweise zu ver-lieren in Kombination mit zu wenig Vertrauen in das neue Modell kann auch die besten Ideen in Zweifel ziehen. Hier sind Transition-Modelle im Prozess der Umsetzung zu durchdenken. Oft wird es Sinn machen, bestehendes Geschäft im „alten" Modell zu belassen und sich mit dem neuen Vertriebsansatz auf Neugeschäft zu konzentrieren, um das bestehende Geschäft nicht zu gefährden.

DSGVO-Blindheit Die Wichtigkeit von Daten bei der Entwicklung von neuen Ver-triebszugängen wird gerne unterschätzt. Oft wird der Mehrwert, den Daten hier bieten können, nicht erkannt. In Verbindung mit der „Angst" vor der DSGVO wird dieser Bereich liegen gelassen. Zweifelsohne müssen wir die Regularien respektieren, aber wir sollten uns dadurch nicht beirren lassen und gleich alles, was mit Daten bzw. Daten-schutz zu tun hat, als No-Go deklarieren. Denken Sie daran, dass moderne Kunden bereit sind, Ihnen Zugang zu personenbezogenen Daten freiwillig zu geben, solange Sie Ihnen eine personalisierte und herausragende Kundenerfahrung bieten. Anstatt gleich davor zurückzuschrecken und sich damit zu beschäftigen, was alles nicht geht, stellen Sie sich lieber die Frage: *Was geht und wie bzw. welche Voraussetzungen müssen erfüllt werden, damit es geht?* Denn der strategische Einsatz von Daten kann Ihnen heute einen eindeutigen Wettbewerbsvorteil verschaffen und steht oft im Kern innovativer Vertriebs-ansätze.

Beispiele aus der Vertriebspraxis

Ein Anbieter aus dem Versorgungsbereich fokussierte sich in der Vergangenheit darauf, für Kunden individuelle Lösungen zu entwickeln. Im Rahmen der Neu-ausrichtung wurde erkannt, dass bei den meisten Projekten immer wieder derselbe „Kern" an Funktionalitäten im Einsatz war, womit kleinere Projekte in der Regel auskommen. Zudem wurden auch neue Zielgruppen identifiziert, die von diesen kleineren Lösungen durchaus profitieren könnten. So wurde entschieden, daraus ein eigenes Produkt zu generieren und es als Standardlösung im Abo-Modell anzubieten.

Dazu wurden auch mehrere Customizing-Optionen angeboten. Dieses Produkt wurde dann online mit einer gezielten Vermarktungsstrategie vertrieben und erfreute sich einer schnellen Nachfrage. Die Überraschung war groß, als man feststellte, dass auch große traditionelle Versorgungsunternehmen, die in der Regel mit Ausschreibungen arbeiten und komplexe Beschaffungsprozesse haben, Lizenzen selbstständig online bestellten. Durch die leichte Zugänglichkeit zum Produkt wurde anschließend eine internationale Expansion möglich.

In einem anderen Projekt stellen wir fest, dass der für ein neues Produkt angedachte Vertriebszugang den Beschaffungsprozess des Kunden nicht widerspiegelt. Denn die Entscheidung auf der Kundenseite war durch die strategische Wichtigkeit der Investition sehr komplex und langwierig und führte oft dazu, dass man mit der Entscheidung überfordert war und sie letztendlich vertagte. Der zuvor angedachte lösungsorientierte Vertriebsansatz war einfach nicht stark genug, um den Kunden bei seiner schwerwiegenden Entscheidung zu unterstützen. Die Organisation bedarf eines strategischen Vertriebsansatzes, worauf sie aber vergangenheitsbeding nicht ausgerichtet war, und den Mitarbeitern fehlten die entsprechenden Fähigkeiten. So fiel die Entscheidung, einen Teil der bestehenden Mannschaft auf das bestehende „alte" Geschäft zu fokussieren und ein paar Mitarbeiter gezielt für das neue Geschäft auszubilden. Zudem wurden auch zwei neue Stellen für den strategischen Vertrieb ausgeschrieben, wozu auch spezielle Job-Profile konzipiert wurden. ◄

Zum Nachdenken: Die Tasse Tee
Nan-in, ein japanischer Meister während der Meiji-Ära, empfing einen Universitätsprofessor, der kam, um bei ihm Zen zu lernen. Zur Begrüßung servierte Nan-in Tee. Er goss die Tasse seines Besuchers voll und schenkte dann immer weiter ein. Der Professor beobachtete das Überlaufen, bis er sich nicht mehr zurückhalten konnte. „Sie ist übervoll. Da geht nichts mehr rein!"
„Wie diese Tasse", sagte Nan-in, „sind Sie voll von Ihren eigenen Meinungen und Spekulationen. Wie kann ich Ihnen etwas Neues zeigen, wenn Sie nicht zuerst Ihren Becher leeren?"
(Wendel 2009)

Denkanstoß *Wie oft gehen wir mit einer „vollen Tasse" an Sachen heran? Könnten wir nicht viel mehr erreichen, wenn wir Neuem mit einer offenen Einstellung gegenübertreten würden?*

3.3.1 Vertriebsmodell

Kernfrage
Wie wird der Nutzen angeboten, wofür wird bezahlt?

Begleitende Fragen Welches Geschäftsmodell eignet sich am besten, um den Kundennutzen zu transportieren? In welcher Form soll der Kundennutzen angeboten werden? Womit soll Geld verdient werden?

Kernelemente
Um ein effektives Vertriebsmodell zu entwickeln, muss zuerst evaluiert werden, in welcher Form der Nutzen dem Kunden angeboten werden soll. Oft wird hier auch vom **Geschäftsmodell** gesprochen. Hinzu kommt die **Transaktionsart** – *Wofür wird bezahlt?* – die natürlich auch eine **Preisstrategie** benötigt. Und nicht zuletzt wird der **Vertriebsansatz** definiert: *Wie werden Kunden adressiert, um die Zielkundenbeziehung zu fördern?* Diese vier Elemente bilden am Ende das Vertriebsmodell. Denken Sie auch daran, dass die Elemente durchdacht ineinander integriert werden sollen.

Methode
Auch hier können Sie sich gewohnter Methoden bedienen. Wichtig ist es, dass das Ergebnis die Kernelemente beinhaltet.

Angebotsform Die Angebotsform beruht auf Ihrem Geschäftsmodell – oder umgekehrt: Die Art und Weise, wie Sie Ihr Angebot im Markt anbieten wollen, bestimmt das Geschäftsmodell. Am Ende geht es darum zu definieren, wie Geld verdient wird. Um dieser Frage nachzugehen, wollen wir unterschiedliche Geschäftsmodelle betrachten und daraus „auswählen" bzw. darüber nachdenken, mit welchen Optionen man das eigene Angebot an die aktuellen Marktanforderungen optimal anpassen kann:

- **Ownership/Eigentum:** Ist das wohl bekannteste traditionelle Modell der Eigentumsübergabe. Man übernimmt das Eigentum für eine Sache und bezahlt dafür einen Preis.
- **Service/Dienstleistung:** Hier wird für eine Dienstleistung oder einen Service bezahlt. Oft wird hier klassisch nach Aufwand abgerechnet (bestes Beispiel ist die Beratungsdienstleistung) oder auch pauschal für einen gewissen Dienstleistungsumfang oder wiederkehrende Dienstleistungen (oft im Service-Bereich vorzutreffen). Darunter fallen auch andere branchenspezifische Modelle, wie zum Beispiel Fulfillment oder SaaS, aber am Ende handelt es sich um eine Dienstleistung, daher wird hier nicht näher darauf eingegangen.

- **Use/Nutzung:** Hier werden Produkte und Dienstleistungen zum Nutzen angeboten, wofür in der Regel eine Nutzungsgebühr erhoben wird. Es ist nicht allzu lange her, dass das Ownership-Modell den Markt dominiert hat, nun übernehmen nutzenorientierte Modelle die Führung, was den Nutzenorientierungstrend wiederspiegelt (s. Abschn. 1.1.1). Immer mehr Anbieter kommen diesem Trend nach und bieten ihre Produkte „zum Nutzen" an, vom Auto über Zahnspange bis hin zu Heizkörpern.

- **Sharing/Teilung:** Bei diesem Modell geht es um die zeitlich begrenzte Nutzung eines Produkts oder einer Dienstleistung, die auch anderen Kunden zur Verfügung steht. Im Grunde handelt es sich um eine gemeinsame und abwechselnde Nutzung von Gütern, die für gewöhnlich gekauft werden müssen. Dadurch entfällt der Bedarf einer Investition. Beste Beispiele dafür sind Car- und E-Scooter-Sharing.

- **Free/Frei:** Nach dem „Köder-Prinzip" bietet man Kunden in diesem Modell einen kostenlosen Zugang zu einem coolen Service, und Geld wird mit den über diesen Kunden gesammelten Daten verdient oder mit personalisierter Werbung an die Nutzer. Damit sind zum Beispiel Google und Facebook groß geworden.

- **Marketplace/Marktplatz:** In diesem Modell wird potenziellen Nutzer ein Marktplatz geboten. Käufer und Verkäufer kommen zusammen, und Geld wird meist über Provisionen und Gebühren verdient. Diese können mitgliedschafts- und/oder transaktionsbedingt sein. Darüber hinaus wird auch mit Werbung Geld verdient. Bekannteste Beispiele hier sind neben Amazon und Booking.com auch kleinere lokale Marktplätze wie Willhaben oder Mamikreisel.

- **Freemium:** Dies ist eines der am häufigsten verwendeten Modelle für digitale Produkte. Dabei erhält man kostenlosen Zugang zu einem Produkt oder einer Dienstleistung mit eingeschränkter Funktionalität. Für weitere Funktionen oder die vollumfängliche Nutzung muss man jedoch eine Premium-Gebühr bezahlen. Gute Beispiele dafür sind LinkedIn, Hubspot und Zoom.

- **Ecosystem/Ökosystem:** In diesem Modell werden Kunden in einem „System" eingeschlossen, und der Wechsel des Systems wird ihnen erschwert. Kunden werden durch eine bessere Erfahrung oder Besonderheit an den Anbieter festgebunden bzw. die Nutzung von weiteren Produkten wird nur innerhalb des eigenen Ökosystems möglich. Ein gutes Beispiel dafür ist Apple.

Der Vollständigkeitshalber sei erwähnt, dass es noch viele weitere Geschäftsmodelle gibt, wie **Crowding, Blockchain**-basiert, **Dropshipment, Pyramiden, User-Generated, Educational,** etc. Da es beim 7W-Modell um die Transformation von bestehenden traditionellen Vertriebsmodellen geht, werden auch nur die aus dieser Perspektive mehrheitlich passenden Modelle vorgestellt.

Zum Nachdenken: Bist Du der Kunde oder das Produkt?

Im Jahr 1973 strahlten die Künstler Richard Serra und Carlota Fay Schoolman ein kurzes Video mit dem Titel „Television Delivers People" aus. Der Film besteht aus einem langsamen Scrollen von Textaussagen, während Musik im Hintergrund spielt:

- Das Produkt des Fernsehens, des kommerziellen Fernsehens, sind die Zuschauer.
- Das Fernsehen bietet Werbetreibenden Menschen an.
- In den Vereinigten Staaten gibt es kein vergleichbares Massenmedium als das Fernsehen.
- Massenmedien bedeutet, dass ein Medium Menschenmassen liefert.
- Das kommerzielle Fernsehen liefert 20 Mio. Menschen pro Minute.
- Beim kommerziellen Fernsehen zahlt der Zuschauer für das Privileg, sich verkaufen zu lassen.
- Der Konsument ist es, der konsumiert wird.
- Sie sind das Produkt des Fernsehens.
- Sie werden an den Werbetreibenden geliefert, der der eigentliche Kunde ist.
- Der Werber konsumiert Sie.
- Der Zuschauer ist nicht der Grund für das Programm …
- Sie sind das Endprodukt.
- Sie sind das Endprodukt, das massenhaft an die Werber geliefert wird.
- Sie sind das Produkt des Fernsehens.

(Serra und Schoolman 1973)

Denkanstoß *Wenn man nichts für den Dienst zahlt, dann ist man ein Produkt und nicht Kunde. Wie oft sind wir uns beim Konsum von Massenmedien dessen bewusst, dass man das eigentliche Produkt ist? Und was bedeutet dies für die Möglichkeiten in Ihrem Vertrieb?*

Nutzenanalyse Bei der Erarbeitung der Angebotsform stellen Sie sich die offene Frage: *Was ist der beste und kundennutzen-orientierteste Weg, die Leistung anzubieten? Wofür sind Kunden bereit zu zahlen?* Dabei kann die NABC Analyse sehr nützlich sein, denn sie ermöglicht es uns, wirklich die Kundenperspektive einzunehmen und den Markt gesamthaft zu betrachten (s. Abb. 3.7). Dabei nutzen wir die vier Elemente:

- **Need/Kundenbedürfnis:** Was braucht der Kunde wirklich? 100 Quadratmeter Fliesen oder ein schönes Badezimmer?
- **Approach/Lösungsansatz:** Was ist der beste Weg, das Kundenbedürfnis zu befriedigen? Fliesen auszusuchen oder ein Badkonzept zu gestalten?

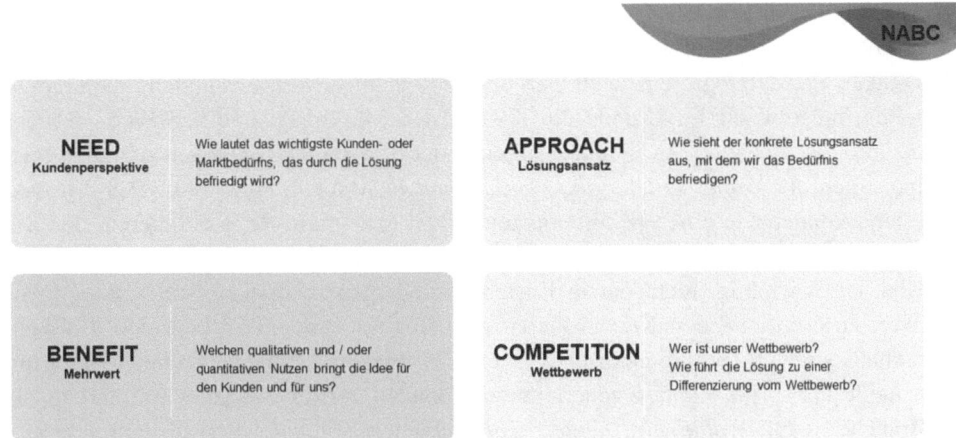

Abb. 3.7 Analyse des Leistungsangebots

- **Benefit/Kundennutzen:** Welchen Nutzen bringt das Produkt dem Kunden? Belegter Boden oder warme Füße, leichte Pflege und Rutschsicherheit oder weniger Arbeit und Vermeidung von Verletzungen?
- **Competition/Wettbewerbsdifferenzierung:** Wie können wir uns vom Wettbewerb unterscheiden? Billiger sein oder passendes Designkonzept in Abstimmung mit den anderen Räumen gestalten und mit einer AR-Lösung visualisieren?

Transaktionsart Das nächste wichtige Element des Vertriebsmodells ist die Definition der Art der Transaktion: *Wie wird der Nutzen erbracht und wie soll für die erhaltene Leistung gezahlt werden?* Dabei kommen mehrere Modelle infrage:

- **Kauf/Preis:** Traditionell, etwas wird gekauft und dafür ein Preis bezahlt.
- **Provisionen:** Gezahlt wird eine Provision, ob fix oder variabel.
- **Gebühren:** Hier werden Nutzungsgebühren erhoben, zum Beispiel bei Mitgliedschaften.
- **Pay-per-use/Pay-as-you-go:** Dieses Modell rechnet die Leistung anhand der Nutzung des Produkts oder der Dienstleistung ab. Damit wird nur für das bezahlt, was tatsächlich genutzt wurde. Beispiel: gefahrene Kilometer.
- **Subscription/Abomodell:** Bei diesem Modell erhält der Kunde Dienstleistungen, indem er jeden Monat oder jedes Jahr eine fixe Gebühr entrichtet. Dabei können bessere Preise für längere Bindungen angeboten werden. In der Regel werden auch unterschiedliche Funktionalitätsstufen angeboten: Für mehr Funktion wird mehr bezahlt. Dieses Modell sichert stabile und wiederkehrende Umsätze und eine gute Planbarkeit, in Zusammenhang mit einer höheren Kundenbindung. Beispiel: MS Office 365.
- **On-Demand:** Dabei wird die Leistung nach Belieben abgerufen und entsprechend dafür bezahlt. Beispiel: Video-on-Demand.

Preisstrategie Ein Preis sagt viel mehr über Ihre Marke als nur das Produkt selbst. Es ist ein Differenzierungsmerkmal und definiert Ihre Positionierung im Markt. So ist eine durchdachte Preisstrategie ein wichtiger Bestandteil Ihres Vertriebsmodells. Um sie zu erarbeiten, müssen wir im Grunde die Kosten, den Marktpreis und den Wert, den der Kunde bereit ist zu zahlen, in Einklang miteinander bringen. Daraus leiten sich die Preis-Komponenten ab: *Wofür soll bezahlt werden und in welcher Form* (Abb. 3.8)? Davon ausgehend können Sie einen Minimum- und einen Maximum-Preis definieren, den Sie anschließend mit Markt- und Kundenumfragen validieren können.

Dabei ist es wichtig, nicht nur in Kosten und Margen zu denken, sondern vielmehr den Wert zu ermitteln, den Kunden bereit sind, für Ihr Produkt zu bezahlen. So kann es durchaus sinnvoll sein, dynamisches Pricing in Ihre Preisstrategie zu integrieren, um individuelle Preise für Kunden generieren zu können. Denken Sie auch hier anders, als die Branche es tut: *Wofür wird heute bezahlt und wie können Sie sich differenzieren?* Denn insbesondere in Massen- oder Verdrängungsmärkten ist es wichtig, sich vom Wettbewerb zu differenzieren und sich möglichst wenig vergleichbar zu machen. Denken Sie auch hier aus der Kundenperspektive: *Was interessiert Kunden und wofür sind sie bereit zu zahlen?*

Beispiel beim Catering: Ich möchte wissen, was mich die Bewirtung eines Gastes kostet und nicht den Preis einzelner Speisen, Getränke, des Kellner-Einsatzes und des Geschirrs. In der Regel gibt es ein Budget pro Gast oder Event und daran sollte man sich orientieren. Denn dies ist die für Kunden relevante Basis, und es ist verwunderlich, warum die meisten Catering-Agenturen einzelne Speisen und Positionen anbieten, wodurch sie vorbei am Kundenbedarf agieren und sich auch noch mit der Konkurrenz leicht vergleichbar machen.

Insbesondere aus der Transformationsperspektive sollte die Preisstrategie neu überdacht werden. Denn viele traditionelle Unternehmen stecken immer noch in alten Denkweisen. Auch wenn wir alle mit demselben Wasser kochen, können wir am Ende unterschiedliche Produkte und Angebote generieren, die vor allem den Kundennutzen widerspiegeln und nicht – so wie immer schon – unsere Kostenbasis plus Marge. Das gibt Ihnen nicht nur die Möglichkeit, sich zu differenzieren, sondern sich auch weniger

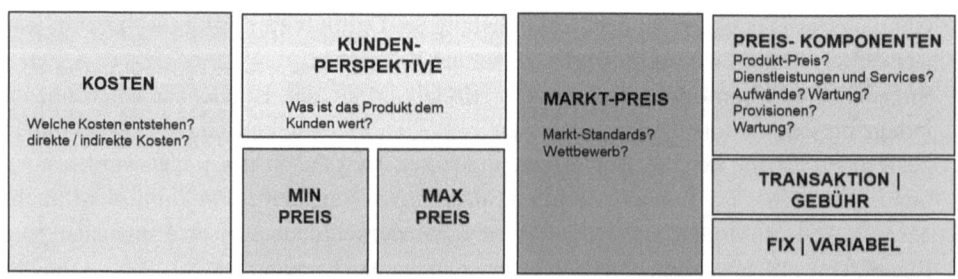

Abb. 3.8 Preisstrategie

vergleichbar machen und den Bedarf an Preisargumentationen zu reduzieren, folglich auch die Profitabilität zu steigern.

Vertriebsansatz Der Vertriebsansatz definiert die Art, wie der Vertrieb agieren soll, um Kunden die Entscheidung zu ermöglichen. Er leitet sich im Idealfall vom Kundenentscheidungsprozess ab. Dieser beruht grundlegend auf den Prozessschritten der Kundenentscheidung (s. Abb. 3.9):

1. **Strategie:** Strategische Zielsetzung und Zukunftsgestaltung
2. **Umsetzung:** Umsetzungsplan für die Strategie
3. **Voraussetzungen:** Identifikation von Problemen und Bedürfnissen in der Umsetzung
4. **Bedarf:** Ausarbeitung von Lösungen und Evaluierung notwendiger Produkte und Unterstützung
5. **Beschaffung:** Evaluierung der Beschaffungsmöglichkeiten und von Lieferanten

Abhängig davon, um welche Leistungen es geht und wie sehr sie die strategische Ausrichtung des Kunden beeinflussen, ergibt sich auch der richtige Vertriebsansatz:

- **Verkaufsorientierter Vertrieb** verbleibt im Grunde auf der Produktebene, wo wir Produkte vorstellen, ihren Nutzen darstellen und die Bezugskonditionen attraktiv gestalten. Die Kunst liegt hier darin, dem Kunden die Beschaffung so angenehm, unkompliziert und bequem wie möglich zu gestalten.
  Erfolgsvoraussetzung: Zugang zum Entscheider.
- **Lösungsorientierter Vertrieb** ist eng mit dem beratungsorientierten Vertrieb verbunden und verbindet den Mehrwert der eigenen Produkte und Dienstleistungen mit den Kundenproblemen. Die Herausforderung hier liegt darin, Zugang zum gesamten Buying Center zu gewinnen, alle Beteiligten abzuholen und sich als den besten Anbieter für die Lösung zu positionieren.
  Erfolgsvoraussetzung: Zugang zum Buying Center.
- **Beratungsorientierter Vertrieb** hilft dem Kunden, die notwendigen Voraussetzungen zu erkennen, um die Strategie umzusetzen. Hier werden die Probleme und die Bedürfnisse identifiziert und dem Kunden geholfen, die richtigen Lösungen auszuarbeiten. Die Herausforderung hier liegt darin, die richtigen Personen zu identifizieren, die die

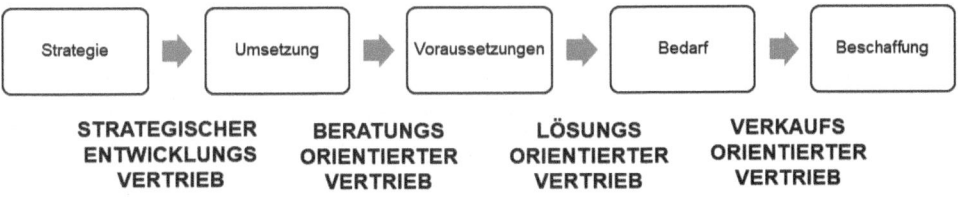

Abb. 3.9 Vertriebsansatz

Entscheidung beeinflussen und sie bei der Ausarbeitung der richtigen Lösungen zu unterstützen.

Erfolgsvoraussetzung: Zugang zu den Influencern.

- **Strategischer Entwicklungsvertrieb** hat einen direkten Einfluss auf die Kundenstrategie und   -Zukunft. Ziel hier ist es, dem Kunden die Konsequenzen seines Handelns oder des Nicht-Handelns für seine Zukunft darzustellen und den Kunden dabei zu unterstützen, die für ihn richtige Entscheidung zu treffen. Die Herausforderung im Vertrieb hier liegt darin, die strategische Wichtigkeit der Beschaffung zu erkennen und all ihre Auswirkungen auf die Zukunft des Kunden zu identifizieren und richtig zu bewerten.

Erfolgsvoraussetzung: Zugang zur Kundenstrategie.

Um den richtigen Vertriebsansatz zu definieren, nehmen wir die Zielkundenbeziehung, die wir im Abschn. 3.2.3 definiert haben, als Basis. Je nachdem, wo Ihr Ausgangspunkt auf der Entscheidungsmatrix ist, ergibt sich auch der richtige Vertriebsansatz (Abb. 3.10). Beachten Sie auch hier den Ist- und den Ziel-Zustand, denn beide können unter Umständen unterschiedlich sein.

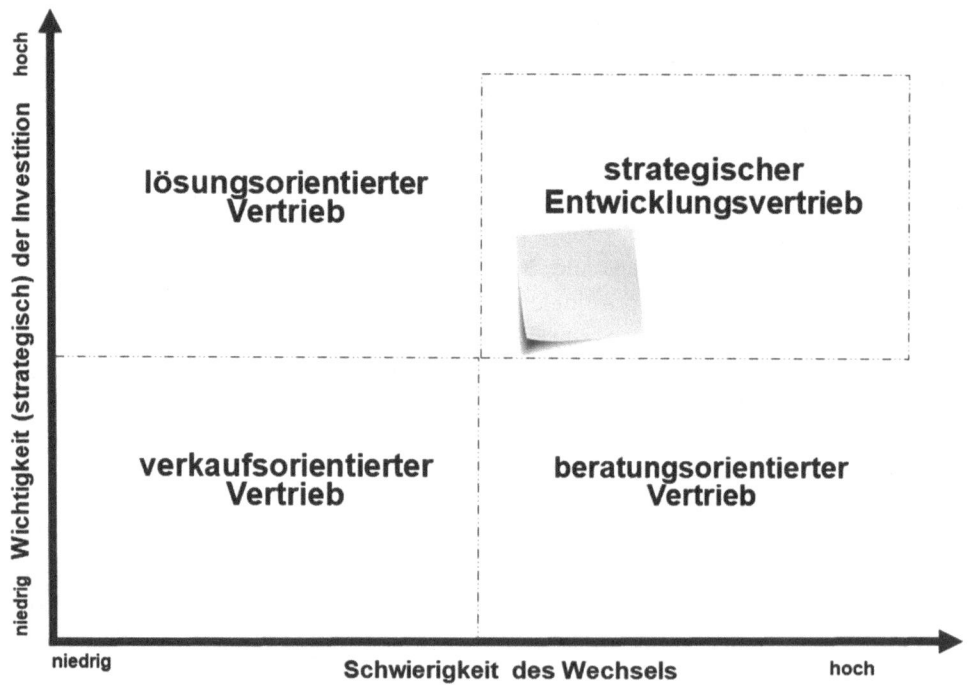

Abb. 3.10 Vertriebszugang

Was man falsch machen kann

Im eigenen Stall Die Tendenz ist groß, in der Denkweise der eigenen Branche zu verbleiben und die Unfähigkeit, die Scheuklappen abzulegen, ist noch größer. Das sehen wir
an den Paradebeispielen der Disruption, die in der Regel nicht in der eigenen Branche
geschieht. Meist sind es Neuankömmlinge aus anderen Branchen, die es mit innovativen
Denkweisen schaffen, Kundenbedürfnisse besser zu erfüllen. Auch wenn meist als Eindringlinge identifiziert, sind die oft-zitierten Uber und Airbnb diejenigen, die in Wirklichkeit den Kundennutzen einfacher, bequemer und günstiger anbieten und nicht die
Märkte und Marktteilnehmer bewusst attackieren. Tesla, PayPal, Netflix, iTunes und
natürlich Amazon haben ganze Branchen grundlegend verändert, und keiner davon kam
aus der jeweiligen Branche. Es ist wirklich sehr empfehlenswert, während dieser Transformationsarbeit, den „eigenen Stall" geistig zu verlassen.

Wer darf zuerst Die nächste große Falle liegt darin, dass man das eigene Angebot statt
die Kundenbedürfnisse in den Vordergrund stellt. Hier dürfen der Kundennutzen und die
Kundenbedürfnisse nicht aus den Augen verloren gehen, denn nur so werden wirklich
innovative Ideen geboren.

Räder besser woanders rollen Wahre Innovation geschieht immer noch am seltensten.
In den meisten Fällen werden einfach bestehende Geschäftsmodelle auf neue Produkte
und Branchen umgelegt. Oft reicht das vollkommen aus, um auf eine neue Art und Weise
Kundenbedürfnisse besser zu erfüllen. Wir müssen nicht immer das Rad neu erfinden.
Sehen Sie sich um und lassen Sie sich von den anderen inspirieren. Meistens sind es die
einfachsten Ideen, die Innovation ermöglichen.

Grauschattierungen statt Schwarzweiß Wichtig ist es zu erkennen, dass es in der
Realität keine klare Trennung zwischen den unterschiedlichen Vertriebsansätzen gibt,
sondern viele unterschiedliche Schattierungen, die aus den Kombinationen resultieren.
Am Ende des Tages geht es auch beim strategischen Vertrieb um den Verkauf. Der Unterschied liegt im *Schwerpunkt* des jeweiligen Ansatzes: Wie wird mit dem Kunden primär
interagiert und welche seiner Bedürfnisse werden in den Vordergrund gestellt?

Wer hat an der Uhr dreht Der Vertriebsansatz ist nicht an die Art gebunden, wie der
Bedarf ausgelöst wird. Ob der Bedarf beim Kunden entsteht oder ob Sie als Anbieter
diesen Bedarf mit Ihren Aktivitäten auslösen, ist in diesem Zusammenhang nicht von
Relevanz. Der Ansatz ist im Grunde immer derselbe. Wichtig ist es zu erkennen, dass
man in der Realität immer in unterschiedlichen Phasen des Kundenentscheidungs-
prozesses einsteigt und dafür unterschiedliche Strategien notwendig sind.

3.3.2 Vertriebskanäle

Kernfrage

Welche zeitgemäßen Vertriebskanäle sind relevant?

Begleitende Fragen Wo sollen die Produkte und Dienstleistungen verkauft werden? Welche Vertriebspartnerschaften wären möglich? Welche Kombination von analogen und digitalen Kanälen bietet die bestmöglichen Vermarktungschancen?

Kernelemente

Damit die erarbeiteten Vertriebsansätze langfristig wirken, müssen wir die dazu passenden Vertriebskanäle identifizieren. Dazu werden die vielen technologischen Möglichkeiten im Bereich der digitalen Vertriebskanäle evaluiert. Diese gehen weiter als oft angenommen wird über die klassischen Werbemaßnahmen in den sozialen Netzwerken hinaus. Man muss zwischen den unterschiedlichen Anwendungen und Ansätzen unterscheiden können, um die richtigen und passenden für den definierten Vertriebsansatz auszusuchen. Dies impliziert eine Herausforderung für sich, denn die digitalen Vertriebskanäle ergänzen die traditionellen Vertriebswege um eine Vielzahl an neuen Möglichkeiten, Kunden zu gewinnen und Umsätze zu steigern (Abb. 3.11). Aus dieser Menge an Möglichkeiten müssen wir die am besten auf das Kundenverhalten angepasste Kombination von analogen und digitalen Vertriebskanälen finden, um den modernen Kunden zu erreichen.

Unter den traditionellen „analogen" Vertriebskanälen finden wir den Direktvertrieb, die Distribution, diverse Agenturen, Partnerschaften und auch das altbekannte Franchisemodell. Je nach Leistungsportfolio werden hier unterschiedliche Kanäle infrage kommen. Auf der digitalen Seite entsteht fast schon der Eindruck von Chaos, weil die große Vielzahl an Optionen verwirrend wirkt. Dabei lassen sich die digitalen Vertriebskanäle in drei übergreifende Kategorien zusammenfassen:

Verkaufskanäle – mit einer effektiven Transaktion Darunter finden sich die klassischen E-Commerce-Plattformen, Onlineshops, Online-Marktplätze, Buchungsplattformen, Vergleichsportale und natürlich die eigene Webseite. Hinzu kommen „neue" Verkaufskanäle wie Chatbots oder virtuelle Assistenten, die auf mehreren Geräten Bestellungen entgegennehmen und auch kundenindividuelle oder auch ergänzende Produkte empfehlen, wodurch zusätzliche Umsätze generiert werden können.

Neben den Mobile-Apps und Messenger-Anwendungen gewinnen inzwischen Voice Assistenten vermehrt an Relevanz, weil sie Kunden einen bequemen Weg bieten, etwas zu bestellen, ohne dass sie dabei wortwörtlich einen Finger rühren müssen. Hier darf der B2B-Bereich nicht ausgeklammert werden, denn viele Menschen im B2B arbeiten aus der Ferne oder im Vor-Ort Service, was ein voll funktionsfähiges mobiles B2B-E-Commerce-System erfordert. Darüber hinaus können Wearables hier weitere innovative Ideen bieten, um Produkte zu verkaufen (s. Abschn. 4.1.4).

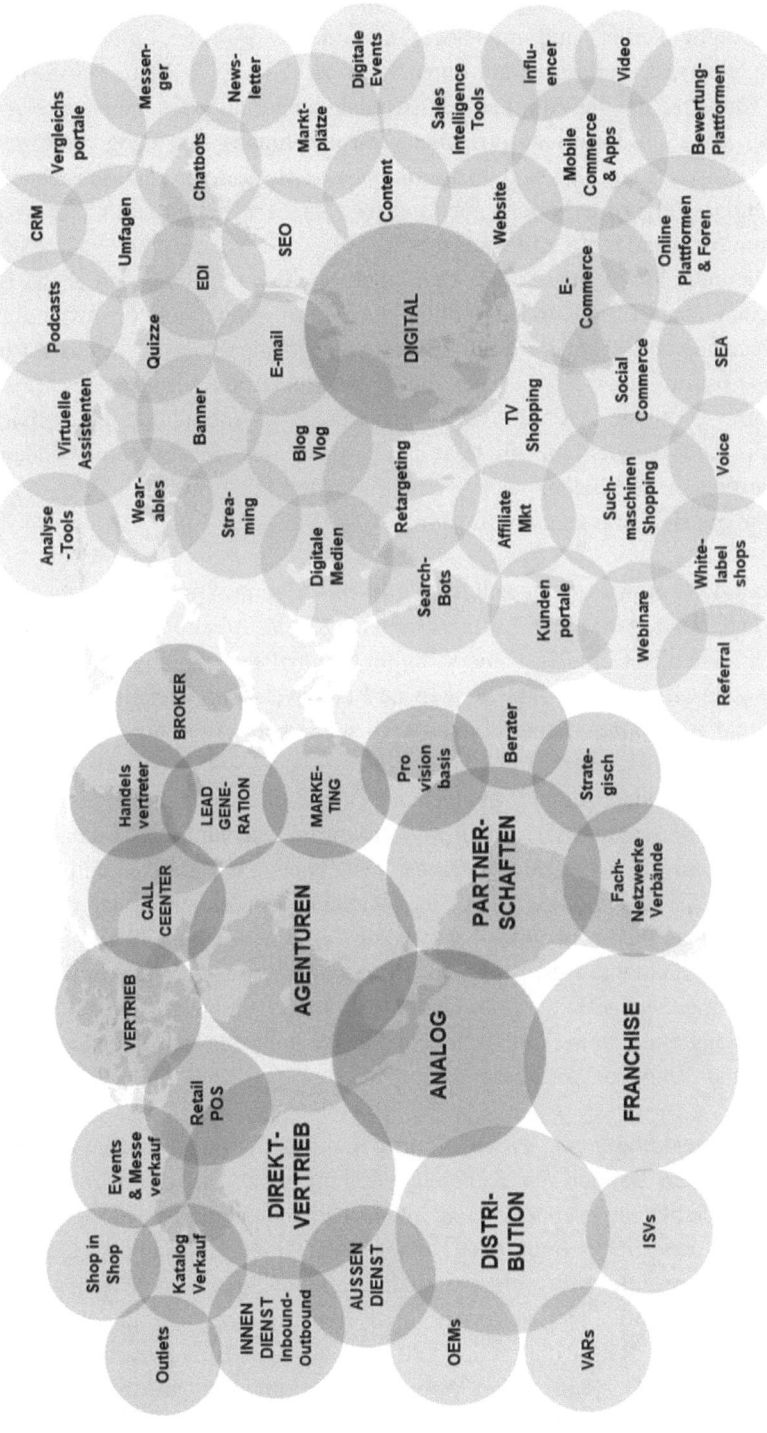

Abb. 3.11   Zeitgemäße Vertriebskanäle von analog bis digital

Suchmaschinen-Shopping bringt Ihre Produkte in die Suchergebnisse und schafft direkte Kaufmöglichkeiten, und mit Social-Commerce müssen Kunden die sozialen Plattformen nicht mehr verlassen, um einen Kauf zu tätigen. Affiliate-Plattformen und Retargeting-Tools bieten die Möglichkeit, Kunden außerhalb des eigenen Netzwerks und der Unternehmenswebseite zu erreichen. Darüber hinaus sind Blogs eine gute Verkaufsplattform sowie auch Newsletter, die direkt eine Bestellung auslösen können. Mit Whitelabel Shops steigern Sie nicht nur Umsätze, sondern helfen auch Ihren Kunden, mit minimalem Aufwand mehr zu verkaufen.

Mit Kundenportalen können Sie dem Selbstbedienungstrend im B2B-Bereich begegnen. Denn auch B2B-Kunden wollen die Möglichkeit, sich eigenständig, orts- und zeitunabhängig zu informieren und zu bestellen. Idealerweise ist in das Portal eine E-Commerce-Lösung integriert, die auch die komplexen Anforderungen des B2B-Kaufzyklus auf eine bequeme Art und Weise erfüllen. EDI-Anbindungen automatisieren ganze Bestell- und Abwicklungsprozesse, indem sie Ihre Systeme mit denen Ihrer Kunden elektronisch verbinden, sodass der Einkäufer mit einem einzigen Schritt in seinem System die Bestellung auslösen kann.

Marketingkanäle – Bewusstsein schaffen für das eigene Angebot Noch nie hatten wir so viele Möglichkeiten, mehr Aufmerksamkeit für das eigene Angebot zu schaffen. Der digitale Raum bietet eine fast unerschöpfliche Quelle an kreativen Gelegenheiten, und zwar für jedes Budget. Soziale Medien und Netzwerke entwickeln sich zu Werbeplattformen, und Streaming-Dienste bieten eine günstigere Alternative zur klassischen TV-Werbung.

Dadurch, dass Kunden immer weniger auf klassische Werbeaktivitäten reagieren, sollten die inhaltsfokussierten Aktivitäten im Vordergrund stehen: von Content-Marketing und digitalen Medien wie E-Books, Use-Cases, Whitepapers, Infografiken und Anleitungen und bis zu Blogs, Vlogs, Podcasts, Videos und Webinaren. Alles, was einen Informationscharakter und keinen Werbecharakter hat, funktioniert im digitalen Raum besser. Auch die Werbekanäle wie Google Ads, LinkedIn Ads oder Facebook Ads funktionieren besser, wenn sie nutzenorientiert gestaltet sind. Helfen Sie Ihren Kunden bei der Entscheidungsfindung, anstatt aggressiv zu verkaufen, indem Sie Werbung für sich machen, und stellen Sie den Kundennutzen in den Vordergrund.

Kundengewinnungskanäle – Neue Kunden und Interessenten finden und adressieren Auch im Bereich der Kundengewinnung bietet uns die Technologie viele interessante Möglichkeiten, schneller und mehr Kunden zu gewinnen, wie zum Beispiel Searchbots oder Sales Intelligence Tools. Mit Banner, Chatbots, Quizzen und Umfragen sowie kostenlosen Analysen kann man auf kreativen Wegen potenzielle Interessenten finden. Influencer-Marketing und Bewertungen sind das Empfehlungsmarketing im digitalen Raum und sehr wohl auch für den B2B-Bereich hochrelevant. Und mit digitalen Events, Messen und Webinaren kann man oft günstiger als mit einer klassischen Messe Leads generieren.

Der Aufklärung all dieser Buzz-Wörter ist Kap. 4 gewidmet, sodass Sie die relevanten Einsatzmöglichkeiten für Ihren Vertriebsansatz effizient erheben können.

Methode

Bei der Evaluierung von Vertriebskanälen muss die Zielgruppenanalyse als Basis dienen und das Verhalten der Kunden in den Vordergrund gestellt werden. Denn Möglichkeiten gibt es viele, aber die richtigen legen immer noch Ihre Kunden fest. Außerdem müssen folgende Faktoren in Betracht gezogen werden:

- **Ihr Geschäftsmodell und Ihr Leistungsangebot**
  - Die Art Ihrer Produkte und Dienstleistungen: Massen- oder Nischenprodukt, Standard oder für Kunden speziell angefertigt?
  - Das Angebotsmodell: Verkauf, Miete, Abonnement, Buchung?
  - Die Zahlungsmethoden: PayPal, Sofortzahlung, Kreditkarten, auf Rechnung, Bankeinzug?
  - Die Preisstruktur: Gewinnspanne und Provisionsmodelle?
  - Die Vertriebsstruktur: Channels und Partner?
- **Ihre Zielkunden und deren Gewohnheiten**
  - Sind Ihre Kunden im digitalen Raum unterwegs, und falls ja, wo?
  - Was machen sie dort: recherchieren, interagieren, effektiv kaufen?
  - Welche Bedürfnisse haben sie in Bezug auf Ihre Produkte?
  - Welche Erwartungen und Gewohnheiten haben sie?
  - Wie sieht ihr Beschaffungsprozess aus?
- **Ihre Unternehmensstrategie und Ihre Geschäftsziele**
  - Wollen Sie Ihr Unternehmen skalieren? Wenn ja, wie?
  - Bieten Sie Innovationen oder bekannte Produkte an?
  - Wie ist Ihre Marke auf dem Markt positioniert?
  - Was machen Ihre Wettbewerber?
  - Welche Investitionspläne haben Sie?
  - Welche Budget-Möglichkeiten sind vorhanden?
- **Zielsetzung für die digitalen Aktivitäten: Was wollen Sie erreichen?**
  - Das Bewusstsein für Ihr Unternehmen schärfen?
  - Markenbekanntheit schaffen?
  - Ihren Expertenstatus in der Branche steigern?
  - Leads generieren?
  - Traffic auf Ihrer Webseite steigern?
  - Verkaufen?
- **Kundenerwartungen: Welche Erwartungen haben Ihre Kunden?**
  - Vertrieb?
  - Support?
  - Service?
  - Beratung?

- Self-Service?
- 24 * 7-Erreichbarkeit?
- Anleitungen und Informationen?
- Training?
- Customizing?

Die Antworten auf all diese Fragen im Zusammenhang mit den Erkenntnissen aus den vorangegangenen Bereichen des 7W-Modells und der Analyse des Kundenbeschaffungsprozesses, die wir als Nächstes angehen, werden die optimalen Kanäle zum Vorschein bringen.

Was man falsch machen kann
Vom Herrscher zum Diener Auch wenn es naheliegend ist, ist es verwunderlich, wie oft Vertriebskanäle ohne eine Zielgruppedefinition und ohne die Analyse des Kundenverhaltens ausgesucht werden. Früher war dies gang und gäbe, denn Kunden hatten auch nicht unbedingt Alternativen und waren an die Prozesse der Anbieter gebunden. Die Welt hat sich gedreht. Die Kunden haben sich befreit und geben die Kaufkanäle vor, demzufolge auch die Vertriebskanäle. Machen Sie nicht den Fehler, einfach das scheinbar passende aus der riesigen Auswahl auszusuchen, ohne evaluiert zu haben, was der Kunde macht.

Im Netz verfangen Oft definieren die über die Jahre organisch gewachsenen Unternehmensstrukturen die Vertriebskanäle vor. Hier werden die Bedürfnisse der Individuen aus der Organisation in den Vordergrund gestellt und nicht die Markt- und Kundenanforderungen. Bestes Beispiel: Der Kunde kauft womöglich längst online und wir beschäftigen immer noch eine Außendienstmannschaft. Strukturen aus der Vergangenheit können nicht mehr die Vertriebskanäle vorgeben, diese müssen auf ihre Relevanz kritisch überprüft werden.

Hyper hyper Gerne wird auch unterschiedlichen Hypes gefolgt bzw. das gemacht, was andere tun. Und zwar ohne nachzudenken, ob es für das eigene Geschäft Sinn ergibt. Bestes Beispiel hierzu sind die Google Ads: Wie viel Geld wird für sinnlose Google Ads ausgegeben, weil man sich vorher mit der Frage *„Wonach sucht der Kunde wirklich?"* nicht auseinandergesetzt hat? Hier erkennt man selten, dass ein Kunde nach einem Produkt nicht suchen kann, wenn er nicht weiß, dass es es gibt. Demzufolge sind die Suchbegriffe falsch, womit Marketing-Agenturen und natürlich Google gut verdienen.

3.3.3   Vertriebsprozess

Kernfrage
Spiegelt der Vertriebsprozess den Kaufprozess des Kunden wider?

Begleitende Fragen Wie werden solche Produkte gekauft? Wie sieht der Beschaffungsprozess des Kunden aus? Welche Schritte im Vertriebsprozess spiegeln die Schritte im Entscheidungsprozess des Kunden wider?

Kernelemente

Ein gut funktionierender Vertriebsprozess ist der Kern jeder Vertriebsorganisation und muss vor allem eins tun: den Kaufprozess des Kunden widerspiegeln (s. Abb. 3.12). Dieser hat zur Basis die Entscheidungsschritte des Kunden, die Unterstützung, die der Kunde dabei benötigt und die Informationen, die für ihn wichtig sind. Darauf bauen wir unseren Vertriebsprozess in den jeweiligen Stufen auf und definieren seine Kernelemente: Aktivitäten, Zuständigkeiten, begleitende Systeme, Arbeitsunterlagen und die Leistungsbemessung.

▶ **Wichtiger Hinweis** Viele Bestandteile des Vertriebsprozesses werden in mehreren anderen Bereichen des 7W-Modells erarbeitet. Daher kann die Finalisierung des Prozesses erst nach der Bearbeitung aller relevanten Dimensionen (Ressourcen, Steuerungskennzahlen, Aktivitäten etc.) erfolgen. In diesem Schritt bauen wir ein Gerüst auf, zu dem wir im weiteren Arbeitsverlauf immer wieder zurückkehren und es mit relevanten Informationen ergänzen bzw. die Elemente validieren.

Methode

Es gibt unzählige unterschiedliche Vertriebsprozess-Arten, beginnend mit dem alten Bekannten, dem AIDA-Prozess (Attention – Interest – Desire – Action) bis hin zum modernen Digital-Funnel (Exposure – Discovery – Consideration – Conversion – Retention). Die Fachliteratur bietet etliche Methoden, einen Vertriebsprozess zu entwickeln: von komplexen B2B-Prozessen bis zu komplett digitalen E-Commerce-Prozessen.

Wichtig ist es zu erkennen, dass Ihnen trotz viel Ähnlichkeit und guten Fachansätzen die Arbeit nicht erspart wird, einen *eigenen* Prozess zu entwickeln. Denn auch wenn die Prozesse ähnlich aufgebaut sind, ist ein individuelles und auf die Spezifika Ihres Geschäfts orientiertes Modell unerlässlich. Es ist am Ende egal, wie wir die einzelnen Schritte bezeichnen (AIDA oder Digital-Funnel). Die Analyse dessen, was darin passiert, ist die wirkliche Aufgabe. Und sie wird meist sehr unterschiedlich sein. In der Regel wird eine Kombination aus mehreren in der Fachliteratur beschriebenen Prozesse notwendig sein, denn kein Geschäft spiegelt zu 100 % die Theorie wider. Sie können – und sollten auch – diverse Modelle evaluieren, aber am Ende des Tages soll Ihr Prozess ein Einzelstück sein, das genau Ihren Geschäftsanforderungen entspricht und den Kaufprozess des Kunden zwingend zur Basis hat.

Das bedeutet, dass im Rahmen der Vertriebsprozessentwicklung zuerst der Beschaffungsprozess des Zielkunden analysiert wird (s. Abb. 3.13). Zuerst werden die einzelnen Schritte eruiert, samt aller Aktivitäten der Kunden: *Was passiert in jedem*

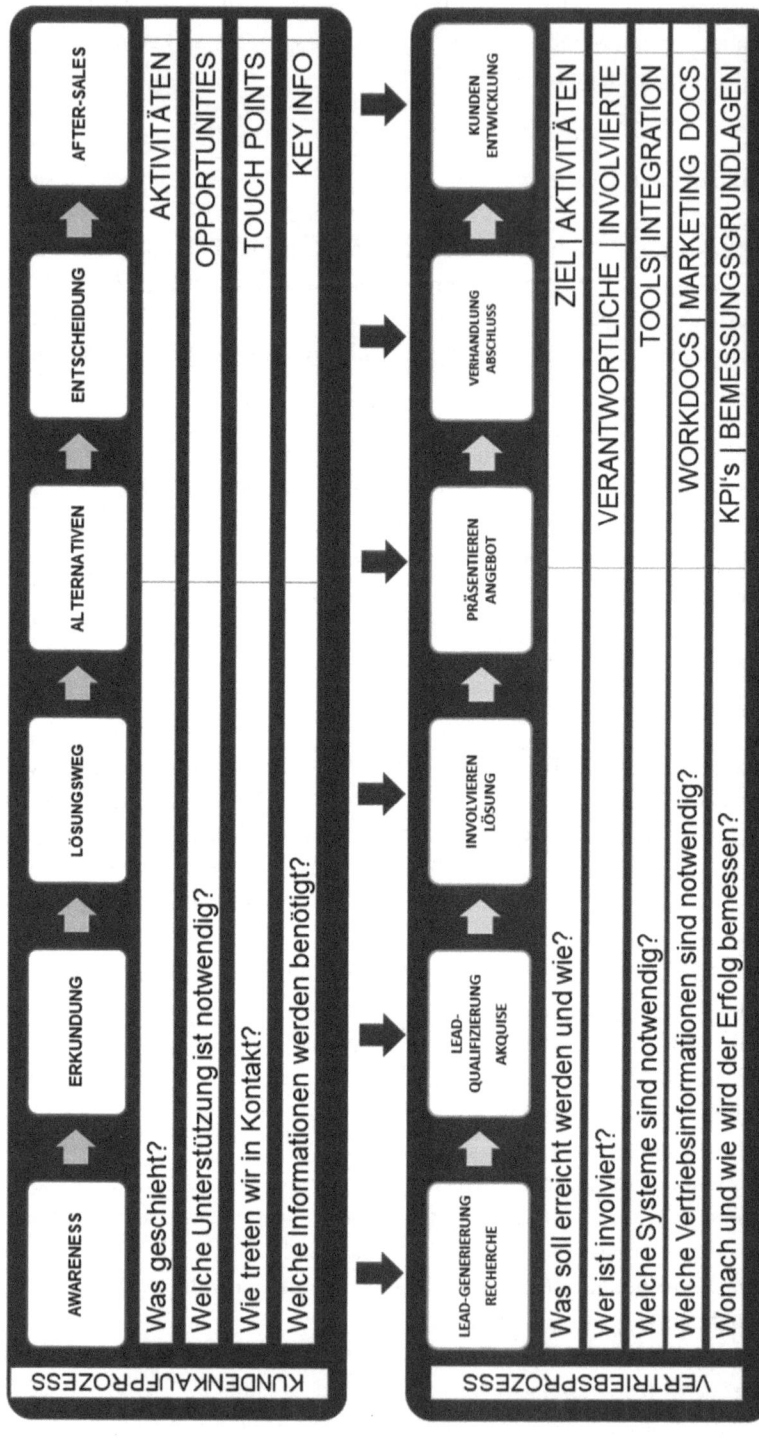

Abb. 3.12 Vertriebsprozess

WIE ist das Verhalten des Kunden?

Abb. 3.13 Kaufprozess des Kunden

einzelnen Schritt? Was macht der Kunde konkret? Danach ermitteln wir den Grad seiner Eigenständigkeit in den jeweiligen Schritten auf einer Skala von 1 bis 10. Dies verschafft uns einen guten Einblick in das Verhalten der Kunden, worauf wir mit einem abgestimmten Vertriebsprozess und gezielten Vertriebsaktivitäten eingehen können.

Im nächsten Schritt gehen wir noch weiter ins Detail und definieren alle notwendigen Elemente des Kundenprozesses (Abb. 3.12):

- **Aktivitäten:** Was geschieht hier genau?
- **Opportunities:** Welche Unterstützung benötigt der Kunde?
- **Touch Points:** Welche Gelegenheiten zur Kontaktaufnahme bestehen?
- **Key Info:** Welche Informationen benötigt der Kunde?

Darauf bauen wir schlussendlich den Vertriebsprozess auf:

- **Prozessschritte:** Welche Schritte sind notwendig, um den Kundenprozess zu spiegeln?
- **Zielsetzung:** Was soll in jedem einzelnen Schritt erreicht werden?
- **Aktivitäten:** Wie soll das erreicht werden? Welche Aktivitäten sind dazu notwendig?
- **Verantwortliche:** Wer hat die Verantwortung für diesen Schritt des Prozesses?
- **Involvierte:** Wer alles ist involviert und welche Rollen haben die jeweiligen Beteiligten?
- **Systeme und Technologien:** Welche Systeme sind notwendig und welche Rolle übernehmen sie?

- **Integration:** Wie werden die Systeme und die Schritte des Vertriebsprozesses integriert? Wo sind die Schnittstellen? Wie ist der Informationsfluss?
- **Workdocs:** Welche Arbeitsunterlagen und Informationen werden benötigt, um die Aktivitäten qualifiziert ausführen zu können?
- **Marketing Docs:** Welche Marketing- und Vertriebsunterlagen sind im jeweiligen Prozess notwendig?
- **KPI:** Welche Leistungsindikatoren werden verwendet, um die Leistung der jeweiligen Prozessschritte zu messen?
- **Bemessungsgrundlagen:** Was wird zur Erfolgsmessung herangezogen?

Vertriebsprozessart Zudem wollen wir auch die Art des Vertriebsprozesses ermitteln: *Wie analog und oder digital soll er sein?* Dazu müssen wir die Komplexität, den Erklärungsbedarf und die Investitionshöhe der Produkte analysieren. Bewerten Sie diese Faktoren auf einer Skala von 1 bis 10:

- Sind Ihre Produkte kostengünstig oder hochpreisig?
- Wie einfach ist die Inbetriebnahme?
- Sind Ihre Produkte selbsterklärend oder sehr komplex und erklärungsbedürftig?

Anschließend platzieren wir die Bewertungen in eine Entscheidungsmatrix (s. Abb. 3.14), woraus sich der logische Beratungsbedarf und die Länge des Vertriebsprozesses ergeben. Und in der Folge wird sich auch herausstellen, wie digital oder analog der Prozess sein sollte. Je einfacher die Inbetriebnahme und je geringer der Erklärungsbedarf Ihrer Produkte, desto digitaler kann Ihr Prozess aussehen. In vielen Fällen wird heutzutage eine Kombination aus digitalen und analogen Prozessschritten sinnvoll sein. Denn rein analoge Prozesse kann bzw. darf es heute durch das digitale Verhalten der Kunden gar nicht mehr geben. Im Gegensatz dazu können komplett digitale Prozesse in manchen Fällen, insbesondere im B2C-Segement, durchaus Sinn ergeben.

Was man falsch machen kann

Mit verbundenen Augen Der größte, schlimmste und leider am häufigsten vorkommende Fehler bei der Definition des Vertriebsprozesses liegt darin, dass der Beschaffungsprozess des Kunden nicht oder nicht tief gehend genug analysiert wird. Hier darf ich wiederholen, wie wichtig dieser Schritt ist, denn die Realität in den Vertriebsorganisationen ist ernüchternd. Immer wieder höre ich in den Workshops: *So haben wir es noch nie betrachtet … Sie haben uns die Augen geöffnet …* Aus welcher Perspektive sonst sollte man denn einen Vertriebsprozess gestalten, wenn nicht aus der Kundenperspektive? Nur sie ermöglicht es, die selbst aufgelegte Augenbinde abzulegen und einen wirklich kundenorientierten Prozess zu entwickeln.

Die Braut die sich nicht traut Der nächste verbreitete Fehler liegt darin, dass man bestehende Prozesse nicht genügend herausfordert oder sich nicht traut, sie tief gehend

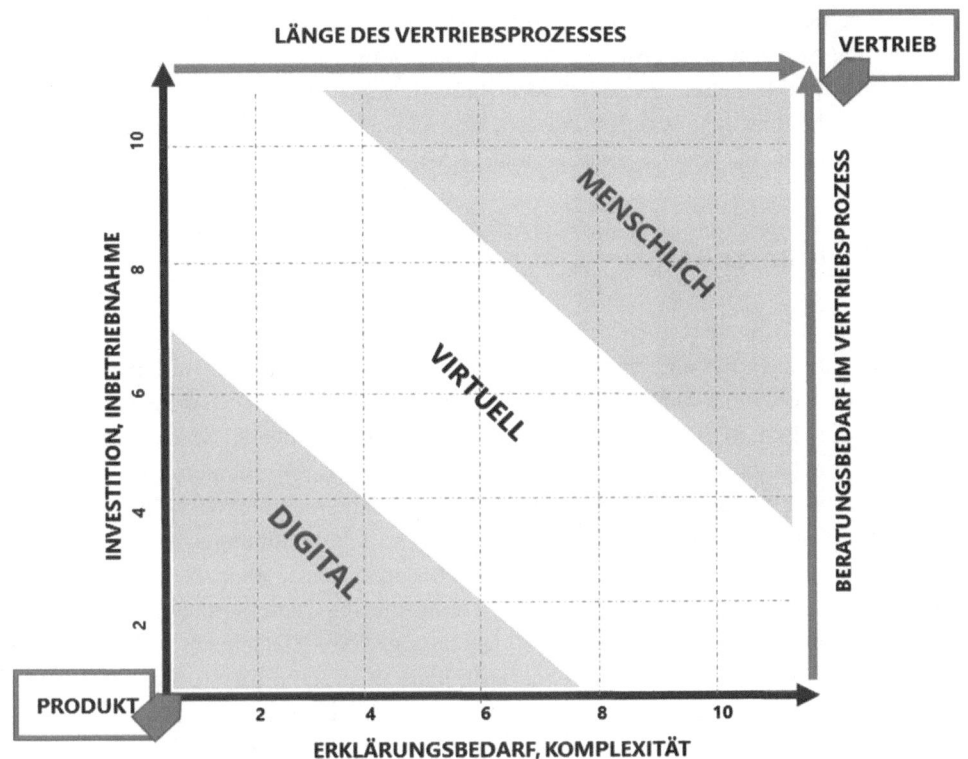

Abb. 3.14 Gestaltung des Vertriebsprozesses

genug zu verändern. Einerseits weil man zutiefst in den bestehenden Geschäftsmustern steckt und andererseits, weil der Schmerz der Veränderung zu groß ist und die Notwendigkeit dafür noch nicht erkannt wurde.

Business is not business Insbesondere im B2B-Bereich tendiert man dazu, für B2C typische Vertriebsprozesse vom Anfang an zu ignorieren. Wie schon in Abschn. 1.1.1 dargestellt, werden beide Bereiche bald nicht mehr trennbar sein und der Business-2Person-Trend erfordert auch im B2B-Bereich konsumentenorientiertes Denken, vor allem was die Qualität der Kundenerfahrung betrifft. Bequemlichkeit und Einfachheit gewinnen die Oberhand, und zwar unabhängig vom Geschäftsbereich. Wenn Sie es schaffen, die Kundenperspektive konsequent einzunehmen, dann werden Sie viele Potenziale aus dem B2C für Ihr B2B-Geschäft identifizieren können.

Aspirin gegen Migräne Oft wurden im Laufe der letzten Jahre und insbesondere seit dem Ausbruch der Pandemie traditionellen Vertriebsprozessen digitale Elemente hinzugefügt. Damit neigt man zur Annahme, der Digitalisierung sei Genüge getan. Dies ist leider selten der Fall, denn bei der wahren Transformation des Vertriebs geht es um die Veränderung von Vertriebsansätzen und -prozessen und nicht um die Digitalisierung vorhandener traditionellen Prozesse oder ihrer Bestandteile. Achten Sie darauf, dass die Prozesse fundiert neu evaluiert werden. Ein schnelles Aspirin mag kurzfristig Kopfschmerzen lindern, hat aber gegen eine richtige Migräne keine Chance.

3.4   WARUM: Strategie

Solange man sich nicht festlegt, gibt es ein Zögern. Die Möglichkeit, zurückzurudern, schwebt immer in Raum und erzeugt Stillstand. Die besten Ideen und Initiativen können keine Kraft entwickeln, wenn sie nicht ein zukunftsorientiertes Vorhaben unterstützen: Ihre Strategie. Erst in dem Moment, wenn man nicht nur weiß, was man erreichen möchte, sondern auch warum, kann man sich dazu definitiv verpflichten. Erst diese Verpflichtung erlaubt es den Dingen, sich in die richtige Richtung zu entwickeln.

Ohne eine klare Strategie flattern alle Ihre Ideen und Bemühungen wie Segel ohne Wind. Da kommt eine Böe … und da mal eine andere …, aber die Kraft und die Richtung fehlen. Sie kommen erst mit der Definition der Zielrichtung ins Spiel. Jede Transformationsinitiative sollte sich von der strategischen Zielsetzung ableiten. Denn nur, wenn man weiß, was man erreichen will, kann man auch die entsprechenden Veränderungen richtig konzipieren. Speziell im Vertriebsbereich sollte man keine vereinzelten Projekte initiieren, ohne sie mit der Vertriebsstrategie abzustimmen.

Kernfrage
Warum machen Sie das?

Kernelemente
Die Beantwortung der Kernfrage umfasst die strategische **Zielsetzung** der Organisation, die Definition der **Marktposition,** die man zukünftig einnehmen möchte, und die **Differenzierung** von den anderen Marktteilnehmern im Markt. Nach dem berühmten Why-Prinzip von Simon Sinek (2011) muss die Antwort auf die Warum-Frage die Basis für jede strategische Ausrichtung bilden.

Methode
Zahlreiche Methoden und Fachliteratur stehen uns zur Verfügung, um eine Strategie zu entwickeln: von sehr kreativen bis zur sehr formellen und starren Entwicklungsprozessen. Die richtige Methode wird letztendlich von Ihrer Geschäftsart vorgegeben und wird eine Kombination aus einer Blaupause mit kreativen Denkweisen sein, die die Kernfrage in den Vordergrund stellt: *Wo stehen Sie heute und wo wollen Sie hin und vor allem, warum?* Dabei ist zu beachten, dass die Vertriebsstrategie die Unternehmensstrategie nicht ersetzt, sondern darin integriert wird.

Hierzu können Sie als Startpunkt die klassische SWOT-Analyse durchführen, indem Sie die vier bekannten Bereiche analysieren.

Stärken Was ist das Besondere an Ihrem Unternehmen? Was machen Sie gut? Was sind Ihre Kernkompetenzen? Was sind Ihre Stärken? Womit verdienen Sie Ihr Geld? Warum kaufen Ihre Kunden bei Ihnen? Was ist Ihre Alleinstellung?

Schwächen Wo sind Ihre Schwächen? Wo fehlen Ressourcen? Was machen Sie nicht gut? Was fehlt Ihnen? Wo verlieren Sie Geld? Welche notwendigen Kompetenzen fehlen? In welchen Bereichen haben Ihre Mitbewerber einen Vorsprung?

Chancen Wo sehen Sie Chancen? Welche neuen Kundenbedürfnisse könnten Sie erfüllen? Welche Markt- und Kundentrends sind für Sie von Vorteil? Welche technologischen Chancen ergeben sich? Welche Entwicklungen aus anderen Branchen können Sie in Ihrer umsetzen? Welche Nischen sind noch offen? Wo liegt Potenzial brach?

Bedrohungen Wo sind die Gefahren? Was sind die bedrohlichen Trends? Wie beeinflussen die Veränderungen im Verhalten Ihrer Kunden Ihr Geschäft? Welche neuen Marktbegleiter gibt es, die für Sie gefährlich sein könnten? Welche neuen Geschäftsmodelle bedrohen Ihr Geschäftsmodell? Wie kann Technologie Ihr Geschäft negativ beeinflussen? Wo haben die Konkurrenten Vorsprung? Wo sind Sie verwundbar?

Mit dieser Analyse legen Sie die Basis für Ihre zukünftige Marktposition (s. Abschn. 3.4.1) und für Ihre Differenzierung (Abschn. 3.4.2) fest. Auf diesen Bausteinen stützt sich Ihre strategische Zielsetzung (s. Abschn. 3.4.3). Anschließend ist es sinnvoll, eine erneute SWOT-Analyse durchzuführen, um die neu erarbeitete Strategie zu evaluieren. Nicht zuletzt werden als Ergebnis daraus weitere Maßnahmen und Taktiken ermittelt, um die Bedrohungen für die Umsetzung der zukünftigen Strategie zu relativieren und die Chancen noch besser zu nutzen.

Was man falsch machen kann
Wachstum ist keine Strategie Oft reduziert sich eine Strategische Zielsetzung auf Zahlen, ob Umsatzwachstum, Kundenanzahlsteigerung oder Profitabilitätsverbesserung. Steigerung von Umsatz, Kunden und Ertrag sind keine Strategie, sondern das Ergebnis daraus. Insbesondere Umsatz wird hier gerne genommen: *Unsere Strategie ist es, in den nächsten zwei Jahren eine Umsatzsteigerung von X Prozent zu erreichen.* Dabei ist Umsatzwachstum die Kennzahl, die am wenigsten aussagt. Insbesondere ohne einen Bezug zum Markt hat sie in Wirklichkeit null Aussagekraft. Eine fundierte Strategie zieht in Betracht die Ausgangssituation, das Marktumfeld und die zukünftigen Marktentwicklungen. Sie definiert, wie Sie eine differenzierte Position im Markt erreichen, sodass Kunden sich „positiv gezwungen" fühlen, bei Ihnen – und nur bei Ihnen – ihre Bedürfnisse zu erfüllen.

Nützlich, aber nutzlos Wenn ich für jede SWOT-Analyse, die ohne einen daraus resultierenden Aktionsplan verenden musste, nur je einen Euro erhalten würde, wäre ich unvorstellbar reich. Das Schicksal, „nutzlos zu sein", muss dieses sehr nützliche Werkzeug immer wieder erleiden. Es gibt kaum noch jemanden im Businessbereich, den es nicht kennt, aber nur die wenigsten nutzen es richtig. Denn die SWOT-Analyse allein reicht nicht. Sie ist nur der erste wichtige Schritt, um die Ist-Situation zu erheben. Das Ziel dabei aber ist es: konkrete Maßnahmen zu erarbeiten, um die Situation zu verbessern oder gegen mögliche vorhersehbare Entwicklungen gezielt vorzugehen. Dieser wichtige Maßnahmenplan fehlt oft. In unserem Fall müssen jedenfalls für die (zweite) SWOT-Analyse konkrete Taktiken erarbeitet werden, um die Realisierung der Strategie zu unterstützen.

Die süßen Kirschen des Nachbarn Immer wieder tendieren Unternehmen dazu, sich zu sehr auf die Konkurrenz zu konzentrieren, manche erarbeiten sogar gezielte Strategien, um die Konkurrenz zu schwächen oder sie anzugreifen. Eine Strategie kann nicht auf der Schwächung eines Wettbewerbers beruhen. Wahre Stärke kommt aus dem Inneren: aus der Beschäftigung mit sich selbst, der Erkenntnis der Notwendigkeit zur Veränderung und der aufrichtigen Intention, Kundenbedürfnisse zu erfüllen. Man kann nicht dadurch stärker werden, indem man andere schwächt oder andere nachahmt, sondern nur, wenn man selbst immerwährend stärker wird. Demzufolge ist eine Wettbewerbsanalyse ein wichtiger Teil des Strategie-Entwicklungsprozesses, darf aber nicht das Fundament für die eigenen Zukunftspläne bilden. Wir wollen nicht die Kirschen des Nachbarn klauen und auch nicht Kunden davon abhalten, zu ihm zu gehen, sondern überlegen uns, wie wir selbst die süßesten Kirschen anbauen, damit uns Kunden die Türen einrennen.

Beispiele aus der Vertriebspraxis

Im Rahmen einer Wettbewerbsanalyse eines IT-Lösungsanbieters haben wir festgestellt, dass der wahre Wettbewerb nicht andere Anbieter von ähnlichen Lösungen ist, sondern der Kunde selbst. In Wirklichkeit waren die veralteten IT-Systeme und die Mitarbeiter in den IT-Abteilungen die wahren Gegner. Man stand im direkten Wettbewerb mit der Organisation des Kunden. Diese Erkenntnis hat zu einer gezielten Strategie-Entwicklung geführt, um das Bewusstsein für die Notwendigkeit der Lösung innerhalb der Kundenorganisation zu schaffen.

In einem anderen Fall wurde im Rahmen der Ist-Analyse eines Anbieters aus dem Konsumentenbereich die Erkenntnis gewonnen, dass das eigene Angebot viel zu groß und unübersichtlich ist. Zudem spiegelte es die zukünftige Positionierung des Unternehmens nicht mehr wider. Folglich wurde die Entscheidung getroffen, das Sortiment massiv zu kürzen und sich nur auf „stimmige" und zur Positionierung passende Produkte zu fokussieren. Das Lager wurde abverkauft und das Sortiment anhand der neuen Strategie neu positioniert sowie übersichtlich und nutzenorientiert strukturiert. Zudem wurden drei Produkte zu einem Paket zusammengestellt, das in dieser Kombination im Markt nicht vorkam. Der Fokus im Vertrieb und Marketing wurde speziell auf die Vermarktung dieses Paktes gelegt. Das Unternehmen berichtete über schnell steigende Umsätze und auch zufriedene Vertriebsmitarbeiter, die sagten, dass sie nun endlich wüssten, worauf sie sich fokussieren müssen und sich mit einem riesigen Portfolio nicht mehr „herumschlagen" müssen. Oft ist weniger mehr. ◀

3.4.1 Marktposition

Kernfrage

Was ist Ihr Status quo und wo wollen Sie hin?

Begleitende Fragen Was ist unsere aktuelle Marktposition und wie soll die zukünftige Position sein? Welche Marktbereiche sind noch nicht belegt? Wo ist Marktpotenzial erkennbar: Heute und auch in der Zukunft?

Kernelemente

Ein grundlegendes Element Ihrer Strategie ist Ihre Marktposition, sowohl die aktuelle als auch die zukünftige. Es handelt sich dabei aber nicht um Ihren Marktanteil oder die Markenwahrnehmung, sondern um Ihre *strategische* Marktpositionierung auf mehreren Ebenen, die für Ihr Geschäft relevant sind. Im Grunde ist es die Summe aller relevanten Faktoren wie Preispolitik, Bekanntheit, Qualität, Service, Portfolio etc. Eine fundierte Marktpositionierung leitet sich in der Regel von der Marktsituation ab, wozu eine Erhebung des Marktpotenzials und eine fundierte Marktanalyse notwendig sind.

Methode

Marktanalyse Beginnen wollen wir mit einer fundierten Marktanalyse. Dazu werden der gesamte Markt und das Unternehmensumfeld gescannt und die Branche analysiert. Dabei kann es sinnvoll sein, Recherchen, Marktumfragen und Kundenerhebungen durchzuführen sowie auch Marktforschungsberichte und Branchentrendradars in Betracht zu ziehen.

Unabhängig von den gewählten Methoden und Werkzeugen sind Marktanalysen oft ähnlich aufgebaut. Doch je nach Fragestellung und Kontext kann der Fokus in den einzelnen Bereichen variieren. In der Regel umfasst jedoch eine strategische Marktanalyse diese vier Dimensionen, die es erlauben, den gesamten Markt solide zu skizzieren:

- **Marktbeteiligte:**
  - Wer sind die Mitspieler, die offensichtlichen und die verborgenen?
  - Wer ist alles involviert und wer nimmt Einfluss auf den Markt?
  - Was machen sie?

- Was machen sie nicht?
- Welche anderen Märkte und Branchen beeinflussen Ihren Markt?
- Welche Anforderungen stellt die Zielgruppe an das Produkt oder die Dienstleistung?
- Welche Erwartungen hat die Zielgruppe an die Anbieter?
- Welche Marktteilnehmer erfüllen die Kundenerwartungen am besten?
- **Marktaspekte:**
  - Was sind die Bedürfnisse im Markt?
  - Was sind die Kundenbedürfnisse und die Erwartungen?
  - Gibt es nicht erfüllte Kundenbedürfnisse?
  - Womit kämpft der Markt? Warum?
  - Welche Frustrationen gibt es im Markt?
  - Welche Sorgen gibt es im Markt?
  - Ist der Markt traditionell/innovativ?
  - Welche Veränderungen geschehen im Markt?
  - Welche Trends sind sichtbar?
  - Welche Entwicklungen sind zu erwarten?
- **Marktangebote:**
  - Wie wird Geld verdient?
  - Welche Angebote gibt es im Markt?
  - Welche Geschäftsmodelle gibt es?
  - Gibt es innovative Modelle?
  - Gibt es disruptive Ansätze?
  - Welche nicht-traditionellen Wege, Marktbedürfnisse zu erfüllen, sind sichtbar?
- **Marktpotenzial:**
  - Wie groß ist der Gesamtmarkt?
  - Wie groß ist der adressierbare Markt?
  - Handelt es sich um einen Nischen- oder Massenmarkt?
  - Wie ist der Markt aufgeteilt: Marktanteile?
  - Welche Marktteilnehmer haben das größte Wachstumspotenzial? Warum?
  - Wie ist die zu erwartende Marktentwicklung: Wachstum/Rückgang?
  - Was sind die Wachstums- bzw. die Rückgangsfaktoren?
  - Welches Ihrer Produkte oder Dienstleistungen weisen das größte Marktpotenzial auf?
  - Wie hoch ist der Marktwert in unterschiedlichen Zielgruppen?
  - Welche Zielgruppe weist das größte Wachstum auf?
  - Welche Zukunftserwartungen gibt es?

Bereiten Sie die Marktanalyse gründlich vor und definieren Sie, welche Informationen Sie dazu benötigen und welche Fragen im Vorfeld beantwortet werden müssen. Oft kann eine anschließende, spezifische Recherche oder Markterhebung notwendig sein, um noch offene Fragen zu beantworten oder Unsicherheiten aufzuklären.

Setzen Sie auch hier bewusst Ihre Transformationsbrille auf und achten Sie besonders auf unterschwellige und weniger offensichtliche Trends und Marktentwicklungen, denn sie werden Ihnen die besten Chancen eröffnen.

Marktposition Mit den Erkenntnissen aus der Marktanalyse führen wir nun die Analyse der eigenen Marktposition durch. Zuerst erheben wir die aktuelle Ist-Position und definieren anschließend die Ziel-Position. Hierzu bedienen wir uns eines Netz-Diagramms und definieren im ersten Schritt die für Ihr Geschäft relevanten Bewertungsachsen (siehe Beispiel in Abb. 3.15). Dazu beschriften wird die Achsen und legen die Bewertungskriterien fest, in aufsteigender Reihenfolge von innen nach außen.

Wichtig ist es hier, alle relevanten Dimensionen für Ihr Geschäft zu identifizieren, die Ihre Marktposition und Ihre Markenwahrnehmung im Markt beeinflussen. Die Achsen werden je nach Geschäft in ihrer Anzahl und ihrem Inhalt unterschiedlich sein. Nutzen Sie gerne das abgebildete Beispiel als Anregung, aber die Aufgabe hier ist, die wirklich wichtigen Achsen für Ihr Geschäft festzustellen. Anschließend erheben wir unsere Ist-Position: Wir legen die Ist-Punkte fest und verbinden Sie mit einer roten Linie. Danach definieren wir die Soll-Punkte: *Wo wollen wir in der Zukunft sein?* Diese Punkte verbinden wir mit einer grünen Linie. Dabei kann und muss es nicht immer nur „nach oben" gehen, es kann auch Sinn ergeben, sich in gewissen Bereichen auf der Achse „nach unten" zu bewegen: zum Beispiel beim Preis oder beim Produktportfolio.

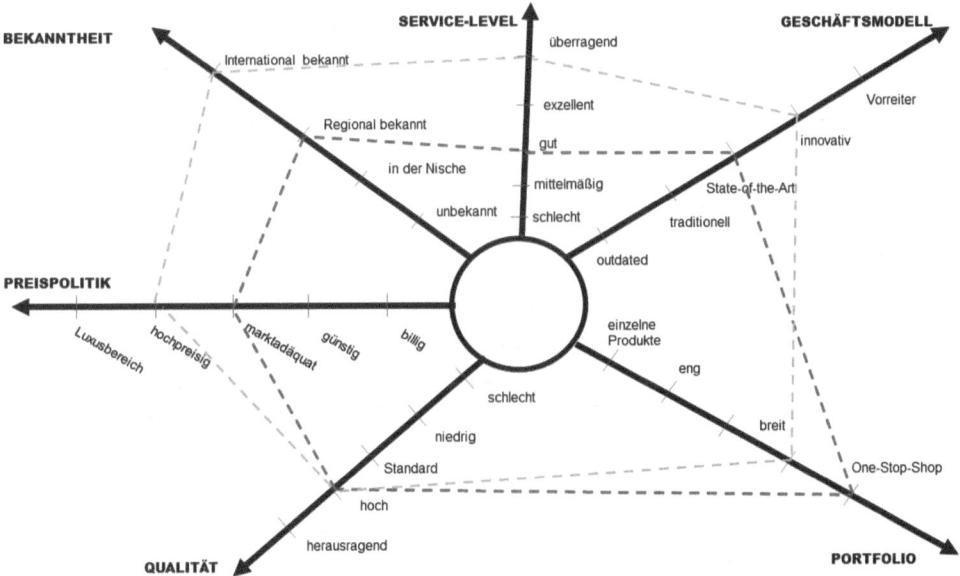

Abb. 3.15 Marktposition

Das entstandene Diagramm bietet Ihnen eine gute Darstellung Ihrer derzeitigen Marktposition und der zukünftigen Wunschposition. Logischerweise müssen auch die relevanten Maßnahmen ausgearbeitet werden, um die Ziel-Marktposition zu erreichen.

Was man falsch machen kann

Glauben ist nicht wissen Wirklich fundierte Marktanalysen sind eher die Ausnahme als die Regel. Oft werden die Fragestellungen mit den persönlichen Einschätzungen der jeweiligen Teilnehmer befüllt. Auch wenn Branchenerfahrung und Intuition bei dieser Aufgabe durchaus wichtig sind, vor allem im Hinblick auf das Erkennen von Trends und Herausforderungen in der Branche, sind auch Daten und Fakten notwendig, um die eigenen Einschätzungen zu untermauern. Studien, Trendreports und Branchenanalysen sind bei dieser Arbeit von hoher Relevanz, denn Sie wollen sichergehen, dass keine wichtigen Entwicklungen übersehen werden.

Wissen bessern, statt besser wissen Auch die Marktanalyse bleibt oft auf der Strecke, weil ihre Wichtigkeit nicht erkannt wird. Man ist der Meinung, den eigenen Markt eh gut zu kennen. Die Erfahrung zeigt, dass insbesondere während der Marktanalyse innovative und gute Ideen entstehen, weil man eben alle Aspekte behandelt und dadurch Zusammenhänge erkennt und auch unterschwellige Entwicklungen entdeckt. Ich beobachte oft in Workshops, dass erst in diesem Schritt deutlich wird, wie gravierend die Veränderungen im eigenen Markt sind. Alle Entwicklungen, die ich zu Anfang des Buches beschrieben habe, scheinen zwar wichtig, aber irgendwie doch noch entfernt zu sein. Erst eine solide Analyse des eigenen Marktes führt die eigene Realität vor Augen und fördert das wirkliche Ausmaß der notwendigen Veränderungen zutage.

Planlos sinnlos Ein ähnliches Schicksal wie die SWOT-Analyse erleiden auch zahlreiche Marktanalysen, weil auch hier gerne die Maßnahmen fehlen, um von der Ist- zur Soll-Situation zu gelangen. Es reicht nicht, nur die Wunschposition zu definieren, wir müssen auch den Weg skizzieren, wie wir hinkommen wollen.

Zum Nachdenken: Der schwarze Punkt

Eines Tages betrat ein Professor sein Klassenzimmer und bat seine Studenten, sich für einen Überraschungstest vorzubereiten. Er teilte die Klausuren wie üblich mit dem Text nach unten aus. Nachdem er sie alle ausgeteilt hatte, bat er die Studenten, die Blätter umzudrehen.

Zur Überraschung aller gab es keine Fragen, nur einen schwarzen Punkt in der Mitte des Papiers. Als der Professor den Gesichtsausdruck der Studierenden sah, sagte er ihnen Folgendes: „Ich möchte, dass Ihr darüber schreibt, was Ihr dort seht." Die Studierenden, verwirrt, begannen mit der unerwarteten Aufgabe. Am Ende der Stunde nahm der Professor alle Klausuren und begann, jede einzelne laut vorzulesen.

Alle, ohne Ausnahme, konzentrierten sich auf den schwarzen Punkt und versuchten, seine Position in der Mitte des Blattes zu erklären. Nachdem alle vorgelesen worden waren, wurde es still im Klassenzimmer, und der Professor begann zu erklären:

„Ich werde Sie dafür nicht benoten, ich wollte Ihnen nur etwas zum Nachdenken geben. Keiner hat über den weißen Teil des Papiers geschrieben. Jeder konzentrierte sich auf den schwarzen Punkt."
(All Time Stories 2016)

Denkanstoß *Wie oft konzentrieren wir uns auf das Offensichtliche? Auf das, was uns buchstäblich in die Augen springt? Wie oft übersehen wir das größere Potenzial, nur weil wir uns auf das, was sichtbar ist, konzentrieren? Denken Sie insbesondere bei der Marktanalyse an das „große weiße Feld".*

3.4.2 Differenzierung

Kernfrage
Wie differenzieren Sie sich?

Begleitende Fragen Wie wollen wir uns vom Wettbewerb unterscheiden? Wo liegen die stärksten Differenzierungspotenziale?

Kernelemente
Kaum etwas anders ist heute so wichtig, als sich im Markt zu differenzieren und bei Kunden eine Sonderstellung einzunehmen. Insbesondere im digitalen Raum ist die Differenzierung ein wichtiges Erfolgskriterium. Denn dort tummeln sich hunderttausende andere Anbieter, die vielleicht nicht dieselben Produkte anbieten, aber mit hoher Sicherheit um denselben Kunden kämpfen. So ist neben der klassischen Wettbewerbsdifferenzierung und der Alleinstellung auch die Differenzierung im digitalen Raum zu evaluieren. Denn es geht heute weniger um die Differenzierung vom Wettbewerb, sondern um die differenzierte Wahrnehmung bei Kunden.

Methode
Die zuvor durchgeführten Marktanalysen und die ermittelte Marktposition bilden die Basis Ihrer Differenzierungsstrategie. Ihre Erkenntnisse aus der vorigen Arbeit sollten gute Anhaltspunkte bieten, um Differenzierungspotenziale zu erkennen. Diese wollen wir mit weiteren Erkenntnissen aus einer fundierten Wettbewerbsanalyse verstärken, denn nur so ergibt sich ein klares und ganzheitliches Bild für eine bedeutende Differenzierung.

Wettbewerbsanalyse Eine Wettbewerbsanalyse hat zum Ziel, die von den Markt-beteiligten ausgehenden Bedrohungen zu ermitteln und einzuschätzen. Zudem wollen wir neue Chancen im Kampf um denselben Kunden erkennen und Potenziale zur Differenzierung ermitteln. Auch hier haben wir etliche Werkzeuge, derer wir uns bedienen können. Im Grunde geht es bei einer Wettbewerbsanalyse darum, die aktuellen und die potenziellen Wettbewerber zu identifizieren und ihre Position im Markt im Ver-gleich zum eigenen Unternehmen zu evaluieren. Dazu beantworten wir Fragen wie:

- Welche Wettbewerber mit ähnlichen Lösungen gibt es im Markt?
- Was sind deren Stärken und Schwächen aus Kundensicht?
- Was bieten sie an und was nicht?
- Was sind ihre aktuellen und zukünftigen Strategien?
- Adressieren sie genau dieselbe Zielgruppe?
- Wie erfüllen sie Kundenbedürfnisse?
- Wie werden sie bei der Zielgruppe wahrgenommen?
- Gibt es neue Marktteilnehmer, die um dieselbe Zielgruppe kämpfen?
- Welche innovativen Ansätze und Geschäftsmodelle nutzen sie?
- Welche Technologien setzen sie ein?

Darüber hinaus müssen wir die Wettbewerbsanalyse aus der Kundensicht vertiefen. Dazu werden die für Kunden wichtigen Kriterien definiert und anhand ihrer Bedeutung für Kunden bewertet, beispielsweise auf einer Skala von 1 bis 10. Danach werden die Konkurrenten in den jeweiligen Kategorien bewertet. Das kumulative Ergebnis wird Ihnen wirklich relevante Erkenntnisse bieten. Denn nur die Konkurrenz allein zu betrachten, ohne die Wichtigkeit der jeweiligen Faktoren für Kunden zu berücksichtigen, wird Ihnen keine wirklich wichtigen Erkenntnisse für die Differenzierung liefern. Auf diesem Weg können Sie feststellen, ob Ihr Wettbewerbsvorteil wirklich ein Vorteil ist – denn wenn er Kunden nicht interessiert, ist er auch kein Vorteil.

In manchen Fällen wird eine fortlaufende Überwachung des Wettbewerbs, ins-besondere seiner Online-Aktivitäten notwendig sein. Hier können Sie Prozesse zur regelmäßigen Wettbewerbsbeobachtung und dynamische Analysen einführen, die sich auch gut technologisch unterstützen lassen.

Differenzierungsstrategie Die Differenzierungsstrategie kann einerseits einen Brand-Fokus oder einen Produkt-Fokus haben. Bei der **Brand-Differenzierung** bauen Sie eine Marke auf, die sich in irgendeiner Weise von der Konkurrenz unterscheidet. Bei der **Produkt-Differenzierung** werden einzigartige Merkmale eines Produkts oder einer Dienstleistung in den Vordergrund gestellt, womit spezifische Kundenanforderungen erfüllt werden. Beim Brand ist der Markenauftritt vorrangig und beim Produkt geht es um den Produktnutzen, die Marke bleibt im Hintergrund.

Um eine Differenzierung im Markt zu erreichen müssen Sie festlegen, wofür Sie im Markt bekannt sein wollen. Klassischerweise geht es dabei um Image, Produktqualität,

Kundenservice, Preis etc. Eine innovative Differenzierungsstrategie basiert heute auf der Kundenerfahrung und einer starken Fokussierung auf *eine einzige* Sache. Egal, worum es dabei geht, diese eine Sache – Brandname, Produktfunktionalität oder Servicemerkmal – muss in den Vordergrund gestellt werden, und zwar durchgehend. Das Ziel dabei ist es, dass Kunden Ihr Unternehmen sofort damit in Verbindung bringen. Um dieses Ziel zu erreichen wird eine klare, unmissverständliche und kongruente Positionierung auf allen Ebenen notwendig. Hierzu kann es unter Umständen erforderlich sein, sich von nicht stimmigen und „nicht ins Bild passenden" Produkten oder Aktivitäten zu lösen.

Was man falsch machen kann

Unter Freunden Ein weit verbreiteter Fehler ist es, nur einige wenige große Unternehmen innerhalb der Wettbewerbsanalyse zu berücksichtigen sowie auch den *bekannten* Wettbewerb. Bei einem solchen Vorgehen übersieht man gerne Nischenanbieter oder neue Marktteilnehmer bzw. man nimmt sie nicht ernst. Aber ausgerechnet die kleineren Neuankömmlinge können mit innovativen Ideen in Windeseile den gesamten Markt umkrempeln.

Wer hat hier das Sagen Auch hier ist der Kunde derjenige, der bestimmt, was ein Wettbewerbsvorteil ist und was nicht. Daher ist es durchaus wichtig zu analysieren, wie Kunden die Marktteilnehmer und ihre Angebote wahrnehmen. Wenn man fälschlicherweise auf Faktoren Wert legt, die für Kunden keine oder nur wenig Relevanz haben, dann wird man sich auch nicht wirklich differenzieren können. Und vermutlich auch Leerkilometergeld zahlen müssen.

Unerwartet erwischt Typischerweise fokussiert man sich bei Wettbewerbsanalysen auf diejenigen Anbieter, die die „gleichen Produktkategorien" anbieten. Dadurch betrachtet man allerdings nur einen Teil des Marktes und läuft Gefahr, dass man Anbieter oder Produkte aus anderen Marktsegmenten übersieht, die in Wirklichkeit Konkurrenz machen. Dabei handelt es sich um sogenannte Substitutionsprodukte, die Kunden denselben oder einen ähnlichen Nutzen bieten wie Produkte aus anderen Branchen. Um diese Gefahren zu entdecken kann eine Branchenstrukturanalyse nach dem Fünf-Kräfte-Modell (Five Forces, Porter 1980) sinnvoll sein.

Vermeintlich sicher Die Wettbewerbsanalyse wird in der Regel für Faktoren wie Produkt, Preis, Marktanteile, Vertrieb und Finanzstärke durchgeführt. Erlauben Sie mir, sie als „zu einfach" zu deklarieren. Insbesondere im Sinne der Transformation müssen mehrere komplexere Kriterien berücksichtig werden: Technologien, Digitale Aktivitäten, Relevanz in den sozialen Medien, Brand-Awareness, Influencer, Geschäftsmodelle, Kundenkommunikation, digitale Channels etc. Die Nichtberücksichtigung eines oder mehrerer Aspekte kann dazu führen, dass man sich in einer vermeintlichen Sicherheit wiegt.

Mit Ballast tauchen Ein schwerwiegender und leider oft vorkommender Fehler liegt darin, sich zwar differenzieren zu wollen, aber gleichzeitig zu viel Angst zu haben, sich von Störfaktoren zu lösen. Wenn Sie entscheiden, sich mit etwas Bestimmtem zu differenzieren, dann dürfen Sie nicht den Fehler machen, den ganzen „alten" Ballast mitzuschleppen. Hier muss oft radikal eingegriffen werden, um sich von Sachen zu lösen, die mit der neuen Differenzierungsposition nicht stimmig sind. Beispiel: Wenn Sie sich als die beste Tapetenquelle positionieren wollen, müssen Sie Ihre Wandfarben und Teppiche aus dem Sortiment nehmen. Denn das zerstört Ihren Fokus, auch wenn es vielleicht etwas Umsatz nebenbei generiert. Um sich wirklich zu differenzieren, müssen Sie nur Tapeten und sonst nichts anbieten, sonst sind Sie ein Bauchladen für die Hauseinrichtung. Was auch in Ordnung ist, aber dann ist die Positionierung anders. Ich mache oft die Erfahrung, dass die radikale Positionierung eine der schwierigsten Herausforderungen für Unternehmen aus dem Mittelstand ist. Es fällt ihnen schwer, sich ganz bewusst von altem Ballast und liebgewonnenen Produkten zu trennen.

3.4.3 Zielsetzung

Kernfrage
Was ist die strategische Zielsetzung?

Begleitende Fragen Wo wollen Sie hin? Was wollen Sie erreichen? Warum?

Kernelemente
Mit der Berücksichtigung der Erkenntnisse aus den vorherigen Analysen wird nun die strategische Zielsetzung definiert. Oft kann es aber auch sinnvoll sein, mit der Zielsetzung zu beginnen, es hängt von Ihrer individuellen Situation ab. Jedenfalls werden hier die Ziele und die Taktiken definiert, wie diese Ziele zu erreichen sind bzw. welche Voraussetzungen dafür notwendig sind. Anschließend darf nicht vergessen werden, die Strategie unter die Lupe zu nehmen und gegebenenfalls mit einer SWOT-Analyse auf ihre Stärken und Schwächen zu prüfen. Dabei sollten auch mögliche Entwicklungen und Trends evaluiert werden, die die Zukunft der Organisation beeinflussen könnten: Veränderungen wirtschaftlicher, politischer, sozialer und heutzutage auch technologischer Natur.

Methode
Eine fundierte strategische Zielsetzung wird aus vier Perspektiven betrachtet, indem in der jeweiligen Kategorie konkrete Ziele definiert werden:

- **Kosten:** Wie kann Kosteneffizienz gesteigert werden?
- **Kunden:** Wie können die Kundenbedürfnisse und -erwartungen besser erfüllt werden?

- **Prozess:** Wie können Prozesse effizienter gestaltet werden?
- **Potenzial:** Wie kann Wachstums- und Profitabilitätspotenzial entfaltet werden?

Auch die beste strategische Zielsetzung wird nirgendwo hinführen, solange die notwendigen Voraussetzungen nicht geschaffen und die erforderlichen Umsetzungsmaßnahmen nicht erarbeitet sind. So müssen im Folgeschritt die notwendigen Voraussetzungen – technischer, organisatorischer und finanzieller Natur – definiert und anschließend auch die Taktiken bzw. Maßnahmen erarbeitet werden, um die Zielsetzung zu erreichen. Abb. 3.16 zeigt ein paar Beispiele von Taktiken, die bei der Erreichung der Ziele auf den jeweiligen Ebenen relevant sein könnten. Die unterschiedlichen Maßnahmen sind in der Regel ineinander integriert, beeinflussen einander und hängen auch voneinander ab.

Auch hier darf der Transformationsansatz nicht fehlen. Um sich aus den bestehenden Mustern zu befreien, kann man sich während dieser Arbeit neben der klassischen Frage:

- *Was ist dafür notwendig und was müssen wir machen?*

auch bewusst und wiederholt diese zwei Grundfragen stellen:

- *Was müssen wir ANDERS machen, um das Ziel besser zu erreichen?*
- *Was müssen wir NICHT MEHR machen, um das Ziel schneller zu erreichen?*

Nehmen Sie bei der Erarbeitung Ihrer taktischen Vorgehensweise unterschiedliche Positionen ein. Denken Sie ganz groß: *Alles ist möglich.* Aber auch kritisch: *Was, wenn …?* Werden Sie dabei bewusst zum Träumer, aber auch zum Kritiker, denn dies ermöglicht es Ihnen am Ende, eine realistische und ambitionierte Zielsetzung zu definieren und sie mit einem durchdachten Plan zu untermauern. Die Verwendung der bekannten Methode des Kreativdenkens nach Walt-Disney kann sinnvoll sein.

Was man falsch machen kann
Über den Wolken Träumen ist nie verkehrt und auch notwendig, um wirklich Großes zu erbringen. Dabei sollte man aber auch die Realität nicht aus den Augen verlieren. Wenn Sie keine klare Vorstellung davon haben, wie Ihr Traum in der geplanten Zeit zu erreichen ist, dann ist es ein reines Wunschdenken. Eine Strategie ohne einen durchdachten und umsetzbaren Plan ist reine Fantasie. Greifen Sie ruhig nach den Sternen, aber überlegen Sie genau, wie Sie sie in der Tat erreichen wollen. Träumen allen reicht für gewöhnlich nicht aus.

Mit einem Hut Die Wichtigkeit eines immer wieder bewusst durchgeführten Perspektivwechsels dürfen wir nicht unterschätzen. Nur wenn man es schafft, unterschiedliche Hüte aufzusetzen – Kunden, Markt, Wettbewerb, Mitarbeiter, Technologie –, wird man imstande sein, das Maximum aus der strategischen Positionierung herauszuholen.

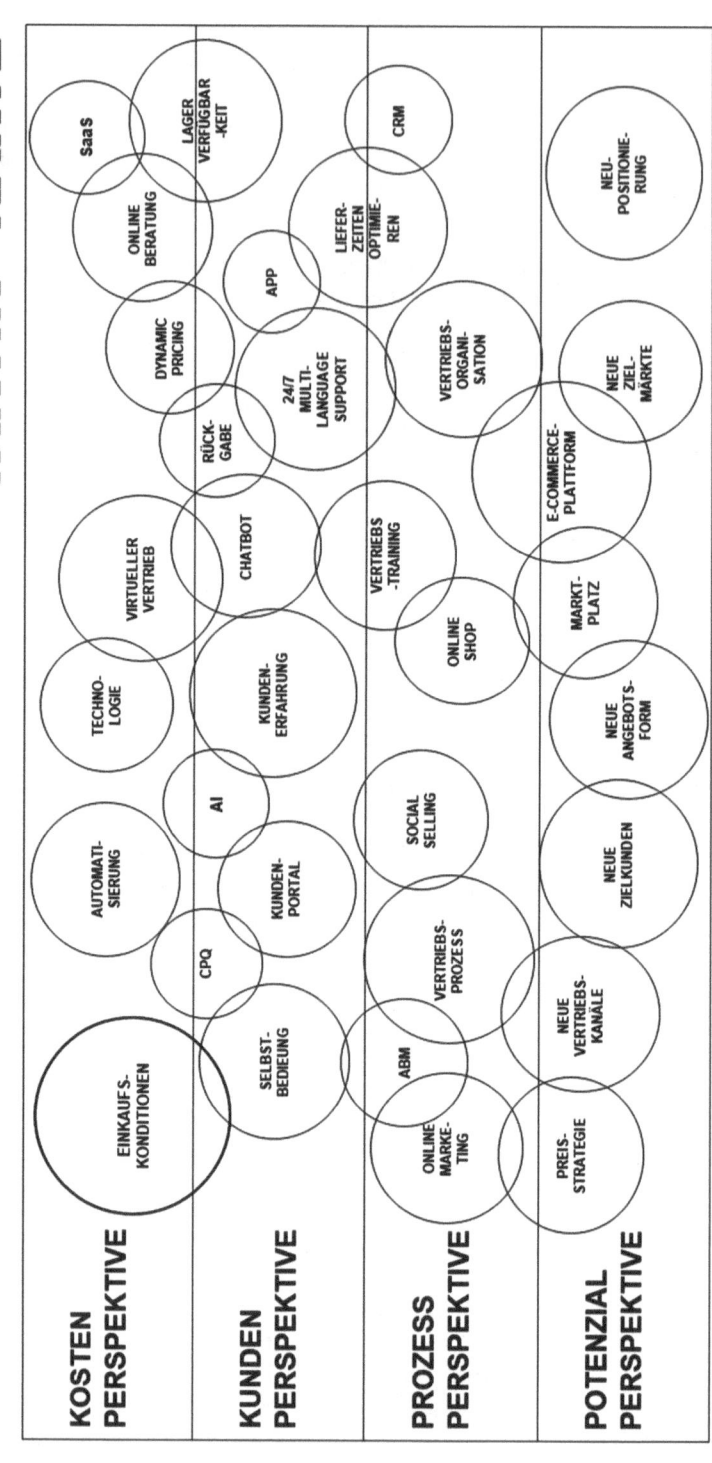

Abb. 3.16 Strategische Taktiken

Richtige Schritte in falsche Richtung Unterschätzen Sie bei der Erarbeitung Ihrer Taktiken nicht die Wichtigkeit der Kunden- und der Potenzial-Perspektiven im Vergleich zu den Kosten- und Prozess-Perspektiven. Das neue und noch nicht erkannte Potenzial im Markt und bei Kunden muss unbedingt in den Vordergrund gestellt werden, sonst machen Sie am Ende dasselbe, nur vielleicht ein wenig besser. Wenn Ihr Pferd zwar schneller und besser in die verkehrte Richtung rennt, kommen Sie am Ende zwar sehr schnell, aber womöglich am falschen Ort an. Langsamer, aber in die richtige Richtung ist langfristig der bessere Weg.

3.5   WO: Positionierung

In Anbetracht der Tatsache, dass die Machtverhältnisse sich gedreht haben und Kunden, anstatt sich vom Vertrieb akquirieren zu lassen, nun eigenständig auf der Suche nach Anbietern und Produkten sind, müssen sich die Anbieter für Kunden „auffindbar" machen. Auffindbarkeit im digitalen Raum ist heute ein kritischer Faktor für den Vertriebserfolg. Denn Nicht-Auffindbarkeit wirft bei Kunden Fragen auf und erzeugt Unsicherheit bei einer Kaufentscheidung. Infolgedessen ist die Positionierung ein Kernbestandteil einer zeitgemäßen Vermarktungsstrategie und bedarf einer eigenen detaillierten Betrachtung.

Kernfrage
Wo positionieren Sie sich?

Kernelemente
Im Grunde geht es hier darum, sich auf dem Weg der Kundenentscheidung strategisch so zu positionieren, dass der Kunde auf seiner Recherchereise nicht um Sie herumkommt. Das impliziert, die richtigen Informationen zum richtigen Zeitpunkt am richtigen Ort zu platzieren und somit für den Kunden sichtbar zu werden und bedeutet, dass auch hier eine durchdachte Vorgehensweise notwendig ist, um sich richtig zu positionieren, nämlich dort, wo Kunden suchen und aktiv sind. Früher waren es Messen und Ausstellungen, heute ist es primär der digitale Raum. Denn egal, worum es geht, in erster Linie bestimmt Google, was Kunden auf ihrer Suche nach Produkten als Erstes sehen. Darüber hinaus muss das, was der Kunde findet, auch stimmig sein: Überall und auf allen Kanälen, analog und digital. Dazu wird eine professionelle **Präsenz** auf allen relevanten **Plattformen** und **Netzwerken** notwendig sein.

Methode
Auf Basis der erarbeiteten Differenzierungs- und Marktpositionierungsstrategien, der Value Proposition, der Zielkundendefinition und dem Vertriebszugang wird nun überlegt: *Wo macht es Sinn sich zu platzieren, um von Kunden nicht übersehen zu werden?*

Hierzu müssen wir die Art und die Weise kennen, wie Kunden auf ihrem Beschaffungsweg sich über Produkte und Dienstleistungen informieren. Was einst eine anbieterzentrierte Welt mit sorgfältig zusammengestellten Informationen war, die über eine Handvoll Kanäle an Kunden transportiert wurden, hat sich zu einem transparenten Universum an offenen Möglichkeiten für Kunden entwickelt: Webseiten, Plattformen, Netzwerke, Foren, Bewertungsplattformen, Apps, Vergleichsportalen etc. Demzufolge müssen wir alle potenziellen Orte identifizieren, wo Kunden sich aufhalten und informieren. Dazu evaluieren wir analoge, sprich physische Standorte und vor allem natürlich im Sinne der Transformation die Möglichkeiten im digitalen Raum. Dies mit dem übergreifenden Ziel, eine vertrauensvolle Position aufzubauen und potenziellen Kunden einen triftigen Grund zu geben, in Interaktion zu treten.

Was man falsch machen kann

Keine Wege führen nach Rom Viele verbinden die Positionierung im digitalen Raum mit einer Webseite, was nicht verkehrt ist, denn sie ist „Ihr Rom" im digitalen Raum, wo alle Wege hinführen sollen. Die Präsenz im digitalen Raum darf allerdings nicht allein auf eine Webseitenpräsenz reduziert werden. Eine Webseite allein wird nicht ausreichen, egal wie toll sie sein mag. Strategisch positioniert man sich überall dort, wo die potenziellen Kunden aktiv sind, und das ist selten die eigene Webseite, denn man muss von deren Existenz erst einmal erfahren. Fokussierte und durchdachte Vorgehensweise ist also notwendig, um alle *guten* Wege zu finden, die zu „Ihrem Rom" im Internet führen.

Nicht abgestimmtes Orchester Wichtig ist es, dass die Unternehmenspräsenz über alle Kanäle, Plattformen und Netzwerke kongruent ist. Dies ist längst kein Geheimnis mehr, und das Bewusstsein dafür ist in den meisten Vertriebsorganisationen geschaffen. Aber was oft noch fehlt: Ein stimmiges Auftreten der *gesamten* Organisation, inklusiver aller ihrer Mitglieder. Oft finden wir die Mitarbeiter auf der Unternehmensseite zwar, aber ihr Auftritt auf den sozialen Medien wird ihnen selbst überlassen. Denken Sie daran, dass Ihre Mitarbeiter – und insbesondere B2B-Vertriebsmitarbeiter – zum Unternehmensbild dazugehören, und sorgen Sie dafür, dass auch ihr Auftritt im digitalen Raum mit Ihrer Unternehmensstrategie stimmig ist.

Beispiel aus der Vertriebspraxis

Ein Anbieter aus der Softwareentwicklung-Branche postete regelmäßig News zu den neuen Software-Versionen (Releases) auf LinkedIn. Im Workshop stellten wir fest, dass die Zielgruppe (in diesem Fall Softwareentwickler) in Wirklichkeit auf LinkedIn gar nicht aktiv sind. Und wenn, dann nur dann, wenn sie auf Jobsuche sind, zu welchem Zeitpunkt sie wohl nicht an solchen Inhalten interessiert sind. Demzufolge waren die Posts sinnlos, zumindest in diesem Netzwerk. Dabei stellen wir aber fest, dass die wirklichen Buyer Personas – die Leiter von größeren IT-Abteilungen – sehr wohl auf LinkedIn aktiv sind, sodass man die Aktivitäten nicht gänzlich einstellen sollte, sondern sie besser an die im Netzwerk aktiven Zielpersonen anpassen. Denn IT-Leiter interessieren sich nicht dafür, wann welche Releases kommen, sondern dafür, welche Möglichkeiten zur Prozessoptimierung in ihren IT-Abteilungen bestehen.

In einem anderen Fall berichtete ein Unternehmen aus der Chemiebranche, dass seine Präsenz auf WLW (WerLiefertWas) keine Neu-Anfragen brachte. Die nähere Analyse ergab, dass Interessenten zwar durch die verwendeten Suchbegriffe auf der Seite des Unternehmens landeten, aber den nächsten Schritt zur Kontaktaufnahme nicht gingen, sondern die Seite schnell verließen. Folglich war die Erkenntnis in diesem Fall: Vermutlich finden Kunden das, wonach sie suchen, dort nicht. Infolgedessen wurden die Informationen auf WLW angepasst und spezielle Landingpages konzipiert, um Interessenten gezielt zu den Informationen zu leiten, die für sie am relevantesten sind. Die Anzahl der Anfragen stieg merkbar an.

Ein weiteres Unternehmen hatte eine tolle neue Webseite, in die viel investiert wurde, die aber keine Neuanfragen generierte. Die Analyse ergab, dass die Webseite als eine Visitenkarte konzipiert war und das Unternehmen samt Leistungsportfolio gut präsentierte. Ein klarer Prozess zur Lead-Generierung fehlte, daher auch nicht verwunderlich, dass keine Anfragen kamen. Schweren Herzens wurde entschieden, sich von der Webseite, die zwar viel Geld gekostet hatte, aber wenig wirksam war, zu lösen und eine neue zu konzipieren. Und das mit einem klaren Ziel: Leads zu generieren. Die Inhalte auf der Webseite wurden auf das Wesentliche und auf die nur zu diesem Zweck dienenden Inhalte reduziert. Die Ansprache wurde von einer Unternehmensvorstellung in eine aktive nutzenorientierte Begrüßung umwandelt, mit einer klaren Call-to-Action. Zudem wurden mehrere Möglichkeiten integriert, Leads zu generieren: Chatbot, Anmeldemöglichkeiten und Pop-up-Banner. Parallel dazu wurden die Aktivitäten auf den sozialen Medien präzise an die neue Lead-Generierung-Strategie ausgerichtet und Interessenten wurden in dem erarbeiteten Lead-Prozess gezielt auf die Webseite geleitet. Binnen weniger Wochen konnte sich das Unternehmen an zahlreichen qualifizierten Anfragen erfreuen. ◄

3.5.1   Präsenz

Kernfrage
Wo müssen Sie präsent sein: Analog und digital?

Begleitende Fragen Wie machen wir uns für Kunden sichtbar und auffindbar? Wo suchen Kunden und wie? Wie muss unsere Präsenz sein, um die Aufmerksamkeit von Kunden zu erregen?

Kernelemente

Die Art der Präsenz – ob offline und/oder online – wird von der Geschäftsart und den Kundenerwartungen definiert. Oft wird eine Kombination von offline und online der richtige Weg sein. Auch reine digitale Präsenz kann Sinn machen. Was heutzutage aber wirklich nicht mehr zeitgemäß ist: eine reine offline Präsenz. Eine digitale Auffindbarkeit wird in jedem Fall notwendig sein, egal, was Sie tun. Nur die Art und Weise Ihrer Präsenz wird je nach Unternehmensstrategie unterschiedlich sein.

Methode

Um die Präsenz-Strategie zu erarbeiten werden die einzelnen Bereiche evaluiert und anschließend in Einklang miteinander gebracht, beginnend mit dem physischen Standort und bis zur Webseite und ihrer Auffindbarkeit in den Suchmaschinen.

Physischer Standort Die Wahl eines Geschäftsstandorts ist nicht etwas, das aus einer Laune heraus getroffen werden kann. Sie ist oft ein entscheidender Faktor für den Unternehmenserfolg und kann auch in Zeiten von E-Commerce immer noch hochrelevant sein. Die Wahl des Standorts hängt von der Art des Geschäfts und auch der Unternehmensstrategie ab. Demzufolge muss auch der Standort – der oft aus der Unternehmensgeschichte stammt – unter der Berücksichtigung aller Erkenntnisse, die wir im Rahmen der Arbeit mit dem 7W-Modell gewonnen haben, neuevaluiert werden. Denn oft hängt man aus mehreren und oft triftig erscheinenden Gründen an Standorten fest, die nicht mehr den Geschäftsanforderungen entsprechen. Auch hier ist manchmal ein radikaler Schnitt notwendig, um sich von Altlasten zu lösen, die wie eine Gangräne, den ganzen Körper langsam, aber auf Dauer sicher vergiftet. So kann sich dieser Prozess wie eine Amputation anfühlen: schmerzhaft, aber für das Überleben überaus wichtig.

Omnichannel und Cross-Channel Um den hochvernetzten Kunden bei seinen Bedürfnissen zu erreichen – online und offline – wird eine Omnichannel- und Cross-Channel-Strategie benötigt. Denn Kunden informieren sich, kommunizieren und shoppen längst kanalübergreifend: Manche beginnen ihre Suche online, bestellen und zahlen digital und lassen sich die Ware liefern. Andere holen lieber ihren Einkauf im Shop ab: Click & Collect. Und einige stöbern im Laden, vergleichen und bestellen aber anschließend online. Und andere wiederum greifen auf die Sonderangebote zu, die ihnen live im Store oder im Vorbeigehen ausgespielt werden: Beacon-Technologie. Eine Channel-Strategie erfordert die gründliche Evaluierung dessen, welche Teile des Portfolios und welche Kommunikationsoptionen über welche Kanäle angeboten werden sollen.

Entgegen traditioneller Vertriebsmodelle muss heute nicht nur das Angebot selbst, sondern primär die Kundenerfahrung in den Vordergrund gestellt werden: *Welche Erfahrung wollen Kunden offline machen und welche ziehen sie lieber online vor?* Als Ergebnis dieser Überlegungen kann es sein, dass man einen bestimmten Teil des Angebots primär online anbieten wird und sich dabei teure Ausstellungsfläche erspart. Zudem könnte man Kunden mit Digital-to-Store-Kampagnen gezielt ins Geschäft locken. Produkte könnten in-store zum Erlebnis, statt zum Kauf angeboten werden, dafür aber mit einer Online-Kaufoption. Und nicht lagernde Produkte könnten auf Digital-Signage-Flächen demonstriert und nach dem Kauf im Geschäft dem Kunden bequem nach Hause geliefert werden.

Überlegen Sie, wie Sie die beste **Kundenerfahrung** aus der Kombination von Offline- und Online-Präsenz schaffen können:

- Welcher Mehrwert kann Kunden in-store geboten werden?
- Wie können Kunden online erreicht werden?
- Welche Technologien können die Kundenerfahrung verbessern?
- Wie und wo sollten Kunden für ihre Entscheidungsfindung relevante Informationen zur Verfügung gestellt werden?

Webseite Eine Webseite ist heute wohl die unumstrittenste Voraussetzung für die digitale Positionierung. Daher ist es verwunderlich, wie viele Webseiten immer noch das Face-Lift der 90er Jahre haben oder traditionell aufgebaut sind: Mit Selbstdarstellung im Vorder- und Kundennutzen im Hintergrund, falls überhaupt vorhanden. Denken Sie daran: Alle Wege im digitalen Raum führen zur Ihrer Webseite oder Landingpage und dort soll der Kunde seinen Nutzen wiederfinden und nicht nur ein Portrait Ihres Unternehmens. Darüber hinaus gibt es immer noch zahlreiche Webseiten, die nicht mobil-responsive sind, wobei die Mehrheit der Kunden – egal, ob B2C oder B2B – primär ihre Mobiltelefone für Internetrecherchen nutzet. Zudem hat Google in März 2021 bekanntgegeben, dass nur noch mobile, responsive Webseiten indexiert und in den Suchergebnissen dargestellt werden.

Auch wenn vieles selbstverständlich zu sein erscheint, sieht die Webseiten-Realität im Internet eher traurig aus, daher darf hier im Sinne der Transformation eine Zusammenfassung von wichtigen Erfolgsfaktoren einer zeitgemäßen Webseite nicht fehlen:

- **Zielorientiert:** Es ist schwer zu glauben, wie viele Webseiten ohne eine klare Zielsetzung erstellt werden. Und zwar auch – und nicht selten – von Marketing-Agenturen. Eine klare Zielsetzung ist das Fundament jeder Webseite, denn sie bestimmt ihre Struktur, den Aufbau und ihre Elemente. Daher überlegen Sie vorab, was Sie mit der Webseite erreichen wollen:
  - Verkaufen,
  - Leads generieren,
  - Ihr Unternehmen vorstellen?
- **Kundenorientiert:** Eine gute Webseite stellt primär den Kundennutzen in den Vordergrund und nicht den Anbieter selbst. Setzten Sie den „Kundenhut" auf und überlegen Sie, was Ihre Kunden lesen wollen und fokusieren Sie sich darauf, statt auf das, was Sie unbedingt loswerden wollen. *Unternehmenskultur? Philosophie? Wen interessiert das?* Dafür interessieren sich vermutlich Bewerber und nicht Kunden. Sofern Sie Bewerber erreichen wollen, passt dies. Aber wenn Sie Kunden

erreichen wollen, müssen die Struktur und die Aussagen revidiert werden. Die Webseite muss so konzipiert werden, dass sie ihre Zielsetzung erreicht.

- **Geräte- und Browser-adaptiert:** Eine zeitgemäße Webseite funktioniert auf allen Geräten: Desktop, Tablet, Mobiltelefon. Auf allen Betriebssystemen: Windows, IoS, Android. In allen Browsern: Desktop und Mobile Browser: Internet Explorer, Chrome, Mozilla, Firefox, Safari, Dolhin, Opera, DuckDuckGo, etc. Und in allen Skalierungen: 50 %–200 %. Machen Sie mal einen Test. Man glaubt gar nicht, wie unterschiedlich die Darstellungen sein können.
- **Ladezeiten-optimiert:** Ladezeiten über zwei Sekunden sind heute ein No-Go, denn dafür bringen wir heute nicht mehr die notwendige Geduld auf. Je kürzer, desto besser: unter einer Sekunde ist das Ziel.
- **SEO- und Content-optimiert:** Natürlich muss die Webseite SEO-optimiert sein. Aber hier muss bedacht werden, dass die beste SEO nicht helfen wird, wenn Kunden auf der Seite nicht das vorfinden, was sie suchen. Denn sie werden die Webseite schnell wieder verlassen, was dazu führt, dass die Webseite an Relevanz für Google verliert und immer weiter unten in den Suchergebnissen landen wird. Und das trotz vieler Keywords, die verwendet werden. Dank KI ist Google viel schlauer geworden und definiert die Relevanz von Webseiten anhand ihrer Relevanz für ihre Besucher. Content ist der Schlüssel, um die Relevanz der Seite für Kunden und folglich auch für Suchmaschinen zu steigern. Bauen Sie eine Webseite für Kunden und nicht für Google, mit relevanten Inhalten für die Zielgruppe, die sie dazu animieren, länger auf Ihrer Webseite zu verweilen. Ein Blog ist hier ein tolles Werkzeug, um den Webseitenbesuchern Mehrwert zu bieten und gleichzeitig die Suchmaschinenrelevanz zu verbessern.
- **Lebendig:** Eine moderne Webseite wird nicht einmal erstellt, online geschaltet und erst in ein paar Jahren wieder revidiert. Um zu funktionieren und auch für Suchmaschinen relevant zu bleiben muss sie lebendig sein. Was bedeutet, dass immer wieder etwas Neues passieren soll. So kommen Kunden und auch Indexierungsroboter häufiger vorbei.
- **Leistungsorientiert:** Die Leistung der Webseite sollte kontinuierlich überprüft werden: *Welche Seiten funktionieren? Welche tun es nicht? Wie lange verweilen Kunden und an welchen Stellen springen sie ab?* Denn nur wenn die Leistung beobachtet wird, können auch gezielte Anpassungen und Veränderungen durchgeführt werden. *Erfüllt die Webseite ihren Zweck, ihre Zielsetzung?* Zudem sind A/B-Tests ein guter Weg, um die optimale Variante einer Webseite zu finden. Dabei werden Besuchern unterschiedliche Varianten einer Webseite ausgespielt, um zu identifizieren, welche besser funktioniert. Darüber hinaus kann man mit Eye-Tracking-Tools analysieren, welche Elemente der Webseite funktionieren und welche nicht, indem man die Augenbewegungen der Besucher analysiert.

Eine Webseite ist heute zwar Pflicht, darf aber nicht als Pflicht betrachtet werden, sondern als ein Werkzeug, um mehr Kunden und Geschäft zu generieren. Demzufolge muss sie auch als Werkzeug eingesetzt werden und nicht nach dem Motto erstellt sein: Alle haben eine Webseite, lass uns auch eine machen oder die alte „aufpeppen".

Suchmaschinen Auch wenn Google bei weitem die weitverbreitetste Suchmaschine weltweit ist, dürfen andere, vielleicht für Ihre Zielgruppe spezifisch relevante Suchmaschinen nicht außer Acht gelassen werden. Manche Nutzer verweigern explizit Google und andere nehmen das, was Ihnen das Unternehmen oder das Betriebssystem auferlegt, beispielsweise Bing. Darüber hinaus gibt es auch internationale Unterschiede im Suchverhalten, die zu beachten sind.

Wichtig ist es natürlich, dass die Webseite bei allen Suchmaschinen gelistet und auch gut auffindbar ist. Man glaubt gar nicht, wie viele Unternehmen es gibt, insbesondere im Mittelstand, die auch bei der Suche des Unternehmensnamens nicht oben in den Suchergebnissen erscheinen. Die typische Erklärung, dass man mit anderen größeren Anbietern konkurriert, die ähnlich heißen, gilt nicht. Denn Auffindbarkeit im Internet ist keine Option mehr, wenn man langfristig bestehen will. Im schlimmsten Fall kann das bedeuten, dass man den Unternehmensnamen ändern muss, wenn dies die Auffindbarkeit verbessert. Natürlich kann man die obersten Suchmaschinenplätze auch mit Google Ads kaufen. Hierzu leitet man den Traffic besser auf spezielle Landingpages, statt auf die Startseite der Webseite. Denn in der Regel suchen Kunden nach speziellen Inhalten und Informationen, die oftmals auf der Home-Seite nicht zu finden sind. Erwägen sollte man in diesem Zusammenhang auch, dass viele Kunden bezahlte Anzeigen ignorieren und bewusst nach organischen Ergebnissen suchen.

Darüber hinaus ist der erste Eindruck in den Suchergebnissen wichtig, den man mit einer Registrierung bei Google-My-Business verbessern kann. Diese ist für Anbieter mit Kundenfrequenz sowieso Pflicht, denn die meisten Kunden überprüfen inzwischen online die Öffnungszeiten, bevor sie sich auf den Weg ins Geschäft begeben.

Umgebung-Suche Wussten Sie, dass 77 % der Deutschen eine Umgebungssuche beim Shoppen nutzen? (Pressebox 2019) Und dass 88 % der Verbraucher, die eine Umgebung-Suche auf ihrem Smartphone durchführen, innerhalb eines Tages ein Geschäft besuchen oder dort anrufen? (Social Media Today 2019) Eine starke local SEO-Strategie ist heute einer der kritischen Faktoren für Anbieter von lokalen Dienstleistungen, um Kunden aus ihrer Umgebung besser zu erreichen. Dabei geht es darum, die Webseite in den lokalen Suchergebnissen nach vorne zu bringen. Hierzu ist ein Eintrag bei Google-My-Business für die Platzierung bei Google-Maps notwendig.

Was man falsch machen kann
Bis der Tod uns scheidet Es ist schwierig, innovativ zu denken, wenn man stark an bestehende Strukturen gebunden ist. Insbesondere dann, wenn man standortgebunden ist. Dann fällt eine unvoreingenommene Gestaltung einer Neu-Positionierung schwer, weil vielleicht Standorte, Investitionen und Verträge keine Veränderung erlauben. Trotzdem ist der Versuch wert, sich im Denken auf eine grüne Wiese zu begeben. Stellen Sie

sich die Frage: *Wenn man jetzt – heute und unter den aktuellen Marktbedingungen – das Geschäft erst starten würde, wie würde man sich positionieren? Wo würden Sie Ihre Standorte auswählen und wie würden Sie sie gestalten?* Wenn Sie das wissen, können Sie eventuell eine gute Kompromisslösung finden oder einen schrittweisen Weg in die richtige Richtung planen. Das ist jedenfalls besser, als es gar nicht erst zu versuchen. Wenn Sie die Arbeit mit dem 7W-Modell bis hierher gewissenhaft durchgeführt haben, dann werden Sie auch gut einschätzen können, wie notwendig die Veränderung ist und ob Sie sich noch leisten können und wollen, weiter auf dem aktuellen Stand zu beharren.

Aufgabenlos Der häufigste Fehler bei den Webseiten ist das Fehlen einer klaren Zielsetzung. Viel zu viele Webseiten sind anbieter- und nicht kundenorientiert und haben keine primäre Aufgabe, demzufolge funktionieren sie auch nicht wirklich. Man weiß zwar, dass eine Webseite notwendig ist, aber man ist sich nicht im Klaren darüber, was man mit ihr erzielen möchte. Eine Webseite braucht eine klare Aufgabe, um zu funktionieren. Darüber hinaus sind viele Webseiten in ihrem Aufbau starr und veraltet und erfüllen nicht die Bedürfnisse der modernen Kunden.

Auf Messers Schneide Die richtige Balance zwischen der Offline- und der Online-Welt zu finden, ist nicht leicht. Oft wird hier der eine oder der andere Faktor unter- oder überbewertet. Nur wenn man die Kundenerfahrung in den Vordergrund stellt und die aktuellen Veränderungen im Kaufverhalten berücksichtigt, wird die Wahrscheinlichkeit hoch sein, dass man das richtige Maß erwischt.

Selbstgespräche führen Beim Aufbau einer Webseite vergisst man gerne den Zielkunden. Man führt „Selbstgespräche" statt Kunden gezielt anzusprechen. Das Zielgruppenprofil und insbesondere die Buying Personas (Abschn. 3.2.1) müssen mit den Inhalten auf der Webseite gezielt bei ihren Bedürfnissen angesprochen werden. Je besser man die richtigen Schmerzpunkte und Bedürfnisse erreicht, desto eher werden Kunden auf die Ansprache reagieren.

3.5.2 Plattformen

Kernfrage
Welche Plattformen und Marktplätze bieten Kundenzugang?

Begleitende Fragen Wo informieren sich Kunden? Wo suchen sie aktiv nach Lieferanten und Anbietern?

Kernelemente
Um wirklich für Kunden präsent zu sein, reichen eine Webseite und Ihre Präsenz in den Suchmaschinen nicht aus. Wir müssen *alle* relevanten Orte im digitalen Raum

evaluieren, um die Sichtbarkeit für potenzielle Kunden zu steigern. Und potenzielle Orte kann es im digitalen Raum viele geben. Darüber hinaus ist darauf zu achten, dass das Präsenz-Bild überall stimmig ist. Denn Kunden recherchieren oft an Plätzen, an die wir gar nicht denken und finden Zusammenhänge und Informationen, die eher kontraproduktiv als nützlich sind.

Methode
Wir verwenden die Kundensegmentierung als Basis und erheben alle relevanten Plattformen, auf denen Kunden präsent und auch aktiv sind:

- **Marktplätze:** Amazon, Ebay, Alibaba, Rakuten, Etsy, Yatego, Shöpping, Shopify, my.shop, Willhaben etc.
- **Bewertungsportale:** bewertet.de, golocal, Trusted Shops, Amazon Kundenrezension, TripAdvisor, Yelp, Google My Business, Google Bewertungen etc.
- **Vergleichsportale:** Idealo, Capterra, Trustradius, tarife.at, check24.de, opodo, testsieger.de, testberichte.de etc.
- **Foren:** Sie sind meist branchenspezifisch und davon gibt es Unmengen, eine gute Übersicht für deutschsprachige Foren bietet diese Webseite: www.beliebte-foren.de
- **Influencer:** reachhero, BuzzBird, FAMEBIT, upfluence, NeoReach, Hypr etc. und für B2B PulseAbility und swinx
- **Firmen-Register:** Wer liefert was, Firmen A–Z etc.
- **Adressen-Register:** Herold, Post, Ecobot etc.
- **Informationsplattformen:** Wikipedia, Medium, SlideShare. Quora, Issuu etc.
- **Videoplattformen:** Youtube, Vimeo, TED etc.
- **Industrie-spezifische Plattformen:** Houzz, Myhammer, Mercateo, Wucato, CheMondis, bevazaar etc.
- **Verbände/Fachkreise:** branchenspezifisch
- **Events- und Veranstaltungsplattformen:** XING Events, Eventbrite, LinkedIn etc.

Darüber hinaus haben wir natürlich auch die traditionellen branchenspezifischen Messen und Kongresse, die nach der COVID-19 Krise vermehrt hybride Formate anbieten werden.

Nachdem wir alle relevanten Plattformen identifiziert haben, müssen wir auch definieren, was das Ziel dort sein soll: Brand-Awareness, Verkauf, Lead-Generierung etc.? Und ebenso, welche Aktivitäten man dort durchführen wird: Content-Marketing, Werbung, Verkauf, Akquise, Kontaktherstellung, Beratung etc.? Wir wollen überlegen: *Was muss getan werden, um Zugang zu Kunden zu gewinnen?* Denn oft reicht die „reine" Präsenz nicht aus.

Nicht zuletzt führen wir einen „Präsenz-Check" durch und finden all die Orte, auf denen wir bereits präsent sind, und führen einen Face-Lift durch, indem überall für einen stimmigen und zu der neuen Strategie passenden Auftritt gesorgt wird. Es ist logisch, dass dieser Check regelmäßig durchgeführt werden soll.

Was man falsch machen kann

Lebendige Kellerleichen Ein Vorgehen nach dem Motto „weniger ist mehr" ist hier der sinnvollere Ansatz. Die Qualität der Präsenz muss im Vordergrund stehen und nicht ihre Ausbreitung. Denn die Realität zeigt, dass Unternehmen für gewöhnlich unzählige Registrierungen auf irgendwelchen Plattformen haben, die irgendwann sinnvoll erschienen und dann vergessen wurden, ob aus Ressourcenmangel oder aus fehlender Motivation. Entweder wird mit einem durchdachten Prozess dafür gesorgt, dass man keine „Leichen" produziert, oder man konzentriert sich auf weniger Präsenz, dafür aber mit besserer Qualität. Denn die Leichen werden zur positiven und auch negativen Wahrnehmung des Unternehmens beitragen. Ich bin überzeugt, dass die meisten Vertriebsorganisationen bei gründlicher Recherche ein paar aktive „Leichen" finden, die kontraproduktiv agieren.

3.5.3   Netzwerke

Kernfrage

In welchen Netzwerken sind Ihre Kunden aktiv?

Begleitende Fragen Welche Netzwerke sind bei Ihren Kunden beliebt? Wo tauschen sie sich aus? Welche Netzwerke bieten die besten Möglichkeiten, um potenzielle Kunden zu adressieren?

Kernelemente

Gutes Netzwerken war im Vertrieb schon immer wichtig. Und auch dieser Aspekt bleibt nicht unberührt: Die Art und Weise, Netzwerke aufzubauen und zu pflegen und daraus Geschäft zu generieren, hat sich in den letzten Jahren verändert. Im B2C-Bereich sind die sozialen Netzwerke schon seit mehreren Jahren nicht mehr wegzudenken und im B2B-Bereich sind LinkedIn und XING gelebte Standards. Visitenkarten-Organizer haben ausgedient, denn Visitenkarten werden eingescannt und in Outlook, im Telefon oder CRM gespeichert. Besser noch, man tauscht keine Visitenkarten mehr aus, sondern verlinkt sich gleich auf LinkedIn. Dabei liegt die Netzwerk-Kunst nicht darin, auf den sozialen Netzwerken Accounts mit vielen Kontakten oder Followern zu haben, sondern Geschäft aus dem Netzwerk zu generieren.

Methode

Der erste Schritt, den ein Unternehmen tun muss, ist die Art der sozialen Netzwerke und Communities zu identifizieren, auf denen potenzielle Kunden ihre Zeit verbringen. Auch wenn Facebook und LinkedIn zu den offensichtlichsten Social-Media-Plattformen zählen, jeweils für die B2C- und B2B-Bereiche, gibt es zahlreiche soziale Netzwerke, die für Ihre Vermarktungsstrategien relevant sein können (s. Abschn. 4.1.13). Es liegt an

Ihnen, herauszufinden, welche davon für *Ihr* Geschäft die relevantesten sind. Hier gibt es einige Faktoren, die berücksichtigt werden müssen:

- Relevanz für die Zielgruppe.
- Möglichkeiten, die Zielgruppe zu identifizieren.
- Möglichkeiten, die Zielgruppe zu adressieren und mit ihr zu interagieren.
- Werbemöglichkeiten und ihre Kosten.
- Aufwand und Ressourcenbedarf.
- Kombinationsmöglichkeiten mit anderen Plattformen: Aktivitäten und Inhalte.
- Verfügbare Tools und ihre Funktionalität.

Es gibt Plattformen, die gut untereinander kombinierbar sind. Beispielsweise können LinkedIn-Artikel auch auf Medium und Instagram-Stories auch auf Facebook geteilt werden. Hierzu gibt es Social-Media-Tools, die die ressourcenaufwendige Arbeit auf den sozialen Medien erleichtern können. So sollte auch dies bei der Auswahl von Plattformen berücksichtig werden, genauso wie die in den Plattformen integrierten Tools, beispielsweise LinkedIn Sales Navigator.

Social-Media-Strategie Unbedacht in den sozialen Medien mal das eine oder das andere zu posten und die eine oder die andere Werbung zu schalten, bringt Sie nicht weiter. Auch hier wird eine Strategie benötigt, damit die Bemühungen auch wirklich funktionieren. Ziel ist es, Kunden in nützliche und überzeugende Zwei-Wege-Konversationen einzubinden und nicht nur Inhalte zu teilen. Speziell im B2C-Segment kann eine gute Social-Media-Strategie eine massive Wirkung erzeugen, die jedoch mit erheblichem Aufwand verbunden ist. Auch hier kommt uns die Technologie entgegen und bietet viele nützliche Tools, um mit der eigenen Zielgruppe effizienter interagieren, ihre Emotionen überwachen und auf ihre Interaktionen und interessante Trends in den Netzwerken rechtzeitig reagieren zu können. Diese Tools können auch den Wettbewerb beobachten, respektive die Interkation der Zielgruppe mit konkurrierenden Anbietern (mehr dazu s. Abschn. 4.1.13).

Bei der Erarbeitung einer Social-Media-Strategie wird im Wesentlichen definiert:

- Auf welche Plattformen wird fokussiert?
- Mit welchem Namen wird aufgetreten?
- Wofür will man dort einstehen?
- Was will man mit den Aktivitäten erreichen?
- Was ist die konkrete Zielsetzung?
- Wie ist die Content-Marketing-Strategie und folglich auch der redaktionelle Plan?
- Was sollen die jeweiligen Aktivitäten bewirken und wie sieht der Action-Workflow aus?
- Welche Ressourcen und welche Tools sollen die Umsetzung unterstützen?
- Wie wird der Erfolg bemessen?

Was man falsch machen kann

Weniger vom Mehr Auch hier geht Qualität vor Quantität. Die Ambition zu haben, auf möglichst vielen Plattformen viel zu tun und dann festzustellen, dass die Ressourcen fehlen, ist wenig zielführend. Man darf den Aufwand nicht unterschätzen und sich lieber auf weniger Plattformen fokussieren, dafür aber richtig. Oder man sorgt dafür, dass genügend Ressourcen zur Verfügung stehen. Vorrangig in kleineren Unternehmen stößt man schnell an die eigenen Grenzen. Hier sind ein durchdachter Ressourceneinsatz und clevere Technologienutzung besonders wichtig.

Nicht klein genug Ein weiterer typischer Denkfehler liegt in der Annahme, dass Aktivitäten in den sozialen Medien nur für die „Großen" sinnvoll sind. Fehlgedacht, denn gerade für kleine Unternehmen bieten diese Netzwerke interessante und günstige Wege, um mehr Neukunden in kürzester Zeit zu generieren. Ein Unternehmen kann für soziale Netzwerke nicht klein genug sein, denn ihre vertriebliche Relevanz ist größenunabhängig.

Zu komplex dafür Auch wenn es sich inzwischen herumgesprochen hat, dass nicht nur LinkedIn und XING für B2B relevant sind, herrscht immer noch eine gewisse Skepsis in den B2B-Organisationen. Dadurch lässt man sich womöglich gute Chancen für das Anbahnen von Geschäft entgehen. Hier ein kleiner Denkanstoß: Anfang 2020 wurde Pinterest von 22 % der B2B-Unternehmen für Vermarktungsaktivitäten genutzt. Facebook von 91 %, LinkedIn von 81 %, Instagram von 71 % und Twitter von 59 % (Statista 2020). Unterschätzen Sie die Wichtigkeit der sozialen Netzwerke für Ihr B2B-Geschäft nicht. Auch im hochkomplexen Geschäft sind Menschen tätig und treffen Entscheidungen. Und Menschen sind in den sozialen Netzwerken unterwegs.

Social spaming Denken Sie auch daran, dass Aktivitäten in den sozialen Medien sich von der klassischen Kaltakquise unterscheiden, wie in Abschn. 1.1.3 beschrieben. Hier bedarf es einer anderen Vorgehensweise, als einfach Kunden per InMail zu kontaktieren oder klassische Werbung für die eigenen Produkte zu schalten. Denken Sie daran, dass die sozialen Netzwerke nicht der neue moderne Spam-Kanal sind.

Nicht mein Job Nicht selten fehlt bei den Aktivitäten in den sozialen Netzwerken jegliche Strategie oder sie wird der Marketingabteilung überlassen, was ein großer Fehler ist. Denn die gesamte Vertriebsorganisation soll in die Strategie eingebunden werden und jeder Vertriebsmitarbeiter in seiner Rolle aktiv dazu beitragen, beginnend mit stimmigen Profilen in den relevanten Netzwerken und bis hin zur aktiven Förderung der Unternehmensaktivitäten und -initiativen dort.

3.6   WELCHE: Aktivitäten

Natürlich darf bei unserer Transformationsstrategie die Definition aller relevanten Aktivitäten nicht fehlen, um die erarbeiteten Strategien auch umzusetzen, die wir auf dieser Ebene des 7W-Modells betrachten.

Kernfrage
Welche Aktivitäten sind notwendig?

Kernelemente
Die Umsetzung der strategischen Zielsetzung erfordert die Definition aller Aktivitäten, die dazu notwendig sind: **Marketing, Vertrieb** und **Steuerung.** Darüber hinaus ist die Integration dieser Aktivitäten untereinander wichtig, insbesondere zwischen Vertrieb und Marketing. Wir erinnern uns: Der lineare Marketing-Vertriebsprozess ist nicht mehr zeitgemäß (s. Abschn. 1.1.3). Außerdem müssen nicht nur die Aktivitäten selbst gut durchdacht werden, sondern auch ihre Verantwortlichkeiten. Diese müssen so definiert werden, dass alle Bestandteile in der Organisation zur Erreichung eines gemeinsamen Ziels beitragen: Kundengewinnung, -bindung und -entwicklung. Zudem muss auch der Beitrag definiert werden, den die jeweilige Aktivität bei der Erreichung der Zielsetzung leisten soll, nicht nur die Beschreibung der Tätigkeit an sich. Daraus leiten sich natürlich auch die Leistungskennzahlen ab, die mit einem entsprechenden Prozess kontinuierlich überwacht werden sollen.

Methode
Marketing-Vertrieb-Integration Um einen reibungslosen Ablauf und Abstimmung der Aktivitäten zwischen den Marketing- und Vertriebsbereichen zu sichern, müssen die Tätigkeiten nicht nur den jeweiligen Verantwortungsbereichen zugewiesen, sondern auch hinsichtlich ihrer Überschneidungen genau überprüft werden. Anhand der Darstellung in Abb. 3.17 ist es ersichtlich, wie die unterschiedlichen Aktivitäten während des gesamten Kundengewinnungs- und Betreuungsprozesses sich aufteilen bzw. zusammenfließen können.

Wir sehen, dass die Aktivitäten aus den zwei Bereichen zwar unterschiedlich sind, aber sie sind so stark ineinander integriert, dass eine klare Trennung einfach nicht mehr möglich ist. Sie erfordern zum Teil auch die Nutzung derselben Medien, beispielsweise sozialer Netzwerke, was eine kontinuierliche inhaltliche Abstimmung untereinander nach sich zieht. Zudem sind die Systeme, die von Marketing und Vertrieb genutzt werden, teils unterschiedlich, aber am Ende des Tages müssen beide Bereiche auf ein einziges System zugreifen können, wo alle relevanten Informationen aktuell sind. In der Regel ist es ein CRM-System. Darüber hinaus kann, je nach Geschäftsbereich, die Integration weiterer Abteilungen notwendig sein, wie Customer Onboarding, Customer Service, Customer Project Implementation etc.

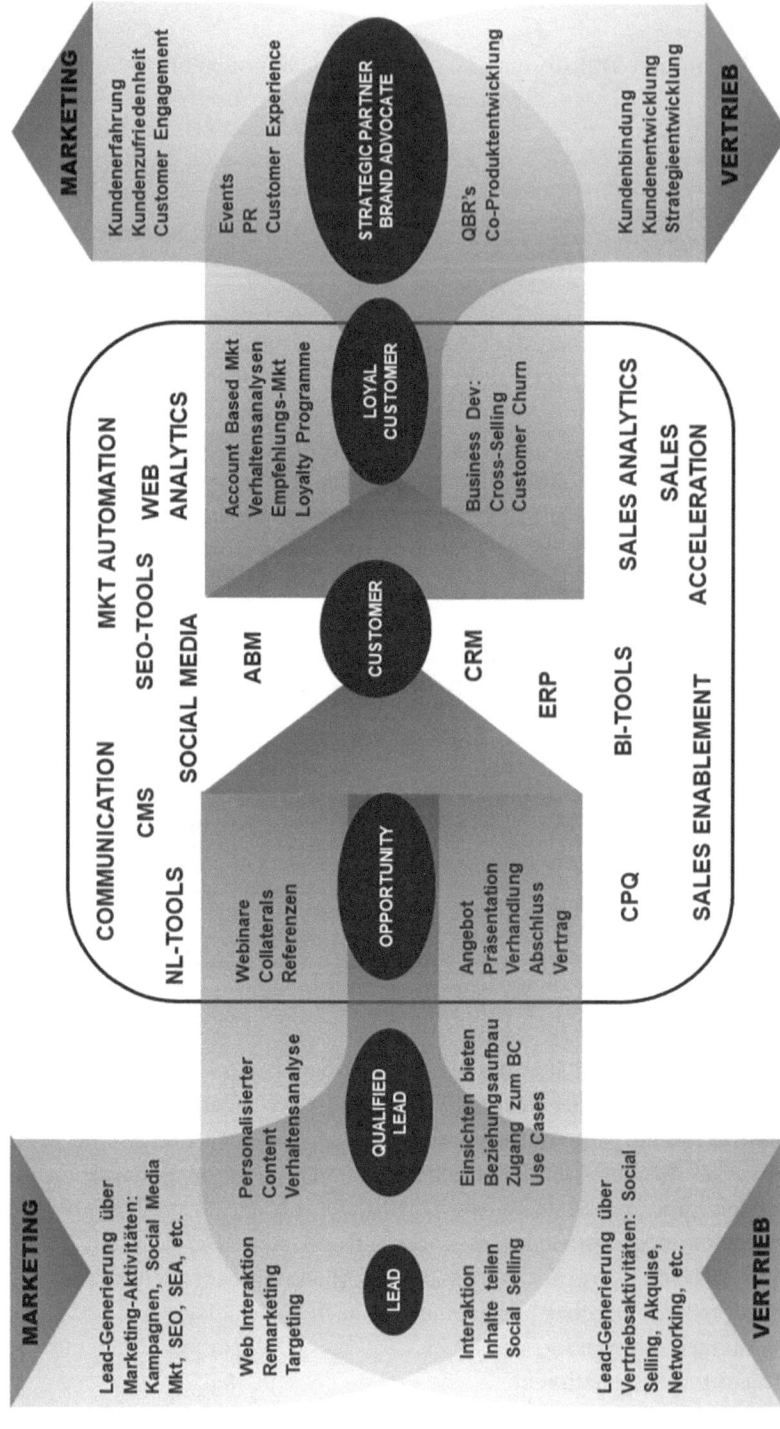

Abb. 3.17 Kundenzentrierte Marketing- und Vertriebsaktivitäten

In jedem Fall ist zu evaluieren, inwiefern es noch überhaupt Sinn macht, Marketing und Vertrieb als einzelne Abteilungen zu führen. In manchen Fällen mag es sinnvoll erscheinen und in manchen wird es noch ein Überbleibsel aus der alten Welt sein, das nicht hinterfragt wird. Setzen Sie Ihre Transformationsbrille auf und finden Sie heraus, wo eine Trennung notwendig und wo sie eher kontraproduktiv ist.

Bemessung   Es reicht nicht, nur die relevanten Aktivitäten selbst zu definieren. Zusätzlich bedarf es einer Definition von Leistungskennzahlen und Bemessungsgrundlagen. Wir wollen festlegen, wonach die Qualität und die Wirksamkeit der jeweiligen Aktivitäten bemessen wird: KPIs. Im Grunde setzten wir Service-Level-Agreements (SLAs) für die jeweiligen Aktivitäten, die der Erfüllung einer gemeinsamen Zielsetzung dienen. Die Technologie bietet dazu umfassende Möglichkeiten.

Ziel ist es, dass die jeweiligen Aktivitäten sich untereinander verstärken, anstatt einfach zu berichten, „was erledigt" wurde. Wir wollen wissen, wie effektiv jede Aktivität zur gemeinsamen Zielerreichung beigetragen hat, anstatt mit getrennten unzusammenhängenden Verantwortlichkeiten zu arbeiten. Beispielsweise soll der Vertrieb tatkräftig dazu beitragen, den Marketing-Content in den sozialen Netzwerken zu verteilen. Interaktionen damit, Teilen, Weiterleiten und Kommentieren steigert die Relevanz des Contents und seine Wirksamkeit. Oder, beide Bereiche könnten gemeinsam planen, wie sie einen wichtigen Lead miteinander strategisch „bearbeiten". Der Vertrieb könnte wichtige Erkenntnisse über seine Produktpräferenzen aus einem Kundengespräch einbringen, womit Marketing bessere personalisierte Kampagnen gestalten kann. Oder Marketing könnte den Vertrieb über eine „hohe" Interaktion oder Aktivität eines Leads mit einer Kampagne informieren, sodass der Vertrieb den Kunden bei seinen Bedürfnissen gezielt ansprechen kann. Dies sind nur einige Ideen, wie Marketing- und Vertriebsaktivitäten durch enge Zusammenarbeit profitieren können. Beide sollten ein gemeinsames Ziel haben: Langfristige strategische Partnerschaften und Brand Advocates wie in Abb. 3.17 aufzubauen und nicht „nur" Marketingkampagnen aufzusetzen oder Angebote an Leads zu senden.

Stellen Sie sich hier diese zwei Grundfragen:

- Welche Marketingaktivitäten sind notwendig, um die Wirksamkeit im Vertrieb zu steigern?
- Welche Vertriebsaktivitäten sind notwendig, um die Wirksamkeit im Marketing zu steigern?

Die Antworten auf die beiden Fragen werden Ihnen dabei helfen, die Aktivitäten für beide Bereiche sinnvoller zu definieren.

Integration von Menschen, Daten und Systemen   Je wirkungsvoller die Interaktion unter den Abteilungen, desto schneller und besser werden Transformationsstrategien umgesetzt. Dabei dürfen wir auch die Integration von Menschen und Systemen nicht außer Acht lassen. Wir müssen uns die Frage stellen: *Wo müssen Menschen miteinander interagieren und Informationen austauschen und wo können es Maschinen schneller und besser tun?* Basierend auf den Antworten werden die dafür notwendigen Voraussetzungen geschaffen. Darüber hinaus müssen auch die Daten, die von den beiden Abteilungen generiert werden, miteinander kommunizieren. Mit anderen Worten: Vertriebsdaten und Marketingdaten dürfen nicht voneinander getrennt sein, denn nur so können sie in einem sinnvollen Kontext dargestellt und interpretiert werden, was ihren Nutzen erst zutage fördert.

Was man falsch machen kann

Verhärtete Fronten Verlieren Sie bei der Integration von Aktivitäten nicht Ihre Transformationsbrille, denn hier laufen wir besondere Gefahr, Machtpositionen zu übersehen und die Kraft von Silos zu unterschätzen. Oft entwickeln Silos – insbesondere zwischen Marketing und Vertrieb – im Laufe der Jahre und mit unzähligen Kämpfen an den einzelnen Fronten unvorstellbare Zugkräfte. Diese verhärteten Positionen bedürfen besonderer Berücksichtigung bei der Integration von Aktivitäten in einem neuen Modell.

Blindes Vertrauen Die Wichtigkeit von Daten ist nicht zu leugnen, aber überbewertet werden darf sie auch nicht. Auch wenn Technologie sehr viel Nützliches aus Daten liefern kann, benötigen wir immer noch Menschenverstand, um die Richtigkeit dieser Ergebnisse zu validieren. Denn die Technologie kann nur so gute Ergebnisse erzielen, wie die zugrundeliegenden Daten es ermöglichen. Insbesondere zu Beginn müssen die produzierten Ergebnisse auf Sinnhaftigkeit überprüft werden. Man darf Berichten und Datenauswertungen nicht blind vertrauen, solange man sich nicht von ihrer Richtigkeit überzeugt hat. Oft müssen Daten aus der Vergangenheit zuerst „gesäubert" und validiert werden, bevor sie für Leistungsbewertungen herangezogen werden können.

Beispiele aus der Vertriebspraxis

Durch die gezielte Koordination und die Integration seiner Marketing- und Vertriebsaktivitäten konnte ein Unternehmen den Messerfolg im Rahmen eines Messeauftritts maßgeblich steigern. Zuerst wurden die Leads von der Marketingabteilung mit einer Messe-Einladungskampagne aufgefordert, Termine für ihre Standbesuche zu vereinbaren. Im Anmeldeformular konnten Kunden angeben, welche Themen sie vorrangig interessieren. Dadurch wurden nicht nur die Messetermine wesentlich effizienter, auch die gewonnenen Informationen wurden für das Aufsetzen eines speziellen Messeangebots genutzt. Darüber hinaus wurden die Ergebnisse der Kampagne-Analytics für die anschließende Telefonkampagne im Vertrieb genutzt. Der Vertriebsinnendienst telefonierte die Kunden nach, die Interesse für die Kampagne zeigten, aber noch keine Termine vereinbart hatten. Da die Analytics-Daten der Marketing-Kampagne direkt im CRM aufrufbar waren, konnten die Mitarbeiter ihre Gespräche gezielt führen, was in weiteren Terminen resultierte. Dabei dokumentierten die Mitarbeiter ihre Erkenntnisse aus den Gesprächen ebenfalls direkt im CRM. Mit diesen Erkenntnissen wurde anschließend eine zweite Kampagne seitens der Marketingabteilung aufgesetzt, die auch parallel über die sozialen Medien lief, was zu noch mehr Terminen führte. Im Endeffekt konnten wesentlich mehr Termine im Vorfeld der Messe vereinbart werden als je zuvor. Außerdem war es möglich, den Ressourceneinsatz für die Messe sehr gezielt zu planen, wodurch auch Leerzeiten am Messestand vermieden wurden.

Am Messestand selbst wurden die Vertriebsmitarbeiter mit Tablets ausgestattet, sodass sie im Messegespräch direkt auf relevante Daten im CRM-System zugreifen sowie auch das Gespräch dokumentieren konnten. Dazu wurde ein spezielles Formular entworfen, um die Schlüsselinformationen zu erfassen. Eine der Schlüsselinformationen waren die Entscheider, wodurch auch gleich das Buying Center identifiziert werden konnte. Das Unternehmen gab an, dass dies bei weitem der erfolgreichste und effizienteste Messeauftritt war und noch nie so viele hochqualifizierte Leads generiert wurden. ◄

3.6.1 Marketing

Kernfrage
Welche zeitgemäßen Marketingaktivitäten sind notwendig?

Begleitende Fragen Welche Marketingtätigkeiten sind sinnvoll? Wie kann Marketing den Vertriebserfolg steigern?

Kernelemente
Die Aktivitäten des modernen Marketings füllen ganze Bücher. Es macht wenig Sinn, mit guten Inhalten zu konkurrieren und sie in diesem Buch zu wiederholen. Der Vollständigkeit halber soll jedoch im Rahmen des 7W-Modells eine Übersicht der wichtigsten Tätigkeiten im zeitgemäßen Marketing samt einer Kurzbeschreibung gegeben werden (s. Abb. 3.18). Dies mit der Bitte, Details und weiterführende Informationen weiterer Fachliteratur zu entnehmen.

Social Media Marketing Social Media hat sich zum einflussreichsten und wichtigsten virtuellen Raum entwickelt, wo Unternehmen Kunden erreichen und mit ihnen interagieren können. Diese Plattformen stellen eine großartige Möglichkeit dar, Aufmerksamkeit für die eigene Marke und Produkte zu schaffen, und das teilweise zu unglaublich günstigen Kosten und mit hohem ROI. Allerdings bedarf Social Media Marketing eines strategischen Ansatzes, denn hier und da posten oder Werbung schalten funktioniert

SOCIAL MEDIA MARKETING

social listening	communities	SM activities	SM advertising	influencer marketing	customer service
audience monitoring, brand mentions, crisis management, trends, topics & competition	build, grow, and manage online communities & groups, monitor member activities	build brand awareness & reputation, manage company pages, increase followers, move traffic to website	organic advertising, manage campaigns, paid advertising	influencer detection, selection, relationship management, performance monitoring	customer support, FAQs, customer requests, messaging tools management

BRANDING & PRESENCE

SEO & SEA	web presence	branding & PR	content marketing	advertising	marketing collaterals
text SEO, mobile SEO, voice SEO, visual SEO, SEO analytics, SEA / paid search	Website and its performance, platforms, landing pages, comparison portals	brand management: corporate, product, employer, corporate identity, PR activities & brand voice	content production, distribution & moderation, blog, text analytics, podcasts	offline and online marketing advertising activities, media mix, give aways	company presentations, marketing & sales materials

MARKETING COMMUNICATON

marketing campaigns	ABM	channel communication	Email & newsletter	conversational mkt	customer education
creation and execution of cross-channel marketing campaigns & promotions	account based marketing and personalization	management of omni- multi- & cross-channel communication	Email campaigns, NL, spam filtering & delivery optimization, auto-responders, notifications, workflows, opt-in &-out	Real-time communication with customers, Chatbots, Chats, virtual assistants, instant messaging	online trainings, webinars, video-tutorials, how-to-use

LEAD MARKETING

target groups	targeting strategies	lead generation	lead management	event marketing	video marketing
define and monitor targeting groups, dynamic buying personas, customer segments	GEO-targeting, content targeting, remarketing, affiliate marketing	strategies and activities to generate leads, form-collection, search-bots, web analytics	Lead qualification, Lead nurturing, Lead engagement, Real-time-interaction, Lead routing	organization of exhibitions, congresses, digital events, company events, webinars, road shows	video production, management & distribution, vlogs, live- streaming

PERFORMANCE MANAGEMENT

KPI's	marketing automation	analytics	ratings & reviews	customer experience	customer loyalty
ROI, customer engagement, brand awareness, marketing costs per customer, conversion rate, etc.	automation of marketing activities	web analytics, video analytics, location analytics, customer behavior, interaction, A/B tests, heat maps, traffic etc.	manage ratings & reviews cross-channel, customer stories, use cases, references, testimonials	digital experience, user experience, customer journey, user behavior tracking	NPS, loyalty programs, cross-selling, retaining programs, specials for repeaters, extension promotions, etc.

Abb. 3.18 State-of-the-Art Marketingaktivitäten

nur bedingt. Alle Maßnahmen und Aktivitäten müssen überlegt konzipiert werden und sollten sich untereinander verstärken. Dazu gehören unter anderem:

- **Social Listening:** Erfassung, Speicherung und Analyse von Social-Media-Inhalten und Erwähnungen des Unternehmens und seiner Produkte in den sozialen Netzwerken. Darüber hinaus geht es um die Beobachtung von Trends, Entwicklungen, „hot topics", Emotionen, Interessen und Interaktionen der Zielgruppe in den sozialen Medien – nicht nur mit der eigenen Marke, sondern auch mit dem Wettbewerb. Auch Krisenmanagement gehört dazu, wenn zum Beispiel ein Thema mit Bezug zu Ihrem Markennamen zu eskalieren droht.
- **Online Community Management:** Aufbau, Überwachung und Verwaltung von Online-Communities in den sozialen Netzwerken. Dazu gehören Aktivitäten wie Gruppen-Management, Mitglieder-Verwaltung, Beobachtung von Aktivitäten und Interaktionen, Initiieren von Diskussionen, Erkennung von Trends, Verwaltung des Community Contents und bei Bedarf auch der Eingriff und die Unterbindung von nicht erwünschten Verhaltensweisen in den Gruppen.
- **Social Media Activities Management:** Die Konzeption, Umsetzung und Verwaltung aller Aktivitäten in den sozialen Medien. Steigerung der Markenwahrnehmung und Reputation, Verwaltung der Unternehmensseiten, Steigerung der Follower, Verwaltung des Traffics etc.
- **Social Media Advertising:** Durchführen von Werbeaktivitäten, sowohl organischer Natur (posten, teilen, liken etc.) als auch in bezahlter Form (Ads und Kampagnen), ihre Verwaltung und Performance Management (A/B Tests, Bid-Optimization etc.).
- **Influencer Marketing:** Beobachtung des Influencer-Marktes und die Identifizierung relevanter Influencer, Abschluss von Vereinbarungen und Verträgen, Beziehungsmanagement und die Überwachung der Influencer-Leistung und -Aktivitäten, auch mit und für andere Anbieter.
- **Social Media Customer Service:** Kundenservice, das über soziale Medien angeboten wird. Hier geht es um das Anbieten von Support, Beantwortung von Fragen und Auskunft. Dies entweder über die eigene Unternehmensseite oder über die integrierten Messenger-Funktionen wie zum Beispiel Facebook Messenger.

Digital Branding & Presence Digitales Branding impliziert die Art und Weise, wie Sie Ihre Marke im digitalen Raum über Onlinemedien und -kanäle wie Websites, Apps, soziale Medien, Videos und mehr gestalten und aufbauen. Auch wenn Digital Branding die Instrumente des Digital Marketing einsetzt, geht es hier um die Positionierung des Unternehmens als Ganzes, statt von einzelnen Produkten und Dienstleistungen. Das primäre Ziel von Digital Branding ist es, Aufmerksamkeit für die Marke im digitalen Raum zu erhöhen und ihre Wahrnehmung zu verbessern. Und auch hier hat die Digitalisierung die Karten neugemischt, denn die Marke wird nicht mehr so wie früher von Marketingabteilungen definiert und anschließend nach außen hinausgetragen. Heutzutage wird die Marke – nicht selten größtenteils – von externen Stakeholdern mitgestaltet. Sie setzt sich nicht nur aus den Aussagen des Unternehmens, sondern vielmehr aus der Wahrnehmung der externen Stakeholder zusammen. Und sie kann wohlwollend als auch negativ sein. Eine Marke ist, was Kunden über die Marke sagen, und nicht das, was Marketingabteilungen beschließen, dass sie ist. So basiert heutzutage Digital Branding auf dem Aufbau der Identität, der Sichtbarkeit, der Glaubwürdigkeit und der Wahrnehmung einer Marke im digitalen Raum unter Einbezug von externen Stakeholdern: Kunden, Lieferanten, Partner, Influencer, Expertenkreise etc. (s. Abb. 3.19).

Zu den typischen Aktivitäten des Aufbaus eines Digital Branding und der digitalen Präsenz gehören:

- **SEO/SEA:** Steigerung der Visibilität und der Auffindbarkeit der eigenen Webseite im digitalen Raum, auch als Organic Search bekannt. Dazu gehören alle Arten der Suchmaschinenoptimierung: Text, voice, visual und natürlich die mobile Optimierung. Keyword Recherchen, SEO-Strategien, Ranking-Monitoring, Wettbewerbsbeobachtung und etliche SEO Analytics und Analysen der Webseitenperformance stehen hier an der Tagesordnung.
- **SEA:** Steigerung der Sichtbarkeit mit bezahlten Anzeigen, sogenanntes Paid Search. Dazu gehört zum Beispiel die Verwaltung von Google Ads und von Bing Kampagnen.
- **Web Presence:** Verwaltung der Präsenz im digitalen Raum. Beginnend mit der Webseite (Konzeption, Erstellung, Betreuung) und bis zur Überwachung der Performance jeder einzelnen Seite und des Besucherflusses. Dazu gehört auch die Erstellung von spezifischen Landingpages sowie auch die Verwaltung der Unternehmenspräsenz auf allen relevanten Plattformen, Vergleichsportalen und fachspezifischen Seiten.

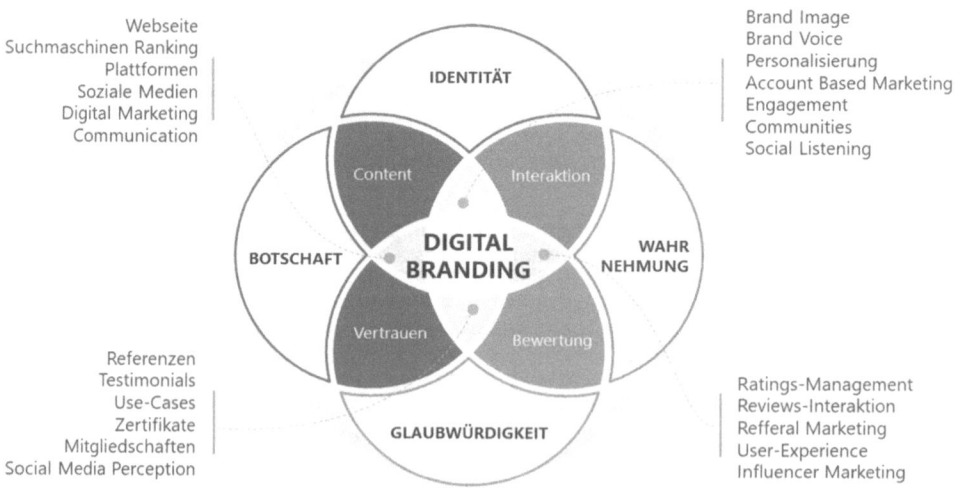

Abb. 3.19 Digital Branding

- **Branding & PR:** Der aktive Aufbau einer Marke und der Marken-Kommunikationsstrategie, offline und online. Dabei können unterschiedliche Bereiche des Brandings abgedeckt werden: Corporate Branding, Product Branding, Employer Branding, Retail Branding, etc. Die Konzeption der Corporate Identity gehört ebenso dazu, unter anderem auch der Brand-Voice (die Markenstimme).
- **Content Marketing Management:** Erstellen, Veröffentlichen und Verteilen von Inhalten im digitalen Raum. Darüber hinaus geht es auch um sogenannte Content Moderation, wobei man nicht relevante, veraltete und kontraproduktive Inhalte entfernt. Betreuung von Blogs, Konzeption von Strategien zu Verteilung von Inhalten, Textanalysen und redaktionelle Arbeit gehören zu den Stammtätigkeiten in diesem Bereich. Auch Podcasts sind hier zu erwähnen.
- **Advertising:** Dazu gehören alle Werbeaktivitäten aus dem traditionellen und digitalen Marketing. Online-Werbekampagnen: TV-, Radio-, Print- und Online-Werbung. Das Ziel dabei ist es, einen sinnvollen Medienmix zu kreieren, um die Verbreitung der Werbekampagnen und damit auch ihre Wirksamkeit zu steigern. Auch die Produktion und Verwaltung von Give-aways und gebrandeten Produkten fallen darunter.
- **Marketing Materials & Collaterals:** Hier geht es um die klassische Erstellung von Marketingmaterialen in Print und digitaler Form, Unternehmenspräsentationen und vertriebsunterstützende Präsentationsmaterialien.

Digital Marketing Communication Digital Marketing Communication impliziert die direkte und indirekte Kommunikation mit Kunden über alle von Kunden präferierten Kanäle und Kommunikationswege. Dazu gehört nicht nur die klassische ein-direktionale Marketingkommunikation in Form von Werbung und Kampagnen, sondern auch die bi-direktionale Kommunikation und Interaktion mit Kunden. Ein fundiertes Modell der digitalen Marketingkommunikation beruht auf sechs Säulen und vor allem auf der Abstimmung aller geplanten Aktivitäten untereinander (s. Abb. 3.20).

- **Marketing Campaigns:** Konzeption, Planung und Durchführung von zielgruppenspezifischen Marketingkampagnen über alle Marketingkanäle, inklusive ihrer Business-Case-Rechnung und ROI-Messung. Promotionen und Aktionen, Saison bedingte Aktivitäten, Coupons etc. fallen ebenfalls darunter.
- **Channel Communication:** Management aller Kommunikationskanäle. Dazu gehören:
  - **Multi-Channel-Management:** Kunden über mehrere Kanäle ansprechen, einschließlich Web, Apps, soziale Medien, E-Mail und mehr.
  - **Cross-Channel-Management:** Kunden diverse Kommunikationskanäle und Touch-Points anbieten.
  - **Omnichannel-Management:** Schaffung einer einheitlichen Kundenerfahrung über alle Kanäle hinweg. Hier kann je nach Bereich enge Zusammenarbeit und Integration mit anderen Bereichen notwendig sein.
- **E-Mail-Marketing:** Konzeption und Umsetzung aller Marketingaktivitäten über das E-Mail-Medium. Dazu gehören klassische E-Mail-Kampagnen und Newsletter, inklusive

Abb. 3.20 Digital Marketing Communication

ihrer Performance-Optimierung, wie zum Beispiel A/B Tests und spam filtering & delivery optimization, was die Verbesserung der Zustellbarkeit der Emails impliziert. Darüber hinaus geht es auch um das Aufsetzen von sogenannten Autoresponders (automatische Benachrichtigungen an Abonnenten) und spezifischen E-Mail-Workflows. Nicht zuletzt gehört auch die Verwaltung der Abonnenten dazu sowie auch der Opt-in und Opt-out Optionen. Auch **Account Based Marketing** gehört dazu: Konzeption und Durchführung von allen ABM-bezogenen Aktivitäten (s. Abschn. 4.3.10).

- **Event-Marketing:** zielgerichtete und systematische Planung von Veranstaltungen im digitalen Raum. Darunter fallen digitale und virtuelle Messen, Konferenzen, Webinare, Events etc.
- **Conversational Marketing:** Verwaltung der Echtzeitkommunikation mit Kunden. In der Regel über Chats, Messaging Tools, Chatbots und virtuelle Assistenten. Hier geht es um die Konzeption und die Entwicklung von Echtzeitkommunikationswegen für Kunden und die Gestaltung einer nahtlosen Erfahrung.
- **Customer Education:** Aktivitäten im Zusammenhang mit der „Ausbildung" des Marktes und der Kunden. Darunter fallen Schulungen, Webinare, Demos, Tutorials, Video-Anleitungen, Quick-Guides, FAQ's etc. Inhaltlich kann es dabei um die Produktnutzung gehen, aber auch um allgemeine Wissensvermittlung im Zusammenhang mit dem Produktnutzen.

Lead-Generation Am Ende des Tages zielen alle Marketingaktivitäten darauf ab, potenzielle Kunden zu erreichen, sprich neue Leads zu generieren. Und auch hier haben wir eine Vielzahl an Möglichkeiten und Aktivitäten, die eine höhere Qualität bei gleichzeitiger höherer Kosteneffizienz der Lead-Generierung ermöglichen:

- **Target Groups:** Definition von Zielgruppen und Erarbeitung von Zielgruppen-profilen. Beobachtung der Evolution von Zielgruppen und gegebenenfalls die Anpassung der Profile. Arbeit mit Dynamischen Profilen und Überwachung von Veränderungen in der Zielgruppen-Segmentierung, Identifikation von neuen Zielgruppen. Auch hier ist eine enge Zusammenarbeit mit dem Vertrieb eine gute Voraussetzung für den Erfolg dieser Aktivitäten.
- **Targeting Strategies:** Dazu gehören die Konzeption und die Verwaltung unterschiedlicher Strategien, um Zielgruppen im digitalen Raum zu adressieren, ebenso unterschiedliche Targeting-Ansätze wie beispielsweise Content Targeting oder Keyword Targeting, Semantisches Targeting, Behavioral Targeting, GEO-Targeting und Dynamic Targeting. Unter anderem haben wir hier Aktivitäten im Bereich von Affiliate Marketing und Remarketing (mehr dazu s. Abschn. 4.2).
- **Lead Generation:** Entwicklung und Umsetzung von Strategien zur Lead-Generierung. Durchführung von Aktivitäten und Aufsetzen von Lead-Generierungs-prozessen, wie zum Beispiel Search-Bots, Form-Collection etc. (s. Abschn. 4.2.1).
- **Lead Management:** Alle Tätigkeiten, die sich auf die Verwaltung und die Interaktion mit den Leads beziehen: Qualifizierung und Nurturing, was die Versorgung mit relevanten Informationen betrifft und Engagement, was die aktive Interaktion mit den Leds impliziert. Zudem geht es auch um die Interaktion in Echtzeit, der sogenannten real-time interaction mit den Leads und auch um ihr intelligentes Routing innerhalb der Organisation. Insbesondere in diesem Bereich ist eine sehr enge Zusammenarbeit mit dem Vertrieb notwendig, denn hier sind die Tätigkeiten vorwiegend voneinander abhängig.
- **Event-Marketing:** Konzeption, Organisation und Durchführung von Veranstaltungen: offline, online oder hybride Formate. Darunter können Kunden-Events, Road Shows, Kongresse, Webinare etc. fallen. Die Organisation von Teilnahmen an externen Veranstaltungen, wie Messen und Konferenzen gehört sinngemäß auch dazu.
- **Video-Marketing:** Konzeption, Produktion und unter anderem die Verteilung von Video-Inhalten, bspw. Brand-Videos, Produkt-Videos, Tutorials, Werbevideos, Image-Videos etc. Auch die Organisation von Live-Stream-Events und Vlogs kann darunter fallen.

Performance Management Marketing Performance Management bezieht sich auf den leistungsorientierten Marketingansatz und setzt die Performance aller Marketing-aktivitäten in den Vordergrund. Dabei werden alle Aktivitäten kontinuierlich analysiert und optimiert. Technologie bietet uns die notwendige Unterstützung, um die Wirksamkeit von Marketingaktivitäten zu steigern und ihren ROI zu maximieren. Eine fast schon unüberschaubare Menge an Tools und Anwendungen ermöglichen es, jede denkbar erwünschte Marketingkennzahl auszuwerten, und das automatisiert und sogar in Echtzeit. Zeitgemäßes Marketing bedeutet, die Leistung der Marketingaktivitäten kontinuierlich zu überwachen und zu optimieren, wozu folgende Aktivitäten notwendig sind:

- **KPI/Key Performance Indicators:** Überwachung und Optimierung der Marketingleistung und die Analyse relevanter Kennzahlen: ROI der Marketingausgaben, Anteil der durch die Marketingaktivitäten akquirierten Kunden, Kosten der Kundenakquise, Umsatz durch Marketingaktivitäten, Markenwahrnehmung, Marketingausgaben pro Kunde, Conversion Rates etc.
- **Marketing Automation:** Automatisierung von Marketingaktivitäten, Aufsetzen von Prozessen und ihre Leistungsüberwachung.
- **Analytics:** Darunter fallen diverse Analytics zur Optimierung von Marketingaktivitäten, wie Kundenverhalten, Location Tracking, Heat Maps, Traffic-Segmentierung, Klicks, Scrolls, Interaktionsrate, Absprungrate, Konvertierungszeit, SEO-Analytics, Content Analytics u.v.m.
- **Ratings & Reviews Management:** Überwachung, Sammlung, Beantwortung, Teilung und Förderung von Bewertungen und Rezensionen, des Unternehmens, der Produkte und des Servicelevels. Und das übergreifend auf Bewertungsplattformen, Marktplätzen, sozialen Medien, eigener Webseite etc. Ebenso gehören der Umgang mit negativen Bewertungen und das Krisenmanagement dazu. Darüber hinaus auch die Generierung von Business und Use Cases, Customer Stories sowie auch die Sammlung und die Verwaltung von Referenzen und Testimonials.
- **Customer Experience:** Gestaltung und Verbesserung der Kundenerfahrung. Dazu gehört die allgemeine Kundenerfahrung in der Interaktion mit dem Unternehmen selbst, aber auch mit seinen Produkten und Systemen. Darüber hinaus geht es auch um die Gestaltung der Customer Journey. Die Überwachung der Kundeninteraktionen und ihres Verhaltens zum Zwecke der kontinuierlichen Optimierung der Kundenerfahrung ist wohl selbstverständlich.
- **Customer Loyalty:** Messung der Kundenzufriedenheit (Net Promoter Score) und Erarbeitung von Maßnahmen zur ihren Steigerung. Konzeption und Verwaltung von Kundenbindungsprogrammen, Setzen von Maßnahmen zur Kundenbindung: Cross-Selling. Empfehlungssysteme, „Repeater" Angebote, „Welcome Back"-Aktivitäten, Verlängerungsangebote etc.

Methode

Die Auswahl der richtigen Aktivitäten wird auf einem durchdachten Marketingmix beruhen, der wiederum vom Kunden und seinem Verhalten vorgegeben wird. Demzufolge darf auch hier angeregt werden, den zuvor analysierten Kaufprozess des

Kunden als Basis zu nehmen und diesen mit seinem generellen Verhalten im digitalen Raum zu kombinieren.

Damit alles, was die Marketingabteilung initiiert, auch zum Vertriebserfolg beiträgt, wird eine strategische Marketingplanung benötigt, die alle Aktivitäten zusammenführt. Anstatt willkürliche Aktivitäten und Ideen unkoordiniert auszuführen, ist es wichtig, einen soliden Plan zu entwickeln, der gezielte Taktiken beinhaltet, die auf all den zuvor erarbeiteten Strategien und der Zielsetzung aufbauen. Natürlich muss auch die Messbarkeit der Erfolge gegeben sein. Zudem müssen auch die richtigen Tools und Technologien ausgewählt werden, um all diese Strategien und Prozesse abzubilden. Bitte hier bei Bedarf weitere Fachliteratur zu konsultieren, denn es gibt für den Marketingbereich spezielle technologische Anwendungen, deren detaillierte Darstellung den Rahmen dieses Buches sprengen würde.

Was man falsch machen kann

Altes auf neuen Wegen Einer der typischen „modernen" Fehler im Marketing besteht darin, traditionelle Ansätze eins zu eins in den digitalen Raum zu verlagern. Alte Werbebotschaften über neue digitale Wege zu transportieren, ist wenig wirksam. Sie müssen Ihre Botschaften überdenken und an die neuen Gegebenheiten anpassen. So zum Beispiel die „Selbstdarsteller"-Webseiten, die das Unternehmen in den Vordergrund stellen, anstatt den Kunden nutzenorientiert anzusprechen. Ebenso auch die Bewerbung von Produkten, ohne den Kundennutzen darzustellen. Die Erkenntnisse aus der Transformationsarbeit mit dem 7W-Modell müssen sich in allen Marketingaktivitäten inhaltlich wiederfinden.

Blogs für Blogger Viele verbinden den Ausdruck „Blog" mit Philosophieren und Schreiben über Mode, Kochen und Reisen. Es ist egal, in welcher Art von Geschäft man tätig ist – ob man eine sehr enge Nische oder eine große Masse anspricht: Man kann definitiv vom Bloggen profitieren. Ein Blog muss nicht Blog heißen, Sie können ihn nennen, wie Sie wollen: News, Trends, Aktuelles, Wissenswertes etc. Aber als Werkzeug, um wertvolle Inhalte zu transportieren, mit der Zielgruppe zu interagieren und dabei auch die Relevanz der Webseite für die Suchmaschinen zu steigern, darf ein Blog nicht unterschätzt werden.

Vielen Hasen nachjagen Mehrere Zielgruppen mit derselben Botschaft anzusprechen ist nicht nur wenig wirksam, sondern heute wirklich nicht mehr nötig. Neue digitale Tools und Plattformen ermöglichen die Konzeption von sehr gezielten Marketingkampagnen. Mit der Fülle an Daten und Informationen, die zur Verfügung stehen, kann man nicht nur sehr gezielt die Zielgruppe ansprechen, sondern auch die richtigen Plattformen, die beste Tageszeit für die Werbung und die optimale Form bestimmen.

Geld macht nicht reich Es ist ein häufiges Missverständnis, dass digitale Marketingaktivitäten mit hohen Investitionen zusammenhängen. Man kann viel Geld ausgeben, wenn man möchte, muss es aber nicht. Mit sehr durchdachten Ansätzen, die laufend optimiert werden, kann man viel Geld sparen, und wenn man es ganz geschickt anstellt, mit kaum monetären Ausgaben wirksame Marketingkampagnen umsetzen. Nicht die Größe Ihres Budgets bestimmt über die Wirksamkeit Ihrer Aktivitäten, sondern die Kreativität und die Qualität Ihrer Arbeit.

Die Armee des Einen Ein weiterer gängiger Denkfehler besteht darin, dass man glaubt, viele Ressourcen zu benötigen, um das Ganze zu bewältigen. *„Wer soll das alles machen?"*, höre ich immer wieder. Man braucht nicht immer eine ganze Armee dazu. Ein gut überlegter Ansatz und mit Einsatz von Technologie und Automatisierungswerkzeugen kann sehr viel Effizienz einbringen. Die Denkarbeit wird Ihnen die Technologie noch nicht ganz abnehmen, aber mit ihrer Hilfe kann man viele Umsetzungsprozesse automatisieren und effizient gestalten.

Strategisch hoffen In der Vergangenheit blieb den Marketiers oft nichts anderes übrig, als Marketingkampagnen aufzusetzen und zu hoffen, dass sie funktionieren. Mit moderner Technologie kann man jeden Aspekt der Marketingkampagnen nachverfolgen und erkennen, wo sie funktionieren und wo nicht. Statt Geld aus dem Fenster zu werfen und zu hoffen, dass es die Richtigen erwischt, wollen wir lieber Prozesse aufsetzen, um die Leistung der Kampagnen zu beobachten und sie fortlaufend zu verbessern.

Dieselbe Suppe kochen Es ist wenig ratsam, immer wieder dieselben Kampagnen zu fahren, auch wenn sie sich vielleicht irgendwann in der Vergangenheit als erfolgreich erwiesen haben. Wir müssen unsere Ansätze immer wieder validieren und Neues ausprobieren. Die erfolgreichsten Marketiers tun alles, was sie können, um ihre Marketingstrategien an verschiedene Trends anzupassen und neue Interessenten zu erreichen. Indem Sie mit verschiedenen Social-Media-Kanälen oder Marketingstrategien und -techniken experimentieren, können Sie ein größeres Publikum erreichen und Ihre potenziellen Gewinne maximieren.

Durch den Schlitz Viele Unternehmen vermarkten einzelne Produkte, ohne darüber nachzudenken, wie ihre Marke insgesamt wahrgenommen wird. Die Positionierungsstrategie fehlt oder wird nicht berücksichtigt. Wir müssen bei jeder einzelnen Aktivität das „große Ganze" in Blick haben, die Strategie und die Unternehmenspositionierung berücksichtigen und die Hauptbotschaft bei jeder Gelegenheit mittransportieren. Wir dürfen nicht die Aktivitäten einzeln durch den „kleinen Schlitz" betrachten, sondern durch die Aussicht aus dem „großen Fenster" und ihre Auswirkungen auf die gesamte Welt in Betracht ziehen.

3.6.2 Vertrieb

Kernfrage

Welche zeitgemäßen Vertriebsaktivitäten sind notwendig?

Begleitende Fragen Mit welchen Aktivitäten werden Kunden bei ihrer Entscheidungs-findung unterstützt? Was muss der Vertrieb machen, um Zugang zum Entscheidungs-prozess des Kunden zu gewinnen?

Kernelemente

Auf dieser Ebene definieren wir alle relevanten Aktivitäten und Tätigkeiten, die vom Vertrieb ausgeführt werden müssen, um die vordefinierte strategische Zielsetzung zu erreichen. Dazu gehört natürlich auch die Analyse deren Performance über den gesamten Prozess. Es werden Kennzahlen und Bemessungsgrundlagen für alle Vertriebsaktivitäten in den jeweiligen Schritten des Vertriebsprozesses definiert, denn nur so können wir erkennen, was die Ursache für eine schlechte Performance ist. Man darf die Prozess-leistung nicht mit der Mitarbeiterleistung verwechseln. Was wir hier wollen: Nicht die Performance der einzelnen Mitarbeiter messen, sondern die Leistung der aufgesetzten Prozesse und Aktivitäten. Wir wollen wissen:

- Wo hakt es im Prozess selbst?
- Welche Aktivität funktioniert organisationsübergreifend suboptimal?
- Wo gibt es Brüche im Prozess?
- Welche Schnittstellen funktionieren nicht?

Methode

Wo, wenn nicht bei der Definition von Vertriebsaktivitäten, müssen wir den Kunden und seinen Entscheidungsprozess als Basis nehmen? Ausgehend vom in Abschn. 3.3.3 definierten Vertriebsprozess, der sich richtigerweise auf dem Kaufprozess stützt, definieren wir nun die relevanten Vertriebsaktivitäten im Prozess. Im Grunde beantworten wir dabei die Frage: *Was muss in jedem Schritt des Prozesses getan werden, um den Kunden bei seiner Entscheidungsfindung bestmöglich zu unterstützen?* Wie in Abb. 3.21 dargestellt, gibt es eine Reihe von Tätigkeiten, um Antworten auf unsere Frage zu finden, wobei sie sich über mehrere Schritte des Vertriebsprozesses hinweg ziehen. Eine klare Trennung ist selten möglich.

Geschäftsmöglichkeiten erkennen Hier geht es nicht nur um die Identifikation von Leads, wie oft irrtümlicherweise angenommen wird, sondern auch um die Erkennung von Geschäftsmöglichkeiten mit diesem Lead. Darüber hinaus kann es sich, je nach Geschäftsart, auch um die Priorisierung der jeweiligen Geschäftsmöglichkeiten handeln. Manchmal werden wir mehrere Gelegenheiten erkennen und müssen darüber ent-scheiden, welche nicht die größte, leichteste oder profitabelste ist, sondern welche den

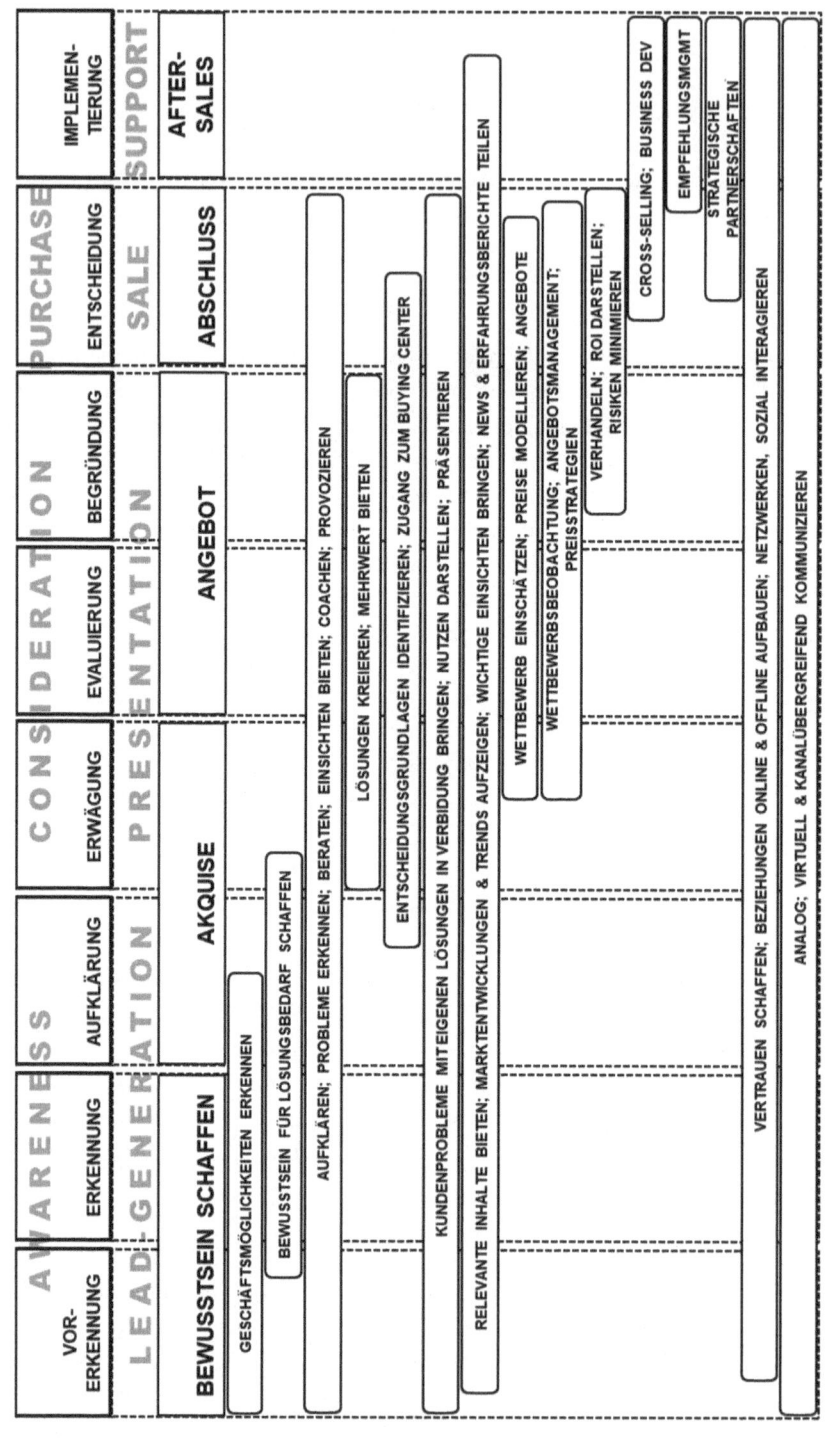

Abb. 3.21 Vertriebsaktivitäten im Vertriebsprozess

Kunden am schnellsten und am weitesten bringen wird. Vertrieb muss erkennen, welches Thema für den Kunden am wichtigsten ist, statt sich des Themas anzunehmen, das sich am schnellsten und leichtesten „verkauft". Denn je besser diese Entscheidung ist und je wirksamer der Eintritt in das Kundengeschäft, desto höher auch die Wahrscheinlichkeit, dass der Kunde auch die anderen Themen mit Ihnen weiterverfolgen wird. Vor allem im Vertrieb von komplexen Lösungen darf die Wichtigkeit der richtigen Opportunity-Priorisierung nicht unterschätzt werden.

Bewusstsein für den Lösungsbedarf schaffen Die Formulierung Bewusstsein nutze ich bewusst, da es im Vertrieb in Wirklichkeit nicht nur darum geht, den Bedarf selbst zu schaffen, sondern vielmehr um die Bewusstseinsschaffung beim Kunden dafür, diesen Bedarf auch decken zu wollen. Nur weil ich ein Problem habe, heißt es noch lange nicht, dass ich es lösen möchte. Verkäufer sind weitestgehend auf der Suche nach Kunden mit dem „richtigen" Problem, dagegen sind erfolgreiche Verkäufer auf der Suche nach Kunden, die das Problem auch lösen *wollen*. Anders ausgedrückt: Sie helfen ihnen dabei, zu dieser Erkenntnis zu gelangen. Der Fehler, der hier oft passiert, besteht darin, dass Verkäufer sofort mit dem Verkaufen loslegen, sobald sie ein Kundenproblem erkennen. Doch die Identifizierung des Problems und respektive des Bedarfs allein reicht nicht. Der Kunde muss auch das Bewusstsein und den Wunsch entwickeln, diesen auch decken zu wollen. Daher müssen hier gezielte Aktivitäten gesetzt werden, um dem Kunden zu dieser Erkenntnis zu verhelfen. Er muss verstehen, was passiert, wenn er sein Problem ungelöst lässt. Welche Auswirkungen gibt es? Denn nur das Ausmaß der Auswirkungen wird auch den Wunsch auslösen, das Problem in den Griff zu bekommen und sich mit dem Thema vertiefend zu beschäftigen. Dabei ist dies von der Investitionsgröße auf der Kundenseite unabhängig. Ob wir für Hundert Euro oder eine Million Euro verkaufen, der Prozess der Bewusstseinsschaffung ist derselbe. All das geht mit den nächsten Aktivitäten einher.

Aufklären, Probleme erkennen, beraten, Einsichten bieten, coachen, provozieren All dies sind Aktivitäten im Vertrieb, die Kunden helfen, einen starken Bedarf nach einer Lösung zu entwickeln. Denn oft leben Kunden schon seit Jahren mit dem Problem, haben gelernt, damit umzugehen und sind sich deren wahrer Auswirkungen nicht im Klaren. Um dem Kunden zu helfen, für sich Klarheit und Bewusstsein für die „Dramatik" seiner Situation zu verschaffen, müssen Vertriebsmitarbeiter den Mut haben, Kundenannahmen zu hinterfragen und sie sogar bewusst zu provozieren. Was nicht heißen soll, dass man nicht respektvoll oder höflich sein muss. Provokation ist nicht mit schlechtem Benehmen zu verwechseln, sondern ist ein wichtiges Werkzeug des modernen Vertriebs im Umgang mit modernen Kunden. Denn diese glauben zu wissen, was sie wollen. Worin sie sich aber oft täuschen. Daher muss der Vertrieb lernen, Kunden zu helfen, nicht nur ihre Probleme zu erkennen, sondern auch das wahre Ausmaß ihrer Auswirkungen zu begreifen, wenn das Problem nicht, falsch oder unzureichend gelöst wird. Dazu benötigen Vertriebsmitarbeiter Coaching-Fähigkeiten. Denn Kunden einfach zu sagen, dass sie ein Problem lösen müssen, funktioniert selten. Kunden müssen selbst zu diesen Erkenntnissen gelangen, und der Vertrieb übernimmt in diesem Prozess eine Coaching-Rolle.

Lösungen kreieren, Mehrwert bieten Wenn Kunden den Bedarf erkannt haben und ihr Problem auch wirklich lösen wollen, muss der Vertrieb im Stande sein, für Kunden solche Lösungen zu kreieren, die ihnen den größtmöglichen Mehrwert bieten. Es reicht nicht, einfach ein Angebot zu schreiben. Man muss den Kundennutzen und den durch die zukünftige Lösung generierten Mehrwert erkennen und darstellen können.

Entscheidungsgrundlagen identifizieren, sich Zugang zum Buying Center verschaffen Zudem muss der Vertrieb auch erkennen können, wie Entscheidungen auf der Kundenseite getroffen werden und wer alles darin involviert wird. Monatelang mit falschen Personen zu interagieren ist keine Seltenheit im Vertrieb. Leider stellt man auch immer wieder fest, dass die Entscheidung schon woanders getroffen wurde und vermutlich auch nicht zu den eigenen Gunsten. Für den Vertrieb ist es erfolgskritisch, vom Anfang an zu erkennen, mit wem man im Buying Center (s. Abschn. 3.2.1) zu tun hat und sich den notwendigen Zugang zu den anderen Beteiligten zu verschaffen, insbesondere aber zu den Entscheidern und den Influencern. Wie wir gesehen haben, werden Einkaufsentscheidungen zunehmend komplexer und selten im Alleingang getroffen. Umso wichtiger ist es für den Vertrieb, notwendige Aktivitäten zu setzen, um mit dem Buying Center zu interagieren und die einzelnen Rollen bei ihren Bedürfnissen abzuholen. Vertriebsmitarbeiter müssen sich dessen bewusst sein, wie Kunden Entscheidungen treffen und lernen, Einfluss auf diese Entscheidungen zu nehmen. Was nicht Manipulieren heißen soll, sondern wichtige Erkenntnisse einbringen. Solche, an die Kunden nicht von allein denken würden und wofür sie dankbar sind, wodurch man seine Position und die Rolle im Entscheidungsprozess stark festigt.

Kundenprobleme mit eigenen Lösungen in Verbindung bringen, Nutzen darstellen, präsentieren Fast über den gesamten Vertriebsprozess hinweg muss der Vertrieb fähig sein, die Kundenprobleme mit den eigenen Produkten und Lösungen in Verbindung zu bringen, anstatt einfach nur Produkte zu erklären und zu präsentieren. Darüber hinaus ist die Präsentation eine sehr wichtige Vertriebstätigkeit und geht über den klassischen Umgang mit PowerPoint hinaus. Hier geht es darum, nutzenorientiert Lösungen für Kundenprobleme darzustellen und mit den einzigartigen Fähigkeiten des eigenen Unternehmens zu verknüpfen.

Relevante Inhalte bieten, Marktentwicklungen und Trends aufzeigen, wichtige Einsichten bringen, News und Erfahrungsberichte teilen Auch diese Tätigkeiten ziehen sich über den überwiegenden Teil des Vertriebsprozesses hinweg, denn sie verlieren nie an Relevanz. Die Inhalte selbst werden in unterschiedlichen Prozessschritten anders sein, aber die Tätigkeit des Teilens von Inhalten wird über die gesamte Dauer des Vertriebsprozesses und auch darüber hinaus wichtig sein. Genauso wie das Einbringen von

Einsichten und Erfahrungen, wichtigen Neuigkeiten und Entwicklungen. Der Vertrieb muss sich zu einer wichtigen und unerlässlichen – und zwar „besseren als Google" – Informationsquelle für Kunden über ihren gesamten Kaufprozess entwickeln und wissen, wann was benötigt wird. Denn dadurch wird man auch an Relevanz für den modernen sehr eigenständigen Kunden wiedergewinnen.

Wettbewerb einschätzen, Preise modellieren, Angebote konzipieren Hier geht es nicht nur um den einfachen Wettbewerbsvergleich, der für gewöhnlich aus dem Abgleich von Produkten und Funktionalitäten besteht, sondern um die Einschätzung des Wettbewerbs innerhalb der einzelnen Opportunity. *Wie wird der Kunde den Wettbewerb einschätzen, wo liegen die Risiken und welche Strategien eigenen sich, um dagegen vorzugehen?* Beim Preis-Modellieren geht es nicht nur um die klassische Preiskalkulation (Kosten+Aufschlag), sondern um die Modellierung eines auf die Kundenbedürfnisse orientierten Preises: *Was ist die Lösung dem Kunden wert und nicht nur, was wollen wir daran verdienen?* Bei der Angebotskonzeption geht es darum, den Mehrwert der Lösung und den Kundennutzen in Relation zur Investition zu stellen. Der Vertrieb muss verstehen, welche Angebotsbestandteile für den Kunden wichtig sind und wie sie dargestellt werden sollen, anstatt einfach nur ein Standard-Angebot aus dem ERP System zu drucken. *Wie spiegelt das Angebot den Bedarf des Kunden wider und wie gut rechtfertigt der Kundennutzen die Investition?* Wenn der Vertrieb gelernt hat, diese Fragen qualifiziert zu beantworten, werden auch Preiskämpfe und das Zerpflücken von Angeboten kein Thema mehr sein.

Wettbewerbsbeobachtung, Angebotsmanagement und Entwicklung von Preisstrategien Darunter fällt die Verwaltung der Angebote im Bereich der digitalen Vertriebsmodelle, wie Free-Trial, Subscription-Modelle, Freemium-Konzepte, Upgrade-Modelle etc. Ebenso wie die Entwicklung von kanalübergreifenden Preisstrategien und die Wettbewerbsbeobachtung: Aktivitäten, Aktionen, Preise, etc.

Verhandeln, ROI darstellen, Risiken minimieren Diese Tätigkeiten klingeln zwar den oben genannten Aktivitäten ähnlich, implizieren allerdings andere Aktivitäten. Bei der Verhandlung geht es nicht darum, Preise nachzulassen, bis der Kunde zustimmt, sondern zu überlegen, was man dem Kunden im Prozess der Verhandlung bieten kann, was einem selbst nicht weh tut, aber das Gesamtpaket für den Kunden attraktiver gestaltet. Trotz Digitalisierung sind Verhandlungen in gewissen Geschäftsbereichen ein fester Bestandteil des Kaufprozesses. Auch nachdem die eigentliche Kaufentscheidung schon getroffen wurde, müssen Einkäufer ihrem Job nachkommen und die besten Bezugskonditionen ausverhandeln. Also muss sich der Vertrieb auch hier strategisch über den gesamten Prozess darauf vorbereiten und nicht am Ende noch schnell zum Chef rennen und um einen Spezialpreis bitten. In diesem Zusammenhang ist es wichtig, dem Kunden den Wert seiner Investition im vollem Umfang auch in Zahlen darstellen zu können. Dazu sind Kreativität und Geschäftssinn notwendig. Und nicht zuletzt muss der Vertrieb mögliche Risiken, die in Zusammenhang mit der Entscheidung auf Kundenseite einhergehen, erkennen und minimieren können. Denn wenn auf gewisse Risiken nicht ausreichend eingegangen wird, kann dies am Ende zu einer negativen Entscheidung führen.

Business Development, Cross-Selling Mit dem Vertragsabschluss ist die Vertriebstätigkeit für gewöhnlich nicht zu Ende. Der Vertrieb muss Kunden fortlaufend entwickeln und Geschäft ausbauen können. Dazu sind regelmäßige Business Development Meetings, Business Reviews und Strategie Meetings notwendig. Das Ziel dabei: Die Kundenbeziehung strategisch auszubauen und die Kundenbindung zu stärken.

Empfehlungsmanagement Eine wichtige Tätigkeit im Vertrieb, die gerne übersehen wird. Nach einem erfolgreichen Abschluss des Geschäftes sollte der Vertrieb aktiv nach einer Referenz oder einem Testimonial fragen und bei interessanten Projekten auch um die Erlaubnis, eine Customer Story oder ein Use Case zu publizieren. Darüber hinaus ist bei einem zufriedenen Kunden auch die Frage nach einer Weiterempfehlung absolut berechtigt. Die Wichtigkeit von Referenzen ist nicht zu unterschätzen, und diese Tätigkeit sollte fester Bestandteil im modernen Vertrieb sein, wozu auch ein Prozess aufgesetzt werden sollte: Kein Kunde sollte ungefragt bleiben. Außer der Tatsache, dass Referenzen den Vertrauensstatus des Unternehmens massiv steigern, bieten sie auch zusätzlichen Content für etliche Content-Marketing-Aktivitäten.

Strategische Partnerschaften aufbauen Insbesondere im B2B-Vertrieb ist es unerlässlich geworden, nicht nur einfach zu verkaufen, sondern strategische Partnerschaften aufzubauen. Auch im Hinblick auf den Trend der gemeinsamen Produktentwicklung mit Kunden wird sie zunehmend zu einer wichtigen Tätigkeit im Vertrieb. Der Vertrieb muss lernen, den Weg von einer Lieferantenbeziehung zur strategischen Partnerschaft zu bestreiten.

Vertrauen schaffen, Beziehungen online und offline aufbauen, netzwerken, sozial interagieren Schon immer war es im Vertrieb wichtig, Beziehungen aufzubauen und Vertrauen zu schaffen. Heute muss man neben der persönlichen Kompetenz auch die Fähigkeit entwickeln, dieser Arbeit auch digital nachzugehen: über virtuelle Meetings, digitale Kommunikationskanäle, soziale Netzwerke und Plattformen. Virtuelles Netzwerken und Social Selling sind überaus wichtige Aktivitäten im Vertrieb, die auch richtig erlernt werden wollen.

Analog, virtuell und kanalübergreifend kommunizieren Kommunikation ist wohl die unbestrittenste Tätigkeit im Vertrieb und auch sie muss teils neu erlernt werden. Denn eine kanalübergreifende Kommunikation – analog und digital – ist eine grundlegende Tätigkeit im Vertrieb, die es zu beherrschen gilt. Vertriebsmitarbeiter müssen alle möglichen Kommunikationskanäle bedienen können und über diejenigen kommunizieren, die die jeweiligen Kunden vorziehen: E-Mail, Zoom, Facebook-Messenger, LinkedIn Chat,

WhatsApp, Skype oder Slack? Die Koordination all dieser unterschiedlichen Kanäle in eine nahtlose Kommunikation wird zur Kerntätigkeit im Vertrieb, denn die Entscheidung über den richtigen Kanal hängt nicht nur von den Präferenzen des einzelnen Kunden ab, sondern auch von der Art der Interaktion. So sollte zum Beispiel ein Angebot besser virtuell in einem Online-Meeting präsentiert und besprochen werden, als es einfach per E-Mail zu versenden. Und ein Termin wird besser über Calendly koordiniert, als hin und her zu chatten oder zu mailen.

Die Komplexität ist überall gegeben Wie wir sehen, reichen die modernen Vertriebsaktivitäten weit über das vermeintliche Verkaufen und Identifizierung von Leads hinaus. Denn dies allein ist heute nicht mehr ausreichend, geschweige denn in der Zukunft, um den informierten, eigenständigen und anonymen Kunden abzuholen. Es mag alles sehr komplex und kompliziert wirken und den Eindruck vermitteln, dies sei nicht für alle Unternehmen wichtig, aber diese Vertriebstätigkeiten sind unabhängig vom Geschäftsbereich und von Investitionsgrößen relevant. Denn Marktentwicklungen und Trends sind nicht nur bei der Beschaffung einer neuen Produktionsanlage wichtig, sondern auch bei der Wahl der Kleidung. Und die Darstellung von schwerwiegenden Auswirkungen einer Fehlentscheidung sind nicht nur bei der Beschaffung eines ERP-Systems wichtig, sondern auch beim Kauf von falschen Fliesen im Bad, die man nicht so einfach zwei Monate später austauschen kann.

Der Prozess ist nicht linear Dabei ist der Vertriebsprozess in Wirklichkeit nicht linear, so wie zwecks einfacher Darstellung in Abb. 3.21 abgebildet. So, wie Kunden ihre Kreise in ihrem Beschaffungsprozess drehen (s. Abschn. 1.1.1), muss auch der Vertrieb in Wirklichkeit seine eigenen Kreise drehen und immer wieder im Prozess zurückkehren, je nachdem, wie sich der Entscheidungsprozess des Kunden entwickelt. Dabei müssen wir dieselben Tätigkeiten immer wieder ausführen und mit anderen, frischen Inhalten füllen.

Mensch mit Maschine Auch wenn man aufgrund dieser Beschreibung annehmen könnte, dass alle Tätigkeiten von Menschen (Vertriebsmitarbeitern) ausgeführt werden, ist dies im modernen Vertrieb eindeutig nicht mehr der Fall. Im Rahmen der Transformationsarbeit muss gut überlegt werden, welche Tätigkeiten – immer noch – von Menschen ausgeführt werden sollen und welche besser von Maschinen erledigt werden können. Dabei müssen wir wiederum die Präferenzen und das Verhalten der Kunden in den Vordergrund stellen. Zum Beispiel können Maschinen sehr gut Cross-Selling-Möglichkeiten identifizieren und Empfehlungen unterbreiten. Configure-Price-Quote-Systeme können gute Angebotsgrundlagen bieten und Chatbots können Auskünfte zu Produkten und Funktionalitäten geben sowie auch Kaufberatungen durchführen. **Vertriebstätigkeiten sind nicht automatisch Vertriebsmitarbeitertätigkeiten.** Zudem muss auch gut überlegt werden, wer welche Tätigkeiten ausüben soll und wie deren Integration bzw. der Informationsfluss erfolgt.

Was man falsch machen kann

Verständlich nicht selbstverständlich Oft werden Tätigkeiten definiert und die Vertriebsmitarbeiter mit den „neuen" Vertriebstätigkeiten sich selbst überlassen. Das, weil man annimmt, dass man diese scheinbar einfachen Tätigkeiten selbst erlernen kann und dies keine große Hexerei sei. Bestes Beispiel bei Online-Meetings: Jeder kann sie inzwischen, aber wie viele davon werden professionell durchgeführt? Insbesondere im Vertrieb wollen wir die Professionalität nicht dem Zufall überlassen, womit gezielte Ausbildungen im Bereich der – nicht nur neuen – Vertriebsaktivitäten notwendig sind, auch wenn vieles selbstverständlich erscheinen mag.

Meinungsrecht Ein weiteres Missverständnis lauert im Bereich des beratenden Vertriebs. Hier wird die Beratungstätigkeit gerne mit einer Produktempfehlung verwechselt. Gute Beratung geht weit über das Aussuchen eines passenden Produkts aus dem Sortiment hinaus. Sie hilft dem Kunden, alle wichtigen Faktoren bei seiner Entscheidungsfindung zu berücksichtigen. Beraten heißt nicht, Produkte zu empfehlen und eigene Meinungen zu äußern, sondern Kunden zu helfen, die für sie richtigen Produkte zu *finden*. Wie oft haben wir uns schon von Verkäufern sagen lassen: *Sie dürfen nicht vergessen, Sie müssen bedenken, machen Sie nicht den Fehler, usw.?* All das sind Anweisungen von sogenannten Fachexperten, die gerne auch an den wirklichen Kundenbedürfnissen vorbeigehen. Wir dürfen die eigene Meinung mit der Kundenlösung nicht verwechseln. Worunter eine Produktempfehlung durchaus fallen kann, aber sie impliziert nicht per se die Beratungstätigkeit. Auch hierzu benötigt der Vertrieb gezielte Ausbildungsmöglichkeiten.

Kein Problem ist ein Problem Auch die in gewissen Bereichen herrschende Annahme, es gäbe keine Kundenprobleme, ist weit verbreitet. *Bei uns gibt es keine Lösungen, sondern nur Produkte, daher ist Lösungsvertrieb für uns nicht relevant.* Ich darf widersprechen: Hinter jedem Produkt verbirgt sich ein Problem, das gelöst werden will, oder ein Zusatznutzen. Dies wollen wir mit dem Lösungsansatz transportieren, denn Kunden kaufen Produkte, um irgendwelche Probleme zu lösen. Und dieser Ansatz ist überall relevant. Auch ein iPhone löst im Grunde das Problem der Selbstunsicherheit und des Bedarfs nach Anerkennung, sonst würde man keine 1000 € für ein Telefon ausgeben. Der Lösungsansatz impliziert nicht die Beschäftigung einer Beratermannschaft. Es geht darum, dass der Ansatz in den Vertriebs- und Marketingtätigkeiten lösungsorientiert ist: Wir müssen die Lösung und nicht das Produkt in den Vordergrund stellen. Wollen Sie andere mit Ihrem Lächeln beeindrucken? Oder Geld für gerade Zähne, eine Zahnspange oder ein Zahnbleaching ausgeben?

Chef entscheidet Ein weiteres Missverständnis bei den Vertriebsaktivitäten liegt im Bereich der Eruierung von Entscheidungsprozessen. Die Annahme, dass die Geschäftsführung entscheidet, ist weit verbreitet. Nur weil der Geschäftsführer den Vertrag unterschreibt, heißt es noch lange nicht, dass er wirklich entscheidet. Es kann sogar die Putzfrau sein, die in Wahrheit die Entscheidung über den Bodenbelag in der Eingangshalle trifft. Dabei sei erwähnt, dass mit dieser Aussage der Putzfrauenjob nicht abgewertet werden soll. Insbesondere durch die immer komplexer werdenden Entscheidungen auf der Kundenseite wird die gründliche Auseinandersetzung mit dem Buying Center wichtig, Und das nicht nur im B2B-Bereich: Womöglich entscheidet die Schwiegermutter – die Sie nie zu sehen bekommen – über die neue Küche und nicht das Familienoberhaupt. Die Verfügung über das Budget und die Geldmittel darf nicht mit der Entscheidungsgewalt verwechselt werden.

3.6.3 Steuerung

Kernfrage
Wie wird der Erfolg bemessen, gesteuert und entlohnt?

Begleitende Fragen Woran werden wir den Erfolg erkennen? Welche kritischen Kennzahlen und Aktivitäten müssen laufend beobachtet werden? Was ist für eine effektive Vertriebssteuerung notwendig?

Kernelemente
Die Vertriebssteuerung ist für viele Unternehmen ein wichtiger Hebel, die Organisation gezielt in Richtung Strategie-Umsetzung zu führen. Auch hier müssen die Organisationen ihre Art und Weise verändern, wie sie über Vertriebsmanagement und die Kernaufgaben der Vertriebsführung denken. Denn eine strategische Vertriebssteuerung geht weit über den traditionellen Ansatz, Vertriebsmitarbeiter zu kontrollieren und zu motivieren, hinaus. Zu ihren zeitgemäßen Kernelementen zählen:

- **Vertriebsplanung:** Der Prozess der detaillierten Planung von Vertriebszielen und -ergebnissen sowie auch der zu erwartenden Entwicklungen.
- **Überwachung der Vertriebsleistung:** Dazu gehören das Monitoring und die Steuerung von Leistungskennzahlen im Vertrieb.
- **Steuerung der Vertriebsressourcen:** Dazu gehören die Zielvereinbarungen mit den Mitarbeitern, Entlohnungskonzepte und MBO-Modelle (Management by Objectives).
- **Vertriebsführung:** Sie beinhaltet die Führung der gesamten Organisation und der einzelnen Mitarbeiter.

Methode
Vertriebsplanung Die Vertriebsplanung ist eine Schlüsselfunktion in der Vertriebssteuerung und umfasst die Budget-Planung, Forecast, Absatzplanung, Ressourceneinsatz, Verkaufsprognosen, Nachfragesteuerung und die Definition von Vertriebszielen. Verschiedene Methoden zur Vertriebsplanung finden Einsatz, je nach Anforderungen. Die Planung kann monatlich, vierteljährlich, halbjährlich, jährlich oder auch in anderen

speziellen Perioden erfolgen. Wichtig ist es hier, einen Prozess aufzusetzen, der alle relevanten Bereiche der Vertriebsplanung sowie auch ihre laufende Überwachung auf diesen Ebenen beinhaltet:

- Soll (Ziele)
- Ist (Aktuelle Ergebnisse)
- Forecast (Erwartung)
- Kritische Abweichungen

Darüber hinaus enthält eine gute Vertriebsplanung nicht nur ein Wunsch-Scenario, sondern Worst-Case-, Realistic-Case- und Best-Case-Scenarien, inklusive der wichtigsten Taktiken, um bei Bedarf darauf reagieren zu können. Je besser sie geplant sind, desto schneller kann man darauf zugreifen und auf kritische Situationen durchdacht und nicht nur aus der Not heraus reagieren.

Darüber hinaus enthalten gute Vertriebspläne mehrere Faktoren, samt ihrer Korrelationen untereinander: Kunden und ihre Wachstumsraten, Produkte, Marktsegmente, Branchen, Marktwachstumsraten, Lieferantenpläne und -strategien, Marktentwicklungen, Trends, Wettbewerb, Prognosen sowie auch Unternehmensstrategien (neue Kundensegmente, Absatzmärkte etc.), Preis-Strategien und strategische Kundenpläne. Auch hier bietet uns die Technologie der Big Data und vor allem die Künstliche Intelligenz die Möglichkeit, eine noch nie da gewesene Granularität in der Vertriebsplanung zu erreichen. Daher ist es überaus wichtig, alle für Ihr Geschäft zur Verfügung stehenden Möglichkeiten zu evaluieren: Dynamic Forecasting, Pipeline Prediction, Predictive Modelling, Demand Planning etc.

Überwachung der Vertriebsleistung Eine Vertriebsorganisation kann heute nicht effizient sein, wenn sie ihre Leistung nicht kontinuierlich überwacht und auch gezielt steuert. Es reicht nicht, einen Plan zu haben, man benötigt auch einen Prozess, um die Umsetzung des Plans zu sichern, wozu eine kontinuierliche Leistungsüberwachung gehört. Insbesondere in heutigen Zeiten dürfen Vertriebsorganisationen – größenunabhängig – die Wichtigkeit der Leistungsüberwachung und -steuerung nicht unterschätzen. Denn sie entwickelt sich zu einem Wettbewerbsvorteil. Auch hier ist es die Technologie, die es möglich macht, Transparenz in die Leistung der Organisation hineinzubringen und bessere Entscheidungsgrundlagen zu schaffen. Angesichts der riesigen Datenmengen, die heute leichter zugänglich sind als je zuvor, ist es verwunderlich, dass nicht mehr Vertriebsorganisationen diese Daten zu ihrem Vorteil nutzen. In den letzten Jahren sind Daten zu einem entscheidenden technologischen Werkzeug für viele Unternehmen geworden. Diejenigen Organisationen, die schnell lernen, aus ihren Daten Mehrwert zu ziehen, werden ihre Marktstellung langfristig festigen und ausbauen können.

Vertriebskennzahlen Vertriebsorganisationen, die immer noch „rein" umsatzgesteuert sind und wo die Budgetplanung und die Leistungsbewertung auf Umsatzbasis erfolgt, machen etwas falsch. Die Leistungsteuerung sollte fundiert auf mehreren Ebenen erfolgen: **Strategie, Effizienz, Organisation, Vertriebskanäle, Kunden und Vertriebsmitarbeiter** (s. Abb. 3.22).

Auch wenn die einzelnen Kennzahlen je nach Geschäftsbereich, Branche und Unternehmensgröße unterschiedlich ausfallen, sollten in jedem Vertriebssteuerungskonzept alle sechs Ebenen enthalten sein. Die Darstellung in Abb. 3.22 ist bei weitem nicht komplett, denn Vertriebssteuerung hat Stoff genug, um ein eigenes Buch zu füllen. Aber diese Abbildung vermittelt einen guten Eindruck, worum es bei der Performancesteuerung einer Vertriebsorganisation geht und kann Ihnen ein paar Ideen bieten, wie Ihr Vertriebssteuerungsmodell aussehen könnte. Zudem muss auch Folgendes berücksichtig werden: Während einige grundlegende Vertriebskennzahlen auch schon seit vielen Jahren ihre Relevanz beweisen, führen die gegenwärtigen Veränderungen auch dazu, dass einige neue, dynamischere Vertriebs-KPIs entstehen, die bei der Entwicklung eines Leistungsmonitoring-Modells zu berücksichtigen sind:

- **Strategische Leistung:** Neben den klassischen Kennzahlen wie Marktanteile, Unternehmenswachstumsraten vs. Marktwachstum, Produkt- und Marktsegmenttiefe, Umsatzstruktur und Risiko-Abhängigkeit von wenigen Kunden oder Produkten, kommen weitere Kennzahlen hinzu, wie Position und Auffindbarkeit im digitalen Raum, Wahrnehmung der Marke in den sozialen Medien, Erschließung von neuen Marktsegmenten und Innovationsgrad.
- **Effizienz-Leistung:** Hier geht es darum, die Effizienz und die Produktivität der Organisation zu überwachen und zu steigern. Neben Kennzahlen wie Kosteneffizienz im Vertrieb und in der Akquisition, Initiativen-ROI, Abschlussquoten und Liefergenauigkeit, werden auch neue Faktoren überwacht: Einsatz und Akzeptanz von Technologien, Datenqualität und -nutzung, Qualität von Kennzahlen und des Reportings, Forecast-Genauigkeit, Business-Intelligence-Niveau und nicht zuletzt die effektive Zeit, die der Vertrieb mit verkaufsfördernden Aktivitäten verbringt.
- **Organisations-Leistung:** Hier werden neben den Kompetenzfaktoren auf mehreren Ebenen (Fach-, Vertriebs- und Führungskompetenz) und weiterer Aspekten der Mitarbeiterzufriedenheit und des -engagements vor allem auch die Qualität des Wissensmanagements, der Informationstransfer und die Agilität und die Flexibilität in den Strukturen und den Entscheidungswegen bewertet. Digitale Kompetenz der Mitarbeiter sowie auch das Kunden-Verständnis und die Kenntnis von Kundenbedürfnissen gehören zu wichtigen Bewertungsbereichen einer modernen Vertriebsorganisation.
- **Vertriebskanal-Leistung:** Die Diversität und die Effizienz der Vertriebskanäle ist heute ein Grundbaustein jeder Vertriebsorganisation, die ebenfalls einer laufenden Überwachung bedarf. Kunden erwarten mehrere Vertriebs- und Kommunikationskanäle, demzufolge müssen Prozesse aufgesetzt werden, um ihre gesamthafte Leistung zu überwachen. Kennzahlen wie Channel-Profitabilität, Channel-Kundenzufriedenheit, Cross-Channel-Effizienz und Effizienz der Kommunikationskanäle gehören unter anderem dazu.

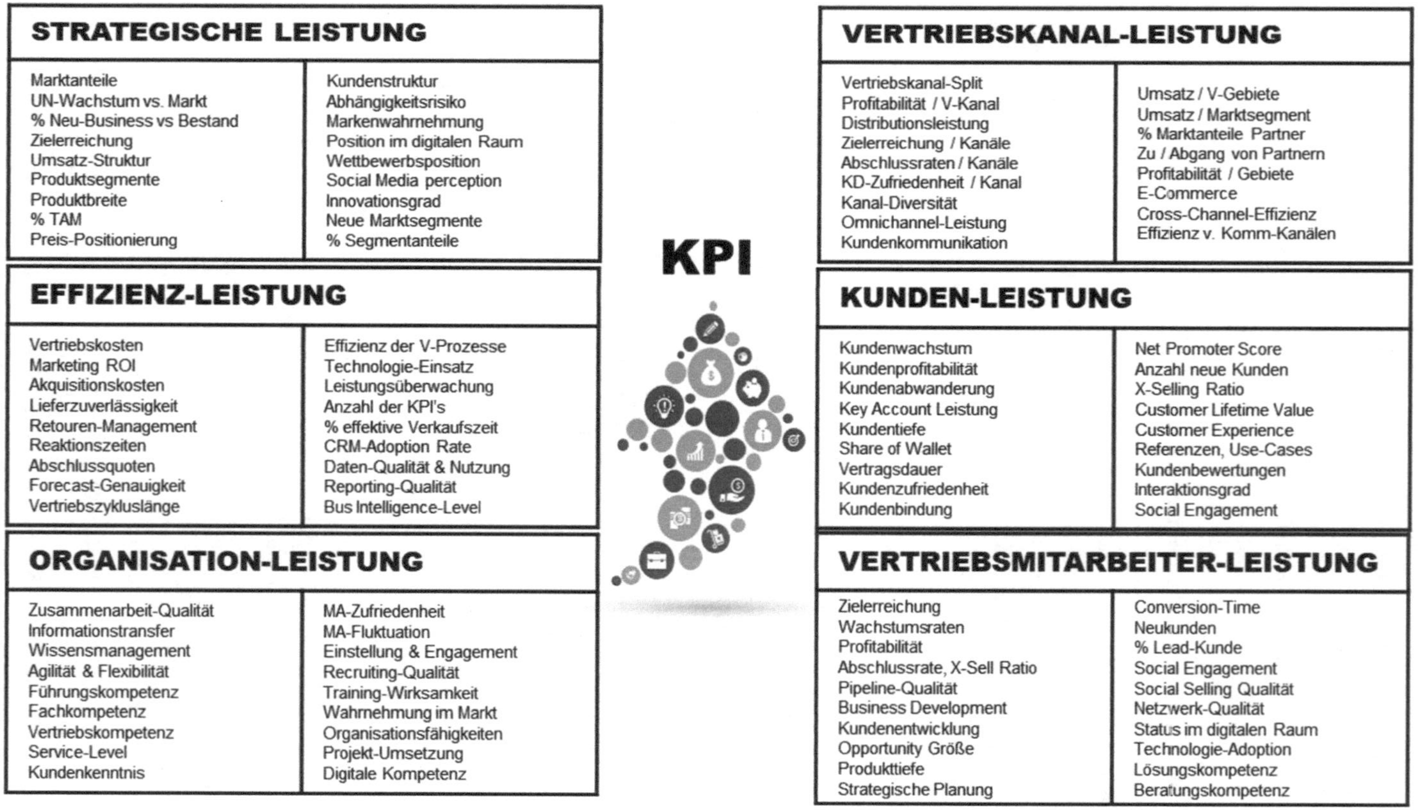

VERTRIEBSKANAL-LEISTUNG

Vertriebskanal-Split	Umsatz / V-Gebiete
Profitabilität / V-Kanal	Umsatz / Marktsegment
Distributionsleistung	% Marktanteile Partner
Zielerreichung / Kanäle	Zu / Abgang von Partnern
Abschlussraten / Kanäle	Profitabilität / Gebiete
KD-Zufriedenheit / Kanal	E-Commerce
Kanal-Diversität	Cross-Channel-Effizienz
Omnichannel-Leistung	Effizienz v. Komm-Kanälen
Kundenkommunikation	

KUNDEN-LEISTUNG

Kundenwachstum	Net Promoter Score
Kundenprofitabilität	Anzahl neue Kunden
Kundenabwanderung	X-Selling Ratio
Key Account Leistung	Customer Lifetime Value
Kundentiefe	Customer Experience
Share of Wallet	Referenzen, Use-Cases
Vertragsdauer	Kundenbewertungen
Kundenzufriedenheit	Interaktionsgrad
Kundenbindung	Social Engagement

VERTRIEBSMITARBEITER-LEISTUNG

Zielerreichung	Conversion-Time
Wachstumsraten	Neukunden
Profitabilität	% Lead-Kunde
Abschlussrate, X-Sell Ratio	Social Engagement
Pipeline-Qualität	Social Selling Qualität
Business Development	Netzwerk-Qualität
Kundenentwicklung	Status im digitalen Raum
Opportunity Größe	Technologie-Adoption
Produkttiefe	Lösungskompetenz
Strategische Planung	Beratungskompetenz

KPI

STRATEGISCHE LEISTUNG

Marktanteile	Kundenstruktur
UN-Wachstum vs. Markt	Abhängigkeitsrisiko
% Neu-Business vs Bestand	Markenwahrnehmung
Zielerreichung	Position im digitalen Raum
Umsatz-Struktur	Wettbewerbsposition
Produktsegmente	Social Media perception
Produktbreite	Innovationsgrad
% TAM	Neue Marktsegmente
Preis-Positionierung	% Segmentanteile

EFFIZIENZ-LEISTUNG

Vertriebskosten	Effizienz der V-Prozesse
Marketing ROI	Technologie-Einsatz
Akquisitionskosten	Leistungsüberwachung
Lieferzuverlässigkeit	Anzahl der KPI's
Retouren-Management	% effektive Verkaufszeit
Reaktionszeiten	CRM-Adoption Rate
Abschlussquoten	Daten-Qualität & Nutzung
Forecast-Genauigkeit	Reporting-Qualität
Vertriebszykluslänge	Bus Intelligence-Level

ORGANISATION-LEISTUNG

Zusammenarbeit-Qualität	MA-Zufriedenheit
Informationstransfer	MA-Fluktuation
Wissensmanagement	Einstellung & Engagement
Agilität & Flexibilität	Recruiting-Qualität
Führungskompetenz	Training-Wirksamkeit
Fachkompetenz	Wahrnehmung im Markt
Vertriebskompetenz	Organisationsfähigkeiten
Service-Level	Projekt-Umsetzung
Kundenkenntnis	Digitale Kompetenz

Abb. 3.22 Ebenen und Kennzahlen der Vertriebssteuerung

- **Kunden-Leistung:** Hier befinden wir uns zwar wieder in bekannten Gewässern und arbeiten mit Kennzahlen wie Kundenzufriedenheit, Net Promoter Score, Share of Wallet, Kundenprofitabilität und -wachstum, aber auch hier können und sollen wir uns neue Kennzahlen zunutze machen, wie Cross-Selling-Ratio, Interaktionsgrad mit unterschiedlichen Kanälen, Social Engagement, Customer Lifetime Value, Bewertungen, Customer Experience etc.
- **Vertriebsmitarbeiter-Leistung:** Nicht zuletzt auch im Bereich der Leistungsbeurteilung von Vertriebsmitarbeitern haben wir neue Kennzahlen. Wie zum Beispiel Social-Engagement- und Social-Selling-Qualität, wo es darum geht zu bewerten, wie gut die Mitarbeiter die sozialen Netzwerke für ihre Vertriebsaktivitäten nutzen. Wie viel Potenzial hat ihr Netzwerk? Wie viele Follower haben sie? Wie oft werden sie empfohlen? Wie professionell ist ihr Auftritt im digitalen Raum? Wie hoch ist ihr Expertenstatus? Wie hoch ist ihr Beitrag zur Content-Verteilung? Darüber hinaus wollen wir auch bewerten, wie hoch ihr Technologieverständnis ist und wie gut sie Zusammenhänge für das Kundengeschäft daraus erkennen. Wie hoch ist ihre Technologieakzeptanz und wie gut können sie Mehrwert aus dem Umgang mit Technologien ziehen? Wie gut nutzen sie Daten und Analytics in ihren Vertriebsaktivitäten? Wie personalisiert ist ihre Kundenansprache? Und natürlich muss ihre Lösungs- und Beratungskompetenz bewertet werden sowie auch die Fähigkeit, eigene Produkte in Verbindung mit Kundenproblemen zu bringen und die eigenen Vertriebsaktivitäten strategisch zu planen. Dies alles zusätzlich zu der üblichen Zielerreichung, Profitabilität, Pipeline-Qualität, Wachstumsraten, Abschlussraten, Kundenabwanderung etc.

Steuerung von Vertriebsressourcen Eine wirksame Steuerung von Vertriebsressourcen geht weit über das einfache Aufsetzten von Provisionsmodellen hinaus. Sie umfasst eine gezielte *Steuerung* der Aktivitäten einzelner Mitarbeiter und der gesamten Mannschaft als Team. Hierzu wird ein sogenanntes MBO-Modell (management by objectives) benötigt, das ein Modell darstellt, um die Leistung der Mitarbeiter gezielt zu steuern und zu entlohnen. Ein MBO-Modell arbeitet mit Zielen bzw. einer Kombination von quantitativen und qualitativen Zielen. Mit quantitativen Zielen wie beispielsweise Provisionszielen werden Mitarbeiter anhand ihrer Verkaufsleistung direkt bemessen, und qualitative Ziele geben Vertriebsführungskräften die Möglichkeit, Vertriebsaktivitäten gezielt zu steuern. Zum Beispiel, um Verkäufe von einem Produkt zu fördern, das Mitarbeiter aus welchen Gründen auch immer ungern verkaufen, das aber für das Unternehmen strategisch wichtig ist. Ein MBO-Modell steuert die Vertriebskräfte in die gewünschte Richtung, anstatt nur die Mitarbeiter nach dem traditionellen Fix-Variabel-Prinzip zu entlohnen. Darüber hinaus bedenken Sie bitte, dass Sie eine Zusammenarbeit im Team und unter unterschiedlichen Abteilungen fördern wollen, daher sind auch Teamziele ein gutes Werkzeug, um Teamgeist zu fördern und die Ellenbogenmentalität abzulegen.

Bei der Zielvereinbarung muss auch gut bedacht werden, inwiefern ihre Erreichung von den Mitarbeitern direkt beeinflussbar ist. Insbesondere beim Einsatz von Technologien im Vertriebsprozess ist darauf zu achten. Beispielsweise wenn Künstliche

Intelligenz dynamische Preise kalkuliert oder ein CPQ-System die Preiskonfiguration vorgibt, kann man die Vertriebsmitarbeiter nicht anhand der erzielten Marge bemessen, denn sie haben keinerlei Einfluss darauf. Ziele, die nicht direkt beeinflussbar sind, demotivieren. Genauso demotivierend sind Ziele, die alleinig in der Ermessung der Führungskräfte liegt. Die Vereinbarung solcher Ziele ist im Rahmen von Personalentwicklungsprogrammen in Ordnung, dürfen aber nicht an das Gehalt gebunden werden. Alles, was eine unmittelbare Auswirkung auf das Gehalt hat, darf keinen Spielraum zur Deutung haben und muss eindeutig messbar, beeinflussbar und natürlich auch im Vorfeld vereinbart sein.

Darüber hinaus reicht es in einem wirksamen Prozess der Vertriebssteuerung nicht nur, Ziele zu vergeben und auszuwerten. Vertriebsführungskräfte müssen ihren Mitarbeitern helfen, ihre Ziele zu erreichen. Hierzu kann es notwendig sein, gemeinsame Aktionspläne zu erstellen, deren fester Bestandteil die Unterstützung der Führungskraft ist. Nicht zuletzt muss Ihr Modell zur Steuerung der Vertriebsressourcen mit dem Vertriebspersonal-Management-Konzept (s. Abschn. 3.7.1) abgestimmt sein. Auch hier liefert Technologie nützliche Werkzeuge.

Vertriebsführung Der Erfolg einer jeden Vertriebsorganisation steht und fällt mit den Personen, die sie führen und leiten. Egal, wie talentiert die Vertriebsmitarbeiter sind, ohne qualifizierte Führung und Steuerung werden sie nicht wirksam sein können. Die Verantwortung einer Vertriebsführungskraft besteht darin, die Vertriebsmitarbeiter in Verantwortung zu ziehen, sie aber bei der Erfüllung ihrer Ziele auch zu unterstützen. Gleichzeitig müssen sie sicherstellen, dass ihnen die notwendigen Mittel und Ressourcen zur Verfügung stehen und die Voraussetzungen für die Zielerreichung geschaffen sind. Zudem ist eine moderne Vertriebsführungskraft eher ein Coach als ein Chef, der Mitarbeiter befähigt, ihre Ziele zu erreichen. Leider mangelt es in vielen Führungsetagen an dieser Qualität, denn viele Manager wissen tatsächlich nicht, wie man gut coacht. Bei einem effektiven Vertriebscoaching geht es nicht darum, gelegentlich die Aktivitäten der Mitarbeiter zu überprüfen oder ab und zu persönliches Feedback zu geben, sondern darum, einen Prozess aufzubauen, um nützliches, aufschlussreiches und spezifisches Coaching in den Bereichen anzubieten, in denen einzelne Mitarbeiter Hilfe benötigen. Dazu müssen Führungskräfte speziell ausgebildet werden bzw. sie benötigen oft selbst externe Coaching-Unterstützung.

Überdies muss die moderne Vertriebsführungskraft die Fähigkeit besitzen, ein Team zusammenzuführen und zu halten. Wie schon dargestellt, beruht der Erfolg einer modernen Vertriebsorganisation nicht mehr, so wie in der Vergangenheit, auf der Leistung der einzelnen Verkäuferstars, sondern auf der Fähigkeit, moderne Kunden zu erreichen und ihnen eine begeisternde Kundenerfahrung zu bieten. So kann auch der Erfolg nicht mehr durch die individuelle Leistung definiert werden, sondern durch die Summe aller Faktoren: Mitarbeiterleistung, Prozesseffizienz, Kundenintelligenz, Technologie-Performance und strategische Ausrichtung. Neben der Fähigkeit, Menschen dazu zu bewegen, an einem Strang zu ziehen, und dem Schaffen einer Kultur eines effizienten

Austauschs von Informationen und Erfahrungen, müssen moderne Führungskräfte die Kompetenz besitzen, Technologie mit dem Faktor Mensch auf mehreren Ebenen zusammenzubringen. Was bedeutet,

- anstatt CRM-Nutzung zu erzwingen, Mitarbeitern helfen zu verstehen, wie CRM zur Erfüllung ihrer eigenen Ziele beiträgt,
- anstatt die „Verkäuferstars" auszuzeichnen, Teamerfolge zu feiern,
- anstatt individuelle Leistungen zu entlohnen, Zusammenarbeit zu fördern,
- anstatt Wettbewerbe auszurufen, den Beitrag jedes einzelnen zum gesamten Teamergebnis zu bewerten.

▶ **Wichtig**
Noch nie war die Gesamtleistung der Organisation im Vergleich zur individuellen Leistung so wichtig und sie wird weiterhin an Bedeutung gewinnen.

Ein weiterer wichtiger Faktor für die moderne Führungskraft ist die Kompetenz, virtuell und auf Distanz zu führen. Abgesehen von möglichen Regionalbüros und den Auswirkungen der Pandemie, was Home-Office betrifft, tragen auch weitere Faktoren zu dieser Entwicklung bei, wie etwa die voranschreitende Globalisierung, Interim-Arbeitskräfte, Crowd-Sourcing und die Arbeitseinstellungen der jüngeren Generationen. Im Ergebnis heißt das, dass Vertriebsführungskräfte lernen müssen, Vertriebsmitarbeiter virtuell genauso effektiv zu führen wie persönlich, sprich: sie müssen die richtige Kombination aus den beiden Welten schaffen. Und nicht zuletzt sei auch die Digital-Leadership-Kompetenz erwähnt, die vor allem aus unserer Transformationsperspektive entscheidend ist: Moderne Führungskräfte müssen Veränderungen in den Organisationen aktiv gestalten, initiieren und organisieren und Mitarbeiter im Prozess der Veränderungen begleiten können.

Was man falsch machen kann
Lost in Controlling Bei der Überwachung der Vertriebsleistung ist es wichtig, nicht nur unterschiedliche KPI einzuführen und zu nutzen, sondern auch unterscheiden zu können, welche Kennzahlen *wirklich* für das Geschäft relevant sind. Dies betrifft auch Daten: Es geht nicht darum, Prozesse aufzusetzen, Daten zu sammeln bzw. auszuwerten, sondern darum, wichtige Erkenntnisse daraus zu ziehen und sie zu nutzen. Es geht ebenso darum zu erkennen, von welchen Daten und Kennzahlen man sich lösen sollte. *Was ist nicht mehr relevant?* Wir wollen effizient und agil agieren, schnell Entscheidungen treffen und umsetzen und nicht nur Vertriebscontrolling von morgens bis abends betreiben.

Mit Deckeln gedeckelt Immer wieder werden Provisionsziele bzw. ihre Erreichung nach oben gedeckelt, wohl aus Angst, zu viel zahlen zu müssen. Damit werden aber auch die motiviertesten Mitarbeiter gebremst, indem man ihnen das Gefühl gibt, sie nicht gänzlich am Unternehmenserfolg beteiligen zu wollen. Wenn Sie insgesamt mehr verkaufen, können Sie auch ihren Mitarbeitern ruhig die Provisionen gönnen, auch wenn es manchmal den Marktumständen zu verdanken ist.

Zum Chef bestraft Top-Performer im Vertrieb sind nicht unbedingt auch Top-Manager. Unternehmen versäumen es oft, ihre besten Vertriebsprofis auf ihre Führungsfähigkeit und -eignung zu prüfen, bevor sie sie in eine Führungsposition befördern. Die Beförderung ist oft als Anerkennung der hervorragenden Verkäuferleistung gedacht, und es scheint eine einfache Entscheidung zu sein, die Besten zu befördern. Unüberlegt endet das Ganze aber damit, dass man die besten Verkäufer aus dem Spiel herausnimmt, das sie gut beherrschen und gerne machen, und deplatziert sie in eine Position, für die sie nicht geeignet sind. Davon profitiert nur die Konkurrenz. Denn das Ergebnis ist, dass das Unternehmen als Ganzes verliert. Die Person ist unglücklich, die von ihr geführten Vertriebsmitarbeiter erbringen zu wenig Leistung und dem Unternehmen entgehen potenzielle Umsätze.

Gläubig und guter Hoffnung Intuition war schon immer ein wichtiger Faktor im Vertrieb und beruht durchwegs auf mehrjähriger Erfahrung. Sie darf aber in heutigen Zeiten nicht die alleinige Grundlage für eine Vertriebsplanung sein. Die Welt ist heute zu schnell, zu viele Veränderungen geschehen parallel und zugleich, als dass man mit allem Schritt halten könnte, trotz bester Fähigkeiten und Erfahrungskompetenz. Anstatt nur zu „glauben", wollen wir uns von der Technologie tatkräftig unterstützen lassen. Eins steht fest: Die Kombination aus Algorithmen und Geschäftserfahrung wird unschlagbar sein.

Konsequente Drohungen Ein weiteres, oft im Vertrieb verbreitetes Phänomen, ist es, bei Fehlverhalten oder nicht zufriedenstellenden Leistungen keine Konsequenzen zu ziehen. Es wird gedroht und gestritten, aber am Ende bleibt es auch dabei. Damit Menschen sich wirklich verantwortlich fühlen, müssen Konsequenzen, auch ohne Rücksicht auf Verluste, gezogen werden. Denn insbesondere die Starverkäufer erlauben sich vieles, nur weil sie gute Zahlen erbringen. Dies allein sollte keine Entschuldigung für Fehlverhalten sein, und Führungskräfte müssen lernen, immer konsequent zu sein. Niemand ist unersetzlich, wirklich niemand. Und das sollten Führungskräfte und Mitarbeiter verinnerlichen und sich an die eigenen Aussagen und Versprechungen halten. Ansonsten muss konsequent darauf reagiert werden, natürlich mit einer zuvor gebotenen Gelegenheit zur Besserung. Es muss konsequent entschieden, statt konsequent gedroht werden.

Totgetrieben Schlagen Sie nicht auf ein Pferd ein, dem die Hufe fehlen und das schon längst erschöpft ist. Auch die Karotte, die Sie ihm vor der Nase halten, wird es nicht mehr zum Laufen bringen. Die alte Denke, dass der Vertrieb *angetrieben* werden muss, um zu laufen und Ergebnisse zu erzielen, hat ausgedient. Geben Sie Ihren Mitarbeitern einen Grund zum Laufen, zeigen Sie die Zielrichtung, schaffen Sie die besten Voraussetzungen dafür, statten Sie sie mit den besten Werkzeugen aus, coachen Sie sie und beobachten Sie genau, wie es ihnen geht. Und wenn sie ans Ziel kommen, feiern Sie gemeinsam den Erfolg. Und wenn sie nicht performen, dann ziehen Sie sie in die Verantwortung und helfen Sie ihnen, auf Kurs zu kommen.

Nix zum Steuern Kleine Firmen haben im Allgemeinen nicht mehr als eine Handvoll Verkäufer, die in der Regel von einem Geschäftsführer geführt werden, der auch selbst verkauft. Sie sind für gewöhnlich der Meinung, sie seien für Vertriebssteuerung zu klein. Selbst die kleinste Vertriebsmannschaft braucht eine Form des Vertriebsmanagements. Und insbesondere in Firmen mit wenig Vertriebsressourcen besteht ein erhöhter Bedarf an konsequenter Verbesserung und Leistungsoptimierung, um die Aktivitäten so effizient wie möglich zu gestalten.

Der Beste im ganzen Land Ein echter Vertriebsleiter sollte niemals verkaufen. Dies ist ein potenziell fataler Fehler, der ein Verkaufsteam völlig demoralisieren kann. Wenn sie mit dem Chef um neue Kunden konkurrieren, schafft das eine wenig wünschenswerte Verkaufskultur und wirft Fragen der Objektivität auf. Gegen das eigene Team zu verkaufen, zerstört jeglichen Respekt der Mitarbeiter gegenüber dem Manager und schafft eine toxische, leistungsschwache Vertriebsumgebung. Zudem fühlen sich manche Vertriebsleiter regelrecht dazu berufen zu beweisen, dass sie die besseren Verkäufer sind, was auch nicht Sinn ihrer Tätigkeit sein kann. Darüber hinaus sind Vertriebsleiter oft zu sehr mit dem Verkaufen beschäftigt, als dass sie sich um das Coaching und die Betreuung der ihnen unterstellten Vertriebsmitarbeiter kümmern könnten. Es kommt schon mal vor, dass Vertriebsleiter Key Accounts selbst betreut, was auch Sinn machen kann, aber dies darf nicht in Konkurrenz zu den anderen Mitarbeitern erfolgen. Man kann von Mitarbeitern nicht erwarten, dass sie sich mit ihren Chefs bemessen. Es müssen klare Trennungen und eine faire Vergleichsbasis geschaffen werden.

Coaching-Strafe Coaching heißt nicht Leistung korrigieren. Der Versuch, Vertriebsmitarbeiter nur in schwierigen Situationen zu coachen, z. B. wenn sie gerade einen großen Auftrag verloren haben, ist sowohl für den Manager als auch für den Mitarbeiter schwierig. Schließlich will niemand Aufmerksamkeit, nur weil er nicht sein Bestes gegeben hat, und beim Coaching geht es nicht darum, jemanden anzuschreien, weil er keine Leistung bringt. Es geht auch nicht darum, jemanden bei schlechten Leistungen zu einem Coach zu schicken. Coaching korrigiert keine Fehlleistungen, sondern ermutigt Mitarbeiter, ihr Bestes zu geben und hilft ihnen, Bestleistungen zu erzielen. Schon mal daran gedacht, Ihre *besten* Mitarbeiter zum Coach zu schicken? Man stelle sich vor, was sie dann wohl leisten würden …

Umsatz macht müde „Umsatz macht müde, Deckungsbeitrag macht glücklich!" pflegte ein weiser Mann zu sagen, mit dem ich arbeiten durfte, und darin liegt einer der Kerngedanken der wirksamen Vertriebssteuerung. Denn man zahlt Rechnungen nicht mit Umsatz, sondern mit dem Ertrag. Demzufolge erschließt es sich mir nicht, warum immer noch so viele Vertriebsorganisationen als primäre Kennzahl zur Leistungsbemessung den Umsatz heranziehen. Vermutlich weil das am naheliegendsten und am einfachsten zu messen ist. Dies ist ein großer Fehler, denn Umsatz-Fokus lenkt von vielen anderen wichtigen Faktoren in der Vertriebsleistung ab. Der Fokus muss primär auf den Ertrag gelegt werden. Vor allem dort, wo Mitarbeiter Einfluss auf die Preisgestaltung haben, darf es keine Provisionsvereinbarungen auf Umsatzbasis mehr geben. Technologie kann heute jede Kennzahl, die man sich wünscht, jederzeit und in beliebiger Form zur Verfügung stellen, also müssen wir nachdenken, nach welchen Kennzahlen es Sinn macht, den Vertriebserfolg zu bewerten. Wir wollen die effektive Leistung des Vertriebs bemessen, anstatt immer noch den Umsatz, der in Wirklichkeit für sich allein keine Aussagekraft hat.

In alten Kleidern Oft wird bei Transformationsinitiativen und Umstrukturierung von Prozessen vergessen, darüber nachzudenken, wie die Leistung innerhalb des neuen Systems gemessen werden soll. Stattdessen wird der Erfolg weiterhin anhand traditioneller „alter" Metriken wie Leistungskennzahlen und in Service Level Agreements gemessen. Neue Prozesse benötigen oft neue Metriken zur Ergebnismessung ihrer Leistung.

Zum Nachdenken: Wissen, an welcher Schraube man drehen muss
Ausgerechnet am Samstag vor Weihnachten hatten die riesigen Druckmaschinen einer großen Zeitung in Chicago eine Störung, womit die Einnahmen für die Werbung gefährdet waren, die in der Sonntagszeitung erscheinen sollte. Keiner der Techniker konnte das Problem lösen. Schließlich wurde verzweifelt ein pensionierter Techniker zu Rate gezogen, der seit über 40 Jahren mit diesen Druckmaschinen gearbeitet hatte. „Wir zahlen alles; kommen Sie einfach vorbei und reparieren Sie sie", wurde ihm gesagt.

Als er ankam, ging er ein paar Minuten herum und begutachtete die Maschinen, dann ging er zu einem der Bedienelemente und öffnete es. Er holte eine Münze aus seiner Tasche, drehte damit an einer Schraube um eine Vierteldrehung und sagte: „Die Pressen werden jetzt richtig funktionieren." Nachdem die Druckerei sich bei ihm ausgiebig bedankt hatte, wurde er aufgefordert, eine Rechnung für seine Arbeit zu stellen. Die Rechnung kam ein paar Tage später, und zwar über $10.000 Dollar! Die Druckerei war entsetzt. Warum sollte man denn für den kleinen Aufwand so viel bezahle? So bat sie um Aufschlüsselung der Kosten, in der Hoffnung, dass er den Betrag reduzieren würde, sobald er seine Leistungen nachweisen musste. Die überarbeitete Rechnung kam an:

$1,00 für das Drehen der Schraube
$9999,00 für das Wissen, an welcher Schraube man drehen muss.
(Corelli 2017)

Denkanstoß *Wie oft unterschätzen wir es, dass es nicht ausreicht zu wissen, wie man ein Werkzeug nutzt, sondern warum und wo es seinen Einsatz findet?*

3.7   WOMIT: Ressourcen

Nicht zuletzt benötigen wir auch Ressourcen, um die effiziente und schnelle Umsetzung der Strategie zu gewährleisten: interner, externer und technologischer Natur. Denn der Aufbau der richtigen Organisation und die Auswahl der richtigen Ressourcen, personal-technischer und technologischer Natur, ist eine der größten Baustellen auf dem Weg zur digitalen Transformation im Vertrieb. Demzufolge werden auf dieser Ebene die möglichen Ressourcen aus diversen Perspektiven betrachtet, um Ihnen die bestmögliche Entscheidungsgrundlage für Ihren Transformationsprozess zu bieten.

Kernfrage
Womit wird agiert?

Kernelemente
Die Ressourcenebene betrachtet die **Organisationsressourcen, technologischen Ressourcen** und die möglichen externen Ressourcen und **Partnerschaften,** die bei der Umsetzung der erarbeiteten Strategien sinnvoll sein könnten. Dabei beantworten wir drei Grundfragen (s. Abb. 3.23), um die optimale Ressourcenkombination zu ermitteln, um all die Aufgaben und Tätigkeiten zu erledigen, die wir uns in den vorigen Abschnitten vorgenommen haben.

Auch hier müssen wir das Augenmerk auf die wirksame Integration aller drei Bereiche legen, damit sich die Ressourcen gegenseitig verstärken, anstatt sich auszu-bremsen und gegeneinander zu arbeiten. Hier geht es um die richtigen Menschen in den

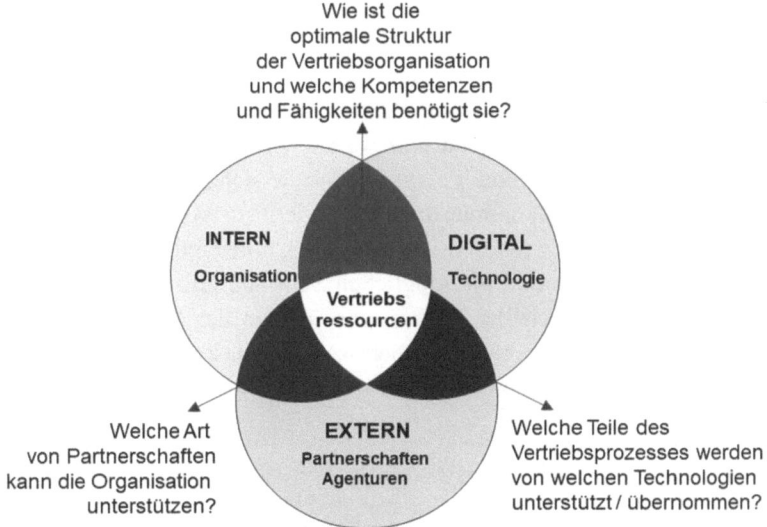

Abb. 3.23 Vertriebsressourcen

richtigen Rollen, die von den richtigen Technologien bei ihrer Arbeit richtig unterstützt werden. Im Zusammenspiel aller Faktoren liegt die Herausforderung, zugleich aber auch das größte Versprechen: Die Integration der richtigen Technologie kann Ihnen einen Vorteil auf dem Markt verschaffen und dazu beitragen, Ihre Abläufe sowohl intern als auch extern zu rationalisieren. Und dazu benötigen Sie die richtigen Mitarbeiter, die den Mehrwert dieser Technologien auf die Ebene des einzelnen Kunden bringen können. Und wie gut sie miteinander interagieren, wird letztendlich den Erfolg Ihrer Organisation definieren. Denn keine Seite kann heute für sich allein existieren und erfolgreich sein.

Methode

In den folgenden Abschnitten werden die einzelnen Methoden beschrieben, wie man eine moderne Organisation aufbaut, wie man Vertriebsprozesse technologisch unterstützt und die richtigen Technologien auswählt. Denn Technologie ist für den Vertrieb Fluch und Segen zugleich: Sie erleichtert es einerseits, den modernen Kunden zu erreichen, und andererseits muss man sie sinnvoll einsetzen können, damit sie Prozesse wirklich verbessert und sie nicht noch komplizierter macht. Dazu benötigen wir Business-Kompetenz, die den Unterschied erkennt und die Prozesse so gestaltet, dass die Technologie als Treiber und nicht als Bremse genutzt wird. Die plakativsten „Bremsen"-Beispiele liefern uns etliche Einführungen von CRM-Systemen in den 1990ern und 2000ern.

Nicht zuletzt will man überlegen, wie man Potenziale mit externen Partnerschaften ausbaut: *Was soll intern gemacht und was soll besser zugekauft werden?* Denn es kann durchaus sinnvoll sein, externe Kompetenz schnell zuzukaufen, statt sie in langwieriger Arbeit selbst zu entwickeln. Und manchmal wird es genau umgekehrt sein.

Schließlich wird die Wirksamkeit im Vertrieb nicht nur durch die einzelnen Bereiche erwirkt, sondern von einer durchdachten Integration aller Vertriebsressourcen. Daher müssen Sie, wenn Sie mit den einzelnen Bereichen fertig sind, zu diesem Schritt zurückkehren und auch die Schnittstellen und den Informationsfluss definieren. Dabei wollen wir mögliche Gefahren und Brüche im Prozess identifizieren und festlegen, wie die kritischen Bereiche überwacht werden und woran wir erkennen werden, ob die angedachten Strukturen funktionieren oder nicht, und ob sie sich ausbremsen oder verstärken. Man sollte es nicht darauf ankommen lassen, sondern im Vorfeld überlegen, wie man kritische Schnittpunkte vermeidet und wie man, falls notwendig, darauf reagieren wird. Je besser wir hier vordenken und die möglichen Schwachstellen von vornherein identifizieren, desto besser und schneller können wir dann in der Realität darauf reagieren, statt sich von möglichen Entwicklungen überraschen zu lassen. Eine SWOT-Analyse in diesem Zusammenhang könnte sinnvoll sein.

Change-Management Die Transformation einer Organisation kann nicht ohne einen durchdachten Change-Management-Prozess vonstattengehen. Denn es werden nicht nur Strukturen, Systeme und Personalzuständigkeiten verändert, sondern auch die Art und Weise, wie Menschen arbeiten, miteinander interagieren und zusammenarbeiten. Ob sie es zugeben oder nicht, Mitarbeiter mögen die Art und Weise, wie sie arbeiten und wie die Dinge in ihrem Alltag funktionieren, demzufolge werden sie auch gewollt oder ungewollt Widerstand gegenüber der Veränderung leisten. Die digitale Transformation zieht insgeheim auch eine Transformation der Organisationskultur mit sich, die sich wesentlich schwieriger gestalten lässt als das Bewegen von Kästchen in Organigrammen. Es gibt genügend Fachliteratur zum Change-Management und fundierte Methoden, auf die Sie zurückgreifen können, um sich mit diesem Thema gesondert zu beschäftigen, wie das AGS Change Model, das Change Management Framework von Bridge, das Change Model nach Kurt Lewin oder das 7-S Change Model von McKinsey.

Zum Nachdenken: Die Torheit des Festhaltens

Ein kleiner Junge betrat langsam das Zimmer, wo seine Mutter am Schreibtisch saß. Sie blickte zu ihm hinunter und sah, dass er eine sehr kostbare Vase trug, ein Geschenk ihrer Großmutter. Benommen sagte sie zu ihm: „Robert, geh und stell die Vase ab, bevor du sie fallen lässt und kaputt machst."

„Ich kann nicht", erwiderte er, „ich kriege meine Hand nicht raus."

„Natürlich kannst du", sagte sie, „du hast sie da reingekriegt."

„Ich weiß, Mama, aber sie kommt nicht raus." Der Vasenhals war sehr schmal, und seine Hand passte genau hinein, sodass sie ihm nun bis zum Handgelenk reichte und er beharrte weiterhin darauf, dass er sie nicht herausbekommen würde. Besorgt rief die Mutter nach seinem Vater.

Der Vater übernahm ruhig die Kontrolle und fing an, sanft am Arm zu ziehen. Er versuchte, sie mit Seifenwasser zu lockern, was aber auch nicht half. Dann holte er etwas Pflanzenöl aus der Küche und goss es um das Handgelenk. Er wackelte und zerrte daran. Nichts rührte sich.

„Ich gebe auf", sagte der Vater verzweifelt. „Ich würde sofort einen Dollar geben, wenn ich wüsste, wie ich die Hand herausbekomme."

„Wirklich?", rief der kleine Robert aus. Dann hörten sie ein klirrendes Geräusch und seine Hand glitt aus der Vase. Sie drehten die Vase auf den Kopf und ein Penny ploppte heraus.

„Was ist das?", fragten die Eltern einstimmig.

„Oh, das ist der Penny, den ich hineingelegt habe. Ich wollte ihn herausholen, also hielt ich ihn in der Hand. Aber als ich Papa sagen hörte, dass er einen Dollar geben würde, um die Vase frei zu bekommen, ließ ich los."
(Ipond o. J.)

Denkanstoß *Wie oft klammern wir uns an Dinge, obwohl sie nichts im Vergleich zu dem sind, was uns gehören könnte, wenn wir nur loslassen würden?*

Was man falsch machen kann

Der Feind unter uns Auf das Entstehen von möglichen Silos muss nicht nur beim Aufbau von internen Organisationsstrukturen geachtet werden, sondern auch im Prozessaufbau mit externen Partnern und Technologien. Beispielsweise kann ein Onlineshop das Schicksal erleiden, von der menschlichen Organisation als Feind empfunden zu werden oder „Externe" werden als nicht wichtig genug erachtet, weil sie halt nicht dazu gehören … Die „alten Bekannten" nicht zu vergessen, wie beispielsweise Marketing, Verkauf, Product Management und Service. Achten Sie beim Aufbau einer neuen Organisation besonders darauf, bekannten Silos die Kraft zu nehmen und neue gar nicht erst entstehen zu lassen.

Unter Blinden Auch wenn wir Menschen uns über den Bedarf nach Veränderung im Klaren sind, unterschätzen wir oft unsere eigene Widerstandskraft gegenüber der Veränderung. Das muss nicht einmal bewusst ablaufen. Oft sind es Muster aus der Vergangenheit oder Gewohnheiten, die uns davon abhalten, anders zu denken, die wir einfach selbst nicht erkennen. Hier müssen wir uns bemühen, den unterschwelligen Widerstand und eigene Blinde Flecken zu entdecken. Zudem darf die Wichtigkeit eines Change-Management Prozesses nicht unterschätzt werden.

Genug ist nicht genug Wenn man etwas ganz Neues aufbaut, kann es schwierig sein, den richtigen Bedarf an Ressourcen einzuschätzen und man kann sich leicht in die eine oder andere Richtung verschätzen. Die richtige Balance zu finden ist oft eine Kunst. Seien Sie sich dieser Ungenauigkeit bewusst und planen Sie Puffer ein bzw. zeichnen Sie What-if-Szenarien, um im Bedarfsfall darauf zugreifen zu können. Nichts ist schlimmer, als wenn Ihnen die notwendigen Ressourcen im Notfall fehlen.

Macht ist Macht Wenn Unternehmen neue Organisationsstrukturen einführen, Verantwortungen anders verteilen und Mitarbeiter in Teams umorganisieren, müssen sie auch sicherstellen, dass die getroffenen Entscheidungen von allen umgesetzt werden. Was bedeutet, dass man gezielt Befugnisse verteilt, um unpopuläre Entscheidungen umzusetzen. Die Macht von alten Strukturen und die Unwilligkeit, die Macht zu übertragen – ob in der Position, Information oder Zugang – darf nicht unterschätzt werden.

Allheilmittel Beim Begriff Change-Management denken viele fälschlicherweise an Trainings und Kommunikation. Dies sind wichtige Komponenten einer Transformationsanstrengung, aber weitgehend unbedeutend, wenn man sie mit anderen Aspekten eines effektiven organisatorischen Wandels vergleicht. Mitarbeitertrainings sind nicht das Allheilmittel in einem Transformationsprozess. Vielmehr geht es hier um die Gestaltung von Arbeitsabläufen und ihre Akzeptanz durch die Mitarbeiter. Sie müssen ihnen helfen, den Mehrwert zu erkennen, den jeder von ihnen durch die Veränderungen gewinnt.

Windkraftstärke hoch Oft werden auch die Auswirkungen der geplanten Veränderungen unterschätzt. Man wacht plötzlich in einer neuen Welt auf, in der nichts mehr ist wie zuvor, und keiner war darauf vorbereitet. Ein Wind kann schnell in einen Tornado umschlagen, mit dem man nicht gerechnet hat. Versuchen Sie, all die möglichen Auswirkungen im Vorfeld gut zu bewerten und Gegenmaßnahmen zu erarbeiteten. Worst-Case-Szenarien sind eine gute Ausgangsbasis, um sicher auf Nummer sicher zu gehen.

Beispiele aus der Vertriebspraxis

Ein Industrieunternehmen hatte 13 Vertriebsmitarbeiter, die ein bisschen von allem machten: Verkauf an Händler, Verkauf an Endkunden, Angebotsstellung und Auftragsbearbeitung, Kundendienst usw. Im Rahmen der Transformationsarbeit wurden die Aufgaben getrennt. Der Kundenservice wurde zentralisiert und in einer eigenen Abteilung organisiert. Die Händler-Betreuung wurde ebenfalls zentralisiert und von einer Person verantwortet, wobei alle Händler mit EDI-Anbindungen an das ERP-System angebunden wurden, sodass der Aufwand in der gesamten Auftragsannahme und -bearbeitung entfiel. Eine weitere Person übernahm die Expansion in neue Märkte und der restlichen Mannschaft wurden klare Gebiete mit Zielvorgaben zugewiesen.

In einem anderen Fall wurde die Zuständigkeit im Vertrieb anhand der neuen Zielgruppen organisiert: Bestehende Vertriebsressourcen wurden gezielt auf die Wunschkunden gerichtet und das Tagesgeschäft mit den „kleinen alten" Kunden wurde gänzlich in die Verantwortung des Customer Supports übergeben. Ziel hier war, Kunden bestmöglich, aber vor allem schnellstmöglich und mit wenig Ressourcenaufwand zu betreuen und ihnen auch Möglichkeiten zu bieten, sich selbst zu „bedienen". Die Fachressourcen im Vertrieb wurden gezielt der Gewinnung der neuen Zielgruppe zugeordnet.

Ein anderes gutes Beispiel bietet uns ein Handelsunternehmen aus dem Rohstoffbereich. Hier wurde während der Strategieentwicklung erkannt, dass man für die Betreuung von bestehenden Kunden „eigentlich" keinen Vertrieb benötigt. Kunden wissen genau, was sie brauchen und „nutzen" den Vertrieb primär für die Preisauskunft, Bestellannahme und Auftragsbearbeitung. So wurde hier die Entscheidung getroffen, ein Kundenportal einzuführen, wo Kunden sich informieren und Bestellungen eigenständig platzieren können. Die bestehenden Vertriebsressourcen wurden auf Business-Development-Aktivitäten gerichtet. ◄

3.7.1 Organisation

Kernfrage

Welche Unterstützung einer State-of-the-Art Organisation benötigen Kunden?

Begleitende Fragen Welche Strukturen, Kompetenzen und Fähigkeiten werden benötigt, um Kundenbedürfnisse optimal zu erfüllen?

Kernelemente

Das digitale Zeitalter erfordert eine flexible und agile Organisation und Mitarbeiter, die „digital-bereit" sind, um mit den sich schnell ändernden Umständen zurechtzukommen. Dabei geht es nicht nur darum, mit der Technologie vertraut zu sein und digitale Tools nutzen zu können, sondern vor allem um das Verständnis über die technologischen Auswirkungen, sowohl auf das eigene Geschäft als auch auf das von Kunden und die Reaktion darauf. Summa summarum benötigt die moderne Vertriebsorganisation neue Kompetenzen und zeitgemäße Strukturen, um unter den digitalen Bedienungen unserer Zeit wirksam Leistungen erbringen zu können. Somit ist das Überdenken und Hinterfragen von bestehenden Organisationsstrukturen ein wichtiger Bestandteil der Vertriebstransformation. Denn Vertriebsstrukturen sind vorwiegend organisch gewachsen und können nur bedingt auf die Anforderungen moderner Kunden eingehen. Traditionell organisierte Strukturen haben häufig Schwierigkeiten, agil und flexibel auf die Marktanforderungen zu reagieren.

Werfen wir einen Blick auf die verbreitetsten Strukturmodelle von Vertriebsorganisationen:

- **Geografisch/territorial:** Vertriebsressourcen werden unterschiedlichen geografischen Territorien/Regionen zugeordnet.
- **Vertikal/segmentiert:** Vertriebsstrukturen werden anhand Produkt-Anwendungsbereichen und Branchen organisiert: Pharma, Produktion, Enterprise, Retail etc.
- **Produkt-/fachspezifisch:** Unterschiedliche Teams werden für spezifische Produkte mit speziellen Fachkenntnissen gebildet.
- **Funktions-/tätigkeitsorientiert:** Die Organisation wird nach Vertriebstätigkeiten organisiert: Business Development, Key Account Management, Innendienst, Außendienst oder Pre-Sales, Sales und After-Sales. Auch die Hunter-Farmer Organisation würde darunterfallen. Bei dieser Struktur wird der Fokus jeweils auf die Kundengewinnung und -betreuung gelegt: Personen, die aktiv Kunden akquirieren (Hunter) und Personen, die bestehende Kunden betreuen (Farmer).
- **Kunden-/größenorientiert:** Hier werden Kunden je nach Größe unterschiedlichen Vertriebsrollen zugeteilt: Small, Medium und Key Accounts.

Zudem gibt es auch hybride Formen, die eine Kombination von zwei oder mehreren Strukturen darstellen. Auch wenn diese traditionellen Modelle heutzutage den überwiegenden Teil von Vertriebsorganisationen strukturiert, spiegeln sie die Realität unserer Zeit nicht mehr wider, denn es sind inzwischen viel mehr Ebenen einer Vertriebsorganisation zu berücksichtigen (s. Abb. 3.24).

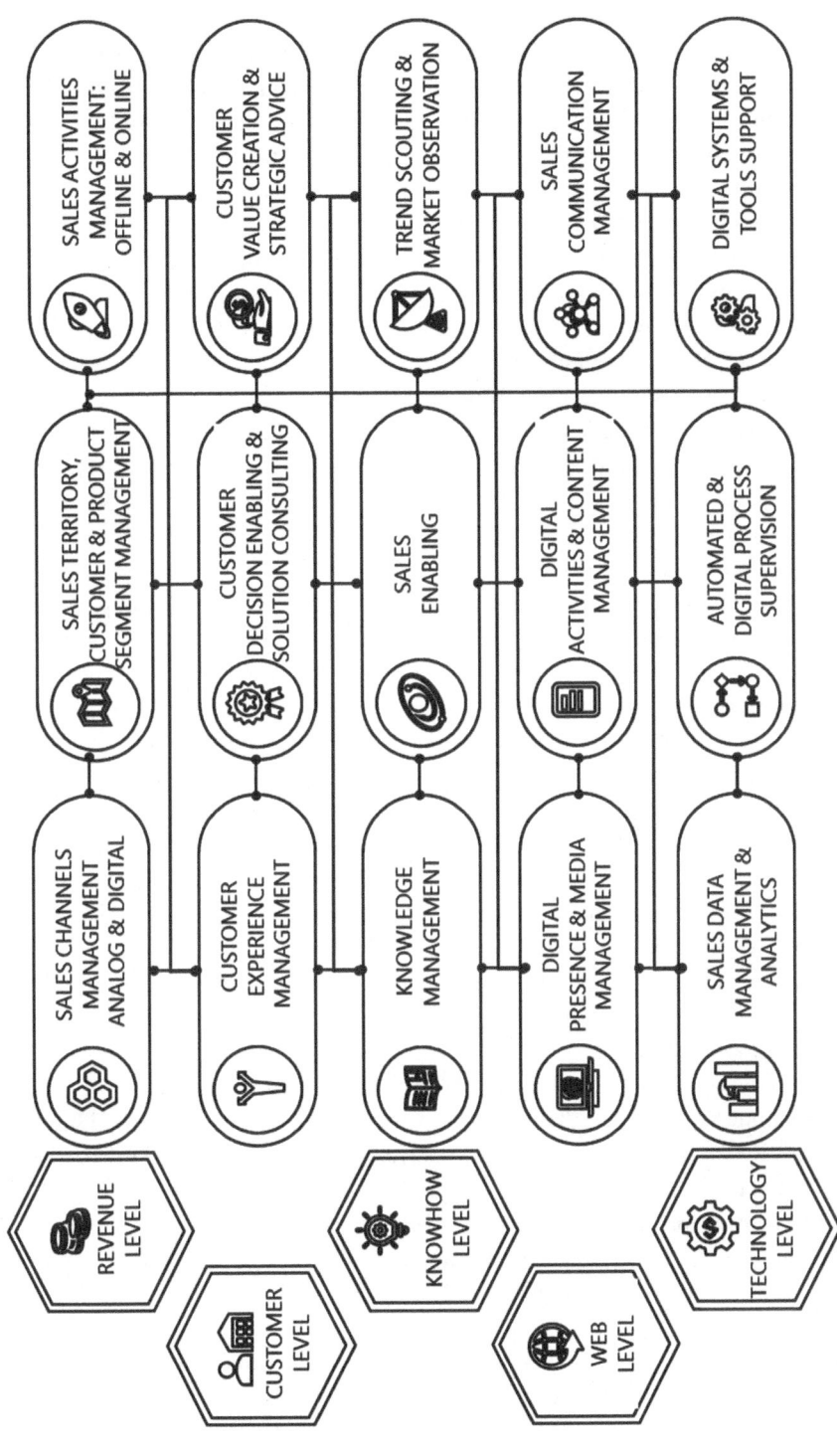

Abb. 3.24 Ebenen der modernen Vertriebsorganisation

Elemente moderner Vertriebsstrukturen Der Aufbau von State-of-the-Art Vertriebsstrukturen bezieht sich nicht nur auf die Segmentierung des Vertriebsteams in spezialisierte Gruppen oder regionale Aufteilungen, sondern benötigt die Berücksichtigung von mehreren korrelierenden Ebenen, um eine hohe Leistung der Organisation unter digitalen Marktbedingungen zu ermöglichen:

- **Revenue Level/Umsatz-Ebene**
  - Sales channels management, analog & digital: Verwaltung aller Verkaufskanäle, z. B. Distribution, Retail, Partnervertrieb, direkt Vertrieb, E-Commerce etc.
  - Sales territory, customer & product segments management: Verwaltung aller Vertriebsgebiete, Zielmärkte und Zielgruppen, z. B. geografisch, Branchen- & Marktsegmente, Zielgruppen, Produktgruppen etc.
  - Sales activities management, offline & online: Verwaltung aller Vertriebsaktivitäten, kanalübergreifend, z. B. Lead-Generierung, Lead-Qualifizierung, Preis-Management, Business Development, Customer Relationship Management, Strategischer Vertrieb etc.
- **Customer-Ebene/Kunden-Ebene**
  - Customer experience management: Verbesserung der Kundenerfahrung, Gestaltung der Customer-Journey, Steigerung der Kundenzufriedenheit, Verbesserung der Benutzerfreundlichkeit für Kundeninteraktionen, Steigerung der Kundenbindung, Personalisierung der Kundenerfahrung etc.
  - Customer decision enabling & solution consulting: Unterstützung der Kunden in ihrem Entscheidungsprozess, Erarbeitung von kundenspezifischen Lösungen, Beratung, Lösungskonzepte etc.
  - Customer value creation & strategic advice: Schaffung vom Kundenmehrwert, Erarbeitung von Nutzenkonzepten, Umwandlung von Produktfunktionalitäten in Kundennutzen, strategische Beratung und Vertrieb etc.
- **Knowhow Level/Know-how-Ebene**
  - Knowledge management: Beschaffung und Verteilung des notwendigen Wissens innerhalb der Organisation auf allen relevanten Ebenen: Kunde, Markt, Wettbewerb, Produkte etc.
  - Sales enabling: Die Organisation befähigen, ihre Ziele zu erreichen, relevante Informationen für alle Phasen des Vertriebszyklus beschaffen, Unterlagen, Präsentationen, Werkzeuge. Ausbau von Kompetenzen und Fähigkeiten, Training, Coaching etc.
  - Trend scouting & market observation: Marktbeobachtung und Analyse, Kundenbedürfnisse und -erwartungen identifizieren und überwachen, Trends erkennen und evaluieren, Wettbewerb-Beobachtung etc.
- **Web Level/Web-Ebene**
  - Digital Presence & Media Management: Aufbau und Aktualisierung der digitalen Vertriebspräsenz auf allen relevanten Plattformen und Kanälen. Hier geht es primär um die Präsenz des Vertriebs (der Mitarbeiter), aber darunter können auch die

Webseite, Verwaltung digitaler Medien etc. fallen, die in der Regel im Marketing angesiedelt sind.

- Digital activities & content management: Verwaltung aller digitalen und online Aktivitäten und Inhalte: Content-Kampagnen, Social-Media-Aktivitäten, Vertriebskampagnen etc. Auch hier geht es primär um den Vertriebsbeitrag an klassischen Marketingaktivitäten.
- Sales communication management: Verwaltung der Kommunikation über alle Vertriebskanäle, unter anderem auch Website Chats, Chatbots, virtuelle Assistenten, Messenger, Social Media etc.

- **Technology Level/Technologie-Ebene**
  - Sales data management & analytics: Datenverwaltung und -analysen, Datenbanken verwalten, Datenschutz-Anforderungen erfüllen (DSGVO), Reporting, Analysen des Kundenverhaltens, Customer Analytics etc.
  - Automated & digital process supervision: Überwachung der digitalen und automatisierten Prozesse im Vertrieb, z. B. EDI-Anbindungen, Onlineshops, Bots Performance, Leistung & KPI Überwachung etc.
  - Digital systems & tools support: Aufrechterhaltung aller Vertriebssysteme, die über die Verantwortung und die Kompetenz der IT-Abteilung hinausgehen, wie CRM, Configure Price Quote Tools, Business Intelligence, Produkt-Konfiguratoren, Dynamic-Pricing-Systeme, Onlineshops etc.

Die jeweiligen Ebenen werden sinngemäß von der Geschäftsspezifik definiert und in der Realität in einzelnen Rollen integriert. Oder auch umgekehrt, innerhalb der einzelnen Ebenen werden mehrere Rollen notwendig sein. Diese Rollen unterscheiden sich zum Teil grundlegend von den uns bekannten Vertriebsrollen, worauf wir beim Design einer Vertriebsorganisation achten müssen. Dabei gibt es teils starke Überschneidungen mit dem Marketingbereich, denn je nach Geschäftsfeld lassen sich die Tätigkeiten einfach nicht mehr klar trennen.

Vertriebsrollen Einhergehend mit den Veränderungen in der Struktur der Vertriebsorganisation verändern sich auch die Vertriebsrollen. So müssen wir auch sie unter die Lupe nehmen und die Unterschiede zwischen den traditionellen und modernen Rollen betrachten, um daraus die für den eigenen Vertriebsansatz optimale Kombination zu finden. Anhand dieser Beispiele können Sie den Unterschied zwischen den **traditionellen und zeitgemäßen Vertriebsrollen und Funktionen erkennen:**

- **Traditionelle Vertriebsrollen,** auf deren Beschreibung verzichtet wird, da ihr Verantwortungsbereich inzwischen selbstverständlich ist:
  - Außendienst
  - Innendienst
  - Business Developer
  - Key Account Manager

- Channel/Territory/Gebiets/Regional Manager
- Sales Specialist
- Sales Support
- Auftragsbearbeitung und Administration

- **Neue Vertriebsrollen** nehmen vermehrt ihren Platz in Vertriebsorganisationen ein oder sind gerade im Entstehen:
  - **Business Enabler** arbeiten mit und für Kunden und entwickeln individuelle Lösungen, die Kunden ermöglichen, ihre Unternehmensziele besser zu erreichen.
  - **Customer Success Manager** sind verantwortlich für die Kundenzufriedenheit und auch die hohe Kundenbindung. Sie identifizieren Up- und Cross-Selling-Möglichkeiten, Subscription-Upgrades und Renewals. Zudem konzipieren sie und setzen Kundenbindungsprogramme um, überwachen Kundeninteraktionen und setzen Maßnahmen auf, um die Kundenzufriedenheit zu steigern.
  - **Solution Consultants** sind nicht mehr so neue Rollen, aber sie werden vermehrt ihren Platz in den Vertriebsorganisationen finden. Denn Kunden wollen nicht mit Verkäufern, sondern mit qualifizierten Beratern zu tun haben.
  - **Strategic Advisor** fokussieren sich auf strategische Geschäftsentwicklung mit Kunden und unterstützen sie dabei, spezielle und individuelle Lösungen zu entwickeln.
  - **Sales Engineer** unterstützen und optimieren alle technischen Vertriebsprozesse und sorgen für die reibungslose Funktionalität der Vertriebssysteme und der automatisierten Prozesse. Im Gegensatz zu ähnlichen IT-Rollen besitzen sie neben technischen Fähigkeiten auch kommerzielles Verständnis und Affinität.
  - **Sales-Analysten** bedienen Datenbanken, überwachen Vertriebs- und Marketingkennzahlen, steuern Kampagnen, bereiten auf und interpretieren Daten und steuern Analytics- und BI-Tools. Sie können ebenfalls die Rolle des Datenschutzbeauftragten übernehmen.
  - **Sales Enabler** sind in der Regel Führungskräfte, die die Vertriebsorganisation mit Informationen, Inhalten und Tools versorgen, die den Vertriebsmitarbeitern und dem Vertrieb insgesamt auf mehreren Ebenen helfen, wirksamer zu sein.
  - **Pricing Manager** sind für die optimale Preisdarstellung verantwortlich, verwalten Dynamic-Pricing-Systeme oder CPQ-Tools (Configure Price Quote), überwachen Wettbewerbspreise und optimieren die Profitabilität.
  - **Lead-Development Experts** versorgen Leads mit relevanten Informationen (Lead-Nurturing), kommunizieren mit ihnen, überwachen ihre Interaktionen mit dem Unternehmen und pflegen die Beziehung zu ihnen, bis sie für den Kauf bereit sind.
  - **Trend Scouts** sind auf dem neuesten Stand der Dinge in Bezug auf alles, was bei unterschiedlichen Zielgruppen und in der Branche geschieht. Sie entdecken Trends und Marktentwicklungen und geben dieses Wissen im Unternehmen weiter.
  - **E-Commerce Manager** sind für den Webshop und alle Online-Verkaufsaktivitäten und -Umsätze verantwortlich.

– **Customer Value Engineers** entwickeln Innovationen und spezifische Kundenlösungen, initiieren und setzen Innovationsprojekte um, entwickeln neue Produkte
und Dienstleistungen aus der Kundenperspektive. Sie sind für die Weiterentwicklung und die Verbesserung von Produkten, Angebotsformen und Vertriebsansätzen verantwortlich und helfen den Vertriebsmitarbeitern in Kundenprojekten,
den Kundenmehrwert zu erarbeiten, zu formulieren und in den Vordergrund zu
legen.

– **Sales Coaches** sind für gewöhnlich Führungskräfte oder Mentoren, die auch
extern besetzt werden können, die Vertriebsmitarbeiter bei der Bewältigung ihrer
individuellen Herausforderungen und der Steigerung der persönlichen Wirksamkeit
unterstützen.

– **Chatbots und Virtuelle Assistenten Developer** entwickeln und steuern Chatbots
und virtuelle Assistenten: KI-Systeme, die eigenständig bestimme Rollen und
Tätigkeiten im Vertrieb übernehmen: Kommunikation, Beratung, Auskunft und
Information.

• **Neue kombinierte Vertriebs- und Marketingrollen,** die sich aus der vermehrten
Überschneidung von Vertriebs- und Marketingaktivitäten ergeben:

– **Omnichannel Manager** sind verantwortlich für die nahtlose und einheitliche
Kommunikation über alle Kommunikationskanäle und setzen Prozesse auf, um den
Informationsfluss über alle Channels in Echtzeit zu ermöglichen.

– **Online Marketing/Sales Specialists** sind verantwortlich für alle online Aktivitäten, wie Online-Kampagnen, Newsletter, SEA etc.

– **Social Media Specialists** sind für alle Aktivitäten auf den sozialen Medien verantwortlich, überwachen die Interaktion der Kunden, ihre Wahrnehmung der
Marke gegenüber, den Wettbewerb und steuern alle zusammenhängenden Tätigkeiten.

– **Influencer-Manager** identifizieren und arbeiten mit Influencern, treffen Vereinbarungen mit ihnen, überwachen ihre Aktivitäten und die Performance.

– **Content Marketing Specialists** sind für die Produktion und die Verwaltung des
Contents (Inhalte) kanalübergreifend verantwortlich: Blogs, Newsletter, Artikel,
Case-Studies, Posts etc.

– **Digital Presence Specialists** sind für die digitale Präsenz verantwortlich, wie
Webseite, Suchmaschinen, Portale etc. Sie pflegen und optimieren die Webseite
und arbeiten daran, die ersten Plätze in den Suchmaschinen und die Auffindbarkeit
auf allen kundenrelevanten Kanälen zu sichern. Dazu können auch Voice Skills/
Voice Search Spezialisten gezählt werden.

– **ABM Specialists** sind verantwortlich für das Account-based Marketing (s.
Abschn. 4.3.10). Sie initiieren und setzen kundenspezifische und personalisierte
Kampagnen um.

– **Customer Experience Manager** sind für die Verbesserung der Kundenerfahrung
verantwortlich. Sie überwachen und optimieren die Interaktionen der Kunden mit
dem Unternehmen auf allen digitalen Ebenen und haben zum Ziel, eine möglichst

bequeme, unkomplizierte und nahtlose Customer Experience zu schaffen, um Kunden zu begeistern.

– **Digital Brand Manager** konzipieren die digitale Vision und Strategie für die Marke über alle digitalen Kanäle und setzen sie um. Ihre Aufgabe ist es, das Wachstum und die Bekanntheit von Produktlinien des Unternehmens zu fördern, indem die Bekanntheit der Marke über digitale Kanäle gesteigert wird.

Selbstverständlich können und werden auch diese Rollen in der Realität anders heißen, und die Tätigkeiten werden sich Branchen- und Geschäftsbereich-spezifisch anders gewichten und verteilen: Manchmal werden spezifische Tätigkeiten von ganzen Abteilungen abgedeckt sein und manchmal wird eine Person mehrere Bereiche abdecken. Diese Beispiele sollten Ihnen eine Vorstellung davon geben, welche Rollen im modernen Vertrieb und Marketing Einsatz finden und wie sie ihren Platz in Organisationen einnehmen können.

Wenn wir davon ausgehen, dass viele Prozesse im Vertrieb automatisiert und technologisch unterstützt werden und administrative Tätigkeiten wie Auftragserfassung und Abwicklung, Datenerfassung und Administration kostengünstiger und besser von der Technologie ausgeführt werden, müssen die Rollen und die Funktionen überdacht werden. Und das ebenfalls mit der genauen Evaluierung der Trends im Kundenverhalten, denn Kunden wollen heute nicht mehr von Huntern akquiriert werden, sondern mit Business Enablern interagieren, die ihnen wertvolle Einsichten und Perspektiven für das Geschäft bieten.

Kompetenz der Vertriebsorganisation Die Wirksamkeit der Vertriebsrollen wird primär von der Qualität der Kompetenzen und der Fähigkeiten der Mitarbeiter abhängen. Und auch hier erfordern die neuen Gegebenheiten einen radikal anderen Satz an Fähigkeiten und Kompetenzen als noch vor wenigen Jahren. Dies ist besonders durch die sich verändernden Vertriebsansätze und –tätigkeiten (s. Abschn. 1.1.3) bedingt. Konkret müssen Vertriebsmitarbeiter heute.

- neben telefonische Kaltakquise zu beherrschen und Termine zu vereinbaren, Kundeninteresse wecken und Mehrwert für eine Interaktion bieten.
- neben Kontakte in sozialen Netzwerken zu knüpfen, Kunden einen Grund für eine Interaktion geben.
- neben Produktfunktionalitäten zu kennen, die Kompetenz besitzen, den Mehrwert eigener Produkte und Dienstleistungen in individuelle Kundenlösungen zu integrieren.
- statt Netzwerken das Buying Center beim Kunden identifizieren und sich auf allen Ebenen Zugang verschaffen und Vertrauen bilden.
- neben Abschlussstärke die Fähigkeit besitzen, Kunden auf dem Weg zu den für sie richtigen Entscheidungen begleiten.

- neben Angebote auf Anfragen zu schreiben und Ausschreibungen zu bearbeiten, Kunden in ihren Annahmen herausfordern und auf Fehlannahmen und Denkfehler hinweisen.
- neben E-Mails zu schreiben, virtuell zu kommunizieren und virtuell Beziehungen aufzubauen.
- neben Verkaufsmethoden, Fragetechniken und psychologische Tricks zu beherrschen, Kunden relevante Einsichten bieten und ihre Entscheidungsgrundlagen verbessern.

All dies müssen Vertriebsmitarbeiter lernen, denn für unqualifizierten Vertrieb hat kein Kunde heute mehr Lust und Zeit. Zudem erfordert die neue Geschäftswelt von den Vertriebsmitarbeitern vor allem Lernfähigkeit und den Wunsch, sich weiterzuentwickeln und zu verbessern, sowie auch die Fähigkeit, sich schnell und effektiv anzupassen, für Veränderungen offen zu sein und mit anderen in einem digitalen Kontext interagieren und zusammenarbeiten zu können.

▶   Ein moderner Verkäufer ist jemand, der bereit ist, dem modernen Kunden zu begegnen, zu dessen Bedingungen und auf den Wegen, über die er sich engagieren möchte und zu dem von ihm bevorzugten Zeitpunkt.

Diese Begegnung ist keine leichte Herausforderung, denn dafür muss ein fundiertes Wissen über den modernen Kunden vorhanden sein, und dieses Wissen entsteht selten von allein. Hier muss den Mitarbeitern geholfen werden, dieses Wissen aufzubauen und es auch einzusetzen. Die Mitarbeiter benötigen Unterstützung, um auf die technologischen Veränderungen und das veränderte Kundenverhalten eingehen und den dafür notwendigen neuen Mix an Fähigkeiten und Kompetenzen aufbauen zu können.

Zeitgemäße Vertriebskompetenzen Die erforderlichen neuen Kompetenzen lassen sich in vier Schlüsselkategorien zusammenfassen, die unter den digitalen Vertriebsbedingungen unerlässlich sind:

- **Enabler-Kompetenz:** Kunden haben heutzutage Zugriff zu denselben Informationen wie Vertriebsmitarbeiter und benötigen für die Informationsbeschaffung keine Verkäufer mehr. Demzufolge sehen sie keine Notwendigkeit, den Vertrieb in ihrem Kaufprozess zu involvieren. Im Grunde wird der Vertrieb erst involviert, wenn die Anforderungen schon definiert sind und nur noch die Beschaffung oder der Kauf erfolgen muss, wenn überhaupt. Denn falls die Möglichkeit besteht, wird direkt online gekauft. Die Informationsrolle im Vertrieb haben Google und YouTube übernommen.
  Demzufolge muss der Vertrieb die Kompetenz besitzen, nicht nur Angebote zu erstellen, sondern die Annahmen des Kunden zu hinterfragen. Es muss Kunden zu der Erkenntnis verholfen werden, dass sie womöglich nicht alles bei ihrer Entscheidung berücksichtigt haben. So muss der Vertriebsmitarbeiter Zusammenhänge,

Fehlannahmen und ihre Auswirkungen schnell erkennen können und Kunden dabei unterstützen, diese Erkenntnisse selbst zu erlangen. Im Grunde muss er wie ein Coach agieren und dem Kunden helfen, die schon getroffene Entscheidung zu festigen oder neu zu validieren. Ansonsten wird man einfach zum x-ten Anbieter, zwischen denen sich der Kunde entscheiden wird. Demnach wird auch die Evaluierung überwiegend auf der Basis von Preisen und Konditionen erfolgen.

▶ Im Grunde muss der Vertriebsmitarbeiter die Kompetenz besitzen, die Fähigkeiten seines Unternehmens und seine Produkte mit den Bedürfnissen und vor allem den Zielen seiner Kunden zu verbinden: die Enabler-Fähigkeit.

- **Entscheidung unterstützen:** Moderne Kunden brauchen keine Verkäufer, die sie zu einem Kauf drängen und pushen, sondern jemanden, der sie bei ihrer Entscheidung unterstützen. Das bedeutet, dass der Vertrieb einem Kunden auch von einem Kauf abraten soll, wenn er erkennt, dass der Kunde sich täuscht und Gefahr läuft, eine schlechte Entscheidung zu treffen. Auch wenn es auf den ersten Blick gänzlich am gewohnten verkaufsorientierten Ansatz vorbeigeht, der besagt, dass Vertrieb am Ende des Tages verkaufen muss, ist dies der Kern des wirksamen Vertriebs. Indem man Kunden zu Fehlkäufen drängt, produzieren wir am Ende nichts außer unzufriedene Kunden und Reklamationen. Und schlimmstenfalls auch negative Berichte und Erfahrungen im Netz. Moderne Vertriebsmitarbeiter müssen im Stande sein, dem Kunden zu helfen, die für sich richtige Entscheidung zu treffen. Auch wenn es bedeutet, dass man auf eine Transaktion und Provision auch mal verzichten muss. Dies ist langfristig die richtige Strategie, denn der Kunde wird das nicht vergessen und beim nächsten Mal wiederkommen und das Unternehmen weiterempfehlen. Damit Vertriebsmitarbeiter diese Fähigkeit auch ausleben können, müssen die Steuerungselemente in der Vertriebsführung es erlauben. Das bedeutet, dass Entlohnungsmodelle langfristig aufgebaut werden müssen, anstatt Vertriebsmitarbeiter durch die lauernde Gefahr, nicht zu ihrem Gehalt zu kommen, ungewollt zu unmoralischen Verhaltensweisen zu drängen.

▶ Der Vertriebsmitarbeiter muss die für die Kundenentscheidung wichtigen Faktoren identifizieren und diese in den Vordergrund stellen, auch wenn es möglicherweise kurzfristig zu eigenen Ungunsten sein könnte.

- **Digitales Know-how:** Hier geht es darum, in Bezug auf neue Entwicklungen – ob technologischer oder geschäftlicher Natur – immer up-to-date zu sein und schnell Wissenslücken schließen zu können. Zum einen geht es um umfassende Online-Recherchekompetenzen und die Fähigkeit, fast jede Information schnell und sicher zu entdecken. Heute muss der Vertrieb Kunden nicht während Interaktionen mit ihnen qualifizieren, sondern im Vorfeld. Während der direkten Kommunikation werden die im Rechercheprozess identifizierten Informationen und Annahmen validiert. Denn um die Enabler-Kompetenz ausüben zu können, muss der Vertriebsmitarbeiter sich tief gehend mit seinen Kunden und ihrem Geschäft beschäftigen. Mit dem Wissen, wo diese Daten zu finden sind und wie sie zu bewerten sind, können Vertriebsmitarbeiter ihre Botschaften in einen relevanten Kontext setzen, zutreffende Annahmen treffen und die für den Kunden oft mühsame Phase der Faktenermittlung überspringen.

Zum zweiten geht es um die Aneignung des notwendigen technologischen Wissens. Einerseits in der eigenen Branche: *Welche Technologie-Entwicklungen sind im Anmarsch? Was macht die Konkurrenz? Welche Technologien beschäftigen die Kunden?* Und wie schon erwähnt, geht es in diesem Zusammenhang nicht unbedingt um das Verständnis der Funktionalität der Technologie, sondern viel mehr um ihre Auswirkungen auf das eigene Geschäft und das der Kunden. Heutzutage muss man nicht mehrere Jahre in einer Branche verbringen, um sich fachlich auszukennen und eine qualifizierte Meinung zu haben. Das Internet ermöglicht es, schnell einen Grad an Fachexpertise aufzubauen, für die man früher Jahre benötigte. Die schiere Anzahl von verfügbaren digitalen Ressourcen beschleunigt den Lernprozess immens. So muss der Vertriebsmitarbeiter die Fähigkeit besitzen, sich online umfassend informieren und bilden zu können, um die notwendigen Fachkompetenzen aufzubauen und sich ständig weiterzuentwickeln.

Zu guter Letzt muss sich ein Vertriebsmitarbeiter auch in Bezug auf die technologische Entwicklung im Vertrieb auf dem Laufenden halten. Denn mit diesem Wissen kann er die eigene Produktivität dramatisch steigern. Es gibt inzwischen eine Unmenge an hilfreichen Tools, die den Alltag im Vertrieb wesentlich erleichtern und mehr Wirksamkeit einbringen können. Selbstmanagement ist schon lange kein Vorteil mehr, sondern eine Notwendigkeit im Vertrieb.

▶ Zusammengefasst geht es beim Digitalen Know-how um die Fähigkeit zu recherchieren und technologische Möglichkeiten zu erkennen, sie zu nutzen und in Verbindung zum eigenen Geschäft zu bringen.

- **Digitale Kommunikation:** Digitale Kommunikation impliziert die Fähigkeit, mit technologischen Mitteln zu kommunizieren, Einfluss zu nehmen und Beziehungen zu pflegen. Spätestens mit der Pandemie sollte diese Fähigkeit überall angekommen zu sein. Digitale Kommunikationsfähigkeit ermöglicht es den Vertriebsmitarbeitern, auf die von ihren Kunden präferierten Art und Weise zu kommunizieren. Und das können viele sein: Zoom, MS Teams, WebEx, GoToMeeting, WhatsApp, LinkedIn Chat, Facetime, Skype, Slack, Hangouts, Telegram, Signal, WeChat etc.

  Darüber hinaus geht es nicht nur um die klassische One-to-one-Kommunikation, sondern um indirekte Interaktionen, wie das Teilen von Inhalten und Beiträgen, Online-Artikeln und Posts, Likes, Kommentare und Emoticons. Um Zugang zum Entscheidungsprozess der Kunden zu bekommen, muss der Vertriebsmitarbeiter sich zu einer vertrauenswürdigen Ressource und Informationsquelle für Kunden entwickeln, und dabei geht es nicht um Produktkenntnis, sondern um relevante Inhalte, Einsichten und Entscheidungsgrundlagen. Relevanter Inhalt entwickelt sich zu einer unschätzbaren Ressource für den Verkäufer. Zudem muss der Verkäufer auch im digitalen Raum „zuhören" können, Kundenbedürfnisse dort erkennen und Gelegenheiten ergreifen, um Geschäft zu initiieren.

▶ Die Digitale Kommunikation impliziert die Fähigkeit, Kunden im digitalen Raum zu erreichen und mit ihnen direkt und indirekt kommunizieren zu können.

Denkanstoß *Wenn Sie diese neuen Grundkompetenzen betrachten: Sind Ihr Vertrieb und Sie selbst modern genug, um wettbewerbsfähig zu sein?*

Methode
Haben Sie sich schon mal gefragt, wie Ihre Vertriebsorganisation aussehen würde, wenn Sie ihr Design Ihren Kunden überlassen würden? Was würden sie behalten? Was würden sie streichen? Was würden sie anders organisieren? Welche Fähigkeiten würden sie sich aussuchen? Welche Kompetenzen würden sie voraussetzen?

Organisationsstruktur Auch wenn ich mich ungerne wiederhole, muss ich auch hier erneut den Kunden die Macht übergeben. Denn nicht nur die Aktivitäten von Vertrieb und Marketing müssen sich an den Erwartungen der Kunden ausrichten, sondern auch die Struktur der Vertriebsorganisation. Sie muss fähig sein, die Bedürfnisse der Kunden auf die Art und Weise zu erfüllen, die Kunden erwarten und nicht so, wie die organisch gewachsenen Strukturen es erlauben.
Betrachten Sie kritisch und am besten unvoreingenommen Ihre Vertriebsorganisation:

- Ist sie historisch gewachsen oder wurde sie anhand einer gründlichen Analyse von Marktanforderungen gestaltet?
- Wie wirksam ist sie?
- Ist sie zeitgemäß?
- Wie gut erfüllt sie die Erwartungen der modernen Kunden?
- Besitzt sie die notwendigen Kompetenzen?
- Wie gut funktionieren die Zusammenarbeit, die Kommunikations- und Berichtslinien.

Zuerst wollen wir eine möglichst kritische Ist-Zustand-Erhebung durchführen. Danach nehmen wird die im Rahmen des Vertriebsprozess-Designs durchgeführte Analyse des Kundenbeschaffungsprozesses als Basis (s. Abschn. 3.3.3) und überlegen, welche Kompetenzen und Fähigkeiten die Organisation benötigt, um Kunden in ihrem Entscheidungsprozess optimal zu unterstützen. Sie soll natürlich auch dem neu entwickelten Vertriebsansatz und -modell entsprechen. Anhand dieser Erkenntnisse definieren wir im Folgeschritt die notwendigen Rollen und die Funktionen innerhalb der Vertriebsorganisation, wobei man sich an diesen Kernfragen orientieren kann:

- **Vertriebsprozess-spezifisch**
  - Welche Ressourcen sollen welche Tätigkeiten übernehmen?
  - Wer ist für welchen Schritt des Vertriebsprozesses verantwortlich?
  - Welche Kompetenzen sind dafür notwendig?
  - Wer ist sonst in welchem Prozessschritt involviert?
- **Produktspezifisch**
  - Welche Spezialisierung ist notwendig?
  - Welche Fachkenntnisse sind erforderlich?
- **Kundenspezifisch**
  - Welches Kunden-Know-how muss aufgebaut werden?
  - Welche Branchenkenntnisse sind relevant?
  - Welche sonstigen Kenntnisse könnten sinnvoll sein: sprachlich, kulturell etc.?

Die Kombination der Antworten aus den drei Perspektiven wird Ihnen eine gute Vorstellung davon verschaffen, welche Rollen Sie benötigen und welche Verantwortlichkeiten wo angesiedelt sein sollen. Auf dieser Basis können Sie nun die Struktur der Organisation aufzeichnen und dabei auch die Zuständigkeiten und die Schnittstellen zwischen den einzelnen Rollen und anderen Abteilungen gestalten: Reporting, Kommunikation, Informationstransfer. Nicht zuletzt werden die Berichtslinien festgelegt.

Vertriebspersonal-Managementkonzept Wenn die Organisationsstruktur steht und die notwendigen Rollen definiert wurden, benötigen wir auch ein Konzept für das Management der Vertriebsfachkräfte. Dieser beruht auf fünf Säulen (s. Abb. 3.25).

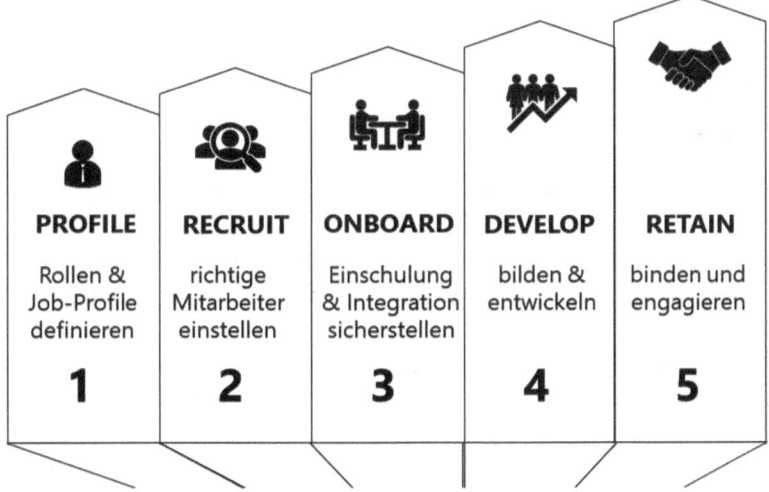

Abb. 3.25 Vertriebspersonal-Management

Profile: Rollenbeschreibung und Anforderungsprofil Für die definierten Vertriebs-rollen ist es notwendig, entsprechende Job-Profile zu erstellen. Darin werden:

- die Zielsetzung der Rolle,
- der Verantwortungsbereich,
- die Tätigkeiten und
- die Anforderungen an die Personen definiert:
  - Erfahrungen,
  - Kenntnisse,
  - Fach-Kompetenzen,
  - Soft-Skills.

Dabei wird gut überlegt, welche Anforderungen unbedingt notwendig sind: Voraussetzung, sogenannte „Must-haves". Und welche davon erwünscht sind: optional, sogenannte „Nice-to-haves". Bei der Unterscheidung zwischen unbedingt notwendigen und wünschens-werten Anforderungen darf man sich von den eigenen Erwartungen nicht in die Irre führen lassen. Denn für gewöhnlich wird viel zu viel Wert auf Branchenerfahrungen, Netzwerk und Verkaufserfahrung gelegt und viel zu wenig auf die Soft-Skills, wo es mehr um die Denkweise, Einstellung, Lernbegierde und das Engagement der Person geht. Ich darf anregen, die Anforderungen, insbesondere unter der Berücksichtigung der Fachkräfte-mangel-Problematik grundlegend zu überdenken. Sind zehn Jahre Erfahrung in der Industrie und bestehende Kontakte wirklich die grundlegende Voraussetzung oder geht es doch um die richtige Einstellung und die Persönlichkeitsstruktur? Die Erfahrung zeigt, dass sich Fachkenntnisse mit der richtigen Einstellung und gutem Willen aneignen lassen, insbesondere in digitalen Zeiten, wo man leichten Zugriff auf Unmengen an Informationen hat. Die Einstellung und die Motivation zu verändern, wird schon schwieriger. Daher überlegen Sie gut, was Must- und was Nice-to-have sein soll. Lassen Sie sich von dieser Entscheidung auch im Recruiting Prozess nicht ablenken und evaluieren Sie auch dement-sprechend die Kandidaten.

Recruit: Vertriebspersonalauswahl und -beschaffung Der Aufbau von relevanten Kompetenzen in der Vertriebsorganisation führt natürlich auch über den Weg der Personalbeschaffung. Auch hier haben sich die Kräfteverhältnisse gedreht: Früher haben sich die Bewerber um den Job beworben, heute müssen sich die Unternehmen bei den Bewerbern bewerben, Stichwort Employer-Awareness und -Branding. Zugleich bereitet der Fachkräftemangel Vertriebsleitern Kopfzerbrechen, und der Krieg um gute Vertriebs-mitarbeiter ist voll im Gange. Gute Vertriebsmitarbeiter zu finden wird inzwischen zu einer fast nicht zu bewältigenden Herausforderung. Denn die Luft auf dem Bewerber-markt ist dünn geworden, und viele Unternehmen wären froh, zumindest „irgendwelche" Verkäufer zu finden. Das wissen die Bewerber auch und stellen hohe Ansprüche an ihre zukünftigen Arbeitgeber.

In diesem Zusammenhang muss der Recruiting-Prozess umgedacht werden. Denn mit dem klassischen Ansatz, Anzeigen zu schalten, Bewerbungsunterlagen zu durchsuchen und Kandidaten anhand ihrer Erfahrungen und Qualifikation zu selektieren, kommt man heute nicht weit. Auch hier haben wir mit unzähligen Trends zu tun, beginnend mit Online- und Video-Bewerbung, Mobile Recruiting und bis zum Active Sourcing. Gute Bewerber lassen sich nicht mehr über den klassischen Anzeigenweg finden, sondern werden in den sozialen Medien und mit aktiver Ansprache rekrutiert.

Damit die Personalbeschaffung funktioniert und um die Herausforderung des Fachkräftemangels zu bewältigen, sind folgende Faktoren wichtig:

- **Ongoing-Recruiting:** Warten Sie nicht, bis jemand gekündigt hat, und fangen Sie nicht erst dann an, nach Ersatz zu suchen. Das zwingt Sie womöglich dazu, Kompromisse einzugehen, die sich später als Fehler erweisen und mit viel Geld und verlorener Zeit bezahlt werden müssen. Entwickeln Sie stattdessen ein System, mit dem Sie potenzielle Vertriebsmitarbeiter kontinuierlich anziehen. Sie wollen einen Pool an Kandidaten erzeugen, auf den Sie bei Bedarf schnell zugreifen können. Überlegen Sie auch, wie Sie sich von den anderen Unternehmen, die ebenfalls auf der Suche nach guten Vertriebsmitarbeitern sind, unterscheiden: Eine Anzeige, die genauso aussieht, wie vor zehn Jahren, wird vermutlich nicht mehr so attraktiv sein. Heutzutage muss man sich auch als Arbeitgeber differenzieren, um für qualifizierte Bewerber attraktiv zu sein.
- **Active-Sourcing:** Warten Sie auch nicht, bis Kandidaten auf Ihre Anzeigen reagieren, sondern sprechen Sie sie aktiv an. Heute werden potenzielle Kandidaten anhand ihres Profils in sozialen Netzen wie z. B. XING, LinkedIn oder auch Facebook ausfindig gemacht und kontaktiert. Denken Sie auch in diesem Zusammenhang an Ihre Digitale Präsenz für Talente, nicht nur für Kunden. *Wie und wo müssen Sie sich im digitalen Raum positionieren, um Talente anzuziehen?* Und das nicht nur während einer aktiven Stellenausschreibung.
- **Recruiting-Prozess:** Setzen Sie einen Prozess auf, mit mehreren Involvierten und dezidierten Schritten und optimalerweise auch einem Assessment, um sicher zu gehen, dass man nicht nur mit dem Bauchgefühl entscheidet. Re-evaluieren Sie auch Ihren Recruiting-Ansatz, Ihre Anzeigen und die Kandidaten-Ansprache und beachten Sie dabei auch die Generationsunterschiede.
- **Profil-fokussiert:** Nur mit einem durchdachten Profil, wie vorhin beschrieben, werden Sie auch imstande sein, die richtigen Kandidaten zu finden und sich von Blendern nicht beeindrucken oder von Branchenerfahrungen in die Irre führen zu lassen. Sorgen Sie dafür, dass Sie bei den vordefinierten Voraussetzungen keine Kompromisse eingehen.
- **Externe involvieren:** In kleineren Unternehmen kann es durchaus sinnvoll sein, Externe in den Recruiting-Prozess zu involvieren: Personalberater oder Vertriebsberater. Partner, die Ihnen beim Aussuchen und der Evaluierung von Kandidaten helfen. Achten Sie hier auch auf die Qualität der Leistung, insbesondere bei den Personalagenturen.

Onboard: zielgerichtete Personalintegration in die Organisation Man glaubt gar nicht, wie oft die Wichtigkeit einer zielführenden und durchdachten Personalintegration übersehen wird. Insbesondere im Vertrieb werden Mitarbeiter nach dem „Schwimm-Test"-Prinzip ins kalte Wasser geworfen, indem man ihnen lediglich die Kollegen vorstellt, Laptop samt Telefon übergibt und den Zugang zu den notwendigen Systemen organisiert. Es gibt eine eindeutige Korrelation zwischen der Qualität der Personalintegration und der Wirksamkeit der Vertriebsmitarbeiter. Je besser die Mitarbeiter eingeschult und unterstützt werden, in Verbindung mit einer klaren Kommunikation der Erwartungen an sie, desto schneller können sie ihre Investition rechtfertigen. Um dies zu erreichen, ist die Einführung eines standardisierten Onboarding-Prozesses sinnvoll, der vor allem folgende Elemente beinhaltet:

- Einschulungsplan
- Trainingsplan, um mögliche fehlende Kompetenzen aufzubauen
- Erwartungsklärung und Zielsetzung: 30-, 90- und -180-Tage-Plan
- Begleitung durch einen Mentor

Studien zeigen, dass das richtige Onboarding neuer Vertriebsmitarbeiter überaus wichtig ist, nicht nur, weil man damit ihre Produktivität steigert, sondern auch die Wahrscheinlichkeit, dass die Mitarbeiter länger im Unternehmen verbleiben. Diversen Studien zufolge im Schnitt drei Jahre oder länger.

Develop: Personalentwicklung und Kompetenzen-Aufbau Nach dem wir identifiziert haben, welche Kompetenzen die Organisation benötigt, um die gesetzte Zielsetzung zu erreichen, wollen wir ein Audit von Fähigkeiten und Kompetenzen innerhalb der Vertriebsorganisation anhand der Rollenprofile durchführen. Hierzu kann man sich diverser Sales Assessment Tools bedienen. Achten Sie nur darauf, dass das verwendete Tool auch die relevanten Kompetenzen qualitativ erhebt. Abhängig von den Ergebnissen können Anpassungen in der Personalzuteilung notwendig sein, wenn die notwendigen Fähigkeiten bei der jeweiligen Person fehlen und ihr Aufbau sich als schwierig erweist. Im Optimalfall erfüllen die vorhandenen Personen die Anforderungsprofile, und bei Bedarf kann man in dem einen oder anderen Bereich mit Coaching oder individuellem Training gezielt „nachhelfen". In aussichtslosen Fällen darf man auch nicht den Fehler machen, mit einer Personalentscheidung zu lange zu warten.

Um fehlende Kompetenzen über die gesamte Organisation hinweg aufzubauen, werden in der Regel spezifische Trainings organisiert, um die Kompetenzlücken zu beheben. Es muss auch bedacht werden, dass es mit einem typischen ein- bis zweitägigen Vertriebsseminar in der Regel nicht getan ist. Der Fokus soll auf den Ausbau von Kompetenzen und Fähigkeiten gelegt werden und nicht auf Wissensvermittlung. Denn das Wissen allen reicht oft nicht aus. Wir wollen nachhaltige Veränderungen im Verhalten bewirken, und das braucht seine Zeit und intensives Training. Auch der beste Trainer wird nicht imstande sein, diesem Anspruch innerhalb weniger Tage gerecht zu werden. Auch von pauschalen Trainings ist abzuraten, denn wir müssen die Spezifika und die individuellen Anforderungen der Organisation berücksichtigen und in das Training einfließen lassen. Den optimalen Weg wird in den meisten Fällen eine auf die Bedürfnisse der Organisation entwickelte Training-Roadmap bieten, in Kombination mit einem individuellen Coachingprogramm.

Langfristig ist das Ziel, eine lernende Vertriebsorganisation zu entwickeln: Die Mitarbeiter sollten sich die Einstellung zueigen machen, dass das Lernen ein fließender und kontinuierlicher Prozess während ihrer gesamten Karriere ist. Der Wandel ist die neue Konstante, und so müssen sie sich fortlaufend weiterentwickeln, wofür das Unternehmen relevante und qualitative Weiterbildungsmöglichkeiten schaffen soll. Neben der Weiterbildung selbst, müssen auch Lerngelegenheiten geschaffen werden. Den Mitarbeitern müssen immer wieder Chancen geboten werden, um Neues zu lernen und sich persönlichen Lernherausforderungen zu stellen.

Im Endeffekt dürfen Führungskräfte die Entwicklung und die Aufrechterhaltung der notwendigen Vertriebsfähigkeiten nicht dem Zufall überlassen, sondern dies strategisch angehen. Man muss sich auch von der Vorstellung verabschieden, dass die Vertriebsmitarbeiter all die richtigen Fähigkeiten schon zum Einstellungsgespräch mitbringen. Wenn Unternehmen wirksame Vertriebsmitarbeiter wollen, müssen sie solide Pläne nicht nur für die Suche, sondern auch zur Entwicklung von Vertriebskräften aufstellen. Dazu zählen regelmäßige Mitarbeitergespräche, und zwar häufiger als einmal im Jahr. Entwicklungspläne und natürlich kontinuierliches Coaching, Talent Development und Succession-Planning-Konzepte und -Programme runden das Packet ab. Auch hier gibt es etliche Tools und Werkzeuge, die den Aufbau und die Verwaltung dieser Prozesse technologisch unterstützen können.

Retain: Engagement- und Beteiligungskonzepte Unter Berücksichtigung des Aspekts des Fachkräftemangels ist das Allerwichtigste für das Unternehmen: die guten Vertriebsmitarbeiter halten zu können. Nicht nur, dass die Einstellung neuer Vertriebsmitarbeiter und ihre Integration in das Unternehmen zeitaufwendig ist, sie ist auch mit höheren Investitionen verbunden. Es ist viel kostengünstiger, sich darauf zu konzentrieren, die guten Mitarbeiter zu halten, als neue zu suchen. Bilden Sie sie aus, helfen Sie ihnen, die Herausforderungen der modernen Geschäftswelt zu bewältigen und seien Sie ihnen gegenüber loyal. Das werden sie Ihnen im Gegenzug auch danken. Außerdem macht es Sinn, Beteiligungsmodelle anzudenken, wo man Mitarbeiter enger an das Unternehmen bindet und sie am Erfolg des Unternehmens teilhaben lässt. Im Gegensatz zu den klassischen provisionsorientierten Modellen fördern gezielte Beteiligungsmodelle das Engagement der Mitarbeiter und schaffen eine ganz andere Basis der Zusammenarbeit, die primär auf Vertrauen, Verantwortung und Zusammenzugehörigkeit beruht. Damit wird es möglich, Organisationen und Strukturen aufzubauen, die alle gemeinsam in dieselbe Richtung rudern, anstatt Konkurrenzdenken und One-Man-Show-Kultur auszubauen, wie es traditionelle Konzepte tun, indem sie die Stars unter den Verkäufern fördern und ihnen irgendwelche Incentives und „Karotten" in Aussicht stellen.

Was man falsch machen kann

Der lieb gewonnene Weisheitszahn Vorwiegend in Organisationen, die es schon länger am Markt gibt, werden bestehende Strukturen als Basis genommen, und es gibt eine geringe Bereitschaft, sie auch zu verändern. Besonders schwer fällt es, die über die Jahre organisch gewachsenen und lieb gewonnenen Strukturen, die tief verwurzelt sind, grundlegend zu verändern. Sie sind wie ein Weisheitszahn, der gezogen werden muss, aber an dem man festhält und über eine mögliche Funktion philosophiert, von der man noch nichts weiß. Trennungsangst und -schmerz überlagern die Rationalität der Entscheidung. Die Umstrukturierung des Vertriebs muss auch nicht über Nacht geschehen und kann und soll auch in einem gut durchdachten Prozess erfolgen. Versuchen Sie, von den bestehenden Strukturen losgelöst, eine Organisation aufzubauen, die vor allem den Kundenanforderungen entspricht. Danach können Sie überlegen, wie Sie die bestehenden Ressourcen darin integrieren, die Rollen verteilen und wie die Umstrukturierung insgesamt erfolgen soll.

Befindlichkeiten der Stars Insbesondere im Vertrieb werden Organisationsstrukturen und Rollen gerne an Individuen angepasst, bzw. man macht für bestimmte Personen aus unterschiedlichen Gründen strukturelle Ausnahmen. Der Grundgedanke ist nicht verkehrt. Denn Menschen zu verändern und in Rollen zu zwingen, funktioniert in der Regel nicht. Allerdings ist der Ansatz grundverkehrt. Man sollte nicht die Organisation an die Fähigkeiten und die Ansprüche einzelner Mitarbeiter anpassen, sondern umgekehrt: Menschen in die Rollen setzten, für die sie die notwendigen Fähigkeiten mitbringen. Wir erinnern uns: Fachkompetenzen kann man sich mit gutem Willen aneignen. Denn wenn Sie die Organisation an die Befindlichkeiten der Verkäufer – in der Regel an die Stars unter ihnen – anpassen, dann haben Sie womöglich eine Struktur, in der sich zwar Ihre Spitzenverkäufer wohl fühlen, die aber den Anforderungen der Kunden nicht entspricht. Früher war dies vielleicht nicht so gravierend, denn der Vertrieb war primär von der Leistung der Spitzenverkäufer abhängig. Heute definieren mehrere andere Faktoren den Erfolg einer Vertriebsorganisation und darunter fällt auch eine an die Marktanforderungen angepasste Struktur. Überlegen Sie lieber, wie Sie Ihre guten Mitarbeiter optimal in die neuen Strukturen einbinden, statt aus Angst, sie zu verlieren, in veralteten Strukturen zu verharren.

Kompromisslos teuer Es ist nicht unüblich, dass man aufgrund eines unerwarteten Ausfalls Mitarbeiter aus der Not heraus einstellt. Hier verzichtet man aus Dringlichkeit auf sorgfältiges Recruiting und sogar auf notwendige Kompetenzen. Dies in der Hoffnung, es wird schon nicht so kritisch sein. Solche Entscheidungen werden meistens nachträglich bereut. Seien Sie trotz Fachkräftemangel wählerisch und seien Sie sich bewusst, wo Sie Kompromisse machen wollen: nur dort, wo die Kompetenz aufgebaut werden kann. Keinesfalls bei den Softskills. Daher ist die Arbeit mit Job-Profilen unerlässlich, denn sie kann uns vor solchen Fehlern bewahren, indem sie uns zeigen, welche Anforderungen Pflicht sind und worauf wir achten sollen.

Wundermittel Alleskönner Auch bei der Erstellung von Profilen lauert eine Gefahr. Sie besteht darin, bei der Definition der unbedingt notwendigen Kompetenzen (Musthaves) zu übertreiben. Gerne werden dabei unzählige Erfahrungen, Kompetenzen und Fähigkeiten als Voraussetzung deklariert. Ja, natürlich wollen wir die Besten finden, aber wir suchen keine Wundermittel. Überlegen Sie kritisch, welche Faktoren wirklich notwendig sind, sonst stehen Sie sich womöglich im Recruiting-Prozess selbst im Weg.

Einfach wär's Die Bedeutung eines Personalmanagement-Konzepts wird oft unterschätzt. Insbesondere kleinere Unternehmen tendieren dazu und nehmen an, dies sei nur für Konzerne relevant. Wenn es nur so einfach wäre … Auch die kleinsten Unternehmen wollen qualifiziertes und engagiertes Vertriebspersonal, das lange beim Unternehmen bleibt, somit ist auch ein Personalmanagement-Konzept für alle Unternehmen wichtig, größenunabhängig, sofern sie Personal haben.

Digitaler Migrationshintergrund Nur weil man mit der Digitalisierung aufgewachsen ist und Mobiltelefon, Apps und soziale Netzwerke bedienen kann, heißt es noch lange nicht, dass man digital kompetent ist. Digitale Kompetenz im Berufsumfeld bezieht sich auf viel mehr Bereiche, als lediglich auf die Nutzung von digitalen Medien. So darf man diesen digitalen Hintergrund nicht als digitale Kompetenz ungefragt anerkennen. Insbesondere Millennials werden hier in ihrer digitalen Kompetenz gerne überbewertet.

Digital hat Vorrang Zudem werden auch gerne Digitale Skills im Vergleich zur Business-Kompetenz überbewertet. Hier darf nicht der Fehler begangen werden, aufgrund von digitaler Affinität auf Geschäftskompetenz zu verzichten. Digitale Skills lassen sich viel leichter erlernen als geschäftlicher Schafsinn. Zusammenhänge erkennen und daraus Mehrwert für Kunden ableiten können ist viel wichtiger, aber auch schwieriger zu erlernen als der Umgang mit Technologie. Hier muss auch auf einen Mix in der gesamten Organisation geachtet werden. Denn gerne werden die „Alten" verdrängt und den jüngeren der Vorrang gegeben, in der Annahme, sie wüssten über Digitalisierung Bescheid. Wir müssen die Erfahrung und die Geschäftskompetenz der „Alten Hasen" mit der Agilität, der Schnelligkeit und der digitalen Affinität der „Jungen" verbinden können und beiden Seiten ermöglichen, die gegenseitigen Stärken anzuerkennen und voneinander zu lernen. Und am Ende des Tages hat die richtige Einstellung Vorrang gegenüber allen Erfahrungen und Kenntnissen.

Geschlossene Gesellschaft Einer der typischen Fehler im Vertriebsrecruiting liegt darin, dass man speziell nach Branchenerfahrungen und Kenntnissen aus dem eigenen Kundenbereich sucht. Das hielt ich schon immer für nicht besonders vernünftig, aber insbesondere im Hinblick auf die Transformation erachte ich es sogar als Fehler. Suchen Sie bewusst auch nach Talenten außerhalb Ihrer Branche, denn sie bringen neue und frische Ideen und Perspektiven ein, die Sie benötigen, um eine innovative Organisation aufzubauen.

Frische Brise Achten Sie auch darauf, die guten Ideen der neuen Mitarbeiter nicht gleich „im Keim zu ersticken". Denn dies ist die gängigste Einstellung den Neuen gegenüber: *Weil es bei uns halt so ist, und Neulinge müssen erst lernen, wie es läuft.* Im Gegenteil, man sollte die Unvoreingenommenheit der neuen Mitarbeiter nutzen und sie aktiv auffordern, auf Optimierungspotenzial hinzuweisen und auf den ersten Blick unverständliche Vorgänge zu hinterfragen. Bestenfalls wird dafür ein klarer Prozess aufgesetzt und dieses „Hinterfragen" den neuen Mitarbeitern als Aufgabe für die ersten Monate gegeben. Natürlich müssen Sie auch die Erwartungshaltung klarstellen, nicht dass die Mitarbeiter denken, es wird alles anhand ihrer Wünsche umgestaltet. Aber wir wollen neue Ideen einbringen und Perspektivwechsel bewusst schaffen, wozu neue Mitarbeiter bestens geeignet sind.

3.7.2   Technologie

Kernfrage

Wie kann die Technologie das Erlebnis Ihrer Kunden leichter machen? Und Ihr Leben auch?

Begleitende Fragen Welche Technologien können die Kundenerfahrung positiv beeinflussen? Welche Technologien ermöglichen es, den Kundennutzen besser zu transportieren?

Kernelemente

Technologie bietet ein mächtiges neues Arsenal an Werkzeugen für den Vertrieb, und Vertriebsorganisationen können heutzutage schneller auf bessere Daten zugreifen, ohne ein Heer von IT-Spezialisten und Datenexperten beschäftigen zu müssen. Zudem ermöglichen günstige und effektive Vertriebstools es auch kleinsten Unternehmen, mit den Großen ihre Kräfte auf dem digitalen Feld zu messen. Denken wir nur an die zahlreichen Start-ups, die in Windeseile den Mega-Konzernen das Gras vor der Haustür abgrasen. Technologie macht es möglich und einfach, daher ist es für Führungskräfte fundamental wichtig, die Auswirkungen der Technologie auf den Markt, die Kunden und folglich auch auf die eigene Vertriebsorganisation zu verstehen.

Noch vor zehn bis 15 Jahren war Technologie ein Privileg im B2B-Vertrieb. Ein Laptop oder ein Mobiltelefon galt im Vertrieb als Auszeichnung. Heute sind es selbstverständliche und unerlässliche Werkzeuge im Vertrieb. So verhält es sich auch mit den neuaufkommenden Vertriebstechnologien: Heute sind sie ein Hype und morgen sind sie Selbstverständlichkeit. Und auch wenn mittlerweile die meisten kleinen und mittelständischen Unternehmen irgendeine Art von Technologiesystemen eingeführt haben, gibt es viele neue Technologien, von deren Existenz die meisten nichts ahnen. Typischerweise werden neue Technologien anfangs von großen Unternehmen genutzt und finden irgendwann auch ihren Weg zu den kleineren Organisationen. Sie muss aber heute diesen langen Weg nicht mehr gehen, denn Technologien sind zugänglich und leicht im Einsatz und in der Verwendung geworden. Die Herausforderung für die Unternehmen liegt darin zu erkennen, welche für sie die richtigen sind, und in die Technologien zu investieren, die für sie nicht nur heute, sondern vor allem in der Zukunft relevant sein werden.

Methode

Eine offene Einstellung neuen Technologien gegenüber und das Verständnis darüber, welche Rolle sie für das eigene Unternehmen spielen, ist eine Grundvoraussetzung dafür, um die wirklich relevanten Technologien zu identifizieren und vielleicht auch solche, an die die Konkurrenz noch nicht dachte. Hierzu muss ein Innovationsumfeld geschaffen werden: Innovationsworkshops, Arbeit mit Experten und Externen, die neue Sichtweisen einbringen und der Organisation helfen, die eigenen Scheuklappen abzulegen. Manchmal ist es von Vorteil zu wissen, wonach man sucht, und manchmal ist das Erkunden neuer Möglichkeiten notwendig, um wirklich neue Potenziale zu entdecken. Die Kunst wird darin liegen, beides zu kombinieren, um das bestmögliche Ergebnis zu erzielen. Was nun die Auswahl der richtigen Technologien nicht weniger kompliziert gestaltet.

Leider gibt es – noch – keine Einheitslösung für Vertriebstechnologie, aber man kann sich mit einer durchdachten Vorgehensweise im gesamten Chaos der unterschiedlichen Optionen durchaus helfen. Um Sie dabei zu unterstützen, werden in Kap. 4 die vielfältigen Möglichkeiten, die die Technologie dem Vertrieb bietet, detailliert und aus mehreren Perspektiven dargestellt. Damit sollte es Ihnen leichter fallen, Potenziale zu entdecken und relevante Technologien zu finden.

Welche Tools für Ihr Unternehmen am wirksamsten sind, wird letztendlich von Ihren individuellen Geschäftsanforderungen abhängen, besser gesagt, von den Anforderungen Ihres neuen Vertriebsprozesses. Denn in erster Linie legt dieser fest, was Technologie für Ihr Unternehmen tun soll. Möglichkeiten und Anbieter gibt es mehr, als man sich wünschen würde, die Kunst liegt darin, die richtigen für die eigenen Prozesse zu finden. Folglich muss Technologie den Anforderungen der Organisation folgen und nicht umgekehrt.

Auswahl von Technologien Die richtige Basis für die Auswahl von Technologie bildet die Summe aller Bausteine des 7W-Modells. Wir benötigen den Vertriebsprozess, der den Beschaffungsprozess bzw. den Einkaufsprozess des Zielkunden als Basis hat. Dafür benötigen wir das Zielkundenprofil, inklusive der Byuing-Center- und Buying-Persona-Analysen (s. Abb. 3.26). Zudem benötigen wir die Vertriebsaktivitäten über den gesamten Vertriebsprozess.

Die Phasen in Ihrem Vertriebsprozess werden in der Realität anders als in Abb. 3.26 abgebildet sein. Hier sind die allgemeingültigen Phasen eines Kundenkaufprozesses und des sich daraus ableitenden Vertriebsprozesses dargestellt. Die Basis für Ihre Arbeit wird der im Abschn. 3.3.3 erarbeitete Vertriebsprozess sein, den Sie nun mit den relevanten Technologien ergänzen.

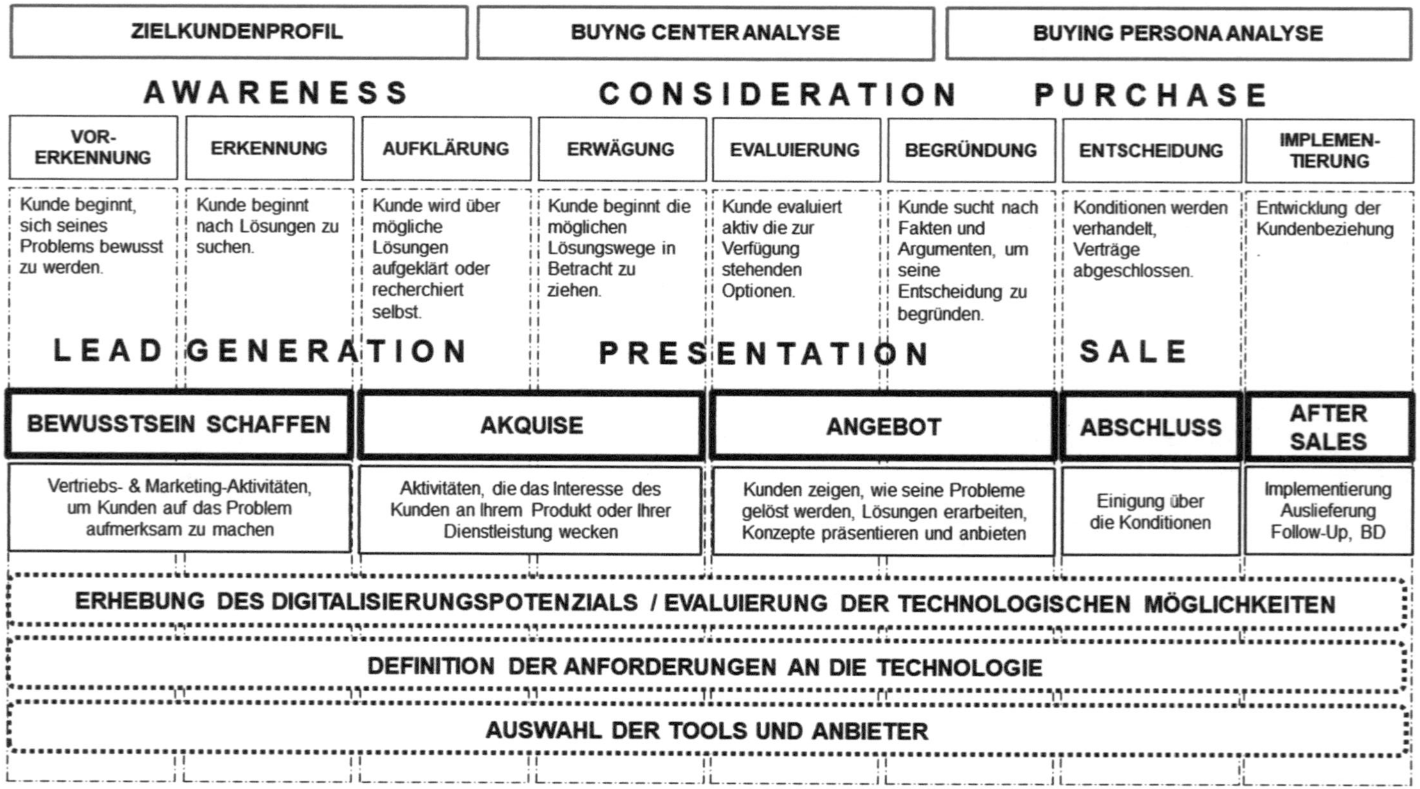

ZIELKUNDENPROFIL			BUYING CENTER ANALYSE			BUYING PERSONA ANALYSE	
AWARENESS			**CONSIDERATION**			**PURCHASE**	
VOR-ERKENNUNG	ERKENNUNG	AUFKLÄRUNG	ERWÄGUNG	EVALUIERUNG	BEGRÜNDUNG	ENTSCHEIDUNG	IMPLEMENTIERUNG
Kunde beginnt, sich seines Problems bewusst zu werden.	Kunde beginnt nach Lösungen zu suchen.	Kunde wird über mögliche Lösungen aufgeklärt oder recherchiert selbst.	Kunde beginnt die möglichen Lösungswege in Betracht zu ziehen.	Kunde evaluiert aktiv die zur Verfügung stehenden Optionen.	Kunde sucht nach Fakten und Argumenten, um seine Entscheidung zu begründen.	Konditionen werden verhandelt, Verträge abgeschlossen.	Entwicklung der Kundenbeziehung
LEAD GENERATION			**PRESENTATION**			**SALE**	
BEWUSSTSEIN SCHAFFEN	AKQUISE		ANGEBOT			ABSCHLUSS	AFTER SALES
Vertriebs- & Marketing-Aktivitäten, um Kunden auf das Problem aufmerksam zu machen	Aktivitäten, die das Interesse des Kunden an Ihrem Produkt oder Ihrer Dienstleistung wecken		Kunden zeigen, wie seine Probleme gelöst werden, Lösungen erarbeiten, Konzepte präsentieren und anbieten			Einigung über die Konditionen	Implementierung Auslieferung Follow-Up, BD

ERHEBUNG DES DIGITALISIERUNGSPOTENZIALS / EVALUIERUNG DER TECHNOLOGISCHEN MÖGLICHKEITEN

DEFINITION DER ANFORDERUNGEN AN DIE TECHNOLOGIE

AUSWAHL DER TOOLS UND ANBIETER

Abb. 3.26 Technologieauswahl im Vertriebsprozess

Dazu erheben wir das Potenzial der Technologie in den jeweiligen Prozess-Schritten. Hierzu kann man sich der Darstellung der technologischen Möglichkeiten im Vertriebsprozess aus Abschn. 4.2 bedienen. Denken Sie hier groß und nicht nur im Sinne der Effizienzsteigerung, sondern vermehrt im Sinne des Potenzials der Technologie für Ihr Geschäftswachstum. Analysieren Sie die vielfältigen Möglichkeiten für Ihr Geschäft, Ihre Branche und Ihre Kunden. Lassen Sie sich dabei auch von anderen Branchen inspirieren. Schauen Sie auch, was die Konkurrenz macht.

Im ganzen Prozess darf Ihr Zielkunde mit seinen Erwartungen und Bedürfnissen keinesfalls aus den Augen gelassen werden, denn er wird bestimmen, welche Teile der Prozesse digitalisiert werden müssen und welche menschlich bleiben sollen. Aber auch hier lauert die Gefahr, sich in der Gegenwart oder in der Vergangenheit zu verstricken. Denn es kann durchaus sein, dass sich die Kunden selbst ihrer Bedürfnisse noch nicht bewusst sind. Hier müssen wir einen Schritt vorausdenken. Erinnern Sie sich an die berühmte Aussage von Henry Ford „*Wenn ich die Leute gefragt hätte, was sie wollen, hätten sie gesagt: ‚schnellere Pferde'*". Oft wissen Menschen nicht, was ihre Bedürfnisse sind. Vor nicht allzu langer Zeit wussten wir nicht, dass wir ein iPhone brauchen, und heute ist es das Statussymbol der Jugendlichen, und sie sind bereit, unvorstellbare Dinge zu tun, um es zu bekommen. Hier müssen wir versuchen, die Kundenbedürfnisse vorauszuahnen, indem wir die technologischen Möglichkeiten fundiert analysieren und erkennen, wie sie die Kundenerfahrung verbessern können – vielleicht auf eine Art und Weise, die wir uns noch nicht vorstellen können.

Neben den Kundenbedürfnissen sollten selbstverständlich auch die Bedürfnisse der Vertriebsorganisation berücksichtigt werden. Hier wird Wert auf Effizienzsteigerung und Usability gelegt, ohne dabei die Kundenerfahrung negativ zu beeinflussen. Anschließend definieren Sie die Anforderungen an die Technologie, anhand ihres Mehrwerts, ihrer Funktionalität und der Integrationsmöglichkeiten. Und erst im letzten Schritt werden passende Tools und Anbieter ausgesucht.

Es sei an dieser Stelle dringendst davon abgeraten, irgendwelche Tools zu implementieren, ohne diesen Prozess gründlich durchgemacht zu haben. Denn die Gefahr ist groß, dass die Tools nicht wie erwartet funktionieren und schnell an Relevanz verlieren, auch wenn sie vielleicht Potenzial für die Organisation hätten. Wir wollen den Friedhof digitaler Tools nicht weiter befüllen, sondern die Tools identifizieren, die für Ihre Organisation Sinn machen.

Kombination der Technologie mit dem Faktor Mensch Einer der wichtigsten Erfolgsfaktoren liegt in der richtigen Kombination der Technologie und des Faktors Mensch in der Kundenerfahrung. Das zu erreichen, ist womöglich die Kür bei all den Bausteinen, die wir im Prozess der Transformationskonzeption bearbeiten müssen. Denn wir wissen, dass die Tendenz der heutigen und zukünftigen Kunden dahin geht, immer weniger persönliche Interaktion zu wollen und ihre Geduld im ineffizienten Austausch mit dem Vertrieb immer geringer wird. Es ist ihnen auch zunehmend egal, ob sie von einem Menschen oder einer Maschine betreut werden, solange der Service-Level stimmt und sie einen höchstpersonalisierten Service erhalten. Dennoch kann eine Maschine – noch – nicht Kundenbedürfnisse auf demselben emotionalen Intelligenzlevel erkennen und so darauf eingehen, wie es ein Mensch tun würde. So wird der Mensch in gewissen Geschäftsbereichen immer noch ein wichtiger Faktor im Vertrieb sein, und es wird womöglich nie möglich sein, diese Intelligenz technologisch zu ersetzten. Und genau hier liegt der Knackpunkt: **Zu verstehen, was kann eine Maschine besser und was kann ein Mensch besser.**

Immer wieder wird hier der eine oder der andere Faktor über- oder unterbewertet. Die jüngeren Generationen und die Start-ups tendieren dazu, den Technologie-Faktor zu überbewerten, und die älteren Generationen und traditionelle Unternehmen tendieren dazu, den Faktor Mensch überzubewerten. Was wirklich wichtig ist: Die für *Ihre Kunden* richtige Kombination aus Digitalität und Mensch zu finden. Diese wird sich aus einer gründlichen Arbeit und fundierten Analysen in allen Dimensionen des 7W-Modells ergeben.

Integration in die Organisation Mit der Auswahl von Technologien und dem Auftrag an die IT-Abteilung ist die erfolgreiche Einführung der Technologie bei weitem nicht erledigt. Eigentlich ist es erst der Anfang einer – für gewöhnlich unterschätzten – Integration von Technologie in die Vertriebsorganisation. Die Betonung liegt auf Integration und nicht Einführung, weil die Technologie eine Organisation für gewöhnlich grundlegend beeinflusst, und zwar nicht nur ihre Prozesse, sondern vielmehr die Art und Weise, wie Menschen arbeiten und miteinander interagieren. Oft greift sie tief gehend in Strukturen, Arbeitsmethoden und Denkweisen ein, was dazu führt, dass nicht bis zum Ende durchdachte Projekte – auch in der Umsetzung – letztendlich scheitern. Atemberaubende 70 % aller Digitalisierungsinitiativen scheitern (Bucy et al. 2016). und groß angelegte Digitalisierungsstrategien erreichen ihre Ziele weitgehend nicht. Dabei zählen zu den häufigsten Ursachen nicht die Technologie selbst, sondern:

- mangelnde Mitarbeitermotivation,
- unzureichender Fokus der Führungsebene,
- schlechte funktionsübergreifende Zusammenarbeit und
- fehlende Verantwortlichkeiten.

Die Transformation einer Organisation erfordert eine grundlegende Umstellung der Denk- und Verhaltensweisen auf allen Ebenen im Vertrieb, beginnend mit den Führungskräften bis hin zum einzelnen Mitarbeiter in den untersten Berichtslinien. Denn Technologie kann nur so gut sein, wie die Menschen es ihr möglich machen. Es ist ein Fehler anzunehmen, dass mit der Einführung von irgendwelchen Systemen und digitalen Tools sich die Probleme im Vertrieb in Luft auflösen. Oft beginnen sie damit erst, sofern alle Beteiligten die Notwendigkeit einer Veränderung nicht gänzlich anerkennen. Und das ist die allerschwierigste Herausforderung, die zu bewältigen ist, wenn es um die digitale Transformation einer Vertriebsorganisation geht.

Die Entwicklung einer Strategie, wo lediglich die Führungsebene involviert ist, wird nicht den ersehnten Erfolg bringen. Die Mitarbeiter müssen verstehen, warum wir das tun und auch diese Entscheidung unterstützen und hinter ihr stehen. Das bedeutet, dass sie in gewisse Entscheidungen involviert und nicht nur über getroffene Entscheidungen informiert werden müssen. Insbesondere die Entscheidungsgrundlagen sollten erläutert werden. *Warum wurde es so entschieden?* Mitarbeiter müssen über die Veränderungen im Markt, im Kundenverhalten, in den Technologien und im Wettbewerbsumfeld aktiv informiert werden. Vorträge, Key Notes, Workshops und intensive Auseinandersetzung mit diesen Veränderungen sind notwendig, um dieses Bewusstsein zu schaffen. *Was bedeuten sie für die Unternehmenszukunft und auch für die Zukunft jedes einzelnen Mitarbeiters?* Und diese Auseinandersetzung beginnt mit der Einstellung auf der Führungsebene. Denn immer wieder – und viel zu oft – herrscht in den Traditionsunternehmen und primär im B2B – die Einstellung *„Bei uns ist es anders"*. Nichts wird sich verändern, wenn nichts verändert wird.

DSGVO Natürlich darf auch die DSGVO-Konformität bei der Evaluierung von Technologien nicht außer Acht gelassen werden. Alle Prozesse und die verwendeten Technologien müssen selbstverständlich den DSGVO-Anforderungen entsprechen. Allerdings darf man nicht in die in Abschn. 3.3 beschriebene Falle der DSGVO-Blindheit hineintappen.

Was man falsch machen kann
Fluch und Segen Der größte Segen der Technologie, Prozesse effizienter zu gestalten und Kosteneinsparungen einzubringen, stellt sich zugleich auch als ihr größter Fluch heraus. Denn dadurch werden ihre wahren Potenziale auf der Geschäftsseite in den Hintergrund geschoben oder erst gar nicht wahrgenommen. Auch wenn Technologie zweifelsohne die Produktivität und die Effizienz im Vertrieb steigern kann, darf ihr wahrer Mehrwert nicht übersehen werden, der im Ausbau und der Generierung vom Geschäft liegt. Insbesondere hat die künstliche Intelligenz mit diesem „Fluch" zu kämpfen, ein Phänomen, das ich unter anderem in meinem Buch „KI – die neue Intelligenz im Vertrieb" aufkläre (Rainsberger 2021). Wenn Sie sich von dieser Frage anleiten – *Wie kann uns die Technologie dabei helfen, besser Kundenbedürfnisse zu erfüllen und mehr Kunden zu erreichen?* – und dabei Ihre Effizienz-Ansprüche nicht aus den Augen verlieren, werden Sie sicherlich die richtige Kombination finden können.

Anders, aber nicht besonders Viele Organisationen tendieren dazu, ihre speziellen Anforderungen an Systeme zu überbewerten, was dazu führt, dass individuelle Software-Anwendungen entwickelt werden. Diese Entwicklungen sind oft kostspielig und vor allem umständlich in der Weiterentwicklung und haben deshalb Schwierigkeiten, mit den rasanten technologischen Entwicklungen Schritt zu halten. Oft wird hier das Rad neu erfunden oder unnötigerweise verkompliziert. Denken Sie daran, dass es heute unzählige Anbieter gibt, die günstiger und schneller Lösungen anbieten können, die oft ihre

Prozesse vielleicht auf eine ungewohnte Art und Weise genauso gut erfüllen, oft sogar besser. Nur man kommt gar nicht so weit, weil man in bestehenden Kategorien denkt. Immer wieder und immer wieder kommen in Workshops die Aussagen: *„Bei uns es aber so!"*, *„Aber wir müssen …"*, *„Aber es war schon immer …"*. Mit der Zauberfrage *„Warum?"* kommt man schnell darauf, dass man an diesen „speziellen" Anforderungen nicht festhalten muss.

Innovation mal anders Die Implementierung einer neuartigen Technologie macht Sie noch lange nicht zu einem innovativen Unternehmen, wie man es annehmen könnte. Herauszufinden, wie Technologie auf eine bis dato unbekannten Art und Weise verwendet werden kann, um Kundenerlebnisse besser zu gestalten und Kundenbedürfnisse besser zu erfüllen, ist wahre Innovation. Und auch hier müssen wir nicht das Rad neu erfinden, sondern neue Wege finden, das Rad zu rollen. Dabei kann man sich von anderen Branchen und Bereichen inspirieren lassen. Denn etwas, das zwar woanders eingesetzt wird, aber in Ihrer Branche und bei Ihren Kunden noch nicht, impliziert ebenfalls Innovation – in dieser Branche eben.

Allein im neuen Wald Auch ein autonomes Fahrzeug benötigt ca. alle 20 s die Bestätigung, dass der Fahrer noch da ist. Und wenn Sie nicht das Lenkrad berühren, wird es Alarm schlagen und bei fehlender Reaktion eine Notbremsung durchführen. Wenn Sie nach ihrer Einführung die Technologie sich allein überlassen, was auch nicht selten vorkommt, wird sie vielleicht im Worstcase Ihren Vertrieb zum Stillstand bringen. Wir wollen nicht übertreiben, aber untertreiben darf man auch nicht. Technologie kann nicht im Alleingang funktionieren. Viele nehmen zum Beispiel an, KI würde das tun, was Ebenfalls ein Irrtum ist. Sie bedarf einer genauen Beobachtung und Prüfung, ob sie wie erwartet funktioniert und die gewünschten Ergebnisse produziert. Neu eingeführte Technologie benötigt Überwachung unter den neuen Bedingungen, und nur mit engem Monitoring ihrer Leistung kann man rechtzeitig eingreifen und Korrekturmaßnahmen setzen.

Nur nicht loslassen Mehreren Studien zufolge liegt einer der größten Hindernisse bei der Umsetzung von digitalen Initiativen im Festhalten an alten IT-Systemen. Es gibt unterschiedlichste Gründe, warum man daran so festhält, von persönlichen bis zu investitionsbedingten. Wobei einer der Hauptgründe mit der Angst zu tun hat, das bestehende Geschäft könnte gefährdet werden. Allein die Vorstellung, zwei bis drei Tage nicht ausliefern zu können, lässt auch den mutigsten und innovationsbegierigsten Geschäftsführer zurückschrecken. Das darf natürlich nicht passieren, aber an Bestehendem festzuhalten, trotzt aller negativen Auswirkungen und Marktentwicklungen, nur weil man an der Qualität der Umsetzung zweifelt, kann auch nicht der richtige Weg sein. Die bessere Strategie ist es, dafür zu sorgen, dass die Umstellung reibungslos geschieht. Das gesamte Projekt aus Angst auf Eis zu legen oder erst gar nicht in Angriff zu nehmen, ist keine Lösung.

Zum Nachdenken: Autobiographie in fünf kurzen Kapiteln

Kapitel I. Ich laufe die Straße hinunter. Da ist ein tiefes Loch im Bürgersteig, in das ich hineinfalle. Ich bin verloren … Ich bin hilflos. Es ist nicht meine Schuld. Ich brauche ewig, um herauszukommen.

   Kapitel II. Ich gehe dieselbe Straße hinunter. Da ist ein tiefes Loch im Bürgersteig. Ich tue so, als sähe ich es nicht. Ich falle wieder hinein. Ich kann nicht glauben, dass ich an derselben Stelle bin, aber es ist nicht meine Schuld. Es dauert immer noch sehr lange, bis ich wieder herauskomme.

   Kapitel III. Ich gehe dieselbe Straße hinunter. Da ist ein tiefes Loch im Bürgersteig. Ich sehe, dass es da ist. Ich falle immer noch hinein … Es ist eine Gewohnheit. Meine Augen sind offen, ich weiß, wo ich bin. Es ist meine Schuld. Ich steige sofort aus.

   Kapitel IV. Ich gehe dieselbe Straße hinunter. Da ist ein tiefes Loch im Bürgersteig. Ich gehe drum herum.

   Kapitel V. Ich gehe eine andere Straße hinunter.

(Nelson 2012)

Denkanstoß *Wie viele Kapitel, schätzen Sie, werden Sie am Ende benötigen, um die richtige Technologie vollumfänglich in Ihre Organisation zu integrieren?*

3.7.3   Partner

Kernfrage

Was kann ein anderer besser und günstiger?

Begleitende Fragen Bei welchen Tätigkeiten und Aufgaben macht es Sinn, sie extern zu vergeben? Für welche Tätigkeiten sollte man besser eigene Kompetenzen aufbauen?

Kernelemente

Wir leben in Zeiten von Outsourcing, Cloud-Lösungen und SaaS-Anbietern. Auch das ist nur durch die technologische Entwicklung möglich geworden. Heutzutage muss man nicht immer und nicht alle Kompetenzen innerhalb des Unternehmens aufbauen, auch nicht im Vertrieb. Daher muss man im Rahmen der Transformationsarbeit auch Überlegungen anstellen, welche Tätigkeiten andere besser machen können und mit welchen Partnern man zusammenarbeiten sollte. Zudem muss man sich genauso gut überlegen, welche Tätigkeiten man zukünftig selbst machen will. Sprich für welche Tätigkeiten, die derzeit ausgelagert sind, macht es Sinn, eigene Kompetenzen aufzubauen? Die Grundfrage hier ist: *Was können wir mit technologischer Unterstützung besser und günstiger selbst machen?* Evaluieren Sie relevante Technologien auch aus dieser Perspektive und hinterfragen Sie bewusst bestehende Partnerschaften. Denn einige der typsicherweise outgesourcten Aktivitäten – insbesondere im Marketing – kann man heute günstiger und effizienter mit eigenen Ressourcen erledigen.

Methode

Einen Teil dieser Überlegungen haben Sie schon vermutlich im Rahmen der Evaluierung von Vertriebskanälen erledigt. Dabei hat man womöglich auch schon potenzielle Partnerschaften als Teil des Distribution-Channel-Struktur identifiziert, wie beispielsweise Vertriebsagenturen und Vertriebspartner. Dabei handelt sich im Grunde um zusätzliche Vertriebspartner, die als eigener Vertriebskanal fungieren und Ihre Produkte eigenständig vertreiben. Nun überlegen wir, ob bestimmte Teile des Vertriebsprozesses oder gewisse Tätigkeiten aus dem Vertrieb und Marketing ausgelagert werden sollten. Für gewöhnlich denkt man da an Marketingagenturen oder Call-Center, dabei kann man heute ganze oder einzelne Prozesse und Aufgaben im Vertrieb für einen definierten Zeitraum an externe Dienstleister auslagern. Insbesondere für kleinere Unternehmen und im Falle von plötzlichem Ressourcenausfall kann man auf diese Art von Dienstleistungen zugreifen. Folgende Dienstleistungen könnten darunterfallen:

- **Vertriebsaktivitäten**
  - Lead-Generierung
  - Terminvereinbarung
  - Telefonverkauf
  - Recherchearbeit
  - Kundenrückgewinnung
  - Qualifizierung von Kontaktdaten
  - Bestandskundenpflege
  - Key Account Management
  - Interim-Sales: Vertriebskräfte auf Zeit
- **Klassische Marketingaktivitäten**
  - Eventmanagement
  - Einladungsmanagement
  - Generierung von Vertriebs- und Marketingmaterialien
  - Marketingkampagnen
  - Konzeption und Umsetzung von Marketingaktivitäten
  - Grafische Gestaltung und Design
- **Digital Marketing**
  - Newsletterkampagnen
  - E-Mailing-Kampagnen
  - Direktmarketing
  - Webseiten Konzeption, Erstellung und Betreuung
  - Content-Marketing
  - Digitale Marketingkampagnen
  - Search Engine Optimizing (SEO)

- – Search Engine Advertising (SEA)
- – Social Media Marketing (SMM)
- **Management**
  - – Interim-Management: Vertriebsführungskräfte auf Zeit
  - – Vertriebsrecruiting
  - – Vertriebscontrolling
  - – Vertriebssteuerung
  - – Vertriebscoaching

Wie Sie sehen, man kann heutzutage nahezu alles auslagern, wenn man möchte. Es gibt Dienstleister für alles, was von Vorteil sein kann, wenn man in gewissen Bereichen zuerst langsam wachsen oder die eine oder andere Idee testen möchte, ohne in eigenes Personal investieren zu müssen. Darüber hinaus kann man damit auch zeitweise das Problem des Fachkräftemangels überbrücken.

Trotz vieler Vorteile sind hier auch die Nachteile nicht außer Acht zu lassen, die sich aus der schwer aufzubauenden spezifischen Geschäftskompetenz ergeben und die auf Dauer zu hohen Kosten führen können. Ein wichtiger Faktor hier ist die Nachvollziehbarkeit der Leistung im Vergleich zur Investition: Nur eine klare Bemessungsgrundlage in Verbindung mit erfolgsorientierten Entlohnungskomponenten wird die notwendige Sicherheit geben, dass Ihr Geld richtig investiert ist. Leider sind nicht viele Agenturen bereit, erfolgsorientiert zu arbeiten.

Call-Center Ein besonderes Augenmerk ist Call-Centern zu widmen, denn die „gute alte" Telefonakquise funktioniert heute nicht mehr so wie früher, und nur wenige Kunden haben Zeit und Lust auf unqualifizierte Anrufe von Call-Centern. Hier muss sichergestellt werden, dass die Mitarbeiter im Call-Center tatsächlich imstande sind, Kunden einen Mehrwert in der Interaktion mit ihnen zu bieten. Und das ist oft schwer, weil die Geschäftskompetenz fehlt. Sie ist innerhalb von wenigen Stunden und mit mehreren Brüchen in der Kommunikation (von Ihnen bis zum jeweiligen Anrufer) einfach nicht zu übermitteln. Für weniger komplexe Tätigkeiten, wie zum Beispiel Einladungsmanagement, können Call-Center immer noch eine gute Alternative bieten, um die eigenen wertvollen Vertriebsressourcen zu schonen.

Marketingagenturen In diesem Zusammenhang darf ich auch die Frage aufwerfen: *Marketingagenturen, ja oder nein?* Viele Unternehmen arbeiten schon seit Jahren mit externen Marketingagenturen und andere wenden sich aktuell aus Mangel an Wissen und Know-how an Agenturen, insbesondere im digitalen Marketingbereich. Auch hier hat die Digitalisierung vieles umgekrempelt und die Schachfiguren neu aufgestellt. Marketingagenturen, insbesondere im digitalen Marketing, gibt es heute wie Sand am Meer. Die Technologie hat viele Möglichkeiten eröffnet, Geschäft zu generieren, und es sind unzählige Agenturen entstanden, weil hier viel Geschäftspotenzial herrscht. Diese Agenturen spezialisieren sich in der Regel auf gewisse Bereiche: Manche programmieren Webseiten, manche schalten Google Ads und andere wiederum setzen Facebook- oder Instagram-Kampagnen auf.

Während man in der Vergangenheit mit wenigen Agenturen auskam, für gewöhnlich eine für Grafik-Design, eine für die Webseite und noch eine für die Marketingaktivitäten oder Veranstaltungsorganisation, reicht das heute nicht mehr. Eben aus dem oben beschriebenen Grund: Überwiegend sind die Agenturen spezialisiert und kennen sich in einem gewissen Bereich aus. Somit „verkaufen" sie auch diese Dienstleistungen, unabhängig davon, ob sie für Ihre Zielkunden und Ihre Vertriebsstrategie passend ist. Darüber hinaus benötigt man heute eine zielgruppenorientierte Ansprachestrategie, die in der Regel viele unterschiedliche Elemente beinhaltet: Website, digitale Kampagnen, Content-Marketing, Social Media, Influencer, Affiliate Marketing, SEA und vieles mehr. Hinzu kommt: dies ist keine einmalige Sache, die man das eine oder andere Mal von einer Agentur „erledigen" lässt. Denn die Digitalisierung ist gekommen, um zu bleiben – und das digitale Marketing mit ihr.

Digitales Marketing bedarf eines strategischen, langfristigen Ansatzes und ist eine ongoing Aktivität, die uns erhalten bleibt. Daher auch hier die grundlegende Frage, ob es nicht Sinn macht, in eigene Ressourcen zu investieren. Denn in den meisten Fällen wird es vermutlich keine Agentur geben, die den gesamten Umfang an notwendigen digitalen Aktivitäten zu sinnvollen Kosten anbieten kann. Hier wird ein Umdenken aufseiten der Agenturen geschehen müssen, denn sie können nicht mehr einfach ihre Leistungen anbieten (Web-Design oder Facebook-Ads), sondern Kunden müssen bei der Umsetzung (und auch der Konzeption) ihrer Marketingstrategien unterstützt werden, unabhängig der eigenen Tools, auf die man sich spezialisiert hat (Beispiel SEO). Und im Mittelstand werden in den Marketingabteilungen neue Rollen entstehen, wo man „digitale Allrounder" benötigt, die technologieaffin sind und viele unterschiedliche Tools und Werkzeuge bedienen können (SEO, SEA, Website, Social Media, Analytics etc.) und dabei den Fokus auf den Kunden und sein Verhalten legen und wissen, darauf zu reagieren.

Leistungsparameter Egal, um welche Partnerschaften es geht und welche Art von Dienstleistungen outgesourct werden, die Leistungskriterien und -erwartungen müssen im Vorfeld klar definiert werden. Nur so kann man sich Enttäuschungen ersparen. Definieren Sie messbare Kriterien und Bemessungsgrundlagen für die Zusammenarbeit, die am besten auf einer erfolgsorientierten Basis erfolgt. Denn Sie wollen wissen, inwiefern sich die Investition rentiert und darüber hinaus den Partner in die Pflicht nehmen, insbesondere wenn es um digitale Aktivitäten wie Lead-Generierung oder Marketing- und Werbekampagnen im digitalen Raum geht. Versprechen kann man Glauben schenken, wir wollen aber genau nachvollziehen, inwiefern sich diese Versprechen bewahrheiten. Dazu liefert uns die Technologie die notwendigen Werkzeuge, denn mit ihrem Einsatz lassen sich alle möglichen Kriterien nachvollziehen, KPIs definieren und Prozesse aufsetzen, um Leistungen zu überwachen. Das Ziel ist es zu wissen, was funktioniert und was nicht, und wo Sie weiterhin Geld ausgeben wollen und wo nicht.

Was man falsch machen kann

Nach wessen Spielregeln Viel zu oft werden Vereinbarungen mit Agenturen auf Basis ihrer angebotenen Dienstleistungen, in der Regel auf Aufwandbasis, aufgesetzt. Lassen Sie sich nicht davon beirren und versuchen Sie, eine erfolgsbezogene Basis zu vereinbaren. Denn Sie wollen nicht für eine Google-Ads Kampagne bezahlen und ihren Report, sondern für den erzielten Erfolg: *Was konkret wurde daraus erzielt? Wie viel Geschäft ist dadurch entstanden?* Auch wenn Agenturen alle möglichen Gründe finden, warum dies nicht nachvollziehbar ist, es gibt eindeutige Kriterien, die sich sehr wohl überprüfen lassen. Und nur dafür wollen wir auch zahlen. Alles andere macht nun wirklich keinen Sinn, und wenn die Agentur sich nicht darauf einlässt, fragen Sie sich: *Warum?* Wenn Sie keine sinnvolle Antwort darauf finden, ist die Zusammenarbeit zu hinterfragen. Sie wissen: An Alternativen im Markt mangelt es heute nun wirklich nicht.

Alte Raketenwissenschaft Früher war es vielleicht notwendig, externe Partner hinzuzuziehen, weil die Komplexität und der Bedarf an Fachkompetenz hoch waren. Bestes Beispiel hierzu ist das Programmieren einer Webseite. Heute lässt sich eine Webseite in wenigen Stunden – ohne zu übertreiben – erstellen und live schalten. Und dabei benötigt man null Programmierkenntnisse. Die meiste Arbeit erledigen die Tools bzw. die KI-Algorithmen, die ein passendes Design, Struktur, Bilder und auch Texte aussuchen. Sie lesen die Inhalte von Ihrer bestehen Webseite aus und übertragen sie automatisch in die neue. Ob das sinnvoll ist, ist eine andere Frage, aber viele Informationen wie Kontaktdaten, Logo und Bilder können so leicht übernommen werden. Nicht, dass ich Ihnen die Zusammenarbeit mit einer Marketingagentur ausreden möchte. Ich will klarstellen, dass heute externe Partnerschaften nicht mehr aufgrund einer fehlenden Fachkompetenz benötigt werden, denn diese kann die Technologie oft besser und günstiger bieten. Oft ist es ein Ressourcenproblem und kein Kompetenzproblem, das man mit einer Zusammenarbeit lösen will, und dessen muss man sich im Klaren sein. Machen Sie hier nicht den Fehler, die Komplexität und das erforderliche Fachwissen zu überschätzen.

Schachbrett neu aufgestellt Auch die Agenturen von heute arbeiten nicht mehr wie früher und nutzen viel mehr technologische Werkzeuge, insbesondere im Bereich der Lead-Generierung und der Recherche nach Informationen. Da sitzt heute in der Regel nicht mehr ein Mensch und recherchiert manuell nach potenziellen Leads oder ergänzt Adresslisten mit Informationen, sondern es sind KI-Bots, die diese Arbeit in Sekundenschnelle erledigen. All diese Technologien können Sie selbst einsetzen, was oft kostengünstiger und auch effizienter ist. Auch aus diesem Grund ist es heute überaus wichtig, sich mit Technologien zu beschäftigen und zu wissen, was sie alles für den Vertrieb tun können. Dazu mehr in Kap. 4.

3.8　Entwicklungsprozess: Vom Werken zum Bewirken

Nachdem wir die Lücken zwischen Warum, Was und Wie geschlossen haben, wollen wir auch die möglichen Lücken innerhalb des Wie schließen. Dabei geht es um das Verständnis, wie die einzelnen Transformationszellen des Modells zusammenhängen und wie der Prozess der Strategieentwicklung gestaltet wird. Denn er wird in jedem Unternehmen anders sein. Je nachdem, in welcher Branche und in welchem Geschäft Sie tätig sind, werden unterschiedliche Bereiche aus den 21 Transformationszellen an Gewichtung gewinnen. Jedoch werden alle sieben Ebenen immer notwendig sein. Wie tief gehend man sich mit den einzelnen Dimensionen beschäftigt, wird jedoch unterschiedlich sein.

Das ganze Modell an sich kann auch abschreckend wirken, wenn man es im Detail betrachtet. Dies, nicht nur, weil es viel Arbeit bedeutet, sondern auch Veränderungen auf sehr vielen Ebenen nach sich ziehen kann. Aber je größer das Unternehmen, desto wichtiger auch der ganzheitliche Ansatz. Einer der Gründe, warum größere und „ältere" Unternehmen es schwerer haben als Start-ups liegt darin, dass ihre Geschäftsprozesse durch das organische Wachstum über die Jahre so fest miteinander verwoben sind, dass die Tendenz groß ist, Veränderungen nur in den obersten Schichten zuzulassen.

Bei den kleineren Unternehmen haben wir in der Regel mit einem anderen Missverständnis zu tun: *Da gibt es nix zum Transformieren, wir sind zu klein dafür.* Die Veränderungen im Kundenverhalten und im Markt sind von der Größe des Unternehmens unabhängig. Ob es sich um ein Einzelunternehmen oder um ein Großkonzern handelt, ist es egal. Am Ende sind es die Kunden, die über den Grad der notwendigen Veränderung bestimmen. Und dass hier Veränderungen notwendig sind, wollen wir nicht mehr anzweifeln. Es mag sein, dass vertiefende Arbeit nicht in allen 21 Dimensionen notwendig ist, aber in gewissen Bereichen wie Zielgruppe, Leistungsversprechen, Digitale Positionierung ist sie unvermeidlich.

3.8.1　Anleitung zur Veränderung

Um unsterblich zu sein, müssen wir, wie die Unsterbliche Qualle, mehrere Tode sterben. Das bedeutet, dass es vermutlich nicht reichen wird, einzelne Veränderungen herbeizuführen, sondern es werden mehrere und womöglich gleichzeitige Veränderungen notwendig sein, um wahre Transformation zu bewirken. Auch wenn es nicht auszuschließen ist, dass man sich in manchen Unternehmen mit wenigen Anpassungen für die Bedingungen der modernen Welt fit machen kann, darf ich diese Hoffnung gleich zunichtemachen und darauf hinweisen, dass insbesondere Unternehmen, die länger existieren und traditionell agieren, ein größerer Umfang an Veränderungen bevorsteht, als es auf den ersten Blick erscheinen mag.

Das 7W-Digital-Sales-Transformation-Modell bietet im Grunde eine Anleitung zur Veränderung auf allen relevanten Vertriebsebenen. Dabei handelt es sich nicht um die

Digitalisierung an sich, sondern um die Überprüfung hinsichtlich der Relevanz und gegebenenfalls der Veränderung von Ansätzen, Modellen und Prozessen im Vertrieb. Dazu benötigen wir die richtigen Denkweisen im Fortlauf der Arbeit mit dem Modell, denn wenn es den Beteiligten an der richtigen Denkweise mangelt und die aktuellen organisatorischen Praktiken fehlerhaft sind, wird die Digitalisierung diese Fehler einfach nur noch verstärken. Diese Erkenntnis müssen wir im Transformationsprozess immer wieder in den Vordergrund stellen, sonst enden wir dort, wo wir waren.

▶   Der Leitgedanke im Transformationsprozess: veränderungsorientiert und
        nicht digitalisierungsorientiert agieren.

Anders Denken erzwingen
Fälschlicherweise nehmen wir oft an, dass der Erfolg mit der Menge an Arbeit und Aufwand direkt korreliert. Der Erfolg unserer Leistung wird nicht dadurch definiert, wie viel und wie hart wir arbeiten, sondern dadurch, wie gut wie arbeiten. Insbesondere im Prozess der Transformation ist die Qualität der Ergebnisse wichtig. Und wenn wir uns verändern wollen, müssen wir auch die Art und Weise, wie wir denken, verändern. Demzufolge müssen wir im Prozess der Strategieentwicklung das „Anders Denken" bewusst erzwingen, um uns von bestehenden Mustern zu lösen. Wir müssen das Denken umdenken, um neue Blickwinkel zu eröffnen und Perspektiven zu wechseln. Dazu ist es erforderlich, das bekannte Spielfeld bewusst zu verlassen:

Andere Umgebung Eine neue und „ungewohnte" Umgebung ist für die Arbeit mit dem 7W-Modell förderlich, denn wenn man den Entwicklungsprozess in den regulären Arbeitsräumen durchführt, ist die Tendenz groß und natürlich, in alten Denkweisen zu verharren. Auch wenn es einfacher, kostengünstiger und auch schneller erscheint, in den eigenen Hallen zu arbeiten, ist es sinnvoll, eine ganz andere Umgebung zu schaffen, um den Prozess des „Andersdenken" bewusst zu fördern. Denn Sie wollen nicht schneller, sondern effektiver sein. Auch wenn es bedeutet, eine kreative Gruppe für einige Zeit gänzlich aus dem Haus zu verbannen.

Provokation Provokation und Herausforderung gehen eng mit Andersdenken einher. Man will sicherlich niemanden beleidigen oder die in der Vergangenheit geleistete Arbeit kritisieren, aber wir müssen die bestehenden Annahmen und den Ist-Stand auf den Prüfstand stellen, wozu ein grundlegendes Hinterfragen der bisherigen Vorgehensweisen gehört. Und dazu kann eine provokante Einstellung gute Dienste leisten, womit aber auch alle Beteiligten einverstanden sein müssen.

Inspiration Neben der Provokation ist die Inspiration auch ein guter Begleiter, um neue Denkweisen anzustoßen. Dazu gehören inspirierende Beispiele aus anderen Branchen und die Darstellung von technologischen Möglichkeiten. Ziehen Sie hier in Erwägung, Speaker und Berater aus anderen Branchen hinzuzuziehen und innovative Ideen von außen zu präsentieren, um dadurch mehr neue Ideen zu generieren. Finden Sie kreative, inspirierende Quellen außerhalb Ihres gewohnten Umfelds, um neue Erkenntnisse und ungewohnte Einsichten einzubringen.

Innovation und Design Thinking Die Einbindung von Design-Thinking-Methoden können ebenfalls sinnvoll sein, denn sie bieten einen lösungsorientierten Ansatz zur Problemlösung und erweisen sich insbesondere bei der Bewältigung komplexer Problemstellungen, die schlecht definiert oder unbekannt sind, als nützlich. Dabei werden in mehreren Brainstorming-Sitzungen viele Ideen entwickelt und anschließend beim Prototyping und Testen ein praktischer Ansatz gewählt.

Externe Unterstützung Auch externe Beteiligte können einerseits neue Ideen einbringen und andererseits den kreativen Prozess fördern. Ob Beratung, Workshop-Moderation, Mediation oder Coaching, es macht durchaus Sinn, Externe und Unbefangene in den Entwicklungsprozess einzubinden.

3.8.2   Schrittweise, aber nicht in Schritten

Die Arbeit mit dem 7W-Modell ist einfach und komplex zugleich. Die Einfachheit besteht darin, dass es Methoden und Werkzeuge bietet, die digitale Transformation im Vertrieb zu konzipieren, und die Komplexität besteht darin, die einzelne Bausteine ineinander zu integrieren. Denn jede Transformationszelle besteht nicht für sich allein und kann allein keine große Wirkung erzielen. Die einzelnen Dimensionen hängen voneinander ab und beeinflussen sich gegenseitig. Zum Beispiel das Leistungsversprechen definiert die Zielgruppe und die Zielgruppe beeinflusst das Leistungsversprechen. Wer war zuerst da: Die Henne oder das Ei?

Demzufolge wird es im Arbeitsprozess notwendig sein, immer wieder zurückkehren und die vorigen Bereiche zu validieren bzw. anzupassen. Die einzelnen Bereiche können nach neu erlangten Erkenntnissen aus den anderen Bereichen zum Teil grundlegende Veränderungen an den schon erarbeiteten Ansätzen erfordern. Daher ist das 7W-Modell keine Schritt-für-Schritt-Anleitung mit einer vorgegebenen Reihenfolge, sondern eine Darstellung aller notwendigen Arbeitsbereiche. Die Reihenfolge, in der die Bereiche bearbeitet werden, wird von den Spezifika des Geschäfts abhängen. Manchmal wird es sinnvoll sein, mit der Zielgruppe zu beginnen, manchmal aber mit der Value Proposition und manchmal mit der Strategischen Zielsetzung. Unabhängig davon, womit begonnen wird, ist die Rückkehr zu den vorigen Schritten und ihre Validierung bzw. Ergänzung unersetzlich.

3.8.3   Die richtige Balance

Dabei wird es wichtig sein, das Gleichgewicht zwischen Genauigkeit und Geschwindigkeit zu halten. Wir wollen nicht zu oberflächlich sein, uns aber auch im Anspruch des Perfektionismus nicht verlieren. Man soll nicht über Bereiche hinwegfliegen, aber sich auch nicht ständig im Kreis drehen. Im Grunde wollen wir nicht zu schnell und nicht zu langsam sein und dabei das richtige Maß an Detailarbeit erreichen. Was an sich eine eigene Herausforderung in sich impliziert, denn auch die Beteiligten im Prozess werden unterschiedliche Ansprüche mitbringen und womöglich unterschiedliche Schwerpunkte in der Arbeit setzten. Daher muss vor Arbeitsbeginn das Bewusstsein über die „richtige Balance" bei allen Beteiligten geschaffen werden, sodass die Menschen erkennen, warum das eine oder das andere Extrem kontraproduktiv ist und sich alle über eine gemeinsame Vorgehensweise und Einstellung verständigt haben. Und natürlich wird es notwendig sein, sich dieses Bewusstsein immer wieder in Erinnerung zu bringen.

3.8.4   Kunden im Blick behalten

Während der gesamten Konzeption der Transformationsstrategie dürfen Sie es nicht zulassen, dass der Kunde den Raum verlässt. Wenn das Ziel der Transformation darin besteht, moderne Kunden besser zu erreichen, muss auch jede Initiative aus der Kundenperspektive betrachtet werden. Gestalten Sie die Vertriebsprozesse und die Kundenerlebnisse von außen nach innen und nicht so, wie es in der Regel geschieht: von innen nach außen. Auch wenn wir immer wieder davon reden, den Kunden ins Zentrum aller Vertriebsprozesse und -aktivitäten zu setzen, ist es erstaunlich festzustellen, wie selten dies in der Realität auch der Fall ist. Wir schreiben es uns im Vertrieb zwar auf die Fahnen, Kundenbedürfnisse zu verstehen und zu erfüllen, aber schaffen wir es tatsächlich?

Auch hier haben wir Studien, die aufzeigen, dass zwar die meisten Vertriebsmitarbeiter glauben, Kundenbedürfnisse zu verstehen, jedoch nur 13 % der Kunden dieser Meinung sind (Brian Williams und Brevet o. J.). In vielen Fällen glauben wir es nur, Kundenbedürfnisse zu kennen und sie auch wirklich in den Fokus zu stellen.

Zudem ist die Erkenntnis wichtig, dass das Hauptproblem und der Grund für unseren Veränderungsbedarf aus den Veränderungen auf der Kundenseite resultiert. So müssen wir zuerst verstehen, wie sich die Kunden verändern und überlegen, wie wir auf diese Veränderungen am besten reagieren. Vielleicht ihnen sogar zuvorkommen oder die Veränderungen selber auslösen, noch bevor die Kunden sie erwarten.

3.8.5   Wachstum und Innovation vor Produktivität und Effizienz

Neben den Kunden müssen wir den Fokus auf Wachstum und Innovation legen, anstatt auf die Steigerung von Produktivität und Effizienz. Die Vertriebstransformation ist ein besonders potenter Hebel für Wachstum, und die wirklich erfolgreichen Projekte schaffen es, die Business-Kompetenz besonders gut in Zusammenhang mit Technologie zu bringen.

Leider richten viele Unternehmen im aktuellen Umfeld von Unsicherheit, Marktdruck und finanziellen Zwängen ihre Veränderungsbemühungen auf Einsparungen und nicht auf Wachstum aus. Auch wenn man unter Kostendruck steht und mit sinkenden Umsätzen zu kämpfen hat, darf dieser Umstand nicht dazu führen, dass man die Initiativen primär auf Kostenreduktion und Steigerung der Effizienz richtet. Die digitale Transformation in den Vertriebsorganisationen wird nur dann langfristig funktionieren, wenn man sich auf die Erschließung von Geschäftspotenzialen fokussiert und sich der Identifikation der dazu notwendigen Veränderungen widmet, bevor man sich mit der effizienten digitalen Gestaltung von Prozessen beschäftigt.

3.8.6   Richtige Einstellung der Führungskräfte

Der Transformationsprozess beginnt und endet mit der richtigen Einstellung von Führungskräften, denn jede noch so kleine Verunsicherung oder Unstimmigkeit aus den Führungsetagen wird den Prozess bremsen bzw. in die falsche Richtung lenken. Die Einstellung und das Mitwirken aller relevanten Führungsebenen sind von grundlegender Wichtigkeit. Die digitale Transformation im Vertrieb ist nichts, was man einem Projektteam auftragen kann. Dieser Prozess muss ganz oben beginnen und ganz unten ankommen.

Man kann und soll inhaltlich debattieren und sich uneinig sein, denn das wird das Ergebnis vermutlich verbessern. Was aber nicht infrage gestellt werden soll, sind die Einstellung und der Wille, den Transformationsprozess wahrlich durchzugehen, um die notwendigen Veränderungen zu identifizieren und bereit dafür zu sein, sie auch umzusetzen. Denn wenn diese Einstellung auf der Führungsebene nicht gänzlich verinnerlicht wurde, wird aus der gut gemeinten Initiative nichts anderes als eine Beschäftigungstherapie. Dies wird vermutlich die größte Hürde, die in einer größeren Organisation zu nehmen sein wird. Einen Transformation Manager einzustellen oder einen Berater zu beauftragen wird definitiv nicht ausreichen, wenn die Führungsebene zu viel zu verlieren hat. Oder glaubt, zu viel zu verlieren zu haben.

Zum Nachdenken: The loss aversion

Erstmals vom Nobelpreisträger Daniel Kahneman erkannt, bezeichnet die Verlustaversion (englisch: loss aversion) die Tendenz, Verluste höher zu gewichten als Gewinne: „losses loom larger than gains". (Kahneman und Tversky 1979)

Es wird angenommen, dass der Schmerz des Verlustes von etwas, das man heute besitzt, etwa doppelt so stark ist wie die Freude über einen möglichen Gewinn in der Zukunft. Demzufolge sind Menschen eher bereit, Risiken einzugehen, um einen Verlust zu vermeiden, als um einen Gewinn zu erzielen. Beispielsweise ärgert man sich wesentlich mehr über den Verlust von 100 €, als man sich über den Gewinn von 100 € freut.

Diese Verlustangst verleitet Menschen dazu, unbewusst große Anstrengungen zu unternehmen, das, was man schon besitzt, nicht zu verlieren. Weil sie so mächtig ist, spielt die Verlustaversion in der kognitiven Psychologie und Entscheidungstheorie eine große Rolle. Sie wurde von mehreren Experimenten bestätigt und findet gerne auch im Marketing und Vertrieb Anwendung, denn sie ist auch eine der effektivsten Taktiken, um Kunden zum Kauf zu bewegen.

Im Zusammenhang mit der Vertriebstransformation kann die Verlustaversion eine dramatische Rolle spielen. Denn Menschen werden aus Angst, etwas heute zu verlieren (Kunden, Umsatz, Provisionen, Positionen etc.), einen stärkeren Widerstand erzeugen, statt irgendwelchen möglichen, aber unsicheren positiven Veränderungen in der Zukunft offen gegenüberzutreten. Daher ist es überaus wichtig, nicht nur die schöne Zukunft darzustellen, die durch die Veränderungen entstehen kann, sondern auch vor allem die weniger schöne, die mangels Veränderung ziemlich sicher eintreten wird. Menschen muss klarwerden, dass sie am Ende mehr verlieren, wenn sie an dem festhalten, was sie haben, als wenn sie sich einer unsicheren Zukunft öffnen. Und dieses Bewusstsein muss zuerst bei den Führungskräften geschaffen werden.

Denkanstoß *Wie hoch ist Ihre eigene Verlustaversion und wie offen sind Sie gegenüber der Transformationsidee wirklich?*

3.8.7   Wissen es die Berater besser?

Manches ja und manches nicht. Manche ja und manche nicht. So, wie überall, gibt es auch hier Unterschiede, zum Teil sogar in gravierendem Ausmaß. Sie müssen darauf achten, dass Sie die richtige Expertise hineinbringen: *Digitalisierung? Technologie? Vertrieb? Was benötigen Sie wirklich?* Und es kann durchaus sein, dass Sie mehr als einen Berater benötigen, um qualifizierte Antworten zu bekommen.

Darüber hinaus wird allein die Tatsache, dass ein Berater ins Boot geholt wird, per se nicht die Lösung bringen. Sie benötigen nicht nur jemanden, der die Expertise hineinbringt, sondern der auch bereit ist, sich mit Ihren individuellen Problemstellungen auseinanderzusetzen. Was Sie nicht benötigen, sind Besserwisser, die einen Blick in die Organisation werfen und Ihnen in einem Bericht schön darstellen, was Sie tun müssen. Denn in der Regel reicht dies nicht aus. Es kann durchaus der Beginn einer Zusammenarbeit sein, aber oft wird man Unterstützung im Prozess der Entwicklung und Umsetzung benötigen. Das 7W-Modell bietet eine gute Anleitung, wie Sie das Thema ganzheitlich angehen können, aber hier und da kann eine externe Expertenunterstützung notwendig sein. Ich darf anregen, keine Theoretiker hinzuziehen, die Sie noch mehr verwirren, als Sie vermutlich schon sind, sondern Hands-on-Menschen und praxisorientierte Persönlichkeiten, die Ihnen helfen zu erkennen, an welcher Schraube zu drehen ist. Auch hier macht es Sinn, Expertise aus anderen Branchen hinzuzuziehen, denn sie bringt frische Perspektiven hinein. Das, was in Ihrer eigenen Branche geschieht, werden Sie vermutlich selbst gut wissen. Sie benötigen innovative Ideen, frische Perspektiven und die Fähigkeit, sie auf die Ebene Ihrer Organisation zu bringen.

▶   Vorlagen und Unterlagen für die Arbeit mit dem 7W-Modell finden Sie unter www.7w-digital-sales-transformation.com oder unter www.7w-model.com.

3.9   Umsetzungsprozess: Vom Wissen zum Handeln

Wenn Strategien ihren Weg von den PowerPoint-Slides und Flipcharts in die Realität nicht finden, dann sind sie nichts anderes als Fantasien, die in mehr oder weniger koordinierter Gruppenarbeit gemeinsam gesponnen werden. Wie viele gute Ideen und Initiativen verenden am Ende als ein weiterer Zettel Papier, den man irgendwann beim Aufräumen des Büros wiederfindet und sich wundert, warum denn nichts daraus geworden ist? Das ist leider gelebte Realität. Sie glauben gar nicht, wie oft mir schon ungenutzte Pläne und Strategien stolz präsentiert wurden: *Das alles haben wir schon entwickelt.* Eine schnelle und konkrete Antwort auf die Frage: *Wie viel Prozent davon real gelebt wird?* habe ich selten bekommen.

In der Tat geben 61 % der Führungskräfte zu, dass ihre Unternehmen oft Schwierigkeiten haben, die Kluft zwischen der Strategieformulierung und ihrer täglichen Umsetzung zu überbrücken. (The Economist 2013). Zu den häufigsten Gründen werden folgende Faktoren gezählt:

- Die Mitarbeiter verstehen die Strategie nicht
- Unklare oder widersprüchliche Ziele
- Widerstand gegen Veränderungen
- Unklare, unzureichende oder keine Kommunikation
- Fehlendes Verständnis darüber, wie die Strategie umgesetzt werden soll

- Fehlende Unterstützung der Führungsebene
- Fortschritt wird nicht überwacht
- Unklare oder fehlende Verantwortlichkeiten

3.9.1   Der Weg vom Flipchart in die Realität: Die Lücke zwischen Wissen und Handeln schließen

Nicht die Entwicklung, sondern die Umsetzung einer Strategie ist die größte Herausforderung. Und auch wenn ich Ihnen mit diesem Buch ein Werkzeug zur fundierten Konzeption einer Transformationsstrategie für den Vertrieb mitgebe, möchte ich ganz ausdrücklich darauf hinweisen, dass die Qualität ihrer Umsetzung das Ausschlaggebende für den Erfolg ist. Insbesondere die Digitalisierungs- und Transformationsstrategien erleiden das Schicksal, nicht umgesetzt zu werden, weil eben der Umfang der daraus resultierenden Veränderungen und des Umdenkens auf allen Ebenen der Organisation sehr groß sein kann und entsprechend heftigen Wiederstand erzeugt.

▶   Eine mittelmäßige, aber gut umgesetzte Strategie bringt Sie wesentlich weiter als eine herausragende, aber nicht umgesetzte.

Man muss sich der Tatsache bewusst sein, dass es in der Realität die perfekte Strategie sowieso nicht gibt, denn die Bedingungen sind im ständigen Wandel und die Annahmen über die zukünftigen Entwicklungen erweisen sich nicht immer als zutreffend. Unsere Welt wird von zu vielen Faktoren beeinflusst, und unvorhergesehene Ereignisse können jede gute Strategie in kürzester Zeit zunichtemachen. Eine Strategie ist nichts, das ins Stein gemeißelt ist, und bedarf einer laufenden Anpassung an die aktuellen Gegebenheiten.

Eine Transformationsstrategie ist ein immerwährender Prozess der Veränderung. So muss hier ein Prozess implementiert werden, um die Annahmen zu überprüfen und die erarbeiteten Taktiken gegebenenfalls zu verfeinern oder anzupassen. Und hier stoßen wir auf das zweite große Problem bei der Umsetzung von Strategien, insbesondere solcher, die grundlegende Veränderungen erfordern: Getroffene Entscheidungen werden immer wieder über Bord geworfen, bis man am Ende dort endet, wo man vorher war, bzw. gar keine Veränderungen umsetzt. Dies kann aus mehreren Gründen geschehen: Die Hindernisse, der Widerstand und die Angst, sich vom Alten zu lösen, sind einfach zu groß oder die Macht der Gewohnheit gewinnt die Oberhand. Darüber hinaus kann es sein, dass während der Strategieentwicklung getroffene Entscheidungen nicht tief genug validiert wurden oder die Notwendigkeit der Veränderung innerhalb der Organisation nicht verinnerlicht ist.

> ▶   Die Anpassung und die Verfeinerung der Strategie im Prozess ihrer Umsetzung darf mit dem Hinterfragen von getroffenen Entscheidungen nicht verwechselt werden.

Sie können und sollen auch im Prozess der Strategieentwicklung die Annahmen und die Entscheidungen immer wieder hinterfragen und aus mehreren Blickwinkeln betrachten, um die bestmögliche Entscheidung zu treffen. Aber dann, wenn sie getroffen wurde, geht es direkt in die Umsetzung, ohne zurückzublicken oder sie immer wieder umzuwerfen. Voraussetzung dafür ist, dass die Entscheidungen fundiert getroffen werden. Dann gibt es auch keinen Bedarf, sie wieder zu hinterfragen. Auch die Anpassungen während der Strategieumsetzung werden nicht so grundlegend sein, sodass Beschlüsse gänzlich widerlegt werden müssen. Zusammenfassend heißt es: Je besser man seine Hausaufgaben erledigt, desto leichter und schneller kann ihre Umsetzung erfolgen.

Das 7W-Modell ist so aufgebaut, dass man die Strategie-Bausteine aus mehreren Perspektiven betrachtet und vor allem hinterfragt. Dies mit dem Ziel, die größtmögliche Sicherheit zu gewinnen, dass man nichts übersieht und die getroffenen Entscheidungen sich mit hoher Wahrscheinlichkeit als richtig erweisen. Wofür Ihnen sowieso niemand eine hundertprozentige Garantie geben kann. Aber wenn Sie zum Zeitpunkt der Entscheidung alle notwendigen Schritte unternommen haben und alles Relevante in Betracht gezogen haben, um die Qualität der Entscheidungen sicherzustellen, gibt es in der Regel auch später keinen Grund dafür, sie zu bereuen. Denn sollte sich die Entscheidung in der Zukunft doch als falsch erweisen, war sie zum Zeitpunkt der Entscheidung dennoch richtig, weil sie auf Fakten und Prognosen beruhte. Sorgen Sie dafür, dass der Prozess der Entscheidungsfindung fundiert erfolgt, und dann legen Sie los und setzen Ihren Plan tatkräftig um.

Am Ende des Tages wird auch ein Schritt in die falsche Richtung sie eher weiterbringen als gar keiner. Daraus kann die Organisation lernen und die richtigen Schlüsse für die Zukunft ziehen. Es ist jedenfalls besser, in der Annahme, dass die Richtung und die Entscheidungen korrigiert werden müssen, loszulegen, als aus der Angst, dass die Entscheidungen sich als falsch erweisen, gar nichts zu tun.

> ▶   Es ist besser, es zu versuchen und zu versagen, als es gar nicht zu versuchen.

Konzentrieren wir uns also lieber auf die richtige und schnelle Umsetzung als darauf, ständig zu hinterfragen, wie richtig die beschlossenen Strategien sind, denn diese Frage sollte im Prozess der Entwicklung und nicht im Prozess der Umsetzung beantwortet werden.

Die Transformation des Vertriebs ist womöglich die größte Veränderungsanstrengung eines Unternehmens

Der Schwierigkeitsgrad, eine digitale Transformation in Vertriebsorganisationen umzusetzen, wird gerne unterschätzt. Denn die digitale Transformation in den Vertriebsorganisationen benötigt ihre Zeit (s. Abb. 3.27). In der Regel dauert es, bis die gesamte Organisation sich von der Vergangenheit gelöst hat und sich nicht mehr auf den Erfolgen der letzten Jahrzehnte ausruht, sondern den Bedarf der Veränderung anerkannt hat. Zu dieser Erkenntnis kommt man in der Realität nicht dann, wenn man die Veränderungen im Markt wahrnimmt, sondern erst, wenn man durch ihre spürbaren Auswirkungen – wie Umsatzrückgang, Wettbewerbskampf, steigende Kundenforderungen, etc. – am Tiefpunkt angelangt ist. Der Weg dorthin führt in der Regel durch ein Chaos von reaktiven Handlungen, wie beispielsweise die Einführung des einen oder anderen digitalen Werkzeugs, womöglich einer Umorganisation oder des Austauschs einiger Mitarbeiter oder sogar des Managements. Auch gerne abgerundet mit klassischen Vertriebsmotivationsanstrengungen: Incentives und Trainings in Kombination mit etlichen Marketingaktionen wie Rabatte und Angebote. All das sind typische und wenig wirksame Versuche, wieder auf Kurs zu kommen, ohne dabei die wahren und nicht so offensichtlichen Gründe für die sichtbaren Entwicklungen zu erkennen. Erst wenn man alles ausprobiert hat und erkannt hat, dass all dies nicht wirkt und man tiefer graben muss, beginnt man, sich mit der Transformationsidee eingehender zu beschäftigen.

Auch die Entwicklung einer Transformationsstrategie wird den Vertrieb nicht sofort auf die Erfolgsseite katapultieren. Denn auch sie benötigt ihre Zeit, aber sie ist ein erster wichtiger Schritt in die richtige Richtung. Mit jeder umgesetzten Maßnahme werden erste Erholungsanzeichen sichtbar sein, bis die Strategie langsam und stetig ihre volle Wirkung entfalten wird. Dieser Prozess kann Jahre dauern und je nachdem, wo Sie sich auf der Leidenskurve befinden und ob Sie wirklich den Tiefpunkt erreichen und ausgiebig erkunden wollen oder schon früher die Transformation einleiten, kann der

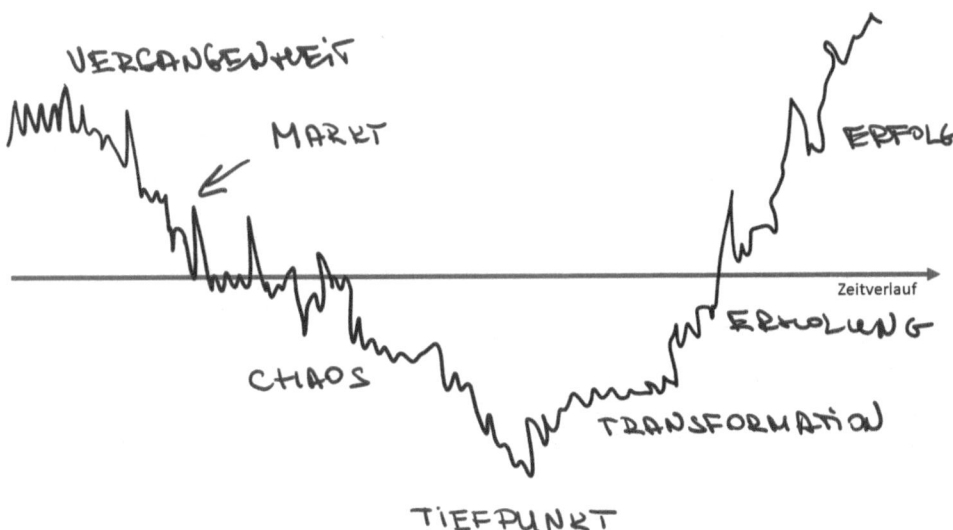

Abb. 3.27 Digitale Transformation im Vertrieb im Zeitverlauf

Weg kürzer oder länger sein. Dies wird natürlich auch von der Qualität Ihrer Strategie abhängen und vor allem von der Umsetzungskraft, die Ihre Organisation an den Tag legen wird. Die Tragweite und die Schwierigkeit dieser Herausforderung ist nicht zu unterschätzen, aber für die Mutigen und die Entschlossenen unter uns bieten sich direkte Wege zum Wettbewerbsvorteil.

3.9.2 Eine Strategie kann nur so gut sein wie der Plan zu ihrer Umsetzung

Es versteht sich von selbst, dass der erste Schritt zur erfolgreichen Umsetzung einer Strategie in der Planung der jeweiligen Maßnahmen und der Umsetzungsschritte liegt. Demnach benötigen wir einen Umsetzungs- oder Implementierungsplan, der eine umfassende Vorgehensweise darstellt und alle erarbeiteten Aktivitäten und ihre Umsetzung klar umreißt. Dabei ist die richtige Priorisierung der erarbeiteten Maßnahmen einer der wichtigsten ersten Schritte. Hierzu analysieren wir alle im Rahmen der Strategieentwicklung erarbeiteten Maßnahmen anhand ihrer Machbarkeit und des Ressourcenbedarfs und stellen sie in Relation zu ihrer Wirksamkeit und der Effektstärke (s. Abb. 3.28).

In größeren Projekten mit vielen Maßnahmen kann dies eine ziemlich herausfordernde Aufgabe sein. Hier kann es sinnvoll sein, zuerst die Maßnahmen inhaltlich zu clustern. Darüber hinaus können digitale Mindmaps und Board-Tools verwendet werden, wenn der Platz auf dem alten Freund namens Flipchart nicht mehr ausreicht. Sie können auch jede Maßnahme in den beiden Dimensionen auf einer Bewertungsskala einordnen, beispielsweise von 1–10, und dann in ihrem Projektplan-Tool oder in Excel anhand der Bewertung priorisieren. Es ist naheliegend, dass man die Umsetzung mit den Maßnahmen beginnen möchte, die die größte Wirkung und zugleich die beste Machbarkeit, respektive den geringsten Ressourcenbedarf aufweisen. Dadurch wird man einerseits effizienter, weil die wirksamsten Schritte zuerst eingeleitet werden, und anderseits wird die Organisation durch die schnell sichtbaren Erfolge die gesamte Strategie besser unterstützen.

Zudem dürfen voneinander abhängende Schritte nicht übersehen werden sowie auch die Erfüllung von notwendigen Voraussetzungen und Rahmenbedingungen. Das bedeutet, dass für jede Maßnahme und Aktion folgende begleitende Faktoren definiert werden müssen:

- **Was:** Die Aktion selbst.
- **Verantwortlicher:** Wer ist für die Umsetzung verantwortlich? Das kann nur eine Person sein.
- **Involvierte:** Wer ist alles involviert und welche Rollen übernehmen sie?
- **Deadline:** Bis wann spätestens muss der Punkt erledigt sein?
- **Meilensteine:** Wie sieht der Weg der Umsetzung aus?

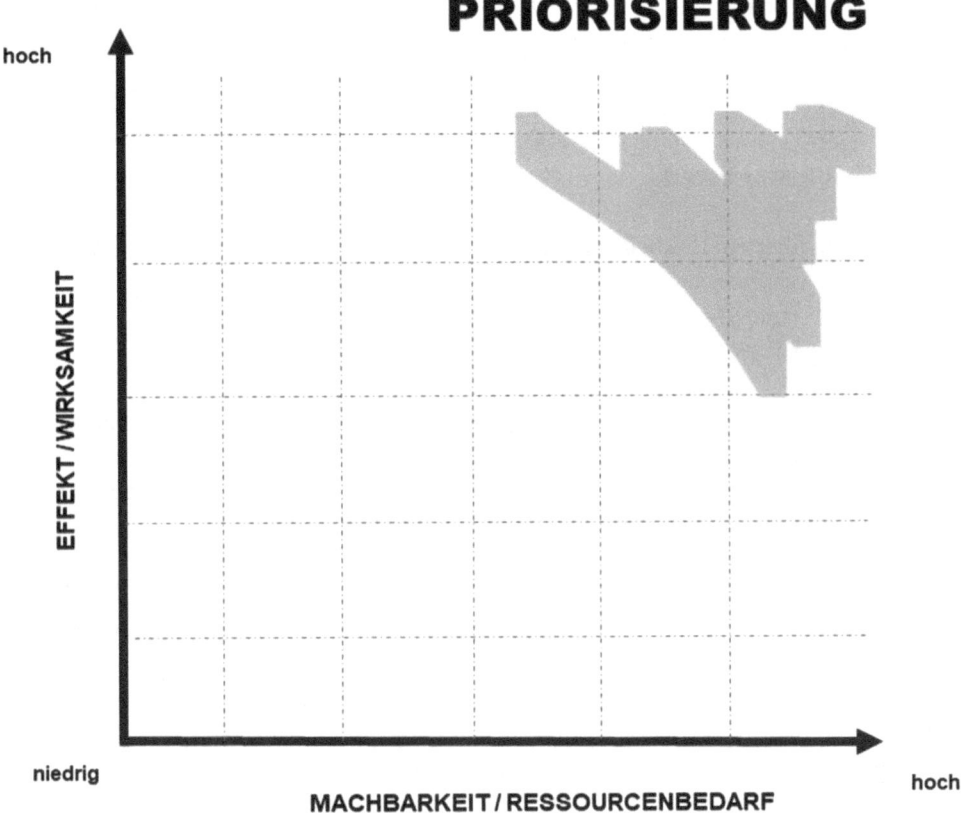

Abb. 3.28   Priorisierung der Maßnahmen

- **Voraussetzungen:** Welche Voraussetzungen für die Umsetzung müssen erfüllt werden?
- **Kritische Faktoren:** Was kann schieflaufen und was wird dagegen unternommen?
- **Erfolgsbemessung:** Auf welcher Grundlage wird der Erfolg bemessen?

Darüber hinaus müssen Sie die Berichterstattung und die Überwachung des Projekts definieren.

- **Reporting-Struktur:** Wer berichtet an wen?
- **Reporting-Form:** Wie wird berichtet?
- **Reporting-Periodik:** Die Häufigkeit der Berichterstattung.

Sie können hier auch erprobte Methoden zur Strategieumsetzung einsetzen, wie Balanced Scorecard oder Strategic Horizons von McKinsey. Zudem gibt es eine Vielzahl von Softwareanwendungen und Projektmanagementtools auf dem Markt, die Elemente der oben genannten Punkte berücksichtigen und die Umsetzung der Strategie unterstützen.

3.9.3 Erfolgsfaktoren

Neben der fundierten Erarbeitung des Umsetzungsplans wollen wir auch die Wahrscheinlichkeit erhöhen, dass er auch wie geplant verwirklicht wird. Dazu müssen wir die möglichen Hindernisse und Erfolgsfaktoren in der Umsetzung identifizieren. Diese beleuchten wir aus zwei Perspektiven:

1. **Organisationskultur:** Welche für Ihr Unternehmen typischen Faktoren könnten die Umsetzung gefährden? Stellen Sie sich hier die Fragen:
   - Warum wurden Pläne und Strategien in der Vergangenheit nicht oder schlecht umgesetzt?
   - Wie können wir aus der Vergangenheit bekannte und für uns typische Hindernisse neutralisieren?
   - Welche Erfahrungen aus der Vergangenheit können wir für die erfolgreiche Umsetzung dieser Strategie nutzen?
   - Was wird diesmal anders sein?
   - Was wollen wir diesmal besser machen?
2. **Kritische Faktoren:** Welche weiteren Hindernisse oder kritische Faktoren, die im Zusammenhang mit der Umsetzung dieser spezifischen Strategie könnten eintreten? Stellen Sie sich die Fragen:
   - Welche Hindernisse und Stolpersteine könnten auftreten?
   - Welche Teile des Plans sind besonders kritisch und warum?
   - Wo und wie können Quick-Wins gesichert werden, um die Motivation und das Engagement im Projekt hoch zu halten?
   - Welche Erfolgsvoraussetzungen – interner und externer Natur – sind notwendig und wie können sie erfüllt werden?
   - Welche Konsequenzen wird es geben, wenn die Umsetzung nicht wie geplant verläuft?
   - Wo kann externe Begleitung und Unterstützung sinnvoll sein?
   - Mit welchen Auswirkungen muss gerechnet werden, wenn der Plan nicht oder schlecht umgesetzt wird?
   - Was passiert, wenn nichts passiert?

Die Antworten auf diese Fragen müssen infolgedessen in konkrete Aktionen und Maßnahmen umgewandelt werden, mit denen der Umsetzungsplan ergänzt wird.

Auch hier darf ich mich wiederholen und darauf hinweisen, dass hier die Kraft des Widerstandes innerhalb der Organisation besonderer Berücksichtigung bedarf. Auch die eigene Neigung aufzugeben, darf nicht unterschätzt werden. Im Allgemeinen entsteht der Widerstand durch die Angst der Mitarbeiter, ersetzt zu werden. Wenn Mitarbeiter glauben, dass die digitale Transformation ihre Arbeitsplätze gefährden könnte, können sie sich bewusst oder unbewusst den Veränderungen widersetzen. Folglich wird sich die Umsetzung als zu schwierig und ineffektiv erweisen und die Führungsebene sich schließlich gezwungen sehen, aufzugeben. Statt die Flinte ins Korn zu werfen ist es für Führungskräfte von entscheidender Bedeutung, diese Ängste zu erkennen und den Mitarbeitern zu der Erkenntnis zu verhelfen, dass der digitale Transformationsprozess nicht nur eine existenzielle Notwendigkeit ist, sondern auch eine Chance für den Mitarbeiter selbst, sich an die aktuellen und zukünftigen Anforderungen des Marktes und der Kunden anzupassen. Gezielte Workshops und Weiterbildungsmaßnahmen sind hier unerlässlich.

Kein Ende in Sicht

Abschließend möchte ich darauf hinweisen, dass für den Erfolg der Transformationsstrategie eine fähige und engagierte Führungsebene entscheidend ist, die sich dazu verpflichtet, die Organisation unbeirrt durch den Transformationsprozess zu führen. Dabei sind Agilität und Innovation die treibenden Kräfte. Denken Sie daran, dass die Vertriebstransformation zwar jetzt so dringend wie noch nie umgesetzt werden muss, aber für einen nachhaltigen Erfolg der Organisation muss sie zu ihrem Kern werden. Denn die Geschäftswelt, die technologische Entwicklung und folglich auch die Kunden werden nicht stillhalten, sondern in Bewegung bleiben, und so muss auch der Vertrieb einen Weg finden, mit dieser Bewegung Schritt zu halten und besser noch, vorauszueilen. Denn Transformation ist kein Prozess, der einmal konzipiert und umgesetzt wird, sondern eine Art, Ihren Vertrieb zukunftssicher zu führen. Sie ist so wie die Zukunft selbst: Sie endet nie und ist zu hundert Prozent iterativ.

Literatur

All Time Stories (2016) The black dot. https://alltimeshortstories.com/inspirational-the-black-dot/. Zugegriffen: 4. Jan. 2021

Bucy M, Finlayson A, Kelly G, Moye C, McKinsey (2016) The 'how' of transformation. https://www.mckinsey.com/industries/retail/our-insights/the-how-of-transformation. Zugegriffen: 4. Jan. 2021

Chan Kim W, Mauborgne RA (2005) Blue ocean strategy: how to create uncontested market space and make the competition irrelevant. Harvard Business School Press, Boston

Correli C (2017) Knowing which screw to turn. https://calvincorreli.com/blog/1397-knowing-which-screw-to-turn. Zugegriffen: 20. Jan. 2021

Deepu P (2013) 365 inspiring and motivational: ideas stories quotes thoughts anecdotes. Pustak Mahal, India

Ipond (o. J.) The folly of clinging. http://ipond.weebly.com/the-folly-of-clinging.html. Zugegriffen: 4. Jan. 2021

Kahneman D, Tversky A (1979) Prospect theory: an analysis of decision under risk. Chic Econom 47(2):263–291

Nelson P (2012) There's a hole in my sidewalk: the romance of self-discovery. Atria Books

Porter ME (1980) Competitive strategy: techniques for analyzing industries and competitors: with a new introduction. Free Press, New York

PresseBox (2019) Uberall-Studie: 62 Prozent aller Deutschen nutzen ihr Smartphone beim Offline-Shopping.   https://www.pressebox.de/pressemitteilung/uberallcom-favorit-labs-gmbh/Uberall-Studie-62-Prozent-aller-Deutschen-nutzen-ihr-Smartphone-beim-Offline-Shopping/boxid/940379. Zugegriffen: 4. Jan. 2021

Rainsberger L (2021) KI – Die neue Intelligenz im Vertrieb. Springer Gabler, Wiesbaden

Regenbogenblog (2014) Weil es schon immer so war. https://regenbogenblogdotcom.wordpress.com/2014/07/28/weil-es-schon-immer-so-war/. Zugegriffen: 13. Jan. 2021

Serra R, Schoolman CF (1973) Television delivers people. https://www.youtube.com/watch?v=nbvzbj4Nhtk. Zugegriffen: 10. Jan. 2021

Simon S (2011) Start with why: how great leaders inspire everyone to take action. Portfolio/Penguin Group, USA

Social Media Today (2019) 12 local SEO stats every business owner and marketer should know in 2019. https://www.socialmediatoday.com/news/12-local-seo-stats-every-business-owner-and-marketer-should-know-in-2019-i/549079/. Zugegriffen: 4. Jan. 2021

Statista (2020) Leading social media platforms used by B2B and B2C marketers worldwide as of January 2020. https://www.statista.com/statistics/259382/social-media-platforms-used-by-b2b-and-b2c-marketers-worldwide/#:~:text=In%20early%202020%2C%20a%20study,Pinterest%20to%20market%20their%20businesses. Zugegriffen: 3. Jan. 2021

The Economist (2013) Why good strategies fail. https://www.pmi.org/-/media/pmi/documents/public/pdf/learning/thought-leadership/why-good-strategies-fail-report.pdf. Zugegriffen: 5. Jan. 2021

Wendel B (2009) Your teacup is full. https://bengtwendel.com/your-teacup-is-full-empty-your-cup/. Zugegriffen: 5. Jan. 2001

Williams B, Brevet (o. J.) 21 mind-blowing sales stats. https://blog.thebrevetgroup.com/21-mind-blowing-sales-stats#:~:text=Only%2013%25%20of%20customers%20believe,person%20can%20understand%20their%20needs.&text=If%20you%20can%27t%20uncover,at%20selling%20them%20a%20solution. Zugegriffen: 19. Jan. 2021

Vertriebstechnologie: Ein Ozean an Möglichkeiten

Zusammenfassung

Vertrieb ohne Technologie ist nicht nur zukünftig, sondern auch heute schon undenkbar. Denn Technologie kann nicht nur Prozesse optimieren und Tätigkeiten im Vertrieb effizienter gestalten, sondern auch maßgeblich dazu beitragen, neue Vermarktungs- und Vertriebsmodelle zu entwickeln, Kundenbedürfnisse besser zu erkennen und sie auf innovativeren Wegen zu erfüllen. Technologie spielt eine Schlüsselrolle bei der Gestaltung von neuartigen Kundenerfahrungen und kann aus drei Perspektiven betrachtet werden: Technologieart, Vertriebsprozess und Vertriebstools. Mit ihren vielfältigen Möglichkeiten kann sie den gesamten Vertriebsprozess in jedem einzelnen Schritt unterstützen und nicht nur die Erwartungen der modernen Kunden erfüllen, sondern auch Begeisterung auslösen und Wettbewerbsvorteile verschaffen. Zudem steigert sie die Produktivität im Vertrieb und bietet Führungskräften bessere Entscheidungsgrundlagen, weshalb sie in der strategischen Vertriebssteuerung nicht mehr wegzudenken ist.

Der Standard in Österreich berichtete am 2. März 2001:

Internet wird kein Massenmedium: Zukunftsforscher dämpft Hoffnung auf weiteres Internet-Wachstum

Internet wird sich einer Studie zufolge auf absehbare Zeit nicht zu einem Massenmedium wie Radio und Fernsehen entwickeln. „Im Gegensatz zum einfachen Telefon oder einem Radio mit drei Knöpfen ist das WWW mehr denn je eine kompliziert zu bedienende Angelegenheit", kommentiert der Trendforscher Matthias Horx die Ergebnisse seiner Studie „Die Zukunft des Internets". Die Internet-Euphorie der vergangenen fünf Jahre

© Der/die Autor(en), exklusiv lizenziert durch Springer Fachmedien Wiesbaden GmbH, ein Teil von Springer Nature 2021
L. Rainsberger, *Digitale Transformation im Vertrieb,* Edition Sales Excellence, https://doi.org/10.1007/978-3-658-33671-4_4

*dämpft der Gründer des Hamburger „Zukunftsinstituts" Der Anteil der Menschen, die
das weltweite Datennetz nutzen, werde zwar steigen, nicht aber die Breitennutzung.*

Technik und Informationsflut überfordern Menschen

*Die Menschen seien überfordert mit der Technik und Informationsvielfalt. Dafür
würden so genannte „Stamm-User" das Netz umso mehr nutzen – darunter vor allem
Akademiker, Selbstständige und hoch Gebildete mit gutem Einkommen. Die „digitale
Spaltung" zwischen Viel- und Nichtnutzern könne unter anderem durch eine höhere
„digitale Bildung" der Menschen gemildert werden. Auch ein einfacher und billiger
Zugang zum Internet jenseits des PCs sowie leicht zu bedienender und sichererer Software sei nötig, sagt Horx.*

Immer mehr User sind Frauen

*Die Internet-Gemeinde habe sich in den vergangenen Jahren bereits stark gewandelt.
Heute kommen nach einer Studie der Frankfurter Internet-Forscher von Net-Value die
50- bis 64-Jährigen auf 11,2 Tage Durchschnittsnutzung im Monat, der allgemeine
Durchschnitt liege bei zehn Tagen. Auch die Frauen holten auf. Nach Untersuchungen
der Boston Consulting Group seien in den USA bereits über 50 % der Online-Nutzer
weiblich. Für Deutschland hätten Marktforscher im vergangenen Jahr einen Frauen-
Anteil von rund 30 % festgestellt.*

E-Commerce kämpft mit Logistikproblemen

*Die Zukunft des E-Commerce wird Horx zufolge nur dann rosig sein, wenn das Logistik-
problem gelöst wird. Würden die Menschen künftig 50 % aller Waren online bestellen,
wären alle Städte rund um die Uhr verstopft. Erst mit einer besseren Warenverteilung
könne der Durchbruch gelingen. „Die Zukunft des E-Commerce entscheidet sich vor der
Haustür", glaubt der Trendforscher und entwirft ein Lösungskonzept nach dem Vorbild
von Japans ortsnahen 24-h-Bequemlichkeitsläden: Die Ware wird online bestellt und
an einem ortsnahen Center abgeholt. Nur wenige Produkte werden noch nach Hause
gebracht.*

*Für die Studie „Die Zukunft des Internets" wertete der Zukunftsforscher eine Reihe
von Analysen, Branchenreporten sowie Kommentaren zum Internet und seiner Entwicklung aus, unter anderem von den Marktforschungsinstituten Forrester, Forsa und
Allensbach.*

An diesem Beispiel können wir gut erkennen, wie schwer die Zukunft vorherzu-
sehen ist und auch wie schnell die Technologie die Annahmen und Prognosen der
Forscher über Bord wirft. Ich möchte die Behauptung wagen, dass es vor 20 Jahren
auch niemanden gab, der die umfassenden Auswirkungen des technologischen Wandels
auf unsere Gesellschaft präzise vorhersagen konnte: Von der Art, wie wir miteinander
kommunizieren, bis hin zu ihrem Einfluss auf die Körperhaltung unserer Jugend und
sogar auf die Synapsen und die Motorik unserer Kinder.

Technologie hat sich den Weg in alle Bereiche unserer Gesellschaft und Wirtschaft geebnet, und sie macht vor nichts Halt, auch vor Ihrer Organisation nicht. Und, es ist stark anzunehmen, dass sie nicht aufhören wird, unsere Welt weiterhin zu verändern und tatkräftig umzukrempeln. Wie genau, wissen wir nicht. Denn sie wird jede Annahme, die wir heute treffen könnten, vermutlich widerlegen. Aber was wir mit Sicherheit jetzt schon sagen können: Technologie lässt nichts unberührt und wirkt sich auf jeden Berufszweig aus. Und ihre Auswirkungen auf die Vertriebs- und Marketingwelt sind besonders dramatisch. Folglich bleibt dem Vertrieb keine andere Wahl, als sich mit den technologischen Entwicklungen zu beschäftigen, um zukünftig zu bestehen. Denn wir wissen, dass der Haupttreiber der digitalen Transformation der Kunde und sein Verhalten ist, somit müssen Vertriebsorganisationen auf diesen Trend bewusst und strategisch eingehen, statt aus Mangel an Alternativen darauf lediglich zu reagieren. Hierzu ist ein Wissen über die Möglichkeiten und vor allem den Nutzen der heute im Markt verfügbaren Technologien unabdingbar.

Technologie: Ihr Nutzen für den Vertrieb aus drei Perspektiven
Ein Buch zur Digitalen Transformation im Vertrieb, ohne auf die vielfältigen technologischen Möglichkeiten einzugehen, wäre unvollständig. Denn wir erleben gerade einen richtigen Boom der Vertriebstechnologien. Uns stehen Unmengen an Möglichkeiten zur Verfügung, um Prozesse und Tätigkeiten im Vertrieb technologisch zu unterstützen. Die rasante technologische Entwicklung der letzten Jahre – in Verbindung mit ihrem wirtschaftlichen Mehrwert – führt dazu, dass viele Geschäftsideen auf Basis technologischer Möglichkeiten entstehen. Und da der Vertrieb die tragende Säule jedes Unternehmens ist, ist es auch naheliegend, dass in diesem Bereich die meisten Innovationen entstehen, denn sie lassen sich auch gut verkaufen. Folglich entstehen – gefühlt im Stundentakt – neue Tools und Anbieter, die den Vertriebsbereich einerseits bereichern und andererseits verunsichern. Denn diese Möglichkeiten haben durchaus das Potenzial, eine Organisation zu überfordern, eben durch die vielfältigen und größtenteils unübersichtlichen Tools und Anbieter. Es gibt Abertausende von Anbietern, die sich auf die Fahnen heften, mit ihren Tools die Vertriebsleistung zu optimieren, wobei viele davon ähnlich funktionieren und sich lediglich im Markenauftritt unterscheiden. Viele sind Insellösungen und einige bieten eine Kombination an unterschiedlichen Funktionalitäten.

Technologie ist so unterschiedlich und gleichzeitig so sehr ineinander integriert, dass es schwierig ist, sich einen fundierten Überblick über ihre Möglichkeiten zu verschaffen. Außerdem können die meisten von uns mit den ganzen technologischen Buzz-Wörtern wenig anfangen. Durch ihre vielfältigen Möglichkeiten eröffnet die Technologie zwar viele Potenziale für den Vertrieb, schafft aber gleichzeitig auch Chaos, weil sie in vielerlei Hinsicht Vorteile bietet. Oft fließen Bereiche und Prozesse ineinander und es ist keine klare Trennung möglich, daher ist auch die Einordnung der technologischen Anwendungen schwierig. Außerdem können Prozesse im Vertrieb je nach Branche und Geschäftsart sehr unterschiedlich sein und verschiedene Anwendungen benötigen.

Wie kann sich da ein Vertriebsverantwortlicher einen Überblick verschaffen und die richtigen Anwendungen finden? Dazu möchte ich Ihnen drei Perspektiven bieten:

- nach der Art der Technologie
- nach dem Schritt im Vertriebsprozess
- nach der Art des Tools

Diese Perspektiven schaffen eine gewisse Ordnung im Durcheinander der Möglichkeiten und bieten eine strukturierte Übersicht, um diese Möglichkeiten auf ihre Relevanz für die eigene Organisation zu prüfen. Sie ersetzen einander nicht, sondern bieten unterschiedliche Perspektiven für das Potenzial der modernen Technologie für den Vertrieb, denn je nach Geschäftsspezifika werden für Sie unterschiedliche Betrachtungsweisen relevant sein. Daher ist es zu erwarten, dass sich diese Perspektiven überschneiden und in gewissen Bereichen einen ähnlichen Nutzen darstellen. Das Ziel dieser unterschiedlichen Darstellungen liegt darin, die Einschätzung der Relevanz für Unternehmen zu erleichtern. Außerdem soll diese Strukturierung Ihnen das Nachschlagen erleichtern, damit Sie schnell erkennen können, welche Bereiche interessant sind und gegebenenfalls für Sie wichtig sind.

▶   Für Führungskräfte ist es viel wichtiger zu wissen, wie Technologie ihr Geschäft beeinflussen kann und wo ihr potenzieller Mehrwert für die Vertriebsorganisation liegt, als wie sie technisch funktioniert.

Mein übergeordneter Anspruch bei der Darstellung der technologischen Möglichkeiten im Vertrieb liegt primär auf ihrem Nutzen für die Organisation. Daher wird der Fokus in diesem Kapitel darauf gelegt, die vielfältigen Einsatzmöglichkeiten der Technologie im Vertrieb darzustellen, wobei auch auf Begriffserklärungen und Funktionsweisen zwecks Verständlichkeit nicht verzichtet wird. Zudem werden auch Tool-Beispiele sowie Use Cases aus den B2B- und B2C-Bereichen gebracht. Ziel ist es, Ihnen viele Perspektiven zur Inspiration und Entscheidungserleichterung zu bieten. Daher werden Leser, die sich schon länger mit Technologien beschäftigen, womöglich auf Bekanntes stoßen, dennoch werden sie auf ihre Kosten kommen und neue Sichtweisen und mehr Ideen für ihren Einsatz im Vertrieb gewinnen. Und Lesern, die bis jetzt keine Zeit und Mittel hatten, sich umfassend mit Vertriebstechnologien zu beschäftigen, wird sich eine ganze neue Welt an Möglichkeiten im Vertrieb eröffnen.

Die gefährliche Technologie-Falle

Technologie schafft es immer wieder, uns auf vielen Ebenen zu begeistern. Sie entwickelt sich so schnell und auf so eine vielfältige Art und Weise, dass wir immer wieder verwundert feststellen, was alles sie schon leisten kann. Gewissermaßen schafft sie es, uns in einen kontinuierlichen „Aha-Effekt" zu versetzen, indem sie sich Zugang zu weit mehr Bereichen unseres Lebens verschafft, als wir uns noch vor nicht allzu langer Zeit hätten vorstellen können. Auch ich, die sich ständig mit Technologien beschäftigt, habe Schwierigkeiten, mit ihren rasanten Entwicklungen auf unterschiedlichen Ebenen unserer Gesellschaft Schritt zu halten und staune immer wieder, wie tief gehend technologischer Einfluss und wie einfach oft Innovation sein kann.

Die Begeisterung über technologische Möglichkeiten verleitet uns dazu, eine schnelle Entscheidung zu treffen und das eine oder andere Tool schnell einsetzen zu wollen. Hinzu kommen oft noch kaum nennenswerte Einsatzkosten dazu, weil man etwas aus-probieren möchte. Dies ist durchwegs keine Seltenheit: In den meisten Unternehmen lässt sich die eine oder andere „Technologieleiche" finden, die anfangs viele begeisterte, die letztendlich aber niemand dauerhaft nutze. Der Grund dafür ist es, dass man sich im Vorfeld keine oder nicht ausreichend Gedanken über die Relevanz der Technologie für die eigene Organisation machte oder ihren Mehrwert und Nutzen nicht erkennen oder innerhalb der Organisation nicht transportieren konnte. Dies ist primär dann der Fall, wenn der Kunde und sein Kaufprozess bei der Evaluierung von Technologien nicht oder nicht gut genug berücksichtigt wird. Oder wenn Mitarbeiter lediglich über die Nutzung des Tools unterrichtet werden, statt dass man dafür sorgt, dass sie verstehen, was das Tool für sie und ihre Kunden leisten kann und warum es sinnvoll ist, es ein-zusetzen. Begeisterung allein reicht nicht. Daher ist die Bedeutung des in Abschn. 3.7.2 beschriebenen Prozesses der Technologieauswahl nicht zu unterschätzen. Lassen Sie sich von all ihren vielfältigen Möglichkeiten nicht in die Falle leiten.

▶   Es ist entscheidend, dass Führungskräfte verstehen, wie Technologie die Beziehung zwischen ihren Unternehmen und Kunden positiv beeinflussen kann.

Lassen Sie sich ruhig von der Technologie begeistern, evaluieren Sie aber auch die tat-sächliche Relevanz für Ihre Organisation, bevor Sie die Entscheidung treffen, sie ein-zuführen. Technologie eröffnet viele Möglichkeiten, wie Sie in den nachfolgenden Abschnitten sehen werden. Der Kraftakt liegt darin zu erkennen, welche Techno-logien die eigene Vertriebsorganisation wirklich vorantreiben und wie sie in die Transformationsstrategie integriert werden. Denn von der Strategie abgekoppelte Einzel-projekte werden den Vertrieb nicht nach vorne bringen, egal wie sexy sie auch erscheinen mögen.

Zum Nachdenken: Kurze Fragerunde
Im Zusammenhang mit oft mangelnder Evaluierung von Technologien und ihrem Nutzen für die Organisation möchte ich ein paar Fragen zum Nachdenken stellen. Unter „mangelnde Evaluierung" ist nicht zu verstehen, dass man keine Projekte aufsetze und nicht gründlich Anbieter aussuchte, sondern dass man im ganzen Prozess primär die Kundenperspektive ausgelassen hat.

- Wie viele B2B-Unternehmen haben schon einmal einen Webshop implementiert, der von Kunden nicht akzeptiert oder genutzt wurde?
- Wie viele CRM-Systeme werden von Vertriebsmitarbeitern boykottiert?

- Wie viele Millionen werden täglich für Google Ads ausgegeben, die keine Leads bringen?
- Wie viele Nachrichten landen in den LinkedIn-Postfächern, auf die niemand reagiert?
- Wie viele Vertriebsmitarbeiter arbeiten immer noch mit Taschenrechner, anstatt mit den zur Verfügung gestellten Preiskalkulationstools?
- Wie viele Sharepoints sind voll von veralteten Unterlagen?
- Wie viele Projekte werden außerhalb von dezidierten Projekttools gemanagt?
- Wie viele Chatbots sorgen mit ihrer Unfähigkeit, auf einfache Fragen zu antworten, für -amüsante Unterhaltung im Netz?
- Wie viele Kunden brechen den Anmelde- oder Kaufprozess ab, weil er zu mühsam ist?
- Wie viele Kontaktformulare werden nicht ausgefüllt, weil zu viele Fragen gestellt werden?
- Wie schnell verlassen Besucher Webseiten, weil sie sich von Pop-ups attackiert fühlen?
- Wie viele Kauftransaktionen werden abgebrochen, weil gewisse Zahlungsfunktionen fehlen?

Denkanstoß
Wie viele Technologien liegen auf Ihrem hauseigenen Technologie-Friedhof? Wie oft wurden bei Ihnen Technologien eingeführt, ohne die Kundenperspektive zu betrachten?

4.1   Die Technologie-Perspektive

Diese Perspektive beleuchtet die Relevanz für den Vertriebsbereich aus der Technologie-Sicht, sprich anhand der unterschiedlichen Arten von Technologien. Hier haben wir 14 unterschiedliche Kategorien bzw. Technologiearten, die durch ihre Möglichkeiten spezifischen Nutzen für den Vertriebsbereich bieten (Abb. 4.1). In den folgenden Abschnitten werden die jeweiligen Technologien und ihre Relevanz für den Vertrieb vorgestellt, samt einer kurzen Definition und der Funktionalitätsbeschreibung, wobei der Fokus auf ihre Anwendungsbereiche gelegt wird. Zudem werden Praxisbeispiele dargestellt, vorzugsweise jeweils aus dem B2C- und B2B-Bereich.

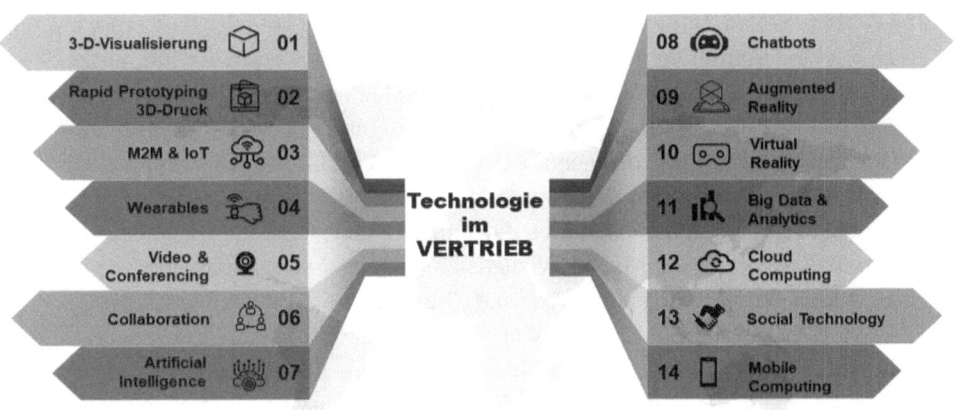

Abb. 4.1   Technologie im Vertrieb

4.1.1   3D-Visualisierung

- **Was hinter dem Begriff steckt:**
  3D-Visualisierung ist eine Computergrafik, die technische Zeichnungen und zwei-
  dimensionale Daten in dreidimensionale virtuelle Modelle und Darstellungen konvertiert. Diese Modelle können zur späteren Anzeige oder zur Echtzeitansicht dienen.
- **Wie funktioniert es:**
  Für die 3D-Visualisierung werden Modelle in einem 3D-Programm entweder frei
  modelliert oder es werden bereits vorhandene Daten importiert. Dabei werden sämt-
  liche Elemente und Parameter einzeln und zugeordnet gespeichert, sodass Modelle
  auch nachträglich durch Veränderung der Eingabewerte gezielt und kontrolliert beeinflussbar sind.
- **Was kann es für den Vertrieb tun:**
  - *Produktentwicklung:* 3D-Visualisierung eignet sich perfekt für gemeinsame
    Produktentwicklung mit Kunden, wodurch Kosten niedrig gehalten und Verkaufs-
    zyklen verkürzt werden.
  - *Präsentationen:* Auch wenn primär noch im Konstruktions- und Architektur-
    Bereich genutzt, stellt die 3D-Visualiserung in vielen Branchen eine effektive
    Form der Demonstration und Präsentation dar. Überall, wo es darum geht,
    physische Objekte und Räume zu schaffen oder zu konzipieren, kann ein
    computergeneriertes 3D-Bild unvergleichliche Details und Perspektiven bieten.
    Ganz gleich, ob es sich um ein Gebäude, eine Erfindung oder eine neue Techno-
    logie handelt.
  - *Animationen:* Von einer hochwertigen Logoanimation bis hin zu ganzen
    3D-Welten und von der technischen Animation einer Maschine bis hin zur

konzeptionellen Infografik einer Unternehmensstrategie, mit 3D-Computergrafik lassen sich vielfältige geschäftsbezogene Animationen gestalten, um aufzuklären, zu informieren, zu lehren, zu erklären oder einfach nur zu zeigen.

- *Messen:* Insbesondere für den Einsatz auf Messen eignet sich die 3D-Visualisierung hervorragend, um Produkte und Lösungen zu präsentieren, die nicht in eine Messehalle hineinpassen. Damit lassen sich komplexe Projekte und Produkte einfach und verständlich darstellen.

- *Produktkonfiguration:* Mit 3D-Visualisierung lassen sich hochkomplexe Produkte auf einfache und bequeme Art und Weise konfigurieren. Vertriebsmitarbeiter können Produkte während des Kundengesprächs direkt konfigurieren oder noch besser: Kunden können ihre Produkte und Lösungen in Eigenregie, bequem, zeit- und ortsunabhängig über ein Online-Portal konfigurieren. Das spart nicht nur Kosten, sondern erhöht die Kundenzufriedenheit und reduziert Fehleranfälligkeit in der Angebotsgestaltung.

- **Wie könnte es eingesetzt werden:**
  - *B2C:* Nike verwendet 3D-Visualisierung, um eine interaktive 360-Grad-Betrachtung eines Sportschuhs zu ermöglichen. Dabei können Kunden den Schuh wahrlich „besichtigen": herumdrehen, die Sohle erkunden und sogar einen Blick hineinwerfen. So wird eine neuartige Kundenerfahrung geschaffen und Kunden wird ein unvergleichbares visuelles Erlebnis online ermöglicht.
  - *B2B:* Im Rahmen eines Webinars hat ein Unternehmen ein Video gezeigt, in dem eine lebensechte Hand einen Cartoon zeichnet. Dabei erklärte eine Stimme Konzepte und Prozesse des Geschäfts, und am Ende entpuppte sich der Cartoon als ein Riesenposter, das anschließend gedruckt und an Interessenten versendet wurde.

4.1.2   Rapid Prototyping und 3D-Druck

- **Was hinter dem Begriff steckt:**
  Rapid Prototyping ist im Grunde ein Designprozess, womit ein funktionsfähiges, interaktives und visuelles Modell einer zukünftigen Lösung erstellt wird.
- **Wie funktioniert es:**
  Rapid Prototyping ist der Überbegriff für verschiedene Verfahren zur schnellen Herstellung von Musterbauteilen auf Basis vorhandener Konstruktionsdaten. Darunter fällt auch die 3D-Drucktechnologie, bei der ein dreidimensionales Objekt durch die Überlappung aufeinanderfolgender Materialschichten erzeugt wird.
- **Was kann es für den Vertrieb tun:**
  - *Produktdesign und Entwicklung:* Rapid Prototyping ermöglicht es Herstellern, mit beliebigen Materialien, Formen und Farben zu experimentieren, und zwar in einer unglaublichen Geschwindigkeit: Sobald das Design mit dem Kunden ausgearbeitet ist, kann man das Produkt in wenigen Stunden in der Hand halten. Dadurch wird der Vertriebsprozess extrem beschleunigt.

- *Individuelle Kundenlösungen:* Mit Rapid Prototyping wird die Abhängigkeit von starren Produktionsprozessen und -linien reduziert, womit man Kunden eine individuelle Gestaltung von Produkten anbieten kann: Manchmal hat ein Kunde ein vorhandenes Produkt, das er für eine andere Größe angepasst haben möchte, oder ein schwer zu findendes Teil, das ersetzt werden soll. Mit 3D-Druck ist man in der Lage, bestehende Produkte schnell zu individualisieren und anzupassen.

- *Demonstration und Experimentieren:* Durch die Erstellung eines greifbaren Modells sind Unternehmen in der Lage, ihre Ideen, Ziele und Visionen unterschiedlichen Interessensgruppen – Kunden oder Investoren – zu demonstrieren. Kunden können in frühen Projektphasen – sogar vor dem Kauf – mit dem Produkt experimentieren, wodurch man frühzeitiges Feedback erhält sowie auch Anwenderfehler entdecken und sofort beheben kann. Folglich steig die Kundenzufriedenheit mit der damit einhergehenden Reduktion des Risikos von Fehlinvestitionen.

- *Innovation:* Rapid Prototyping ermöglicht es, tatsächlich innovativ zu agieren, weil man von den Designeinschränkungen der traditionellen Fertigung unabhängig ist und über bestehende Herstellungsprozesse hinausdenken kann. Dadurch sind echte Innovationen mit und für Kunden möglich.

- *Abwicklung kleiner Projekte:* Oft steht man vor der Herausforderung, dass Projekte zu klein sind, als dass sich für sie die Investition in eine Veränderung von bestehenden Produktionslinien lohnen würde. 3D-Druck bietet Unternehmen eine kosteneffektive und schnelle Option für kleine bis mittlere Produktionsserien. Solche kleinen Projekte können die Kundenbindung erheblich steigern.

- *Proof of Concept:* 3D-Druck kann schnell funktionale Prototypen und Proofs of Concept zur Verfügung stellen, sodass Kundenprojekte zügiger abgewickelt werden können, womit auch die Umsätze schneller fließen und Vertriebskosten reduziert werden.

- *On-Demand-Produktion:* Oft sind Kunden in der Auftragsvergabe zögerlich, weil sie keine Abnahmemengen garantieren können oder wollen, was aber für den Hersteller womöglich notwendig ist, um die Investitionen in Produktkapazitäten zu rechtfertigen. Mit 3D-Druck kann man in unsicheren Projekten anhand der Nachfrage bzw. des Fortschritts im Kundenprojekt nachproduzieren oder Ersatzteile nachliefern. Dem Kunden kann eine mögliche Verbesserung der Teile im Laufe der Einführungsphase zugesagt werden, wodurch die Unsicherheit auf Kundenseite reduziert und das Comittment erhöht werden.

- **Wie könnte es eingesetzt werden:**
  - *B2C:* Ein Schmuckhersteller nutzt 3D-Druck, um seine kreativen Ideen sowie die seiner Kunden in die reale Welt zu transferieren. Der Kreativität sind keine Grenzen gesetzt, denn mit dieser Technologie ist die Herstellung von komplexesten und kompliziertesten Schmuckstücken möglich. Darüber hinaus ist der Fachkräftemangel kein Problem mehr, denn die Technologie macht spezielle Fachkenntnisse

überflüssig und ermöglicht es jedem, der das Computerprogramm beherrscht, Meistermodelle zu fertigen.

– *B2B:* Ein Verpackungsunternehmen verwendet 3D-Druck, um visuelle Modelle für Kunden zu entwickeln und Designkonzepte für eine Vielzahl von Branchen – von Seifenschachteln bis hin zur Verpackung von alkoholischen Getränken – schnell umzusetzen. Damit können sie auf sehr spezifische individuelle Anforderungen ihrer Kunden eingehen, denn oft ist die Verpackung ein wichtiger Bestandteil der Marke und der Produktpositionierung.

4.1.3 M2M und IoT

- **Was hinter dem Begriff steckt:**
  M2M-Kommunikation bedeutet wörtlich übersetzt „Maschine zu Maschine" -Kommunikation und stellt eine direkte Kommunikation zwischen verschiedenen Endgeräten dar. Darunter versteht man das Zusammenspiel von Milliarden von Geräten und Maschinen, die mit dem Internet und untereinander verbunden sind.
- **Wie funktioniert es:**
  M2M-Lösungen bestehen grundsätzlich aus mehreren voneinander abhängigen Komponenten, die die Kommunikation zwischen den Maschinen ermöglichen. Dabei werden Daten – meistens von Sensoren – erfasst, an einen zentralen Server über Mobilfunk- oder Festnetzverbindungen übertragen und ausgewertet. M2M Kommunikation ist ein grundlegender Teil der IoT-Technologie (Internet der Dinge), die ein Netzwerk von „Dingen" und Systemen beschreibt, die untereinander kommunizieren.
- **Was kann es für den Vertrieb tun:**
  - *Produktentwicklung:* Mit der M2M-Technologie kann die Produktentwicklung über den Verkaufszeitpunkt hinaus fortgesetzt werden. Ein über M2M angeschlossenes Produkt könnte Informationen über seine Leistung, seinen Zustand und darüber, wie es auf die Nutzung reagiert, zurückmelden. Wodurch seine Stärken und Schwächen identifiziert werden, um die künftige Produktentwicklung zu verbessern.
  - *Prozessautomatisierung im Vertrieb:* ERP-Systeme können über EDI-Anbindungen miteinander kommunizieren und Daten direkt austauschen: Preise, Lagerstände, Bestellungen, Lieferscheine und Rechnungen. Das bedeutet, dass man von der Angebotsstellung und der Bestellerfassung, über die Übermittlung von Auftragsbestätigungen und Lieferscheinen und bis zur effektiven Rechnungsstellung die administrativen Prozesse im Vertrieb komplett automatisieren kann. Dadurch werden nicht nur die Effizienz gesteigert und die manuellen Fehler eliminiert, sondern auch Personalkosten reduziert.
  - *Entwicklung von innovativen Geschäftsmodellen:* Mit M2M kann man innovative Geschäfts- und Vertriebsmodelle entwickeln. Gutes Beispiel hierzu ist die Druckerbranche: Der Verkauf von Hardware entwickelt sich zu einem neuen

Geschäftsmodell namens Managed-Print-Services für B2B-Unternehmen: Anstatt Drucker zu verkaufen, wird ein komplexer Service-Vertrag abgeschlossen. Nicht nur dass die Kundenbindung steigt, auch die Umsatz- und Ressourcenplanung wird mit dem Recurring-Revenue-Modell wesentlich verlässlicher.

– *Zusätzliche Vertriebskanäle:* Bleiben wir beim dem oben genannten Drucker-Beispiel. Wenn der beim Kunden installierte Drucker mit Ihren Systemen kommuniziert, können Sie automatisch die Druckerpatronen rechtzeitig nach-liefern: Der Kunde ist zufrieden, da der Drucker nicht steht, der Office-Manager muss keine extra Bestellungen erfassen und Sie sichern dadurch mehr Umsatz. Der Drucker wird zum zusätzlichen Vertriebskanal.

– *Prozesseffizienz:* In der Automaten-Wirtschaft melden sich zum Beispiel Ver-kaufsautomaten selbstständig bei einem zentralen Rechner, wenn sie neu bestückt werden müssen. Somit entfallen Fahrten des Automatenbetreibers, um den Bestand und den Konsum zu erfassen.

– *Entdeckung von Trends:* M2M kann durch die Erfassung und Analyse der Ver-brauchsdaten, Kauftrends und Veränderungen in den Verhaltensdaten der Kunden entdecken und Anbieter in die Lage versetzen, schneller auf die volatilen Bedürf-nisse der Konsumenten zu reagieren. Insbesondere im Fitness-Bereich gibt es spannende Möglichkeiten.

– *Verbesserung der Kundenerfahrung:* Je nach seinem Standort, früheren Einkaufs-erfahrungen und persönlichen Vorlieben können Sie Ihrem Kunden einen Gutschein für seine Lieblingsmarken ausstellen, wenn er in der Gegend Ihres Standortes ist. Oder Sie könnten Kunden daran erinnern, Produkte auf der Grundlage der aktuellen und vorhergesagten Wetterbedingungen zu kaufen, sowie die Preise je nach Ver-kaufstrends automatisch optimieren. Das letztendliche Ziel dabei ist es, dem Kunden das Gefühl zu geben, gesehen und verstanden zu werden, was die Wahrscheinlich-keit erhöht, dass er zu Ihnen zurückkehrt und ein treuer Kunde wird oder bleibt.

– *Personalisierte Werbung:* M2M und IoT ermöglicht es, Kunden speziell auf ihre Bedürfnisse zugeschnittene Werbung im richtigen Moment auszuspielen, am POS, im Regalgang, direkt bei der Betrachtung des Produkts im Regal oder nach der Jogging-Runde.

• **Wie könnte es eingesetzt werden:**
  – *B2C:* Minibar Systems mit Sitz in Maryland bietet der Hotelbranche ein System an, um den Konsum in den Hotelminibars in Echtzeit zu verfolgen, wodurch eine schnellere Nachfüllung erfolgen kann und folglich auch eine erneute Konsumation. Nicht nur, dass Umsätze gesteigert und Personalkosten reduziert werden, auch Hotelgäste erfreuen sich eines nahtlosen und reaktionsfähigen Service. Eine Win–Win-Situation für alle.
  – *B2B:* Ein in Großbritannien ansässiges Versorgungsunternehmen baute ein durch-gehendes IoT-Ökosystem auf, das Daten über Kundenverbrauch und -anforderungen nahezu in Echtzeit liefert. Als Ergebnis beschleunigte das Unternehmen den Zugriff auf kritische Berichte um erstaunliche 99 %, was in einer deutlich gestiegenen Kundenzufriedenheit resultierte.

4.1.4   Wearables

- **Was hinter dem Begriff steckt:**
  Wearable-Technologie, auch als „Wearables" bekannt, steht für „tragbar" und ist eine
  Kategorie von elektronischen Geräten, die als Accessoires getragen, in die Kleidung
  eingebettet, in den Körper des Benutzers implantiert oder sogar auf die Haut tätowiert
  werden. Bluetooth-Headsets, Smartwatches, Smartrings und webfähige Brillen oder
  VR- und AR-Headsets gehören unter anderem dazu.
- **Wie funktioniert es:**
  Bei den Geräten handelt es sich um praktisch einsetzbare, handfreie Geräte, die von
  Mikroprozessoren angetrieben werden und mit der Fähigkeit ausgestattet sind, Daten
  über das Internet zu senden und zu empfangen. Sinn und Zweck ist meist die Unter-
  stützung einer Tätigkeit in der realen Welt, etwa durch (Zusatz-)Informationen, Aus-
  wertungen und Anweisungen. Manche Wearables sind mit AR-Technologie integriert,
  wodurch Inhalte in die Außenwelt eingeblendet werden können, zum Beispiel werden
  Bilder und Texte über Smartphones und Datenbrillen angezeigt.
- **Was kann es für den Vertrieb tun:**
  - *Werbung:* Die beliebteste Verwendung von Wearables findet sich heute im Fitness-
    Bereich. Die Wearable-Technologie kann das Training, die Herzfrequenz, den
    Schlaf und andere Gesundheitsdaten der Nutzer verfolgen und aufzeichnen. Damit
    unterstützt sie den Selbstoptimierungstrend, der insbesondere bei der jüngeren
    Generation stark gelebt wird. Diese Daten können nun vom Marketing ver-
    wendet werden, um Werbung für bestimmte Gesundheits- oder Fitnessprodukte zu
    konzipieren, die für Kunden am nützlichsten wären. Wearables bieten die Möglich-
    keit, Inhalte ansprechender und mit viel größerer Relevanz für den Benutzer zu
    gestalten, wodurch die Werbeanzeige nicht mehr als „Unterbrechung" wahr-
    genommen wird, sondern als Teil einer gebrandeten Erfahrung, die man in Kauf
    nimmt, weil sie bequem die eigenen Bedürfnisse erfüllt.
  - *Zusätzlicher Vertriebskanal:* Aufgrund von Verhaltensdaten der Nutzer lässt
    sich potenzieller Bedarf für Produkte vorhersagen. Beispielsweise könnte
    man bei einem Läufer, der regelmäßig joggt, darauf schließen, dass er nach
    einer bestimmten Anzahl von Monaten ein neues Paar Laufschuhe benötigen
    würde. So kann man dem Kunden nicht nur Werbung für neue Sportschuhe aus-
    spielen, sondern gleich ein neues Modell zum sofortigen und bequemen Kauf
    anbieten. Nicht nur das, man kann den Schuh aufgrund von verfügbaren Daten
    individualisieren und ein für seine spezielle Trainingsroutine konzipiertes Modell
    in seiner Schuhgröße anbieten. Oder vielleicht zeigen die Daten, dass der Kunde
    trotz konstanten Laufens sein Tempo über einige Tage verlangsamt hat. Dazu
    könnte man Anzeigen für orthopädische Einlagen und Artikel mit Ratschlägen
    für leichte Laufverletzungen wie Sehnenentzündungen verschicken. Der Kunde
    wird nicht nur Anzeigen sehen, die für seine gegenwärtige Situation relevant sind,

sondern er wird auch nützliche Inhalte bekommen, die zur Verbesserung seines Lauferlebnisses beitragen.

– *Standortbasierte Zielgruppenansprache:* Fitnessdaten sind nicht die einzige Möglichkeit, die die Wearable-Technologie bietet. Sie ist auch ein Segen für die standortspezifische Zielgruppenansprache im Einzelhandel. Die Kombination mit Geo-Fencing, Geo-Targeting oder Beacons bietet spannende Möglichkeiten: Ein Kunde könnte zum Beispiel jeden Tag seinen Morgenspaziergang vorbei an einem Bioladen absolvieren. Dieser Laden könnte ihm Angebote für bestimmte Produkte wie beispielsweise Bio-Kaffee oder Frühstücksartikel schicken, und zwar genau in dem Moment, wenn er morgens daran vorbeigeht.

– *Individualisierte Empfehlungen:* Wenn die Anzeigen inhaltlich richtig kreativ gestaltet sind, werden sie als Empfehlungen und nicht als Produktwerbungen wahrgenommen. Außerdem erhalten Kunden dank Echtzeitdaten Empfehlungen und Angebote, die noch besser auf ihre Bedürfnisse abgestimmt sind. Beispiel: Ein Kunde wird vor einem Coffeeshop nicht langsamer und hat vor zwei Tagen ein Bio-Smoothie auf Facebook geliked, so würde man aus diesen zwei Faktoren schließen können, dass er eher auf die Anzeige eines Bioladens reagieren würde als auf eine von Starbucks.

– *Cross-Selling:* Mit der Kombination von Wearable-Technologie und mobilen Zahlungssystemen, wie Apple Pay können Anbieter die Aufmerksamkeit eines Nutzers schnell auf sich ziehen: Wenn der Kunde gerade ein Produkt bezahlt hat, kann man in Echtzeit weitere Angebote in seiner Nähe vergleichen und ihm ergänzende Produkte zum getätigten Kauf anbieten, vielleicht sogar als Sonderangebot.

– *Integriertes Einkaufserlebnis:* Wearables ermöglichen die Gestaltung eines integrierten, geräteübergreifenden Einkaufserlebnisses. Angenommen, eine Person recherchiert die Preise für bestimmte Produkte zu Hause auf ihrem PC oder Tablett. Wenn sie in ein Geschäft geht, kann das Wearable-Gerät diese Daten abrufen, mit der Browser-Historie aus dem Mobiltelefon vergleichen und dem Kunden eine Liste mit passenden Produkten, inklusive Preisen und Sonderangeboten zeigen. Darüber hinaus können die Checkout- und Zahlungsprozesse automatisiert werden, sodass der Kunde an der Kasse nicht Schlange stehen muss und die Transaktion mit dem Verlassen des Geschäftes abschließt.

– *Loyalty-Programme:* Wearables bieten eine hervorragende Plattform für Kundenbindungsprogramme, beispielsweise kann man den Kunden in dem Moment alarmieren, wenn er an einem Geschäft vorbeigeht, das seine Punkte für diesen Monat kurz vor Ablauf sind oder ihm ein passendes Angebot aus dem Programm schicken und damit einen Kaufwunsch auslösen. Oder man kann ihn während des Einkaufens auf Sonderangebote aufmerksam machen und auf seinem Weg zur Kasse darauf hinweisen, dass ein bestimmter Einkaufswert erreicht werden muss, um eine Belohnung aus dem Programm zu bekommen.

– *Vertriebseffizienz:* Über Wearables, beispielsweise Smartwatches oder Brillen, kann der Vertrieb auf Termine, E-Mails und relevante CRM-Daten zugreifen: Kundendaten, Kontaktdaten, Gesprächsaufzeichnungen, Termine, To-dos etc. Dies in Echtzeit und nämlich im richtigen Moment, zum Beispiel während des Kundengesprächs.

– *Content-Marketing:* Auch für Content-Marketing bieten Wearables eine ideale Plattform, denn damit kann man relevanten Inhalt „aktivitätsbasiert" anbieten, um das Engagement des Kunden noch stärker mit der Echtzeit-Tätigkeit zu integrieren und mit relevanten Inhalten und Erfahrungen zu kombinieren.

- **Wie könnte es eingesetzt werden:**
  – *B2C:* Im Jahr 2015 schufen niederländische Forscher dehnbare LEDs, die in Textilien einlaminiert wurden. Sie sind mit Dünnfilm-Transistoren ausgestattet und sind ebenso komfortabel wie praktisch, womit sie sich ihren Weg in die Modebranche sofort ebneten. In den Jahren danach waren LED-Streifen, Biolumineszenz und andere Lichteffekte der letzte Schrei auf der New Yorker Fashion Week. E-Textilien, smarte Textilien und Stoffe enthalten digitale Computerkomponenten, die direkt in sie eingebettet sind, wodurch tolle Produkte entstehen können. Ein gutes Beispiel bietet CuteCircuit in Großbritannien. Sie brachten das Hug Shirt auf den Markt, das es dem Benutzer ermöglicht, durch Sensoren im Hemd elektronische Umarmungen zu erhalten.

  – *B2B:* Internalia Group hat eine mobile CRM-Anwendung für Smartwatches entwickelt, die die Interaktion mit Datenbanken „on the cloud" ermöglicht. Die Anwendung bietet Vertriebsmitarbeitern direkt über die Smartwatch Zugriff auf To-dos, Aufgaben, Kundeninformationen, Berichte etc. – alles automatisch. Sie können anderen mitteilen, wann sie eine Besprechung beginnen oder beenden, indem sie einfach den äußeren Rand der Smartwatch berühren. Zudem können sie Sprachnotizen direkt aufzeichnen und ablegen. Alle Informationen werden sofort im CRM System erfasst und sind von überall aufrufbar, von unterwegs oder vom Bürotisch aus.

4.1.5 Video

- **Was hinter dem Begriff steckt:**
  Video ist ein Medium für die Aufnahme und die Wiedergabe von bewegten visuellen Medien, das für den Transport von Inhalten (Content, Werbung) sowie auch für die Kommunikation genutzt werden kann, ob via Videotelefonie oder Videokonferenzen.
- **Wie funktioniert es:**
  Video-Konferenzsoftware ermöglicht es zwei oder mehr Personen, in Echtzeit miteinander zu kommunizieren. In der Regel sind es Cloud-Lösungen, die je nach verwendeter Software den Teilnehmern die Möglichkeit bieten, neben der Videokommunikation auch auf einen einheitlichen Bildschirm gleichzeitig zugreifen zu

können. Darüber hinaus kann man über gemeinsam genutzte digitale Whiteboards Informationen oder Daten gleichzeitig entwerfen, überprüfen und bearbeiten. Die Videoinhalte werden mit Webcams transportiert und Audiokommunikation kann über Computer oder das Telefonsystem erfolgen. Videotechnologie wird für die Erstellung und Teilung von Inhalten in Videoformat genutzt, was die meisten von uns inzwischen auch gerne im Alltag machen. Was aber weniger bekannt ist: Neben der klassischen Videoproduktion von Aufnahmevideos gibt es inzwischen KI-Tools, die in Sekundenschnelle aus Bildern und Texten Videos erstellen, wofür man keine Fachkenntnisse benötigt.

- **Was kann es für den Vertrieb tun:**
  - *Bessere Vermittlung von Inhalten:* Laut einer Cisco-Studie soll das Video bis 2022 82 % aller Web-Inhalte ausmachen (Cisco 2020). Video als Medium ist nicht nur interessanter, sondern kann schneller als Textinhalte konsumiert werden – und das nicht nur im Verbraucherbereich. Studien zeigen, dass auch Entscheidungsträger im B2B ein Video einem Textinhalt vorziehen, sofern sie die Wahl haben. Wir begreifen Bilder schneller als Texte, und oft lassen sich komplexe Zusammenhänge mit Videos besser darstellen als mit reinen Texten. Darüber hinaus werden Emotionen besser vermittelt und mit Mimik und Körpersprache Vertrauen schneller aufgebaut.
  - *Videoakquise:* Das Video kann ein neues spannendes und wirksames Element in die traditionelle Kaltakquise einbringen. Anstatt Textnachrichten über E-Mail zu versenden, können Vertriebsmitarbeiter Videobotschaften via E-Mail übermitteln. Video ist einprägsamer, und eine personalisierte Videobotschaft hebt sich von unzähligen anderen Nachrichten ab. Abgesehen davon werden Kunden mit traditionellen Verkaufs-E-Mails überflutet und Videos können hier eine gute Möglichkeit zur Differenzierung bieten.
  - *Videomeetings:* Videomeetings sind zwar nicht so optimal wie persönliche Meetings, aber weit besser als E-Mails und Telefonate. Spätestens seit Corona wissen wir, dass Videomeetings funktionieren, und sie werden für immer einen festen Platz in den Vertriebsalltag einnehmen. Reguläre Meetings werden durch Online-Meetings ersetzt und nur noch Strategiebesprechungen, Business Development Meetings, Business Reviews und Verhandlungen vor Ort geführt.
  - *Angebotsvorstellung per Video:* Anstatt Angebote per E-Mail zu senden bietet es sich an, Angebote in einer Videokonferenz direkt mit Kunden zu besprechen. So können Vertriebsmitarbeiter sehen, wie ihr potenzieller Kunde auf das Angebot reagiert und ihre Vorgehensweise und sogar das Angebot entsprechend anpassen. Außerdem hat der Interessent die Möglichkeit, Fragen zu stellen, und der Vertrieb kann sicherstellen, dass das Angebot auch richtig ankommt. Darüber hinaus kann man gleich den nächsten Schritt vereinbaren, womit man die Kontrolle über den Vertriebsprozess behält, statt einfach nur als E-Mail im Postfach des Kunden unterzugehen.

- *Schnellere Meetings im Buying Center:* Die Terminvereinbarung für ein Online-Meeting mit Entscheidern und größeren Gruppen ist leichter und schneller als die Koordination von persönliche Meetings. Darüber hinaus kann man Entscheidungsträger besser erreichen. Denn mangelnde Zeit ist ein nicht zu unterschätzender Faktor: Wenn Sie versuchen, sich mit Kunden und Interessenten persönlich zu treffen, kann es schwierig sein, einen Hauptentscheidungsträger zu einer bestimmten Zeit und an einen bestimmten Ort zu verpflichten, ganz zu schweigen von einem ganzen Team. Und wenn das Unternehmen, mit dem Sie zusammenarbeiten, weit entfernt ist oder wichtige Teammitglieder an verschiedenen Orten oder in verschiedenen Zeitzonen tätig sind, kann die Koordinierung persönlicher Treffen fast zur Unmöglichkeit werden. Dagegen finden hochbeschäftigte Entscheidungsträger leichter ein Zeitfenster für ein Videomeeting, kurz vor dem Flug oder zwischen zwei anderen Meetings.
- *Reisekosten reduzieren:* Von Benzinkosten, über Flugtickets und bis zu Hotelkosten: Ein persönliches Treffen ist nicht nur kostspielig, sondern auch einschränkend. Schließlich gibt es nur eine begrenzte Anzahl an Partnern, die Sie an einem einzigen Tag besuchen können. Außerdem kann es körperlich und geistig anstrengend sein, ständig unterwegs zu sein oder von Flughäfen ein- und auszufliegen, was es noch schwieriger macht, bei der Arbeit produktiv zu sein. Mit Videokonferenzen können sich Vertriebsmitarbeiter jedoch mit viel mehr Menschen in einem kleineren Zeitrahmen treffen, da sie sich nicht mit jedem einzelnen persönlich treffen müssen. Dies bedeutet, dass die Vertriebsmitarbeiter ihr Gebiet ausweiten und mehr potenzielle Kunden entdecken können. Sie können schneller Kontakte knüpfen, und dadurch auch ihre Ziele möglicherweise schneller als in der Vergangenheit erreichen. Vertriebsprozesse werden verkürzt bei gleichzeitiger Produktivitätssteigerung.
- *Videomeeting Minutes:* Auch eine Besprechung lässt sich mit Video unter Umständen besser zusammenfassen, als in einer Textnachricht. Neben der persönlichen Note haben Sie hier die Möglichkeit, nächste Schritte fesselnder zu gestalten.
- *Marketingvideo:* Neben der klassischen Videowerbung gibt es viele kreative Ideen, Video als Marketingmedium einzusetzen: Erklärvideo, Produktvideo, Produktgeschichte, Anleitungen, Aktionsvideo, Werbung, Produkt-Story, Launch-Video, Unternehmensgeschichte, About-Video, Image-Video, Unternehmenspräsentationen, Hinter den Kulissen, Event-Teaser, Einblicke in die Unternehmensabläufe, Produktion, Erfolgsstory, Testimonials, Referenzen, Produktbewertungsvideos, Business-Case-Story, Danke-Videos, Impressionen, Nachlese, Interviews mit Kunden und mit Mitarbeitern, Highlights einer Veranstaltung … Der Fantasie sind keine Grenzen gesetzt.
- *Social Media:* YouTube ist eine hervorragende Plattform geworden, um Zielgruppen per Video als Medium zu adressieren, und bietet darüber hinaus auch einen zusätzlichen Werbekanal. Generell funktionieren Videos in den sozialen Netzwerken gut. Ein perfektes Beispiel ist Instagram, aber auch auf LinkedIn erfreuen sich kurze Videos höherer Aufmerksamkeit im Feed.

- *Events:* Ob Webinare, digitale Events oder Konferenzen, mit Videos lassen sich Veranstaltungen kostengünstig in den digitalen Raum versetzen und auch eine größere Zielgruppe erreichen. Hybride Formate werden nach der COVID-Krise die klassischen analogen Formate ersetzen.
- *Upselling Videos:* Videos eignen sich auch hervorragend für Cross- und Upselling-Verkaufsaktivitäten: Nachdem ein Kunde bei Ihnen gekauft hat, kann man ihm ein Video mit einem passenden Zusatzangebot senden, wodurch das Kauferlebnis für den Kunden angenehmer gestaltet wird und für den Vertrieb eine zusätzliche Möglichkeit entsteht, zusätzlichen Umsatz zu generieren.
- *Service-Videos:* Wenn Sie feststellen, dass Kunden sich nicht sicher sind, wie Ihr Produkt richtig zu verwenden ist, oder wenn immer wieder Anwendungsfehler und Reklamationen auftreten, kann eine Videoanleitung zeigen, wie das Problem gelöst bzw. das Produkt repariert werden kann. Neben der erhöhten Kundenzufriedenheit wird auch die Anzahl der Anrufe im Kundencenter und Anzahl an Reklamationen reduziert.
- *Lern-Tutorial:* Auf YouTube wimmelt es von Lern-Tutorials (Ikea, Kochvideos etc.), weil Videos oft selbsterklärend sind. Damit bieten sie auch einen guten Weg für Unternehmen, ihre Kunden „auszubilden". Etliche Schulungen, Anleitungen zum Bau und zur Installation von Produkten sind in Videoform oft nützlicher als Textanleitungen.
- *Shoppable videos:* Ein weiterer Trend, der an Fahrt gewinnt, sind sogenannte shoppable Videos, die eine Kombination von Video und E-Commerce darstellen. Dabei handelt es sich um Videoanzeigen, die direkte Links zu Produkten enthalten. ShopStyle hat beispielsweise YouTube Looks eingeführt, die es den Betrachtern ermöglichen, auf Produktlinks direkt innerhalb eines Videos zu klicken, anstatt auf das Beschreibungsfeld oder eine separate Seite, die vom Inhalt ablenken könnten. Dieser Trend gewinnt zunehmend an Relevanz auch auf Instagram.
- *Vlogging:* Vlogging ist eines jener Videogenres, über die man sich leicht lustig machen kann, die aber schwer zu ignorieren sind. So wie YouTube seine Transformation vom Unterhaltungskanal zur Informationsplattform durchlief, gewinnt Vlogging zunehmend an Wichtigkeit im Geschäftsbereich, Nicht nur, dass durch Instagram und Snapchat mehr Vlogging-Kanäle entstehen, mit Live-Streaming diversifizieren Vlogger die Art der von ihnen präsentierten Inhalte: Zum Beispiel, indem sie das Live-Streaming zu ihrem wöchentlichen oder täglichen Vlogging-Inhalt machen, wodurch sie mehr Interessenten mit einer einzigen Aktion erreichen.

- **Wie könnte es eingesetzt werden:**
  - *B2C:* Always nutzte in deren „Wie ein Mädchen"- Kampagne #LikeAGirl die berühmte Beleidigung, um Aufmerksamkeit zu erregen. Im Laufe des Videos ändert sich das Gespräch darüber, was es bedeutet, „wie ein Mädchen" zu sein, und zwar konkret: zu rennen, zu werfen und zu kämpfen. Dieser Werbespot ging in kürzester Zeit viral, da er sowohl in den sozialen Medien als auch in den regulären

Medien verbreitet wurde und Anfang 2021 etwa 70 Mio. Ansichten auf YouTube erreichte. Always hat viel Lob dafür erhalten und einen Emmy, einen Grand Prix von Cannes und den Grand Clio Award gewonnen, womit das Unternehmen bewiesen hat, dass sich mit Video als Medium sehr emotionale Botschaften vermitteln und Kunden wie mit keinem anderen Medium abholen lassen.

– *B2B:* Eine Fallstudie von Hubspot zeigt, wie wirkungsvoll Video im Vertriebseinsatz sein kann. Ein Sales-Mitarbeiter nutzte E-Mail-Video als Kommunikationsinstrument. Anstatt Textnachrichten zu senden, schickte er zwei Arten von Video-E-Mails – eine erste Botschaft zur Kontaktaufnahme an neue Kunden und eine zweite, um „Geschäfte wieder zu beleben". Beeindruckendes Ergebnis: Seine E-Mails hatten eine Klickrate von 93 % und eine Antwortquote von 28 %. Inzwischen wird bei Hubspot Videoakquise regulär von allen Vertriebsmitarbeitern eingesetzt.

4.1.6 Collaboration

- **Was hinter dem Begriff steckt:**
  Collaboration ist eine Sammlung von Prozessen und Werkzeugen, die es Teams – intern oder extern – ermöglichen, über Systeme sowohl im Büro als auch an entfernten Orten miteinander zu interagieren, um Informationen auszutauschen und an einem Projekt zusammenzuarbeiten. Diese Technologie ist eine der besten Möglichkeiten für Unternehmen, Arbeitsabläufe im Bereich der Zusammenarbeit zwischen den Mitarbeitern an unterschiedlichen Standorten und mit externen Partnern sowie auch Kunden zu rationalisieren, wodurch sie sich in der Geschäftswelt insgesamt recht schnell durchsetzt.
- **Wie funktioniert es:**
  Kollaborative Technologie beruht auf einer Kombination von Soft- und Hardware, die die kollaborative Arbeit zwischen mehreren Benutzern erleichtert: von der Festlegung von Rollen und Verantwortlichkeiten über die Weiterleitung von Dokumenten vor Ort bis hin zur Überprüfung und Genehmigung von Projektteilen. Sie ermöglichen eine intuitive und koordinierte Problemlösung in Gruppen über die Arbeitsabläufe eines ganzen Projektteams hinweg. Für kollaborative Software gibt es zwei operative Anwendungen – synchron und asynchron:
  - *Synchrone:* Kollaborationsprogramme arbeiten in Echtzeit, d. h. zwei oder mehr Personen kommunizieren, überprüfen und arbeiten gleichzeitig auf derselben Plattform zusammen. Dadurch wird ein einfacher und schneller Austausch von Informationen in Echtzeit und mit sofortigen Aktualisierungen möglich.
  - *Asynchrone:* Kollaborationsprogramme sind nicht für sofortige Aufgaben oder Aktivitäten konzipiert. Kurze Wartezeiten zwischen dem Zeitpunkt, an dem jemand eine Interaktion initiiert, und dem Zeitpunkt, an dem diese Interaktion zufriedenstellend verläuft, werden nicht nur erwartet, sondern sind oft von

Vorteil. Asynchrone Plattformen sind oft besser dokumentierbar als Echtzeit-Kommunikation und lassen den Einzelnen mehr Zeit zum Nachdenken, bevor sie eine Antwort geben.

Zudem wird Kollaborationssoftware in unterschiedlichen Varianten betrieben:

- *On-Premise-Kollaborationssoftware:* wird intern, auf Ihren eigenen physischen Servern installiert und verwaltet. On-Premise-Software ist normalerweise, wenn auch nicht immer, nur auf der Hardware innerhalb Ihres Standortes zugänglich.
- *Web-gehostete Kollaborationssoftware:* Alle Softwaredaten und Anwendungen werden auf einem Web-Server gespeichert. Dieser Server kann gemeinsam genutzt, dediziert oder sogar ein VPN sein, je nach Größe und Umfang Ihrer Organisation.
- *Cloud-Kollaborationssoftware:* wird in der Cloud gespeichert und betrieben und die Software wird über das Internet und nicht über den physischen Server bereitgestellt. Alles, was Benutzer benötigen, ist ein Gerät mit einer Internetverbindung.

Die wichtigsten Funktionskriterien kollaborativer Tools lassen sich wie folgt zusammenfassen:

- Gemeinsamer Arbeitsplatz
- Projektplanung und Monitoring
- Aufgabenplanung für Projektmitglieder
- Anpassbare Benutzergruppen und Rollen
- Anpassbare allgemeine und persönliche Dashboards, Berichte
- Datei- und Dokumentenverwaltung
- Chat oder Diskussionsforen
- Abbildung von Workflows und Prozessen, Eskalationsschritte
- Whiteboards
- Persönliche Kalender und Gruppenkalender
- Kommunikation

- **Was kann es für den Vertrieb tun:**
  - *Zeitersparnis:* Durch die zeit- und ortsunabhängige Zusammenarbeit der Beteiligten entstehen zum Teil massive Zeitersparnisse, die am Ende in Kostenersparnissen resultieren. Denn ein Online-Kollaborationstool ermöglicht es Menschen, von überall auf der Welt zur gleichen Zeit an denselben Projekten zu arbeiten. Es vereinfacht den Prozess der kollaborativen Arbeit und gibt Echtzeit-Einblicke in den Fortschritt jeder Aufgabe, anstatt zu warten oder nach E-Mail-Updates suchen zu müssen. Die gewonnene Zeit kann der Vertrieb für den Aufbau von Kundenbeziehungen und den effektiven Verkauf nutzen.
  - *Effizienzsteigerung:* Der typische Vertriebsmitarbeiter verbringt viele Stunden pro Woche mit dem Schreiben von E-Mails und der Suche nach Informationen oder Dokumenten, die in unterschiedlichen Quellen enthalten sind (E-Mails, Laufwerke, Ordner etc.). Collaboration-Software umgeht E-Mail-Postfächer und bewahrt die gesamte Kommunikation über ein Kundenprojekt und zugehörige Dateien an einem sicheren Ort auf. Das lange Suchen nach Informationen und

Durchwühlen von E-Mails sind hinfällig, und so wird auch das benötigte Wissen schnell auffindbar und zugänglich.

- *Bessere Zusammenarbeit:* Der Aufbau von effektiven Arbeitsbeziehungen – ob intern oder mit Kunden – lässt sich mit Kollaborationswerkzeugen leichter gestalten. Es entsteht eine Transparenz, die die Qualität der Zusammenarbeit positiv beeinflusst. Darüber hinaus wird sichergestellt, dass Dinge nicht verloren gehen, dass alle auf dem neuesten Stand sind und mit der aktuellsten Dokumentenversion arbeiten. Die gemeinsame Nutzung von Dateien ist ebenfalls schneller, da alles geordnet und an einem Ort gespeichert ist.

- *Interne Kommunikation:* Gut konzipierte Kollaborationssoftware können E-Mail und andere übliche Kommunikationsmittel ersetzen, und da sich alles an einem zentralen Ort befindet, ist das Auffinden archivierter Gespräche ein Kinderspiel. Durch die Chat-Funktionen werden Aufgaben direkt kommentiert und die Kommunikation erfolgt schneller. Alles in allem können Sie und Ihr Team mit einem Kollaborationswerkzeug intelligenter arbeiten – egal, wo Sie sind.

- *Gemeinsame Entwicklung mit Kunden:* Im Rahmen von Projekten, bei denen das Produkt speziell für den Kunden entwickelt wird, ist der Bedarf an Informationsaustausch deutlich höher. Mit Kollaborationstools können Kunden interaktiv in den Produktentwicklungszyklus eingebunden werden, wodurch sie leicht Änderungsvorschläge einbringen, Projektschritte abnehmen und die Projektentwicklung live verfolgen können. Somit entsteht ein einfacher, klarer, zielgerichteter und wohl auch produktiverer Prozess für die Entwicklung von Kundenlösungen, ob intern oder auch gemeinsam mit Kunden.

- *Projektmanagement:* Mit einem Kollaborationstool lassen sich Vertriebsprojekte effizienter steuern: vom Aufbau von individuellen Workflows, Zuweisung von Zuständigkeiten, Verfolgung der Aktivitäten und bis zur Überwachung der Projektfortschritte. Mühsame Aufgaben können in sequenzielle Unteraufgaben unterteilt werden, Vertriebsmitarbeiter erhalten relevante Benachrichtigungen, während sie jede Aufgabe abschließen, und Verantwortliche können den Status jedes Projekts in Echtzeit verfolgen. Auf diese Weise erhalten Entscheider einen umfassenden Überblick über den Stand der Dinge und die Aufgaben, die ihre Aufmerksamkeit erfordern, wodurch sie bessere und schnellere Entscheidungen treffen können. Folglich steigen die Qualität der Projekte und die Kundenzufriedenheit.

- *Kosteneinsparungen:* Manchmal ist es eine Herausforderung, einen physischen Raum für das Zusammentreffen des Projektteams zu finden, geschweige denn eine Terminkoordination in standortübergreifenden Projekten mit mehreren Beteiligten durchzuführen, wodurch wichtige Kundenprojekte stark eingebremst werden. Dank Kollaborationstechnologie ist es viel einfacher, Online-Besprechungen abzuhalten, und Termine lassen sich schneller finden.

- *Kundenbeziehungen stärken:* Mit einem kollaborativen Vertriebsansatz, insbesondere im strategischen Vertrieb, lassen sich bessere Kundenbeziehungen aufbauen. Die Qualität der Zusammenarbeit zwischen Ihren Mitarbeitern beeinflusst das Kundenerlebnis, und wenn sich jedes Teammitglied auf dieselben Ziele konzentriert und das Projekt effizient und kollaborativ vorantreibt, wird es viel einfacher sein, die Bedürfnisse der Kunden zu erfüllen und strategische Kundenbeziehungen aufzubauen.

- *Kundenerfahrung verbessern:* Kollaborationssoftware ermöglicht Aufzeichnungen über Kundeninteraktionen und andere wichtige Kommunikationspunkte an einem zentralen Ort, sodass eine Person dort weitermachen kann, wo ein anderes Teammitglied aufgehört hat. Dadurch können Vertriebsprojekte besser verwaltet werden und, was überaus wichtig ist, sie werden durch ein mögliches Ausscheiden einzelner Mitglieder nicht gefährdet.
- *Design Thinking:* Kollaborationswerkzeuge unterstützen die Prozesse der kreativen Problemlösung und Lösungsentwicklung, was in komplexen B2B-Kundenprojekten kritisch sein kann. Funktionen wie virtuelle digitale Boards ermöglichen es den Benutzern, visuell zu arbeiten und Feedback effektiv auszutauschen, wodurch Brainstorming, Prototyping und Abstimmung leichter erfolgen.
- **Wie könnte es eingesetzt werden:**
  - *B2C:* Zippo, der berühmte Feuerzeughersteller, hat die Plattform monday.com eingeführt, um seine Produktentwicklungsprojekte effektiver betreiben und verwalten zu können. Anfangs nutze nur die Produktentwicklung die Plattform mit rund zehn Anwendern. Durch die guten Erfahrungen kamen schnell weitere Abteilungen dazu, wie Marketing, Ingenieure und einige Teammitglieder im Einkauf und in den Finanzen, wodurch die Nutzeranzahl auf rund 125 Anwender anstieg. Die Prozesse sind viel kollaborativer geworden, und alle können sich an einem Ort einen Überblick über alle aktiven Projekte verschaffen, den Projektfortschritt verfolgen und alle sind auf demselben aktuellsten Stand. Jeder kann sehen, wo sich jedes einzelne Projekt im Lebenszyklus der Produktentwicklung befindet und wie es im Vergleich zu den anderen Projekten abschneidet. Dadurch wurden eine viel effizientere Ressourceneinteilung und die Verwaltung von Kapazitäten möglich. Nicht zuletzt hat die Plattform maßgeblich zur internationalen Unternehmensexpansion beigetragen. Im Konkreten konnten die aufwendigen Prozesse für den chinesischen Markt effizienter und schneller gesteuert werden.
  - *B2B:* Ein internationaler Projektentwickler entschied sich für eine Kollaborationssoftware, um seine Offshore-Entwicklungsprojekte besser zu steuern. Der erste und wichtigste Vorteil, der mit dem neuen Tool ProofHub erzielt werden konnte: Unnötige E-Mails und Skype-Anrufe zur Aktualisierung der Projekte fielen weg. Darüber hinaus wurden etliche Diskussionen über das Hinzufügen einer neuen Funktion oder das Angehen eines entdeckten Problems zum Kinderspiel. Das Unternehmen konnte einen exponentiellen Anstieg der Teamproduktivität feststellen, da Entwürfe und Dateien sofort überprüft und genehmigt werden konnten. Keine Aufgabe und kein Meilenstein wurde übersprungen, und das Team musste nicht an verpasste Deadlines erinnert werden.

4.1.7 Artificial Intelligence

- **Was hinter dem Begriff steckt:**
  Der Begriff Künstliche Intelligenz (KI), auch Artificial Intelligence (AI), wird zur Beschreibung von Maschinen (Computern) verwendet, die menschliches, intelligentes, rationales Verhalten und kognitive Funktionen nachahmen, die mit dem menschlichen Verstand assoziieren werden, wie z.B. Lernen und Problemlösen. Der Begriff ist insofern nicht eindeutig abgrenzbar, als es bereits an einer genauen Definition von „Intelligenz" mangelt. Dennoch wird er in der Forschung und Entwicklung verwendet.
- **Wie funktioniert es:**
  KI ist ein Überbegriff, der eine Vielzahl von Algorithmen und Techniken beschreibt, die Maschinen dabei unterstützen, menschliche Intelligenz zu simulieren. Spezifische Anwendungen der KI sind Expertensysteme, natürliche Sprachverarbeitung (NLP), Spracherkennung und maschinelles Lernen. KI kann entweder als schwach oder stark kategorisiert werden.
  - *Starke KI,* auch bekannt als AGI (Artificial General Intelligence), beschreibt eine Programmierung, die die kognitiven Fähigkeiten des menschlichen Gehirns nachbilden kann. Wenn ein starkes KI-System mit einer ungewohnten Aufgabe konfrontiert wird, kann es sein Wissen aus einem Bereich auf einen anderen anwenden und autonom eine Lösung finden.
  - *Schwache KI,* auch als ANI (Artificial Narrow Intelligence) bekannt, ist ein KI-System, das für die Erfüllung einer bestimmten Aufgabe konzipiert und trainiert wird. Bei den meisten heutzutage im Markt verfügbaren KI-Anwendungen geht es um ANI, beispielsweise bei Industrierobotern und virtuellen persönlichen Assistenten.

  Im Bereich der schwachen KI haben wir weitere Unterscheidungen:
  - *Symbolische KI:* Das sind regelbasierte Systeme, die im Rahmen vordefinierter Regeln funktionieren. Hier müssen Programmierer die Regeln, die das Verhalten des Systems spezifizieren, akribisch definieren. Die symbolische KI eignet sich für Anwendungen, bei denen die Umgebung vorhersehbar ist und die Regeln klar definiert werden können. Obwohl in den letzten Jahren die anderen KI-Bereiche, wie z. B. Deep Learning, einen Hype erleben, handelt es sich bei den meisten KI-Anwendungen, die wir heute verwenden, um regelbasierte Systeme.
  - *Maschinelles Lernen (ML):* Algorithmen analysieren Daten, lernen daraus und wenden das Gelernte an, um Entscheidungen zu treffen. Sie erkennen Muster und Gesetzmäßigkeiten in Datensätzen und entwickeln daraus Lösungen, wodurch „künstliches Wissen" entsteht. Gute Beispiele für maschinelles Lernen sind Produktempfehlungen und die Vorhersage des Kundenverhaltens.
  - *Deep Learning (DL):* Ist ein spezieller Teilbereich des maschinellen Lernens, der Algorithmen in mehrere Schichten strukturiert, um ein „künstliches neuronales

Netz" zu schaffen, das selbstständig lernen und intelligente Entscheidungen treffen kann. Dort, wo ML an seine Grenzen stößt, wird Deep Learning verwendet, denn es ist angesichts der Anzahl von Schichten, Hierarchien und Eigenschaften des Netzes imstande, sehr komplexe Berechnungen durchzuführen. Sein großer Vorteil liegt darin, dass diese Systeme besonders gut in der Lage sind, unstrukturierte Informationen wie Texte, Bilder, Töne und Videos zu verarbeiten und sie zur Mustererkennung oder zum weiteren Lernen zu verwenden.

- **Was kann es für den Vertrieb tun:**
  KI ist eine der wichtigsten Technologien für den Vertrieb für die kommenden Jahre. Durch ihre großen Potenziale für den Vertrieb wurde sie zur vielversprechendsten und wachstumsstärksten Technologie deklariert, denn sie kann den Vertrieb umfassend auf mehreren Ebenen unterstützen. Sie kann Prozesse im Vertrieb effizienter gestalten, indem sie administrative Aufgaben übernimmt, und auch die Wirksamkeit erhöhen, indem sie neues Wissen der Vertriebsorganisation hinzufügt bzw. aus bestehenden Daten wertvolle Erkenntnisse zieht und diese dem Vertrieb zur Verfügung stellt. KI kann in einer sehr hohen Geschwindigkeit Unmengen an Daten analysieren und Zusammenhänge darin herstellen und darstellen, wodurch Führungskräfte eine bessere Entscheidungsgrundlage erhalten, um den Vertrieb besser steuern zu können. Im Grunde kann KI den gesamten Vertriebsprozess unterstützen, in all seinen Phasen (Abb. 4.2).

  - *Lead-Generierung:* KI ermöglicht es, den aufwendigen zeit- und arbeitsintensiven Prozess der Lead-Generierung zu verbessern und kann diesen zum Teil sogar übernehmen. Zum Beispiel können KI-Bots selbstständig im Internet nach Leads recherchieren, diese vorqualifizieren und sie dem Vertrieb zur Weiterbearbeitung übergeben. Somit konzentrieren sich die Vertriebsmitarbeiter rein auf die Interaktion mit den Leads statt auf ihre Suche.

  - *Lead-Qualifizierung:* Nicht nur die Suche nach Leads kann KI übernehmen, sondern auch ihre Qualifizierung. Sie bewertet und überwacht historische Daten in Bezug auf die Interaktion des Leads mit dem Unternehmen und kann im Zusammenhang mit anderen externen Datenquellen und Signalen seine Kaufabsicht vorhersagen. Dadurch kann der Vertrieb sich auf die Leads konzentrieren, die am wahrscheinlichsten konvertieren, wodurch Umsätze schneller generiert werden.

  - *Lead-Kommunikation:* KI kann auch selbstständig mit potenziellen Kunden kommunizieren: Über die Website, per E-Mail, in den sozialen Meiden oder über Messenger-Applikationen kann sie Fragen beantworten, Produkte empfehlen, Preisauskünfte geben und sogar Termine für den Vertrieb vereinbaren.

  - *Deal-Qualifizierung:* Durch den Einsatz von KI können Unternehmen nicht nur potenzielle Kunden identifizieren, sondern auch genauer vorhersagen, welche Leads aus B2C- oder B2B-Lead-Generierungsmaßnahmen wahrscheinlich zu Kunden werden. KI errechnet die Kaufwahrscheinlichkeit der Deals und priorisiert

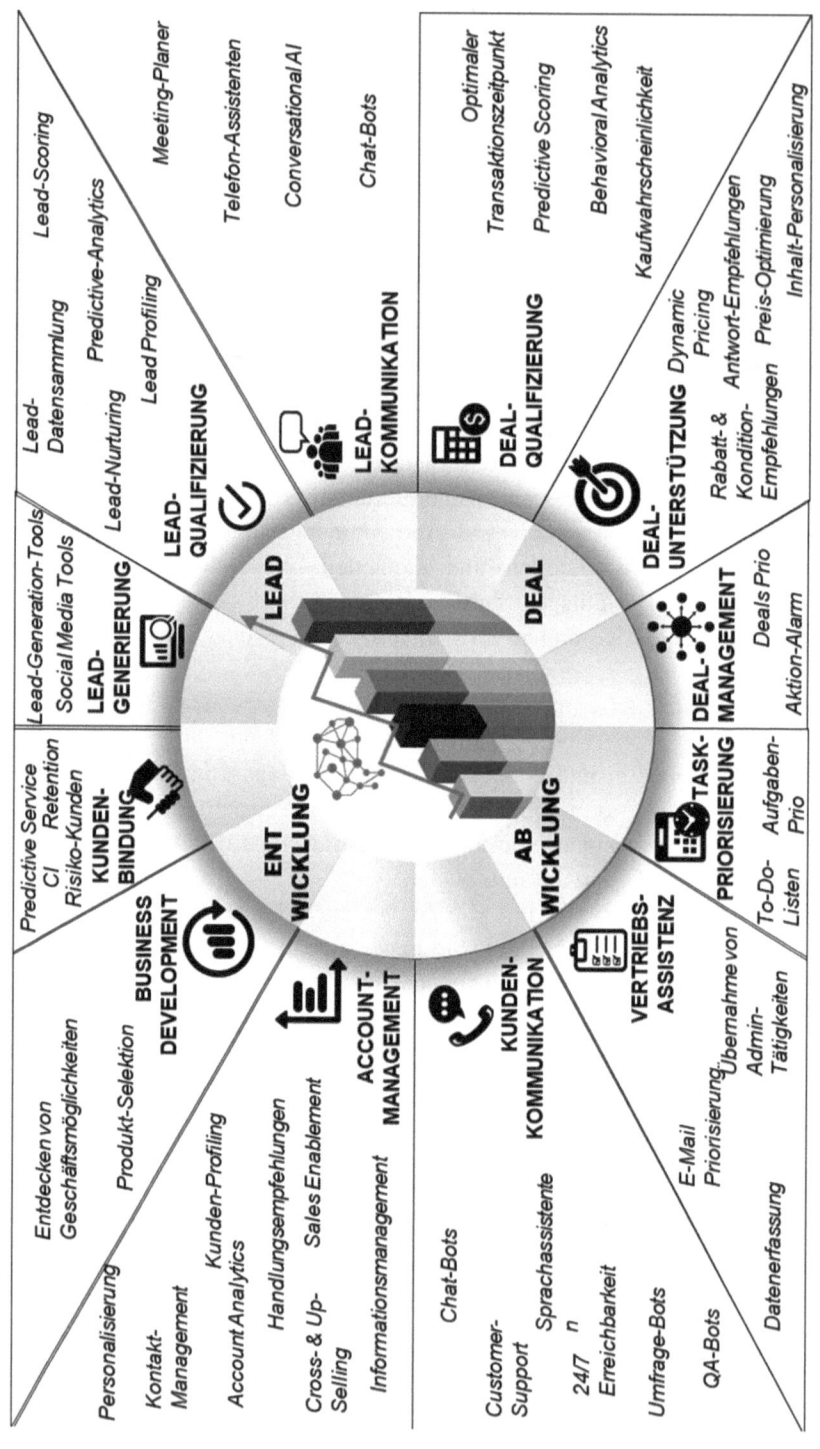

Abb. 4.2 KI im Vertriebsprozess

sie entsprechend. Dadurch erhält das Vertriebsteam eine klarere Vorstellung davon, worauf es seine Bemühungen konzentrieren soll, und kann fokussierter arbeiten.

– *Deal-Unterstützung:* KI kann gegenüber Vertriebsmitarbeitern spezielle Empfehlungen aussprechen, um die jeweilige Opportunity schneller abzuschließen. Algorithmen vergleichen diesen Deal mit anderen ähnlichen Deals, erkennen Erfolgsmuster darin und schlagen dem Verkäufer beispielsweise einen Anreiz oder Rabatt vor, um die Abschlusswahrscheinlichkeit zu erhöhen.

– *Deal-Management:* KI schafft Klarheit und Übersicht in den vielen Opportunities, die ein Vertriebsmitarbeiter verwalten muss. Sie priorisiert die Deals mit der höchsten Kaufwahrscheinlichkeit und alarmiert den Verkäufer zum richtigen Zeitpunkt über einen Handlungsbedarf. Nicht nur die Abschlussquote wird verbessert, sondern auch die Kundenbindung gesteigert, weil Kunden immer im richtigen Moment abgeholt werden.

– *Task-Priorisierung:* KI kann dafür sorgen, dass Ihre Vertriebsmitarbeiter sich nicht mit den falschen Themen beschäftigen. Sie erstellt To-do-Listen, priorisiert Aufgaben, achtet auf Deadlines und lenkt die Aufmerksamkeit der Mitarbeiter zum richtigen Zeitpunkt auf die richtigen Vorgänge und den akuten Handlungsbedarf. So weiß der Vertriebsmitarbeiter immer, was höchste Priorität hat, und verspätete Reaktionszeiten werden vermieden.

– *Vertriebsassistenz:* KI kann verschiedene administrative Support-Funktionen übernehmen und eine Art Vertriebsassistenzrolle einnehmen. Sie kann Daten im CRM erfassen, Termine koordinieren, Telefonanrufe transkribieren, Meeting-Räume buchen und E-Mails priorisieren.

– *Kundenkommunikation:* KI kann mit Kunden selbstständig kommunizieren, ob per Chat, E-Mail oder virtuellem Assistenten. KI-Chatbots stehen Kunden rund um die Uhr zur Verfügung, beantworten freundlich Fragen, geben Auskünfte und entlasten so wertvolle Vertriebsressourcen (s. Abschn. 4.1.8).

– *Kundenbindung:* KI kann selbstständig Kundenzufriedenheitsanalysen durchführen, sodass Unternehmen gezielte Kundenbindungsmaßnahmen einsetzen können. Zudem kann KI bei der Konzeption von hochpersonalisierten, leistungsfähigen Kundenbindungsprogrammen eingesetzt werden, indem unterschiedliche Zielgruppen mit individuellen und spezifischen Kundenbindungsmaßnahmen adressiert werden können. Darüber hinaus kann KI Risikokunden vor ihrer effektiven Abwanderung identifizieren und den Vertrieb alarmieren, damit er rechtzeitig eingreifen und das Risiko des Kundenverlustes minimieren kann.

– *Business Development:* Indem KI Erfolgsmuster in den Vertriebsdaten erkennt, kann sie Up- und Cross-Selling-Möglichkeiten und potenzielle Geschäftsmöglichkeiten entdecken. Damit können Vertriebsorganisationen die Produkttiefe auf Kundenebene ausweiten, den Share of Wallet (Anteil an ihrem Geschäft) erhöhen und Kunden stärker an das Unternehmen binden.

– *Account Management:* KI bietet sehr granulare und detaillierte Einsichten zu Kundenaktivitäten, die insbesondere im Key-Account-Management wichtig sind.

Mit den Erkenntnissen aus diesen Analytics können Vertriebsmitarbeiter ihre Key-Accounts besser steuern.

– *Vertriebseffizienz:* Durch ihre Fähigkeit, dem Vertrieb administrative Tätigkeiten zu erleichtern und abzunehmen, steigert KI die Effizienz und die Produktivität von Vertriebsorganisationen. Ob es um Recherche-Arbeit, Datenerfassung, Berichterstattung, Analysen oder Terminkoordination geht, KI kann viel Verwaltungsaufwand für Vertriebsmitarbeiter reduzieren und die wertvollen Ressourcen auf verkaufsfördernde Tätigkeiten lenken.

– *Vertriebssteuerung:* Mit ihren Fähigkeiten entwickelt sich KI zu einer unersetzlichen Ressource für die strategische Vertriebssteuerung, denn sie analysiert Unmengen an Daten auf allen relevanten Vertriebsebenen: Marktsegmente, Kunden, Produkte, Sortimente, Prozesse und Mitarbeiter und bietet den Verantwortlichen eine bessere Entscheidungsbasis. Sie identifiziert Muster in den Daten, erkennt Anomalien, erstellt Prognosen und weist auf aufkommende Trends hin, was es dem Unternehmen ermöglicht, rechtzeitig Strategien und Taktiken zu entwickeln, um auf diese Veränderungen zu reagieren.

Die Möglichkeiten der KI für den Vertrieb sind so vielfältig, dass ich ein eigenes Buch dazu geschrieben habe, das unter dem Titel *KI-die neue Intelligenz im Vertrieb* erschienen ist (Rainsberger 2021). Wenn Sie sich speziell für dieses Thema interessieren, können Sie diesem Buch viele Ideen für die Anwendung von KI in Ihrem Unternehmen entnehmen.

- **Wie könnte es eingesetzt werden:**
  – *B2C:* Eine irische Lifestyle-Einzelhandelskette mit drei großen Filialen hat eine KI-gesteuerte Lösung zur Kundensegmentierung eingesetzt. Um die Wirksamkeit des Algorithmus zu testen, wurden zwei größenidentische Kundengruppen erstellt. Eine Gruppe wurde mit KI generiert und die zweite zufällig aus der übrigen Kundenliste ausgewählt. An beide Gruppen wurde dieselbe Marketingkampagne gesendet, in der ein zehn Tage gültiges Angebot für Wanderschuhe beworben wurde. Gewaltige 95 % der Gesamtverkäufe stammen von der Kundengruppe ab, die mit KI erstellt wurde. Darüber hinaus lagen die E-Mail-Konversionsraten bei der mit KI generierten Zielgruppe bei 2,9 % gegenüber den 0,3 % bei der zufällig generierten B-Gruppe.

  – *B2B:* Ein bekanntes Brauereiunternehmen nutzt maschinelles Lernen, um seine Lieferrouten zu verbessern. Anfangs führte das Unternehmen die Lösung an zwei Standorten ein. Das Programm sammelte Daten wie Wetter, Verkehr, Kundenstandort, Fahrerzufriedenheit, Fahrererfahrung, optimale Zeiten für das Parken und die Anlieferung und nutzte diese Daten, um die besten Routen unter Berücksichtigung der Lieferpräferenzen der Kunden zu empfehlen. Nach der Implementierung der optimierten Routen konnte das Unternehmen einen Anstieg der Kunden- und Mitarbeiterzufriedenheit sowie auch eine Kostensenkung in der Logistik feststellen. Die Ergebnisse waren so signifikant, dass die Lösung landesweit implementiert wurde.

4.1.8   Chatbots

- **Was hinter dem Begriff steckt:**
  Der Begriff Chatbot setzt sich aus zwei Wörtern zusammen: Chatten und Roboter –
  Programmroboter, die chatten – abgekürzt Chatbot. Sie simulieren menschliche Kon-
  versation durch Text-Chats oder Sprachbefehle. Beispiele für sprachbasierte Chatbots
  sind virtuelle Assistenten wie Siri, Alexa und Google Assistant. Und für textbasierte
  Chatbots sind es Messaging-Anwendungen, wie WeChat und Facebook Messenger.
- **Wie funktioniert es:**
  Ein Chatbot arbeitet auf mehrere Arten: regelbasiert oder KI-gesteuert. Letzter stützt
  sich hauptsächlich auf Algorithmen des maschinellen Lernens. Chatbots bieten zahlreiche Vorteile für den Vertrieb und verbrauchen zudem weniger Ressourcen, Platz
  und Batterieladung als herkömmliche Apps. Somit sollen sie die Apps auf lange Sicht
  ablösen.
  Ein *regelbasierter Chatbot* arbeitet mit einer Reihe von Regeln und ist in seinen
  Fähigkeiten eingeschränkt. Er kann nur auf eine bestimmte Anzahl und Art von
  Anfragen reagieren und ist nur so intelligent, wie sein Programmierer es vorgesehen
  hat. Dazu zählen:
  - *Scripted Bots:* Dies ist die einfachste Art von Chatbots, der mit einem
    hierarchischen Entscheidungsbaum arbeitet. Die Fragen sind vordefiniert und der
    Benutzer muss eine Option aus dem verfügbaren Menü auswählen. Diese Bots sind
    so vorkonzipiert, dass sie dem Kunden eine feste Anzahl von Auswahlmöglich-
    keiten bieten. Sobald der Kunde eine Auswahl getroffen hat, führt ihn der Chatbot
    durch den gesamten Prozess, indem er ihm weitere Optionen anbietet, bis seine
    Frage beantwortet ist. Das Problem dieser Bots liegt darin, dass sie immer wieder
    dieselben Fragen stellen, wenn sie die Absicht des Benutzers nicht verstehen.
  - *Keyword-recognition Bots:* Diese Chatbots basieren auf Schlüsselworterkennung
    und versuchen, die Schlüsselwörter (Keywords) zu verstehen, die der Benutzer ein-
    gibt, um entsprechend zu antworten. Wenn aber ein Benutzer ähnliche Schlüssel-
    wörter eingibt, würde dieser Bot redundante Daten anzeigen.
  - *Hybride Chatbots:* Diese Chatbots kombinieren die Fähigkeiten beider oben-
    genannten Bots. Der Benutzer hat die Möglichkeit, aus einer Menüliste zu wählen,
    oder er kann eine Abfrage eingeben.
  KI-gesteuerte Bots hingegen sind Chatbots, die ein Gespräch verstehen, auf natürliche, menschenähnliche Weise führen und darauf reagieren können. Um dies tun zu
  können, sind diese Chatbots mit künstlicher Intelligenz und Zugang zu Wissensdaten-
  banken und anderen Informationen ausgestattet, sodass sie die Absicht des Nutzers
  verstehen können. Dazu zählen:
  - *Kontextbezogene Chatbots:* Diese Bots versuchen aus den Informationen, die ihnen
    zur Verfügung stehen, einen Kontext herzustellen. Sobald sie sich des Kontexts
    bewusst sind, können sie Variationen in einer Frage/Anfrage/Antwort des Kunden
    aufnehmen und relevante Antworten auf eine menschliche Art und Weise geben.

Sie verwenden Machine Learning, um vorausgegangene Gespräche und Interaktionen mit dem Benutzer mit einzubeziehen.

– *Voice Chatbots:* Dies ist die höchste Entwicklungsstufe von Chatbots, weil sie in natürlicher Sprache mit dem Nutzer kommunizieren. Kunden können ihnen spezifische Fragen stellen und erhalten individuelle Empfehlungen. Und das, ohne wortwörtlich einen Finger zu rühren. Aufgrund dieser Fähigkeit wird ihnen eine große Zukunft vorhergesagt

- **Was kann es für den Vertrieb tun:**
  – *24/7-Verfügbarkeit für Kunden:* Chatbots betreuen Kunden zu jeder Tages- und Wochenzeit und sind weder zeitlich noch räumlich in ihrer Funktion eingeschränkt. Sie sind für den Kunden durchgehend verfügbar und können selbstständig Kundenanfragen bearbeiten, sodass Sie nicht rund um die Uhr Mitarbeiter teuer beschäftigen müssen. Wenn eine Kundenfrage jedoch komplizierter ist oder ein Kunde direkt mit einem Mitarbeiter sprechen möchte, würde der Chatbot prüfen, ob gerade ein Kundendienstmitarbeiter verfügbar ist und den Kunden an ihn weiterleiten. Dieser kann sofort die Konversation übernehmen, ohne dass der Kunde den Kommunikationskanal wechseln muss.

  – *Servicelevel erhöhen:* Ein Chatbot ist immer freundlich, egal wie unfreundlich und aggressiv ein Kunde sein mag, denn er wird sich emotional nicht mitreißen lassen. Er ist auch immer ausgeschlafen, gut gelaunt und wird einfach nie müde – egal, wie lang er im Einsatz ist und egal, wie viele Anfragen er erledigen muss. Er kann parallel tausende Kunden betreuen, wodurch die Qualität seiner Arbeit nicht beeinflusst wird.

  – *Kundenerfahrung personalisieren:* Unabhängig davon, ob es sich bei dem Besucher um einen neuen oder wiederkehrenden Kunden handelt, kann ein Chatbot den Kunden personalisiert ansprechen und somit die Kundenerfahrung maßgeblich verbessern.

  – *Plattformunabhängig:* Chatbots können direkt dort eingesetzt werden, wo Kunden sich befinden und aktiv sind: Webseiten, soziale Netzwerke, Messenger-Plattformen und auf den Geräten, die Kunden gerne verwenden: PC, Tablet, Handy und zukünftig womöglich über Wearables.

  – *Sofortige Reaktion:* Chatbots verkürzen die Wartezeit der Kunden erheblich, denn sie reagieren sofort. Überdies entlasten sie die Vertriebsmitarbeiter, indem sie die Beantwortung häufiger Fragen übernehmen und gleichzeitig Leads qualifizieren. Studien zeigen, dass Kunden frustriert sind, wenn sie keine schnelle Antworten auf einfache Support-Anfragen erhalten können. Mit Chatbots gibt es kein Warten, sie sind per Knopfdruck da.

  – *Mehrsprachige Kommunikation:* Für international agierende Unternehmen sind KI-Chatbots die langersehnte und auch günstigere Lösung, um mit ihren Kunden in der Sprache ihrer Wahl zu interagieren. Inzwischen gibt es einige Anbieter von mehrsprachigen Chatbots, mit denen Sie in Echtzeit in der Sprache Ihres Kunden kommunizieren können. Eingehende Nachrichten werden in die bevorzugte Sprache automatisch übersetzt, in dem Moment, wo man auf Senden klickt.

– *Interaktion mit Kunden:* Wenn Sie ein Geschäft im Einzelhandel betreten, werden Sie freundlich von den Mitarbeitern begrüßt und willkommen geheißen, warum nicht auch online? Ein Chatbot kann Ihre Webseitenbesucher begrüßen und sie dazu animieren, eine Interaktion zu starten, wodurch die Barriere zwischen den Kunden und dem Unternehmen kleiner wird. Kunden, die stöbern und sich erst orientieren wollen, können von einem Chatbot bei ihrer Entscheidungsfindung und dem Kaufabschluss unterstützt werden. Und indem der Chatbot ihnen verkaufsorientierte Fragen stellt, kann er Interessenten durch den Kaufvorgang gezielt anleiten und zusätzliche Umsätze generieren.

– *E-Commerce:* Anstatt Kunden selbst im Onlineshop bestellen zu lassen, kann man Chatbots einsetzen. Denn sie können aktiv verkaufen, Bestellungen aufnehmen und erfassen. Dadurch wird Kunden der mühsame mehrschrittige Prozess eines Onlineshops erspart. Durch die bequeme Bestellmöglichkeit, zum Beispiel direkt über den Facebook-Messenger, müssen Kunden ihre Lieblingsplattformen nicht verlassen und keine mühsamen Bestellprozesse durchgehen – insbesondere im B2C-Bereich, wo Chatbots jetzt schon Pizza- und Blumenbestellungen fleißig entgegennehmen.

– *Produktempfehlungen:* Nicht nur Auskünfte zu den Wunschprodukten, sondern auch Produktempfehlungen können Chatbots unterbreiten. Ein Chatbot wird Kunden Fragen stellen und auf der Grundlage ihrer Antworten relevante Kaufvorschläge machen. Darüber hinaus können sie Ergänzungsprodukte empfehlen und durch Cross-Selling Zusatzumsätze generieren.

– *Virtuelle Assistenz und Beratung:* Nicht nur Empfehlungen können Chatbots aussprechen, sondern sie können auch effektiv beraten. Insbesondere im Konsumbereich, wo Kunden oft Anregungen benötigen und sich in einer unübersichtlichen Menge an Artikeln nicht zurechtfinden, können Chatbots eine beratende und assistierende Rolle einnehmen. Sie können zum Beispiel schnell unterschiedliche Produktbilder zeigen und anhand der Kleidergröße und der Vorlieben des Kunden passende Artikel anbieten. Sie können auch anhand eines Bildes oder Fotos des Kunden passende Artikel aus dem Katalog aussuchen. Je mehr und je häufiger der Kunde mit dem Bot interagiert, desto besser wird er mit der Zeit imstande sein, bessere, zutreffendere und relevantere Vorschläge zu unterbreiten, womit auch die Kundenerfahrung erheblich verbessert wird.

– *Preis und Bestandsauskünfte:* Bevor sie eine Kaufentscheidung treffen, werden die meisten Kunden die gleichen Arten von Fragen zu dem, was sie kaufen, stellen. Die für den Vertrieb oft mühsame Beantwortung solcher sich wiederholenden Fragen können Chatbots im Kaufprozess gut übernehmen, denn sie sind schnell im Durchsuchen von Daten und können dem Kunden eine sofortige Antwort geben und anschließend auch den Kauf anleiten.

- *After-Sales Support:* Ein Chatbot kann die Kundendienstrolle im After-Sales übernehmen und dem Kunden Auskunft über den Bestellstatus, Versand und Lieferung
  geben. Anstatt des für Kunden oft mühsamen Prozesses, ob über E-Mail, Call-
  Center, Abfragen über die Webseite oder beim Spediteur, kann man einen Chatbot
  einsetzen, der anhand irgendeines Kriteriums der Bestellung – ob Bestellnummer,
  Versand-ID, Kundennummer, Kundennamen – schnell und unkompliziert Auskunft
  geben kann.
- *Rückerstattung und Reklamation:* Eine der häufigsten Anfragen in den Kundenzentren sind Rückerstattungen und Umtausch. Da es hier in der Regel klare Richtlinien zur Bearbeitung solcher Anfragen gibt, ist diese Aufgabe für einen Chatbot
  prädestiniert. Denn er kann diese sich wiederholende und monotone Aufgabe
  anstelle eines Kundenbetreuers zuverlässig erledigen.
- *Feedback einholen:* Lange Formulare und E-Mail-Einladungen zur Teilnahme an
  einer Kundenzufriedenheitsbefragung sind für Kunden mühsam und mit Aufwand
  verbunden, so ist es schwierig, Kunden zur Partizipation zu motivieren, denn die
  Beantwortung nutzt unmittelbar dem Unternehmen, nicht dem Kunden. Als Ergebnis weisen Zufriedenheitsumfragen in der Regel sehr niedrige Antwortquoten auf.
  Mit einem Chatbot kann man die Befragung mit einem Gesprächscharakter versehen und dadurch ein höheres Maß an Engagement erzielen.
- *FAQ-Chatbots:* Ein Chatbot ist der perfekte Weg, um häufige Fragen effizient und
  kostengünstig zu beantworten. Sobald der Chatbot eingerichtet ist, kann er dieselben Fragen immer wieder schnell und unkompliziert beantworten. Dadurch
  müssen Kunden sich nicht durch lange FAQ-Seiten kämpfen oder in Warteschleifen hängen.
- *Support:* Chatbots können nicht nur mit Kunden interagieren, sondern auch für
  Mitarbeiter im Kundencenter Hilfe leisten. Beispielsweise können sie das Routing
  der Anfragen übernehmen. Sie würden den optimalen Mitarbeiter für die jeweilige
  Anfrage aussuchen und für eine effiziente Verteilung der Anfragen im Support
  sorgen.
- *Lead-Generierung:* Chatbots entwickeln sich zu einem verlässlichen Lead-
  Generierungskanal, indem sie Webseitenbesucher in Interessenten umwandeln,
  ihre Daten erfassen und auch vorqualifizieren. Das können sie auch außerhalb der
  Unternehmenswebseite tun, zum Beispiel in den sozialen Netzwerken oder über
  Messenger-Plattformen. Ihr Ziel ist es, potenzielle Interessenten zu finden, zu
  kontaktieren und ihr Interesse an den Produkten und Dienstleistungen des Unternehmens zu wecken. Sie würden für Qualifikationszwecke die Leads anhand ihrer
  Kaufwahrscheinlichkeit priorisieren, sodass die Vertriebsmitarbeiter sich primär
  mit den Leads beschäftigen, die am wahrscheinlichsten konvertieren werden.
  Damit werden wertvolle Ressourcen im Vertrieb frei, und Mitarbeiter können sich
  auf das Konvertieren dieser Leads konzentrieren.
- *Vertriebsassistenz:* Chatbots sind die zukünftigen Assistenten im Vertrieb, denn
  sie können nicht nur verbal Auskünfte geben und administrative Aufgaben

übernehmen, sondern auch klassische Assistenzdienste leisten, wie zum Beispiel die Koordination und Buchung einer Besprechung mit mehreren Teilnehmern.

- **Wie könnte es eingesetzt werden:**
  - *B2C:* Der Chatbot einer Immobilienagentur ist ein hervorragendes Beispiel für einen KI-Chatbot, der Kundenanfragen in Echtzeit bearbeitet und Gespräche effektiv gestaltet. Er personalisiert die Kundenerfahrung, indem er eine Reihe intelligenter Fragen stellt, um die individuellen Bedürfnisse des Kunden zu bestimmen und passende Immobilien-Empfehlungen zu unterbreiten. Darüber hinaus können Kunden ihn bitten, ihnen Updates und Empfehlungen zum idealen Kaufzeitpunkt zu senden, sowie auch weitere passende Marktangebote auf der Grundlage von Merkmalen der ausgesuchten Häuser ermitteln.
  - *B2B:* Eine Veranstaltungsagentur, die B2B-Events auf internationaler Ebene organisiert, setzte ein Chatbot ein, um typische Kundenfragen zu einem Event zu beantworten: Wie komme ich leicht zum Veranstaltungsort? Wie sieht der Zeitplan der Veranstaltung aus? Gibt es Hotels in der Nähe? Der Bot bearbeitete erfolgreich 64 % aller Kundensupportanfragen, was das gesamte Team erheblich entlastete. Und da er rund um die Uhr über die Website und die mobile App des Anbieters verfügbar war, konnte er mit Besuchern mehr Gespräche initiieren, was zu einem 55-%igen Anstieg von Anfragen im Vergleich zum Vorjahr führte, insgesamt rund 20.000.

4.1.9   Augmented Reality

- **Was hinter dem Begriff steckt:**
  Augmented Reality (AR) bezeichnet eine computerunterstützte Wahrnehmung bzw. Darstellung, welche die reale Welt um virtuelle Aspekte erweitert: erweiterte Realität. Dadurch sind Interaktionen mit virtuellen Elementen in einer realen Umgebung in Echtzeit möglich, beispielsweise Arbeit in 3D.
- **Wie funktioniert es:**
  Mit der Integration von Kameras können zusätzliche Informationen oder Objekte direkt in ein aktuell erfasstes Abbild der realen Welt eingearbeitet werden. Dabei kann es sich um Informationen jedweder Art (z.B. Textinformationen oder Abbildungen) handeln. Auf diese Weise können Informationen über die unmittelbare Umgebung übermittelt werden, beispielsweise ins Sichtfeld eingeblendete Navigation bis hin zu Spielen und Werbung. Im Gegensatz zur virtuellen Realität wird bei der erweiterten Realität also nicht eine eigene Welt geschaffen, die von unserer Wirklichkeit abgetrennt ist und in die man möglichst intensiv eintauchen soll (Immersion), sondern die Realität wird durch technische Maßnahmen erweitert.
- **Was kann es für den Vertrieb tun:**
  - *Kundenerfahrung:* Diese Technologie gewinnt zunehmend an Popularität, denn damit lassen sich neue Kundenerfahrungen gestalten. Zum Beispiel kann

eine virtuelle Umkleidekabine es den Kunden ermöglichen, die Kleidung oder Accessoires virtuell anzuprobieren. Dasselbe gilt für Möbel: Damit lässt sich das neue Möbelstück in der Umgebung des Kunden platzieren, wodurch man sich viel besser vorstellen kann, wie das Sofa oder die Kommode in das Wohnzimmer größentechnisch und designmäßig hineinpasst.

- *Präsentation:* Mit AR lassen sich Grundrisse und komplexe Produktzeichnungen zum Leben erwecken und mithilfe spezieller Software und eines 3D-Modells präsentieren. Das Ergebnis ist eine detaillierte und höchst wirkungsvolle Präsentation, ob für Kunden, Investoren oder auch für interne Projektentwicklung. AR bringt eine emotionale Ebene in den Verkaufsprozess hinein, die die Fantasie der Kunden anspricht und sich positiv auf die Kaufentscheidung auswirkt, womit die Kaufwahrscheinlichkeit erhöht wird und Vertriebszyklen verkürzt werden.
- *Ortsunabhängige Präsentationen:* Ebenso wie die 3D-Visualisierung ermöglicht AR die Vorführung von Produkten überall und jederzeit, nur noch realitätsnäher. Denn AR kann zum Beispiel auch haptische Eindrücke vermitteln. Vertriebsmitarbeiter können realistische Versionen von Produkten in Originalgröße präsentieren und sie in realen Szenarien platzieren, die Kunden wiederkennen. Dies spart nicht nur Zeit und Kosten, sondern fördert aktiv den Verkauf.
- *Komplexität sichtbar machen:* Mit einem einzigen Klick können Vertriebsmitarbeiter kundenspezifische Vorführungen ihrer gesamten Produktlinie mit AR-Modellen erstellen. Dadurch können komplexe Produkte sichtbar und erlebbar gemacht werden: Kunden können jeden Zentimeter einer industriellen Anlage begehen, dabei in Echtzeit diverse Optionen entdecken, mit Funktionen spielen und besser erkennen, wie das Produkt die Investition legitimiert.
- *Personalisierung von Kundenpräsentationen:* Vertriebsmitarbeiter können Produkte mit spezifischen Kundenmerkmalen ausstatten oder sie in den Kontext der Kunden einbetten. Dadurch können Kunden die Produkte in ihren individuellen Umgebungen (Räume) sehen, was eine schnelle Überprüfung des Entwurfs ermöglicht, ohne einen Prototyp herstellen und versenden zu müssen. Diese Anpassungen kann der Vertriebsmitarbeiter schnell selbst vor Ort vornehmen, ohne die Grafikabteilung einbinden zu müssen. Nicht nur die Qualität der Präsentationen wird gesteigert, auch die gesamte Vorbereitung für komplexe Projektpräsentationen wird verkürzt.
- **Wie könnte es eingesetzt werden:**
  - *B2C:* Im Daikin Experience Center werden die neuesten Heiz- und Kühllösungen mit Unterstützung einer AR-App gezeigt. Wenn man das iPad vor die Geräte hält, erhalten die Zuschauer einen einzigartigen Blick ins Innere der Produkte. Beim Anklicken der Hotspots und Menüoptionen erscheinen die Schlüsselkomponenten mit einer kurzen Erklärung der Funktionen und ihrer Vorteile. Begeisterung und Steigerung der Kaufwahrscheinlichkeit sind vorprogrammiert.
  - *B2B:* Ein großer polnischer Hersteller von pneumatischen Werbe- und Ausstellungssystemen nutz AR-Technologie für Kundenpräsentationen. Damit können

Vertriebsmitarbeiter die gesamte Palette der Werbeprodukte im Kontext der Kunden präsentieren. Zum Beispiel werden Werbeprodukte wie Zelte, Luftballons, Hüpfburgen, Möbel und viele andere Kategorien von Ausstellungsprodukten konfiguriert und personalisiert sowie auch in der Kundenumgebung dargestellt: Im Büro oder am zukünftigen Ausstellungsort des Produkts.

4.1.10 Virtual Reality

- **Was hinter dem Begriff steckt:**
  Als virtuelle Realität (VR) wird die Darstellung und die gleichzeitige Wahrnehmung der Wirklichkeit und ihrer physikalischen Eigenschaften in einer in Echtzeit computergenerierten, interaktiven virtuellen Umgebung bezeichnet.
- **Wie funktioniert es:**
  Durch Mitwirkung von Hard- und Software erzeugt VR eine künstliche Wirklichkeit, in die man sich mit allen Sinnen begeben kann. Im Vergleich zur Augmented Reality wird nicht nur das visuelle sensorische System angesprochen, sondern ein Erlebnis auf mehreren Ebenen der Sinneswahrnehmung geschaffen: VR liefert auch Informationen für das Gehör, den Tastsinn und sogar den Geruchssinn. Der Kern moderner VR-Technik ist die VR-Brille, mit der die Darstellung künstlich erzeugter Bilder möglich ist. Die damit gekoppelte Sensorik erfasst die Lage und die Position des Kopfes und passt die Darstellung in Echtzeit an, wodurch der Eindruck entsteht, in der virtuellen Realität „präsent" zu sein.
- **Was kann es für den Vertrieb tun:**
  - *Präsentation:* Diese innovative Technologie bietet nahezu unbegrenzte Möglichkeiten, Produkte und Dienstleistungen interaktiv und „real" zu präsentieren. Im Gegensatz zu den Produktblättern, Broschüren und PowerPoint-Präsentationen kann man mit VR das Produkt greifbar und erlebbar machen. So nehmen Architekten ihre Kunden zu den virtuellen Rundgängen durch ihre Gebäudeentwürfe mit und versetzen sie in die mögliche Zukunft, wodurch Kunden emotional angesprochen werden und einen nachhaltigen, positiven Eindruck gewinnen.
  - *Prototypen:* Mit Virtual Reality können Prototypen in einer viel immersiveren Art und Weise vorgeführt werden, wobei interaktive Funktionen zum Einsatz kommen, die den potenziellen Kunden schneller überzeugen. Darüber hinaus werden Kunden in die Lage versetzt, selbst sehr große Anlagen und Maschinen in Lebensgröße zu begehen, und zwar vor Ort und ohne dass viel Platz benötigt wird.
  - *Vertriebstraining:* Mit VR können Sie ein interaktives Schulungserlebnis schaffen. Mit Simulationen können Vertriebsmitarbeiter in realen Szenarien und in einer risikofreien Umgebung Verkaufsgespräche und kritische Verhandlungen üben. Es gibt sogar VR-Schulungsprogramme, die Vertriebsmitarbeitern dabei helfen können, Blickkontakt aufrechtzuerhalten, Körpersprache zu üben und andere wichtige Verkaufsfähigkeiten zu trainieren. Vertriebsmitarbeiter werden intensiv

auf verschiedene Verkaufsszenarien vorbereitet, wodurch sich ihre Verkaufs-
effektivität erhöht.

– *Verkürzung von Vertriebszyklen:* Komplexe Produkte und Lösungen können lange
und schwierige Verkaufszyklen haben. Da jeder Kunde individuelle Anforderungen
hat, kann sich der Verkaufsprozess in endlosen Runden von Neukonfigurationen
verstricken. Mit VR lässt sich dieser Prozess stark verkürzen, weil Kunden in die
Lage versetzt werden, die Zukunft mit dem Produkt zu erleben und schnell die
Anforderungen in einer realen Umgebung zu überprüfen und anzupassen. Dadurch
werden nicht nur Vertriebsprozesse verkürzt, sondern auch die Abschlusswahrscheinlichkeit erhöht und die Vertriebskosten reduziert.

– *Emotionale Kundenerlebnisse:* Dadurch, dass VR mehrere Sinnesorgane anspricht,
können starke emotionale Erlebnisse gestaltet werden, indem Kunden in eine reale
Situation versetzt werden. So entsteht eine emotionale Bindung, womit man sich
von der Konkurrenz abheben und das Vertrauen für das Produkt und die Qualität von Leistungen erhöhen kann, was wiederum die Kaufwahrscheinlichkeit
erhöht. Denn Kaufentscheidungen werden letztendlich auf der emotionalen Ebene
getroffen und mit Daten und Fakten untermauert und nicht umgekehrt. Und das
nicht nur im B2C-Segment.

- **Wie könnte es eingesetzt werden:**
  – *B2C:* Audi installiert in den Showrooms VR-Stationen, in denen Kunden jede
  beliebige Fahrzeugkonfiguration nahezu originalgetreu erleben können. Vor einer
  realen Probefahrt können die interessierten Kunden das Aussehen und die Haptik
  ihrer individuellen Konfiguration erleben und sich davon überzeugen lassen.
  Dies funktioniert für alle Arten von Produkten, die sich noch in der Designphase
  befinden.
  – *B2B:* Ein Unternehmen aus der Lebensmittelverarbeitung erstellte ein VR-Modell
  einer seiner Lebensmittelsortiermaschinen. Potenzielle Kunden können einen
  virtuellen Rundgang machen, ohne eine Anlage besuchen zu müssen, was Zeit
  spart und die Verkaufsbarrieren senkt. Die Technologie wurde zum ersten Mal auf
  einer Messe vorgestellt, wo sich Menschen auf die virtuelle Reise einer Karotte –
  oder eines anderen Lebensmittels – begeben konnten, wodurch die Funktion der
  Anlage besser begreiflich wurde. Die Kampagne resultierte in einem Rekord an
  Anfragen und konkreten Geschäftsmöglichkeiten direkt am Messestand.

4.1.11 Big Data & Analytics

- **Was hinter dem Begriff steckt:**
  Big Data ist ein Bereich, der sich mit der Erfassung und dem systematischen
  Extrahieren von Informationen oder dem anderweitigen Umgang mit Datensätzen
  befasst, die so groß, schnell oder komplex sind, dass es schwierig oder unmöglich ist, sie mit herkömmlichen Methoden zu verarbeiten. Big Data steht im engen

Zusammenhang mit dem Begriff Analytics, der explizite Methoden umfasst, um in den riesigen Datenmengen Korrelationen, Muster und andere nützliche Informationen zu identifizieren. In diesem Zusammenhang darf auch die Rolle der Künstlichen Intelligenz nicht unerwähnt bleiben, denn sie bringt neue Methoden der Datenanalysen, wie zum Beispiel Deep Learning. Die drei Begriffe stehen im engen Zusammenhang miteinander. Man könnte es so zusammenfassen, dass Big Data Daten erfasst und zugänglich macht, die Analytics verarbeitet und visualisiert sie und KI gewinnt daraus wichtige Erkenntnisse und generiert basierend darauf Empfehlungen.

- **Wie funktioniert es:**
  Zu den Aufgaben von Big Data gehören die Erfassung, die Speicherung, die Sicherung, die Analyse, der Zugriff, die Nutzung, die Übertragung, die Aktualisierung und die Visualisierung von Daten aus unterschiedlichen Datenquellen. Big Data kann durch die folgenden Merkmale beschrieben werden, die unter den Datenwissenschaftlern oft als die 4 V bezeichnet werden:
  - *Volume:* die Menge der erzeugten und gespeicherten Daten
  - *Variety:* die Art und die Beschaffenheit der Daten
  - *Velocity:* die Geschwindigkeit, mit der die Daten generiert und verarbeitet werden
  - *Veracity:* die Qualität und der Wert der Daten

  Zu einem Big-Data-Ökosystem gehören in der Regel weitere Technologien, wie Business Intelligence, Cloud-Computing und Datenbanken, Techniken und Methoden zu Datenanalysen, Künstliche Intelligenz und Methoden der Visualisierung und Darstellung von Daten.

  Bei den Analytics wird zwischen den vier Typen der Analytics nach dem Gartner Analytic Ascendancy Model unterschieden (Gartner o.J.):
  - *Descriptive Analytics* analysieren Rohdaten aus verschiedenen Datenquellen und geben wertvolle Einblicke in die Vergangenheit, indem sie gewisse Entwicklungen in den vergangenen Perioden feststellen, beispielsweise Umsatzrückgang oder Margenerhöhung. Sie beantworten die Frage: *Was ist passiert?*
  - *Diagnostic Analytics* geben tiefe Einblicke zu gewissen Problemstellungen, indem sie kausale Zusammenhänge im Kontext der Daten erkennt. Sie beantworten die Frage: *Warum ist das passiert?*
  - *Predictive Analytics* sagen voraus, was höchstwahrscheinlich geschehen wird. Sie nutzen die Erkenntnisse aus den vorigen Stufen der Analytics, um Muster, Trends und Anomalien darin zu erkennen und daraus zukünftige Entwicklungen abzuleiten. Sie geben wertvolle Einblicke in die Frage: *Was wird höchstwahrscheinlich passieren?*
  - *Prescriptive Analytics* bauen auf den Ergebnissen der prädiktiven Analytik auf und gehen einen Schritt weiter, indem sie unterschiedliche Szenarien evaluieren und Empfehlungen zu zukünftigen Vorgehensweisen abgeben. Sie helfen, die Frage zu beantworten: *Was muss getan werden, um gewisse Trends und Entwicklungen zu unterstützen oder ihnen entgegenzuwirken?*

Ausgereifte Analytics und Business Intelligence Tools bieten umfassende Analytics-Fähigkeiten, aber nur KI-gesteuerte Systeme können den Level der präskriptiven Analytik erreichen, die allein in der Lage ist, die Komplexität in den Veränderungen des Kundenverhaltens und Markttrends zu verstehen. Um diese Technologien sinnvoll nutzen zu können, müssen sich Vertriebsorganisationen den Zugriff auf relevante Daten sichern. Der Prozess beginnt mit dem Sammeln und dem Konsolidieren von Daten und der Auswahl relevanter Tools, die die intelligente Nutzung dieser Daten und das Generieren von Erkenntnissen daraus ermöglichen.

- **Was kann es für den Vertrieb tun:**
  Mit der nicht mehr zu leugnenden Wichtigkeit von Daten für die Zukunft des Vertriebs gewinnt die Big-Data-Technologie an Relevanz für mittlerweile praktisch alle Ebenen des Vertriebsprozesses, Marketing nicht zu vergessen. Durch ihre enge Verbindung zur KI-Technologie stellt sich eine gewisse Ähnlichkeit in den Anwendungsbereichen dar, wodurch sinngemäße Wiederholungen in ihrer Darstellung entstehen können.

  - *Identifikation von Trends und Marktentwicklungen:* Big Data ermöglicht es Vertriebsorganisationen, sowohl großen als auch kleinen, Muster und Trends zu erkennen, die für ihren Markt relevant sind. Markttrendanalysen erlauben es nicht nur, rechtzeitig festzustellen, ob ein Markt wächst, stagniert oder rückläufig ist, sondern zu erkennen, wie schnell sich diese Entwicklungen vollziehen. Dieses Wissen bildet die Grundlage für die Entwicklung gezielter Vertriebsmaßnahmen und -aktivitäten.

  - *Wettbewerbsbeobachtung:* Big Data kann nicht nur für Marktbeobachtung eingesetzt werden, sondern auch für die Durchführung von Wettbewerbsanalysen und zur Überwachung von Mitbewerbern – ihrer Strategien, Aktivitäten und Preise. Sie hilft Ihnen auch, neue Konkurrenten und Konkurrenzprodukte zu identifizieren: Welche Inhalte sie produzieren, welche Keywords sie nutzen und wie aktiv sie auf den sozialen Medien sind. All das ermöglicht es Ihnen, bessere Entscheidungen im Umgang mit dem Wettbewerb zu treffen und sich auch einen Wettbewerbsvorteil zu verschaffen.

  - *Verbesserung von Entscheidungsgrundlagen:* Big-Data-Analysen ermöglichen es Vertriebsführungskräften, bessere und schnellere Entscheidungen zu treffen, wie Budget- und Ressourcen-Zuteilungen, Entwicklung von Verkaufsstrategien, Produktplatzierung- und -einführung, Preispolitik, Investitionen, Kostenreduktion etc.

  - *Optimierung der Preisgestaltung:* Big Data wird zunehmend für die Entwicklung von dynamischen und flexiblen Preisstrategien auf der Ebene des einzelnen Kunden genutzt. Sie hilft nicht nur dabei, die beste Preisstrategie zu ermitteln, sondern auch die Preisdarstellung zu automatisieren und in Echtzeit anzupassen, um die maximale Wirkung und Profitabilität zu erzielen. Big Data ist maßgeblich bei der Gestaltung von dynamischen Online-Preisen beteiligt, indem sie Daten aus dem Browserverlauf, dem Preisvergleich, dem Verhalten, dem Alter und dem

Geschlecht des Kunden und vielen anderen Parametern erfasst. Darüber hinaus kann man aufgrund von Analytics vergangener Verkäufe feststellen, welche Preisstufen und welche Aktionen und Rabatte funktionieren und diese Erkenntnisse bei Abverkäufen und der Festlegung von optimalen Preisen nutzen sowie zur Einführung von neuen Produkten.

– *Produktverbesserung:* Obwohl Produktentwicklung in der Regel nicht im Vertrieb angesiedelt ist, hat sie doch einen drastischen Einfluss auf die Verkaufszahlen. Eine kontinuierliche Innovation und Verbesserung von Produkten ist Bestandteil jeder zeitgemäßen Vertriebsstrategie. Big Data kann hier wichtige Einblicke in die Nutzung von Produkten durch Kunden bieten, die bei der Entwicklung von Produkten in Betracht gezogen werden können. Dadurch geht man schneller und gezielter auf die Erwartungen und die sich stets verändernden Anforderungen von Kunden ein.

– *Upselling- und Cross-Selling:* Big Data identifiziert in Zusammenarbeit mit der KI-Technologie Cross- und Upselling-Möglichkeiten und sagt sie sogar voraus. Sobald Zugriff auf die Daten und die Kaufhistorie eines Kunden vorhanden ist, ist es ein Leichtes, zusätzliche Produkte und Dienstleistungen zu finden, die für den jeweiligen Kunden interessant sein könnten. Amazon und Netflix machen vor, wie es funktionieren kann.

– *Kundenabwanderung:* Ebenso können diese beiden Technologien in enger Zusammenarbeit miteinander eine mögliche Abwanderung von Kunden rechtzeitig identifizieren, woraufhin der Vertrieb gezielte Customer-Retention-Strategien entwickeln kann.

– *Kontextbezogenes Marketing:* Big Data ist der Grundstein für den kontextbezogenen Marketingansatz, bei dem Verbraucher auf der Grundlage ihres Suchmaschinenverlaufs und ihres Surfverhaltens mit gezielter Werbung adressiert werden. Damit ist die Ansprache von Kunden mit spezifischen, aufgrund ihres Online-Verhaltens individuell zugeschnittenen Marketingbotschaften möglich. Die richtige Botschaft zum richtigen Zeitpunkt reicht oft aus, um einen Kunden zu gewinnen.

– *Zielgruppendefinition:* Verschiedene Arten von Daten, die Kunden bei der Interaktion mit einem Unternehmen produzieren, ob Webseiten-Besuche, Chatten, Reaktion auf Werbungen in den sozialen Medien oder das Suchverhalten in den Suchmaschinen – bieten tiefgehende Einsichten in ihre Präferenzen und Interessen. Dies ermöglicht eine viel genauere Zielgruppendefinition als je zuvor und dementsprechend auch die gezielte Anpassung von Marketingstrategien. Big Data hilft Ihnen, Ihre Zielgruppe besser zu verstehen und zu erkennen, wen man wirklich ansprechen will. In der Vergangenheit konnte man lediglich Vermutungen über das Alter, die Demografie und das Beschäftigungsprofil von Zielkunden anstellen. Heute verfügen moderne Marketingspezialisten über eine Fülle von Daten, die viel mehr Einblicke bieten und ihre Intuition bestätigen.

- *Personalisiertes Marketing:* Big-Data-Analysen sind für die Übermittlung personalisierter Botschaften und die Verbesserung von Werbekampagnen entscheidend. Das Sammeln von Daten über die Ergebnisse von E-Mail-Marketing-Aktivitäten (Öffnungsrate von Nachrichten, Klickraten von in den Nachrichten eingefügten Links usw.) ermöglicht es Marketingabteilungen, Botschaften zu entwerfen, die ihre Kunden begeistern und persönlich ansprechen.
- *Newsletter-Marketing:* Big Data Analytics können bei der Entwicklung von intelligenten Marketingkampagnen vom großen Nutzen sein, denn sie helfen, die Interkation der Kunden mit Inhalten zu analysieren und die Leads nach Produktpräferenzen zu kategorisieren. So können Marketingprofis maßgeschneiderte Newsletter- und E-Mail-Marketing-Kampagnen erstellen, die wiederum die Lead-Generierung und die Konversionsraten verbessern.
- *Customer Value Analytics:* ist eine neue Marketingdisziplin, die auf Big Data basiert. Sie ermöglicht es, synchronisierte Kundenerlebnisse und personalisierte Kundenansprache über mehrere Kanäle hinweg zu gestalten, einschließlich E-Mail, Website und sozialer Netzwerke. Customer Value Analytics arbeitet mit der Segmentierung von Kunden in verschiedenen sogenannten Wertstufen, die sich anhand einer Reihe von Attributen oder Merkmalen bilden. Das Ziel ist es, eine Reihe von Merkmalen zu erstellen, die definieren, was ein „hochwertiger" Kunde ist, um den bestehenden Kundenstamm in der Reihenfolge vom geringsten zum höchsten Wert zu segmentieren. Die Kunden mit der höchsten Customer Value werden dann systematisch über verschiedene Kanäle angesprochen. Diese Art von koordinierter Strategie ist nur dank Big-Data-Analytics möglich.
- *Besseres Verständnis über die Buyer Journey:* Datengesteuerte Erkenntnisse können Vertriebs- und Marketingteams helfen, jeden einzelnen Schritt zu verstehen, den Kunden in ihrem Kaufprozess durchlaufen. Darüber hinaus bieten sie Einblicke in die Emotionen der Kunden während des Kaufprozesses. Durch die Analyse von Texten in E-Mails und Social-Media-Posts kann die Technologie helfen, die zugrundeliegenden Gefühle hinter den Worten zu erfassen. Somit kann das verbesserte Verständnis der Buyer Journey helfen, die Customer Journey für künftige Kunden noch besser zu gestalten. Dadurch wird das Vertrauen dem Unternehmen gegenüber erhöht und folglich auch die Kundenbindung.
- *Steigerung des Marketing ROI:* Marketingabteilungen können sich Big Data zunutze machen, um die Effektivität ihrer Marketingaktivitäten zu messen und zu steigern. Von der Optimierung von Inhalten, Planung von Kampagnen, dynamischer Anpassung von Werbeanzeigen und bis zur Konzeption von gezielten Strategien zur Erhöhung von Konversionsraten ist Big Data überall im Einsatz, die Bidding-Optimierung bei Werbekampagnen soll dabei nicht unerwähnt bleiben. Zeitgemäßes Marketing kommt ohne Analytics nicht mehr aus, denn sie ermöglichen den gezielten Einsatz von Marketing-Budgets sowie auch die Messbarkeit ihrer Effektivität, folglich auch eine noch nie da gewesene Möglichkeit der ROI-Maximierung im Marketing.

– *Geo-Targeted Sales:* ist der Vertriebsansatz der auf Geo-Analytik basiert. Dabei geht es um den regionalorientierten Verkauf, wo demografische, kulturelle und geografische Daten für die Kundenansprache gezielt genutzt werden. Geo-Analysen helfen Unternehmen, sich ein klares Bild davon zu machen, wie sich Kunden in bestimmten Regionen in der Praxis verhalten, sodass sie ihre Vertriebsmodelle entsprechend anpassen können.

– *Business Development:* Kundenbasierte Analytics sind eines der entscheidenden Elemente bei der Entwicklung von erfolgreichen Business-Development-Strategien auf der Ebene des einzelnen Kunden. Sie bieten Einblicke in die Kundenperformance, erkennen Trends und Entwicklungen sowie auch neue Geschäftspotenziale im Sinne von Cross- und Upselling-Möglichkeiten. Die Analyse und die Strukturierung dieser Datenbestände können helfen, verschiedene Aspekte der einzelnen Geschäftsbeziehung zu überwachen, und machen Verbesserungsbedarf sichtbar. Mit datengestützten Erkenntnissen können Key Account Manager bessere Entscheidungen in Bezug auf die Kundenentwicklung treffen.

– *Verkaufsförderung:* Der Einsatz von Big Data zum Sammeln von Daten und von KI-Algorithmen zu ihrer Analyse kann den Vertriebsmitarbeitern helfen, den Fokus auf die richtigen Tätigkeiten zu legen. Anstatt, wie in der Realität oft, viel Zeit damit zu verbringen, all die Daten, die gesammelt werden, manuell zu analysieren, kann der Vertrieb sich auf Maschinen verlassen und die Zeit auf verkaufsfördernde Aktivitäten richten. Etliche Analysen, wie Abschlusswahrscheinlichkeit, Abwanderungsrisiko, Einblicke in das Kundenverhalten, 360-Grad Kundensicht und Pipeline-Monitoring unterstützen Mitarbeiter dabei, ihre Verkaufsaktivitäten fokussiert zu gestalten und dadurch auch die Verkäufe zu fördern.

– *Vertriebssteuerung:* Angesichts der riesigen Datenmengen, die heute leichter zugänglich sind als je zuvor, gehören Analytics zum Kern einer wirksamen Vertriebssteuerung. Ein KI-gesteuertes Tool, das Echtzeit-Vertriebsanalysen und -berichte bereitstellt, kann einen eindeutigen Unterschied bei der Umsetzung einer Vertriebsstrategie ausmachen. Denn Entscheidungen, die auf Fakten und nicht nur auf einem Bauchgefühl beruhen, sind nun mal bessere Entscheidungen. Zudem benötigen Vertriebsleiter heutzutage zeit- und ortsunabhängigen Zugang zu den aktuellen Entwicklungen und dem Stand der Vertriebsleistung in Echtzeit: Vertriebsziele, Prognosen und Ergebnisse.

– *Planung und Forecast:* Auch bei der Planung bietet Big Data zahlreiche Vorteile. Insbesondere bei den Absatzprognosen spielt sie wiederum in Kombination mit KI eine kritische Rolle. Algorithmen können auf Basis unzähliger Faktoren dynamische Forecasts erstellen und dabei eine Genauigkeit erreichen, die mit herkömmlichen Planungsmethoden einfach unmöglich ist. Dadurch werden bestmögliche Entscheidungsgrundlagen für die Beschaffung, Budgetplanung, Ressourceneinteilung und Planung von Vertriebsaktivitäten und Vertriebsgebieten geschaffen. Wenn Sie wissen, welche Produkte an welchem Standort und über welchen Vertriebskanal sich der größten oder der geringsten Nachfrage erfreuen, können Sie auch gezielt Ihre Verkaufstaktiken danach ausrichten.

- *Digitale Positionierung verbessern:* Mit Big Data wird es leicht, die Positionierung im digitalen Raum zu verbessern, denn damit ist es möglich, die relevantesten und aktuellsten Keywords zu finden und im Auge zu behalten, wodurch die SEO-Maßnahmen laufend optimiert werden können. Darüber hinaus lassen sich diese Informationen für die Produktion von hochaktuellen Inhalten nutzen, um die Relevanz und Aktualität in den Augen der Zielgruppe nicht zu verlieren.

- *Verbesserung der Webseitenperformance:* In Verbindung mit anderen Technologien kann die Big-Data-Technologie jede einzelne Aktion, die ein Kunde auf einer Webseite durchführt, analysieren. Sie erkennt seine Tastenanschläge, wie er die Maus bewegt, wohin er hinschaut, und kann vorhersagen, welche Aktionen als nächstes ausgeführt werden. Diese Verhaltensmuster können dazu genutzt werden, um die Nutzung der Webseite zu optimieren und Kunden das zu geben, was sie wollen, und so, wie sie es wollen. Folglich steigt die Relevanz der Webseite nicht nur für Kunden, sondern auch für die Suchmaschinen und damit auch die Conversion-Rate.

- *Kundenservice:* Big Data erweist sich als wirkungsvoll, wenn es darum geht, den Kundenservice zu verbessern. Denn sie ermöglicht es Kundenservice-Abteilungen, sich von typischen Beschwerdeannahme- und -bearbeitungs-stationen zur proaktiven Kundenzentren zu entwickeln, die nicht nur in Echtzeit auf Kundenwünsche reagieren, sondern sie auch vorhersagen können, wodurch die Kundenloyalität und -zufriedenheit steigen.

- *Betrugserkennung:* Big-Data-Technologie wird auch bei der Betrugserkennung von Online-Transaktionen eingesetzt. Aus den gesammelten Daten lassen sich Trends ablesen und alles, was vom „Business as usual" abweicht, markiert oder blockiert die jeweilige Transaktion. Dies macht es Unternehmen leicht, Betrug in Echtzeit zu erkennen und ihre operativen Risiken auf ein Minimum zu reduzieren.

- **Wie könnte es eingesetzt werden:**

  - *B2C:* Ein Poolhersteller entschied sich, Big-Data-Analysen für die Planung seiner Marketingaktivitäten zu nutzen. Die erste Analyse der Verkaufsdaten stellte eine enorme und zunächst unerklärliche Abweichung im Kaufverhalten fest: An manchen Tagen wurde eine bis zu 800 % über die Norm höhere Abschluss-rate erreicht. Diese Spitzenwerte hielten etwa eine halbe Woche an und fielen dann wieder auf den Durchschnitt zurück. Das System sammelte einen Berg an Verkaufsdaten der vergangenen fünf Jahre und stellte sie in Relation zu anderen Daten. Interne Daten wie Webseite-Traffic und -Verweildauer, Anfragen, Werbe-ausgaben etc. sowie auch externe Daten, wie Wetter, Inflation, Zinssätze, Bau-genehmigungen, Online-Suchen, Suchwörter etc. wurden genutzt. Nach vielen Analysen konnte man den Grund für die Abweichung feststellen: Während höhere Temperaturen verständlicherweise den Kauf von Pools antreiben, wurde der enorme Anstieg der Verkäufe durch eine ganz besondere klimatische Eigenschaft erklärt. Wenn die aktuelle Temperatur an einem bestimmten Ort zwei Tage oder länger höher war als der monatliche Durchschnittswert, kam es zu einem Sprung an Verkäufen. Die absolute Höchsttemperatur war also weniger wichtig, als die zur jüngsten Vergangenheit relative Temperatur. Die hohe Abschlussrate dauerte vier Tage an, einschließlich des zweiten Tages, an dem die Temperatur höher als der Durchschnitt war. Basierend auf diesen Erkenntnissen wurde die Entscheidung getroffen, in allen Vertriebsregionen die Online-Kampagnen durch den Vergleich der aktuellen Temperatur mit dem rollierenden 30-Tage-Durchschnitt ein- und auszuschalten, alles völlig automatisch. Die Ergebnisse waren beeindruckend: Im Folgejahr stiegen die Verkäufe um 23 % an, wobei nur 70 % des Werbebudgets ausgegeben wurden.

- *B2B:* Ein großer B2B-Hersteller erkannte, dass der Großteil seines Umsatzes von wenigen Großkunden kommt, was nicht selten in B2B-Vertriebsorganisationen der Fall ist. Dabei war der Umsatz dieser Großkunden mehr oder weniger stagnierend, womit die Gefahr groß war, die Wachstumspläne nicht umsetzen zu können. Um mehr neue Kunden zu finden, setzte das Unternehmen ein zentrales Analysemodell ein, das detaillierte Daten in den Vertriebsgebieten sammelte und Prognosemodelle erstellte, um das höchste Verkaufspotenzial für Neukunden in den jeweiligen Gebieten zu identifizieren. Anstatt Vertriebsmitarbeiter mit unzähligen Daten und komplexen Modellen zu beschäftigen, wurde ein leistungsfähiges Tool mit einer einfachen, visuellen Oberfläche entwickelt, das das Neukundenpotenzial nach Postleitzahlen aufschlüsselte. Dieses Tool ermöglichte es den Vertriebsmitarbeitern, Postleitzahlen mit hohem Wachstumspotenzial zu erkennen und ihre Vertriebsaktivitäten gezielt auf diese Gebiete zu richten. Infolgedessen konnte das Unternehmen seine Umsatzwachstumsraten verdoppeln, bei gleichzeitiger Reduktion der Abhängigkeit von wenigen Kunden und mit dem angenehmen Nebeneffekt einer Senkung der Vertriebskosten.

4.1.12 Cloud-Computing

- **Was hinter dem Begriff steckt:**
  Unter Cloud-Computing versteht man die Bereitstellung verschiedener Dienste über das Internet. Zu diesen Ressourcen gehören Tools und Anwendungen wie Datenspeicherung, Server, Datenbanken, Netzwerke und Software. Das bedeutet, dass die Anwendungen nicht gekauft, heruntergeladen, installiert und nicht im lokalen Netzwerk, sondern auf externen Servern eines Cloud-Providers gespeichert werden und von dort aus auf sie zugegriffen werden kann. Die Anwendungen sind „in der Wolke".
- **Wie funktioniert es:**
  Unternehmen, die Cloud-Dienste anbieten, ermöglichen es ihren Benutzern, Dateien und Anwendungen auf entfernten Servern zu speichern und dann über das Internet auf alle Daten und Systeme zuzugreifen, wodurch ein orts- und zeitunabhängiges

Arbeiten möglich wird. Clouds können auf eine einzige Organisation beschränkt sein (Enterprise Clouds) oder für viele Organisationen verfügbar sein (Public Cloud). Öffentliche Cloud-Dienste stellen ihre Anwendungen gegen eine Gebühr über das Internet zur Verfügung. Private Cloud-Dienste hingegen bieten ihre Services nur einer bestimmten Anzahl von Personen an. Diese Dienstleistungen sind ein System von Netzwerken, die gehostete Dienste bereitstellen. Es gibt auch eine hybride Option, die Elemente sowohl der öffentlichen als auch der privaten Dienste kombiniert. Unabhängig von der Art des Dienstes bieten Cloud-Computing-Dienste den Nutzern eine Reihe von Funktionen:

- E-Mail
- Speicherung, Sicherung und Datenabruf
- Erstellen und Testen von Anwendungen
- Analysieren von Daten
- Audio- und Video-Streaming
- Bereitstellung von Software auf Anfrage

Cloud-Computing ist keine einzelne Technologie, vielmehr handelt es sich um ein System, das hauptsächlich aus drei Diensten besteht: Software-as-a-Service (SaaS), Infrastructure-as-a-Service (IaaS) und Platform-as-a-Service (PaaS):

- *Software-as-a-Service (SaaS)* beinhaltet die Lizenzierung einer Software-Anwendung für Kunden. Lizenzen werden in der Regel im Rahmen eines Pay-as-you-go-Modells oder auf Abruf bereitgestellt. Diese Art von System wird zum Beispiel für Microsoft Office 365, Amazon Web Services oder Salesforce CRM verwendet.
- *Infrastructure-as-a-Service (IaaS)* umfasst eine Methode zur Bereitstellung von Betriebssystemen, Servern und Speichern über IP-basierte Konnektivität als Teil eines On-Demand-Dienstes. Kunden können den Kauf von Software oder Server vermeiden und stattdessen sich dieser Ressourcen in einem ausgelagerten On-Demand-Dienst bedienen. Beliebte Beispiele für das IaaS-System sind IBM Cloud und Amazon Elastic Compute Cloud oder der Infrastructure-as-a-Service Dienst von Fujitsu.
- *Platform-as-a-Service (PaaS)* gilt als die komplexeste der drei Schichten einer Cloud-basierten Lösung. PaaS weist einige Gemeinsamkeiten mit SaaS auf. Der Hauptunterschied besteht darin, dass PaaS keine Software online zur Verfügung stellt, sondern tatsächlich eine Plattform zur Erstellung von Software, die über das Internet bereitgestellt wird. Dieses Modell umfasst Plattformen wie Microsofts Windows Azure oder force.com von Salesforce.

- **Was kann es für den Vertrieb tun:**
  - *Cloud-basiertes CRM:* Während herkömmliche CRM-Software vor Ort ihre Vorzüge hat, hebt die Cloud-Technologie die CRM-Systeme auf eine ganz neue Ebene, indem sie die Mitarbeiter von der Abhängigkeit des Arbeitsplatzes befreit. Wenn CRM-Daten in der Cloud gespeichert werden, kann von überall und zu jeder Zeit direkt darauf zugegriffen werden. Ausgestattet mit aktuellen, relevanten

Informationen und der Möglichkeit, Kunden und Interessenten auch von unterwegs zu kontaktieren, wird ein Vertriebsteam agiler, effektiver und produktiver.

- *Vertriebsproduktivität:* Durch den besseren Zugang zu aktuellen Daten werden Ressourcen für produktivere und profitablere Aufgaben freigesetzt, da Mitarbeiter nicht mehr mit Datenbeschaffung beschäftigt sind. Umfassende All-in-One-Lösungen ermöglichen es Vertriebsmitarbeitern, alle ihre alltäglichen Anwendungen auf einer einzigen Plattform zu konsolidieren, um sie schnell und einfach zu nutzen und automatisch zu synchronisieren.
- *Flexibilität der Vertriebsmitarbeiter:* Darüber hinaus wird die Organisation viel flexibler, und Vertriebsmitarbeiter können agiler und schneller auf Kundenanfragen reagieren, indem sie immer und überall Zugriff auf Vertriebsinformationen haben, was insbesondere im Außendienst oder Key Account Management von hoher Relevanz ist.
- *Verbesserte Kundenerfahrung:* In einer Zeit, in der Verkauf, Service und Support in Echtzeit zur Normalität werden, steigen auch die Erwartungen von Unternehmen gegenüber ihren Geschäftspartnern. Die weitverbreiteten Vorteile des Cloud-Computing, wie z. B. ein besserer Zugang zu Kundendaten und ein Echtzeitansatz für die Auftrags-/Angebotserstellung, können wirklich zu einer positiven Gesamterfahrung der Kunden beitragen.
- *Reaktionszeit im Vertrieb:* Geschwindigkeit ist ein wichtiger Faktor, um im digitalen Zeitalter wettbewerbsfähig zu bleiben. Da die Daten in der Cloud gespeichert werden, sind sie von jedem Ort, zu jeder Zeit und von jedem Gerät aus zugänglich, und dadurch können Vertriebsmitarbeiter schneller auf Kundenanfragen reagieren. Wichtig ist es zu erkennen, dass es nicht nur um E-Mail-Zugriff geht, den wir schon alle längst leben, sondern um Zugriff zu allen relevanten Vertriebssystemen und -daten, sodass der Mitarbeiter nicht ins Büro kommen muss, um Kundenanfragen qualifiziert zu beantworten.
- *Cloud-basierte Vertriebsmodelle:* Nicht nur für den Einsatz in der eigenen Organisation ist Cloud-Computing relevant, sondern auch bei der Entwicklung von innovativen Vertriebsmodellen und Produkten. Im Zusammenhang mit dem Trend „weg von Besitz in Richtung Nutzung" kann die Cloud-Technologie innovative Wege bieten, um sich im eigenen Marktsegment zu differenzieren.
- *Kostensteuerung:* Cloud-Lösungen für Vertriebstools werden oft in einem Nutzen-Modell angeboten. So müssen Unternehmen hier nicht in Hard- und Software investieren, um eine Vertriebsorganisation aufzubauen und zu skalieren. Die meisten Anwendungen gibt es heute in Lizenz-Modellen und User-bedingt, sodass Unternehmen ihre Kosten besser steuern und bei Bedarf schneller skalieren können.
- *Erschließung neuer Märkte:* Cloud-Lösungen versetzen Unternehmen in die Lage, auf neuen Märkten flinker und kleiner zu agieren. Ein lokales Büro mit eigener IT-Infrastruktur ist möglicherweise nicht mehr erforderlich, was flexiblere Optionen für die Vertriebspräsenz des Unternehmens eröffnet, einschließlich mobiler Teams.

Die Cloud-Computing-Technologie ermöglicht es virtuellen Büros und Vertriebs-mitarbeitern an entfernten Standorten, mit Management-, Entwicklungs- und Supportfunktionen zu jeder Zeit und an jedem Ort verbunden zu bleiben. Durch die gemeinsame Nutzung von Geschäftsanwendungen, wie z. B. CRM, gehen weniger Chancen verloren und die Vertriebsleistung verbessert sich.

- *Unternehmenswachstum:* Cloud-Computing ist von Natur aus skalierbar und ermöglicht es wachsenden Unternehmen, den Vertrieb, das Marketing und andere Funktionen ohne nennenswerte Verzögerungen zu vergrößern. Die Unternehmens-führung kann sich auf die Strategieumsetzung statt auf die Bereitstellung von Ressourcen konzentrieren.

- *Zusammenarbeit und Projektarbeit:* In Allianz mit Collaboration ermöglicht die Cloud auch eine ortsunabhängige Zusammenarbeit in Echtzeit. Wann immer Dateien in der Cloud hinzugefügt oder aktualisiert werden, sehen alle Team-mitglieder, die Zugriff darauf haben, die neueste Version dieser Dateien. Es ist nicht mehr erforderlich, Dateien per E-Mail hin und her zu senden, wodurch wert-volle Zeit gewonnen wird.

- *State-of-the-art Vertrieb:* In der Vergangenheit mussten Unternehmen in eine große Infrastruktur investieren, um Geschäftsaktivitäten zu unterstützen und Daten zu speichern. Jetzt kann man diese Last ruhig auf die Cloud-Anbieter abwälzen. Dadurch erhält das Unternehmen schnelleren Zugang zu besseren Technologien, und man ist immer auf dem letzten technologischen Stand, ohne Lösungen selbst entwickeln zu müssen und darin groß zu investieren. CRM-Systeme wie Salesforce, Hubspot und andere Vertriebs- und Marketingplattformen entwickeln sich ständig weiter und passen sich stets an die Anforderungen des Vertriebs an. Damit können KMU im Alleingang nie Schritt halten.

- *Verbesserung der Kundenerfahrung:* Die heute verfügbaren cloudbasierten Platt-formen unterstützen die Gestaltung von komplexen Preismodellen und die Darstellung vielfältiger Produktportfolios und bieten unterschiedlichen Kunden-gruppen maßgeschneiderte Lösungen an. B2B-Produkte und -Dienstleistungen sind in der Regel keine Massenware, dennoch gewinnt die Bequemlichkeit in der Kauferfahrung auch hier. B2B-Kunden wollen vermehrt B2C-ähnliche Erfahrungen, wenn sie Geschäftsprodukte und -dienstleistungen recherchieren und beziehen, was durch die Cloud-Technologie nun leichter zu gestalten ist. Darüber hinaus können Kunden die Lösung auf jedem Gerät, einschließlich Laptops, Mobilgeräten und Tablets und auf jedem Browser oder auch über Apps nutzen.

- *Onlineshops und Kundenportale:* Insbesondere im B2B-Bereich sind cloud-basierte Onlineshops oder Kundenportale ein guter Weg, um auf die sich ver-ändernden Bedürfnisse der B2B-Landschaft zu reagieren. Beispielsweise bieten sie die Möglichkeit, kundenspezifische Preise auf der Ebene einzelner Kunden abzubilden, sogar in unterschiedlichen Währungen und Sprachen. Darin lassen sich auch Werbebanner einfach und schnell platzieren und individuelle Produkt-empfehlungen oder Ergänzungsprodukte einblenden. Staffelpreise abhängig von der Kaufmenge oder spezielle Produktpaket-Preise sowie auch Abverkaufsaktionen für ausgewählte Kundengruppen: Alles ist möglich.

- **Wie könnte es eingesetzt werden:**
  - *B2C:* Es ist inzwischen schwierig geworden, ein Beispiel im B2C-Bereich zu finden, das nicht in irgendeiner Form Cloud-unterstützt wird. Von Netflix bis zu Dropbox und diversen E-Mail-Diensten, überall arbeitet im Hintergrund die Cloud. Die meisten Start-ups gründen ihr Geschäftsmodell auf Cloud-Basis, und auch traditionelle Unternehmen lernen vermehrt, sich diese Technologie zunutze zu machen. Zum Beispiel hat sich ein führendes französisches Bekleidungsunternehmen mit dem Einsatz einer Cloud-fähigen Multichannel-E-Commerce-Lösung einen schnellen und kostengünstigen Markteintritt in China gesichert.
  - *B2B*: Ein mittelständisches Unternehmen im Logistikbereich hat den gesamten Prozess der Verwaltung und der Konfiguration von mobilen Endgeräten von einem manuellen Prozess, indem die Geräte an den Standort des Unternehmens geschickt wurden, um sie dort zu konfigurieren, auf einen komplett digitalen Prozess in der Cloud umgestellt. Nun können die Geräte aus der Ferne konfiguriert und verwaltet werden, wodurch nicht nur Frachtkosten eingespart werden, sondern auch wertvolle Zeit im Prozess gewonnen wird. Folglich kann man schneller Probleme lösen, Kunden müssen weniger Geräte kaufen und vor allem wird die Verfügbarkeit vor Ort sichergestellt. Zudem wird nicht nur die Kundenzufriedenheit gesteigert, sondern auch ihre Bindung an das Unternehmen, mit dem angenehmen Nebeneffekt, zusätzliche Dienstleistungen verkaufen zu können.

4.1.13 Social Technology

- **Was hinter dem Begriff steckt:**
  Der Begriff Social Technology umfasst digitale Medien und Methoden, die es Nutzern ermöglichen, sich im Internet zu vernetzen, untereinander auszutauschen und digitale Inhalte zu erstellen und zu teilen. Hierzu werden internetbasierte Netzwerke, sogenannte Social-Media-Sites genutzt, um mit Freunden, Familie, Kollegen, Kunden, Geschäftspartnern und Gleichgesinnten in Verbindung zu bleiben und sich auszutauschen. Diese Interaktionen werden als Social Networking bezeichnet und können einen sozialen oder einen geschäftlichen Zweck oder beides haben. Hier ein Überblick über die bekanntesten vertriebsrelevanten sozialen Netzwerke:
  - *Facebook* ist weltweit die beliebteste Social-Media-Plattform und eine der besten Plattformen für gezielte Vermarktungsaktivitäten. Facebook bietet eine gute und günstige Möglichkeit, die Zielgruppe nach Alter, Wohnort, Interessen, Beschäftigung und anderen Merkmalen zu identifizieren und zu adressieren, sowie auch ihr Verhalten zu beobachten. Darüber hinaus bietet Facebook-Shops die Möglichkeit, Produkte direkt auf der Plattform zu verkaufen und mit dem

Facebook-Messenger können Unternehmen mit Kunden direkt kommunizieren und darüber auch Bestellungen annehmen.

– *Instagram* hat sich in kürzester Zeit von einer Teenie-Plattform zu einer interessanten Option für Marken entwickelt, um visuelle Inhalte zu verbreiten und Zielkunden anzusprechen. Wir merken uns Bilder viel besser als Texte, womit Instagram zu einer wichtigen Werbeplattform wird. Nicht nur Werbung ist möglich: Mit Instagram-Shopping kann man die Produkte, die auf den Bildern zu sehen sind, auch zum sofortigen Kauf anbieten.

– *Twitter* wird hauptsächlich für die Verbreitung von Nachrichten und hochaktuellen Informationen und Themen in Echtzeit genutzt. Auch wenn man inzwischen Videos und Fotos auf Twitter teilen kann, sind Textbeiträge immer noch die beliebtesten Inhalte. Sie sind in ihrem Umfang beschränkt und werden durch die Anwendung von Hashtags verbreitet, womit die Nachrichten mit Begriffen „beschriftet" werden. Durch ihre Schnelllebigkeit und die Kürze der Inhalte bietet Twitter eine gute Möglichkeit, Kunden über wichtige Entwicklungen auf dem Laufenden zu halten. Denken Sie daran, dass Twitter eine eigene Marketingstrategie und mehrere Tweets pro Tag benötigt, um „im Gespräch" zu bleiben.

– *Pinterest* begann als die Frauen-Plattform, wo man Inhalte rund um typische Frauen-Themen in Form von Bildern – sogenannten „Pins" – austauschte: Mode, Kochen, Wohnen, Hochzeit etc. Inzwischen hat sich Pinterest zu einer guten Plattform entwickelt, um sich bei der Zielgruppe – vermehrt auch Männern – sichtbar zu machen. Seit Kurzem bietet auch Pinterest Möglichkeiten, Produkte auf der Plattform direkt zu verkaufen und führte ein Verifizierte-Händler-Programm ein.

– *LinkedIn* ist *die* Business-Plattform und bietet Zugang zum weltweit größten B2B-Netzwerk. Geschäftsleute vernetzen sich dort, interagieren miteinander und tauschen sich über geschäftsrelevante Themen aus. LinkedIn bietet eine sehr gute Möglichkeit, Sichtbarkeit für das eigene Unternehmen zu schaffen, seinen Expertenstatus zu steigern und auch die Zielgruppe zu identifizieren und zu adressieren. Hierzu bietet LinkedIn viele spezifische Werkzeuge, wie LinkedIn Campaign Manager und LinkedIn Sales Navigator, LinkedIn Events und Gruppen. Hinzu kommen auch weitere für den Vertrieb relevante Tools, wie LinkedIn Learning, Talent Solutions und SlideShare, wodurch LinkedIn sich zu einer sehr mächtigen Plattform für den B2B-Bereich entwickelt und rasch Nutzer dazugewinnt.

– *XING* verfolgt denselben Anspruch wie LinkedIn, allerdings nur auf den deutschsprachigem Raum beschränkt. Je nach Branche und Geschäftsart bietet XING ebenfalls gute Möglichkeiten, mit der eigenen Zielgruppe zu interagieren. Zudem ist XING für seine Recruiting- und Event-Plattformen gut bekannt.

– *YouTube* kommt keine andere Plattform nach, wenn es um den Austausch von Informationen in Videoform geht. YouTube hat sich von einer Unterhaltungsplattform zu einer Lern- und Informationsplattform entwickelt und bietet, neben einer hervorragenden Möglichkeit, die Zielgruppe über Inhalte zu erreichen und über den eigenen YouTube Kanal mit ihr zu interagieren, auch interessante Werbemöglichkeiten.

Darüber hinaus gibt es weitere, für Unternehmen ja nach Branche und Tätigkeitsart interessante Plattformen, wie Reddit, Quora, Medium, Google+, Snapchat, Tumblr, Tik Tok, WhatsApp, TripAdvisor, WeChat etc.

- **Wie funktioniert es:**
  Soziale Netzwerke beginnen vermehrt, andere Technologien zu integrieren, um die Erfahrung ihrer Nutzer zu verbessern und sie dazu zu motivieren, die Plattformen noch mehr zu nutzen und gleichzeitig Unternehmen einen Grund zu geben, ihr Geld dort auszugeben. Es wird massiv in diverse Technologien investiert:

  - *Künstliche Intelligenz (KI):* Es gibt keine andere Technologie, die dasselbe Potenzial für die sozialen Plattformen bietet wie KI. Ihr haben die Plattformen auch ihr starkes Wachstum zu verdanken, denn KI-Algorithmen tragen tatkräftig dazu bei, passende Inhalte zu kreieren und sie den „richtigen" Nutzern auszuspielen, sodass sie die größtmögliche Verbreitung erzielen. Es ist die KI, die entscheidet, welche Inhalte jeder von uns in den sozialen Medien zu sehen bekommt, und sie ist es auch, die es Ihnen ermöglicht, die eigene Zielgruppe zu identifizieren und zu erreichen. Sie analysiert auch die Interaktion der Zielgruppe mit den Werbekampagnen und passt die Anzeigen dynamisch an, womit die Conversion-Rate optimiert wird. Und es sind die KI-Bots, die die richtigen Personen identifizieren, die am wahrscheinlichsten Interesse an Ihren Produkten hätten, die Posts liken, interagieren und mit den richtigen Personen kommunizieren.

  - *Social Commerce:* Immer mehr drängen die sozialen Plattformen in den E-Commerce-Bereich. Facebook, Instagram und Pinterest bieten jetzt schon Shopping-Funktionalitäten an und YouTube ist eine Kooperation mit Shopify eingegangen und plant, seinen Nutzer in Videos vorkommende Produkte und Artikel über einen Link zum Sofortkaufen anzubieten. Social Media Shopping ist das größte Thema für die kommenden Jahre für die sozialen Medien und soll nach dem B2C auch in den B2B-Bereich eindringen und den Business2Person-Trend weiterhin anfeuern. So setzten die sozialen Plattformen immer leistungsfähigere KI-basierte Onlineshopping-Tools ein, um ihren Nutzern ein einfacheres, flexibleres und angenehmeres digitales Einkaufserlebnis zu ermöglichen. Mit sogenannten Shoppable-Images oder -Galleries können Nutzer direkt über die Produktbilder ihre Wunschartikel sofort kaufen, und mit Shoppable-Videos können Kollektionen und Produkte vorgestellt und über Links in den Videos zum Direktkauf angeboten werden. Mit Shoppable-Ads können Sie Ihre Produkte direkt in den Werbeanzeigen mit Ihrem Webshop verbinden. Dazu werden schnelle und unkomplizierte Check-out-Funktionalitäten eingesetzt, mit dem Ziel, Nutzern die Produkte „nur noch einen Klick entfernt" anzubieten, um sie nicht in langwierigen Kaufprozessen zu verlieren. Zudem gestalten virtuelle Assistenten, personalisierte Empfehlungen und die Bild-Suche das Einkaufserlebnis noch angenehmer und effizienter.

- *Virtual Realität (VR) und Augmented Realität (AR):* Soziale Plattformen sowie auch Messaging Tools nutzen heute die AR Technologie, um Nutzern die Bearbeitung von Bildern, Fotos und Videos zu ermöglichen: Von diversen Filter-funktionen, Überlagerung von Grafiken, Nachbildung von Videohintergründen und sogar bis zur Verwandlung in ein 3D-Bitmoji. Dies ist allerdings erst der Anfang, es wird erwartet, dass mit AR und VR innovative Weiterentwicklungen auf-kommen, wie virtuelle Läden, die es Benutzern ermöglichen, Artikel virtuell anzu-probieren. Auch virtuellen Reisen und Live-Veranstaltungen, ohne physisch vor Ort sein zu müssen, wird eine große Zukunft versprochen.
- *Datenschutz und -sicherheit:* Soziale Plattformen haben stark mit dem Problem zu kämpfen, die Daten ihrer Nutzer schützen zu müssen. Tagtäglich werden Daten missbraucht und Accounts gehackt. Phishing, Likejacking, Clickjacking und Social Spam gehören zu den größten Herausforderungen der sozialen Medien. Daher investieren die Plattformen vermehrt in Technologien wie Multi-Faktor-Authenti-fizierung, um ihre Nutzer vor dem Missbrauch ihrer Daten zu bewahren und auch ihre Akzeptanz und die positive Wahrnehmung im Markt zu steigern.
- *Social-Media-Automatisierung:* Die starke Verbreitung der sozialen Medien hat auch die Entstehung diverser Tools zu Folge, die den Unternehmen die Steuerung von Aktivitäten in den sozialen Medien erleichtern. Anwendungen wie Buffer, Hootsuite und Sprout Social automatisieren die Planung und die Verteilung von Inhalten plattformübergreifend und ermöglichen die Überwachung von Kunden-interaktionen an einem Ort.

- **Was kann es für den Vertrieb tun:**
Auch wenn soziale Medien in gewissen Aspekten polarisieren und in massive Kritik geraten, beispielsweise im Hinblick auf Politik, haben sie ihren Mehrwert für den Ver-trieb endgültig bewiesen – und das in vielerlei Hinsicht:
- *Zielgruppenidentifikation und -erweiterung:* Die Social-Media-Technologie ermöglicht es Unternehmen, die eigene Zielgruppe und ihre Interessen zu identi-fizieren. Die Analyse von Werbekampagnen und von Interaktionen der Zielgruppe mit ihnen bietet wichtige Erkenntnisse für die Zielgruppedefinition und die Ein-grenzung ihrer Merkmale. Dabei können neue Zielgruppen erkannt werden, an die man vielleicht nicht von allein gedacht hätte.
- *Zielgruppe adressieren und erreichen:* Soziale Medien bieten einen schnellen, günstigen und weitreichenden Zugang zur diversen Zielgruppen. Sie bieten auch mehrere Wege, mit potenziellen Kunden in Kontakt zu treten und mit ihnen zu interagieren.
- *Markenwahrnehmung steigern:* Auch den kleinsten Unternehmen bieten soziale Netzwerke die Möglichkeit, ihre Markenwahrnehmung zu steigern, ohne großes Geld in die Hand nehmen zu müssen. Mit einer durchdachten Content-Strategie kann man gezielt und kostengünstig zur Steigerung des Markenbewusstseins und der Markensichtbarkeit beitragen.

- *Kundenbeziehungen pflegen:* Vermehrt greifen Kunden auf Social-Media-Kanäle zurück, um mit Anbietern und Geschäftspartnern in Kontakt zu bleiben. Der indirekte Austausch über Inhalte, Posts, Likes und Kommentare ergänzt die persönliche Kommunikation im Vertrieb und bereichert die Kundenbeziehung. Insbesondere im B2B-Bereich entwickeln sich soziale Netzwerke zu einem wichtigen Werkzeug, um Kundenbeziehungen zu pflegen und auszubauen.
- *Vertrauensbildung und Steigerung des Expertenstatus:* Soziale Netzwerke sind der perfekte Weg, um Vertrauen bei Ihrer Zielgruppe zu bilden. Mit dem Teilen von Inhalten, die Aufschluss über die Qualität Ihrer Arbeit und Ihrer Produkte bieten, werden langsam, aber stetig die notwendige Vertrauensbasis und der Expertenstatus aufgebaut -wodurch auch neuen Kunden die Entscheidung für Ihr Angebot erleichtert wird. Darüber hinaus sind nutzergenerierte Inhalte der allerbeste Weg, um Vertrauen zu steigern: Das sind Inhalte, Aussagen und Meinungen echter Kunden, die ihre Erfahrungen mit Ihrem Unternehmen und Ihren Produkten in den sozialen Medien teilen.
- *Informationen bereitstellen:* Neben Google sind die sozialen Netzwerke der Ort, wo Kunden sich vermehrt über Ihr Unternehmen informieren: *Wann Sie geöffnet haben, was Sie anbieten und welche Aktionen gerade laufen.* Die Unternehmensseiten auf den sozialen Plattformen entwickeln sich zu einem wichtigen Werkzeug, um Kunden wichtige Informationen zur Verfügung zu stellen und darüber hinaus, sie dazu zu motivieren, mit Ihnen in Interaktion zu treten oder sich spontan auf den Weg zu Ihrem Standort zu begeben.
- *Kundenkommunikation:* Für viele stellen die sozialen Medien die beliebteste und die einfachste Art der Kommunikation dar. Demzufolge heben die sozialen Netzwerke die Kommunikation zwischen den Anbietern und ihren Kunden auf eine ganz neue Ebene. Neben der Bequemlichkeit und der Einfachheit machen vor allem die Reaktionsgeschwindigkeit und der persönliche Charakter die Kommunikation über die sozialen Medien so attraktiv. Sie geht perfekt auf unsere inzwischen zu den Grundbedürfnissen zählende Ungeduld und Bequemlichkeit ein. *Warum in Warteschleifen hängen und E-Mails schreiben, wenn es den Facebook-Messenger gibt?* Demzufolge gewinnt die Kommunikation über soziale Medien vermehrt an Bedeutung und Priorität für Anbieter aus allen Branchen, womit die sozialen Netzwerke ihre Rolle im Vertrieb und Marketing zunehmend ausbauen.
- *Reichweite vergrößern:* Das Verteilen von Inhalten über die sozialen Netzwerke und die Verlinkung mit Ihrer Webseite erhöht nicht nur den Traffic auf Ihrer Webseite, sondern auch die Webseitenrelevanz für die Suchmaschinen, womit Ihre Präsenz verbessert wird und auch Ihre Reichweite außerhalb der sozialen Netzwerke erhöht wird.
- *Vertriebskanal:* Neben Informations-, Kommunikations- und Werbekanal bauen die sozialen Medien ihre Position als eigenständigen Vertriebskanal aus, wodurch ihre Relevanz für den Vertriebsbereich nun wirklich nicht mehr zu leugnen ist. Wie

wir gesehen haben, bauen die sozialen Plattformen tatkräftig ihre Shopping-Fähigkeiten aus und das nicht nur im B2C-Segment. Facebook ist hier Vorreiter und baut seine Stärke als vollwertiger Vertriebskanal aus, der den gesamten Vertriebsprozess abdecken kann, von der Awareness bis zum Point-of-Sale. Dazu hat die Plattform eine Menge an Tools im Angebot: Business Manager, Insights, Pages, Messenger, Ads, Audiences, Shops etc. – das zum Konzern gehörige Instagram nicht zu vergessen.

- *Kundenerfahrung:* Die Möglichkeit, nahtlos, unkompliziert und mit einem Klick dem Kaufimpuls nachzugehen, verbessert die Kundenerfahrung ungemein und verschafft Anbietern einen klaren Wettbewerbsvorsprung. Denn Kunden kaufen dort, wo sie es am einfachsten und bequemsten haben, und sie sind sogar bereit, für diese bessere Erfahrung ein paar Euro mehr zu bezahlen.
- *Verkaufsförderung:* Neben ihrer Rolle als eigenständigen Vertriebskanal fördern die sozialen Medien ihre Verkäufe auch auf den anderen Kanälen und steigern demzufolge Umsätze. Mit Werbung und Content können Sie gezielt Interessenten direkt auf Ihre eigene Shopping-Kanäle leiten: Onlineshop, Buchungsplattformen, Marktplätze und Webseiten.
- *Kaufentscheidungen unterstützen:* Soziale Plattformen haben sich zu einer der wichtigsten Informationsplattformen, was Kaufentscheidungen betrifft, entwickelt. Millionen von Nutzern tauschen sich dort über ihre Erfahrungen mit Produkten und Anbietern aus, bewerten Produkte und geben Empfehlungen ab. Sie recherchieren aktiv nach neuen Produkten, verfolgen Marken, interagieren mit Anbietern, um bessere Kaufentscheidungen zu treffen. Mit zielgerichteter Informationsverteilung kann man dort Kunden gezielt bei ihren Entscheidungen unterstützen, womit der Engagement-Level und die Conversion-Rate erhöht werden, folglich auch die Umsätze und die Wirksamkeit der Neukundengewinnung sowie auch das Markenvertrauen und die Kundenbindung.
- *Leistungsverbesserung:* Kundenfeedback, Interaktionen und Aussagen von Kunden über die Marke und ihre Produkte helfen Unternehmen auch dabei, ihre Markenbotschaften zu verfeinern, Verkaufstaktiken strategisch zu gestalten und Kundenansprache-Strategien zu konzipieren. Soziale Plattformen bieten einen interessanten Einblick nicht nur darin, wofür sich Ihre Kunden interessieren, sondern auch im Hinblick auf die Performance Ihrer Vertriebs- und Marketingstrategien und verhelfen zur Erkennung von Optimierungspotenzialen.
- *Netzwerken:* Gute Verkäufer waren schon immer gute Netzwerker. Sie sind imstande, eine Beziehung und eine Vertrauensbasis zu den potenziellen Kunden aufzubauen. Dafür müssen sie heute nicht mehr Messen, die nur einmal im Jahr stattfinden, oder kostenpflichtige Veranstaltungen besuchen, hohe Mitgliedsgebühren in Clubs zahlen und sich im Golfspielen üben. Soziale Netzwerke bieten eine günstige und oft wirksamere, relevantere und weit über die geografischen oder nationalen Grenzen reichende Möglichkeiten, Berufsnetzwerke aufzubauen, die langfristig das Geschäft sichern.

- *Wettbewerbsbeobachtung:* Soziale Netzwerke bieten einen der effektivsten und günstigsten Wege, die Aktivitäten der Konkurrenz zu beobachten. Sie ermöglichen es Ihnen nicht nur, immer auf dem aktuellsten Stand zu sein, was ihre Aktivitäten betrifft, sondern auch die Wahrnehmung der Kunden ihnen gegenüber zu beobachten: Was mögen sie, worüber regen sie sich auf, welche Emotionen herrschen vor und wie interagieren sie mit den Marken? Facebook bietet sogar die Funktion, die Leistung ihrer Werbeanzeigen und die dadurch generierten Umsätze zu beobachten, wodurch sie gezielte Einblicke in die Performance Ihrer Wettbewerber gewinnen können.

- *Influencer-Marketing:* Eines der wichtigsten Marketinginstrumente unserer Zeiten haben wir auch den sozialen Netzwerken zu verdanken: Influencer-Marketing. In manchen Branchen sind Influencer nicht mehr wegzudenken, und sie erobern auch den B2B-Bereich, was noch vor Kurzem in diesem Zusammenhang unvorstellbar gewesen ist. Sie ermöglichen es Anbietern, ihre Reichweite über einen indirekten und besonders vertrauensbildenden Kanal zu erweitern. Im Grunde ist Influencer-Marketing die effektivste und weitreichendste Form des Empfehlungsmarketings, dessen Wirksamkeit nicht mehr bewiesen werden muss.

- **Wie könnte es eingesetzt werden:**
  - *B2C:* Ein britischer Onlinehändler für Mode bietet ein ausgezeichnetes Beispiel, wie man soziale Netzwerke verkaufsfördernd einsetzen kann. Dazu wurden Kunden gebeten, eigene Bilder, auf denen sie die Produkte der Marke tragen, in den sozialen Medien hochzuladen und mit dem Marken-Hashtag zu versehen. Anschließend wurde auf der Website eine Galerie mit shoppable Beiträgen eingerichtet, wo neue Kunden genau denselben Look shoppen können.
  - *B2B:* Ein mittelständiges Unternehmen aus dem Energiebereich entschied sich, LinkedIn Video-Kampagnen zu nutzen, um auf sein digitales Event aufmerksam zu machen. Dazu wurden mehrere kleinere Videos produziert und eine Event-Kampagne aufgesetzt, die gezielt an ausgesuchte Zielgruppen ausgespielt wurde. Innerhalb von wenigen Tagen konnten über 800 Anmeldungen erzielt werden. Eine Zahl, die auch die kühnsten Erwartungen überstieg.

4.1.14 Mobile Computing

- **Was hinter dem Begriff steckt:**
  Mobile Computing gibt es seit rund 40 Jahren und umfasst alle mobilen Formen von Endgeräten, die physisch nicht an ihren Standort an einen Schreibtisch oder an ein Datenzentrum gebunden sind und es den Benutzern ermöglichen, von jedem Ort aus auf Daten und Informationen zuzugreifen. Typische Geräteklassen umfassen Notebooks, Tablets und Smartphones. Aber auch ein Navigationssystem im Auto, Wearables und IoT-Systeme, wie beispielsweise smarte Küchengeräte, sind Anwendungsbeispiele des Mobile Computings. Der Oberbegriff des Mobile

Computing bezieht sich jedoch nicht nur auf Hardware, sondern auch auf Software-lösungen, die mobiler Natur sind, was die Übertragung von Daten, Sprache und Video über ein drahtloses Gerät ermöglichen, ohne dass sie an einen festen physischen Ort angeschlossen sein müssen.

- **Wie funktioniert es:**
  Die Grundbausteine des Mobile Computings sind mobile Hard- und Software sowie mobile Kommunikationstechnologien. In ihrer Kombination ermöglichen sie die Konzeption von Geräten, die klein genug sind, um als tragbar zu gelten. Trotzt ihrer Größe sind sie leistungsstark genug, um es mit ihren großen Brüdern und Schwestern namens Laptop und Desktop aufzunehmen. Zudem verfügen viele der mobilen Computer über eine Scanfunktion, mit der Daten aus Barcodes oder QR-Codes aus-gelesen, verarbeitet und in Echtzeit weitergeleitet werden können.

- **Was kann es für den Vertrieb tun:**
  Mobile Lösungen sind aus unserer modernen Geschäftswelt nicht mehr wegzudenken, denn sie ermöglichen einen schnellen Zugriff auf aktuelle Informationen, unabhängig vom Aufenthaltsort, und beschleunigen nicht nur den Informationstransfer, sondern verkürzen auch Entscheidungswege. Insbesondere im Vertrieb hat diese Technologie viele Aspekte des Verkaufsprozesses grundlegend verändert.

  - *Kundenzugang:* Smartphones und Tablets haben es Kunden ermöglicht, nach Produkten und Dienstleistungen jederzeit und von überall zu recherchieren und sie direkt zu kaufen. Die mobile Suche hat sich zu einem wichtigen Schritt im Recherche- und Kaufprozess von Konsumenten und Geschäftsleuten entwickelt. In der heutigen Ära der Begeisterung und der Ungeduld wollen Kunden die sofortige Erfüllung ihrer Wünsche, sobald sie eine Entscheidung getroffen haben. Mobile Computing ermöglicht das.

  - *Kundenbedürfnis nach Information:* In Zeiten, in denen das Mobiltelefon schon fast zum Körperbestandteil geworden ist, wollen sich Kunden immer und von überall aus informieren. Kunden recherchieren heute zur gleichen Zeit offline und online: Sie vergleichen die Produkte, die sie im Geschäft sehen, mit dem Online-Angebot. Mit dem Einsatz mobiler Geräte am POS und durch die Integration aller relevanten Vertriebskanäle können Einzelhändler das Bedürfnis der Kunden nach Informationen vor und während des Kaufs im Geschäft befriedigen. Dies erweist sich für den Retail als überlebenswichtig, um im Online-Wettbewerb nicht zu verlieren.

  - *Informationsvorsprung am POS:* Nicht nur den Kunden müssen Informationen am POS zur Verfügung gestellt werden, sondern auch den Verkäufern. Verkäufer müssen mit dem hohen Informationsgrad der Kunden Schritt halten und quali-fiziert darauf eingehen können. Denn Kunden konfrontieren den Verkauf aktiv mit ihrem hohen Informationsgrad. Mobile Computing bietet hier die Möglichkeit, Verkäufer im stationärem Geschäft mit mobilen Geräten auszustatten, wodurch sie sich schneller und effizienter informieren können. Nicht nur die Wahrnehmung der

Kunden in Bezug auf die Kompetenz der Verkäufer, sondern auch ihre Position im Wettbewerbskampf werden verbessert, folglich auch der Kundenservice.

– *Verbesserung der Kundenerfahrung:* Mobile Computing, in Kombination mit anderen Technologien wie Cloud, KI und QR-Codes, ermöglicht es, bequeme und unkomplizierte Kauferlebnisse zu schaffen. Kunden müssen nicht mehr die gewohnte Umgebung ihres Mobiltelefons verlassen und können den Kauf mit wenigen Klicks bequem tätigen und die Lieferung bis vor die Haustür verfolgen. Auch im Business-Bereich können Kunden Bestellungen von unterwegs auslösen, ohne an den Bürotisch zurückkehren zu müssen. Ein gut durchdachter Einsatz dieser Technologie bietet eine große Chance, sich Wettbewerbsvorteile durch eine nahtlose und einfache Kundenerfahrung zu verschaffen.

– *Mobile Commerce (M-Commerce):* Mobile Technologie spielt eine wichtige Rolle beim sogenannten M-Commerce, der sich auf die Steuerung der Online-Geschäftsaktivitäten über mobile Geräte – wie Smartphones oder Tablets – bezieht. Damit wird dem Kundenbedürfnis nachgekommen, mobil zu shoppen und die Zugänglichkeit des Angebots wird zu jeder Zeit und von jedem Gerät gewährleistet. M-Commerce ist die nächste große Entwicklung nach E-Commerce und wird sich vielen Studien zufolge zu einem führenden Vertriebskanal entwickeln, zuerst im B2C- und unweigerlich auch im B2B-Bereich, ein reibungsloses und nahtloses Benutzererlebnis vorausgesetzt.

– *Steigerung der Attraktivität für Kunden:* Eine für mobile Geräte optimierte Webseite, in Verbindung mit einer M-Commerce-Funktionalität, zieht auch neue Kunden an, denn insbesondere in den Bereichen, in denen keine großen Preisunterschiede zu erwarten sind, verzichten Kunden gerne auf mühsame Recherchen und Kaufprozesse zugunsten einer bequemen mobilen Erfahrung.

– *Verkürzung der Vertriebszyklen:* Die mobile Technologie bietet Vertriebsmitarbeitern sofortigen Zugriff auf diverse Verkaufssysteme, -tools und -informationen, die die Effektivität ihrer Verkaufsgespräche vor Ort erhöhen, was zu schnelleren Kundenentscheidungen führt. Verkäufer können Produktinformationen in Form von Bildern und Videos direkt abrufen und Kunden zeigen, wodurch die Unsicherheit in der Entscheidung reduziert wird. Nicht nur das: Von der Präsentation, Angebotskonfiguration, Vertragsunterzeichnung, Erfassung der Bestellung, Lagerstandabfrage und bis zur Auslösung der Lieferung, alles kann ein Außendienstmitarbeiter vor Ort mobil erledigen. Wodurch nicht nur das Kundenerlebnis verbessert wird, sondern auch Vertriebszyklen stark verkürzt, Abschlussquoten gesteigert und Umsätze gefördert werden.

– *Nachbestellungen:* Insbesondere im Großhandel lassen sich mit mobilen Datenerfassungssystemen mit Scanfunktion Lagerbestände ausgelesen und anschließend Bestellungen vor Ort aufnehmen bzw. Nachbestellungen (über EDI-Anbindungen) automatisch auslösen. Als Folge steigt durch die bessere Verfügbarkeit der Absatz, bei gleichzeitiger Reduktion von Ressourcen in der Administration, bei Kunden und bei Lieferanten.

- *Verbesserte Effizienz und Reaktionsfähigkeit:* In Kombination mit dem Einsatz von cloudbasierten Systemen, wie beispielsweise CRM, kann Mobile Computing die Effizienz und die Leistung der Vertriebsmitarbeiter massiv steigern. Dadurch, dass die Verkäufer durchgehenden Zugriff auf wichtige Daten haben, können sie jederzeit und von überall arbeiten, wodurch sie in Echtzeit auf Kundenanfragen reagieren können. Damit werden nicht nur die Kundenzufriedenheit und -bindung positiv beeinflusst, sondern auch die Effizienz der Mitarbeiter selbst: Sie können relevante Informationen in Systemen sofort und unabhängig von ihrem Arbeitsplatz aktualisieren.
- *Omnichannel-Kommunikation:* Neben dem Telefonieren, E-Mail und SMS-Schreiben ermöglicht die mobile Technologie es, mit Kunden über Messenger, Live-Chat oder sozialen Netzwerken in Echtzeit zu kommunizieren, nämlich über die mobilen Systeme, die der Kunde präferiert, was zu einer für ihn bequemeren und angenehmeren Kommunikationserfahrung beiträgt.
- *Wirksamkeit im Vertrieb:* Mobile Geräte ermöglichen es dem Vertrieb, nicht nur schneller, sondern auch besser zu arbeiten. Sie werden zum richtigen Zeitpunkt an anstehende Aufgaben erinnert und über wichtige Ereignissen benachrichtigt. Dazu müssen sie nicht vor ihrem Outlook sitzen oder das CRM-System offen haben. Genehmigungen anfragen und bekommen, auf Fragen reagieren, auf Berichte und wichtige Kennzahlen in Echtzeit zugreifen, all das geht heute mobil. Darüber hinaus reduziert die Technologie die Komplexität der Information auf ihren Kern und wandelt sie in wichtige Erkenntnisse um, sodass der Vertrieb den Handlungsbedarf sofort erkennen kann. Folglich profitieren Interessenten und Kunden von einer schnelleren und besseren Kommunikation, Teams von einer einfachen und schnellen Zusammenarbeit und Führungskräfte von Echtzeit-Einsichten in Unternehmensvorgänge, wodurch sie bessere und schnellere Entscheidungen treffen können.
- *Mobile Working:* Einer der bekanntesten Vorteile mobiler Geräte liegt darin, dass sie mobiles Arbeiten ermöglichen. Was vor nicht allzu langer Zeit unvorstellbar war, dass der Vertriebsinnendienst von Zuhause arbeiten kann, hat die Pandemie widerlegt und demonstriert, dass nicht nur der Außendienst, sondern auch der Innendienst und der Telefondienst im Vertrieb nicht ortsgebunden sein muss. Dies macht Mobile Computing in Verbindung mit mobiler Kommunikationstechnik und Cloud-Lösungen möglich. Insbesondere in Bezug auf die Steigerung der Attraktivität als Arbeitgeber für jüngere Generationen ist der Einsatz dieser Technologie auch nach der Pandemie wichtig.
- *Marketingkanal:* Ein weiterer Vorteil der Mobile-Computing-Technologie besteht darin, dass sie die Möglichkeit bietet, einen neuen Marketingkanal aufbauen. Mithilfe mobiler Anwendungen können Sie Ihre Produkte zum richtigen Zeitpunkt und am richtigen Ort anbieten und bewerben. Durch Push-Benachrichtigungen können Sie noch näher in eine direkte Interaktion mit Ihren Kunden treten: ob

beim Surfen auf der Couch, vor dem Regal in Ihrem Geschäft oder im Vorbeigehen an Ihrem Schaufenster.

– *Personalisierte Benachrichtigungen:* In Verbindung mit Standortbestimmung können Sie Kunden während ihres Einkaufs auch an einem möglicherweise vergessenen Bedarf unaufdringlich erinnern oder auf ein spezielles Angebot hinweisen. Standortbasierte Push-Benachrichtigungen und personalisierte Angebote sind ein guter Weg, Ihren Umsatz zu steigern.

– *Wettbewerbsbeobachtung:* Mit der Scan-Funktion der mobilen Geräte lassen sich Daten zu Wettbewerbsprodukten direkt erfassen, wodurch sich die Konkurrenzbeobachtung und die Überprüfung der Planograme im Einzelhandel leichter gestalten lassen.

- **Wie könnte es eingesetzt werden:**
  – *B2C:* Ein gutes Beispiel bietet die Mobile App von Urban Outfitters „Scan + Shop". Damit können Kunden ein Foto von einem Artikel im Print-Katalog machen und das Produkt schnell mit der Urban Outfitters App online finden und direkt kaufen. Das Ergebnis sind eine erhöhte App-Nutzung und Kundenbindung sowie eine Steigerung der Konversionen in den Geschäften und online.
  – *B2B:* Selco Builders Warehouse, ein Anbieter von Bauprodukten im B2B-Bereich, entwickelte die Project-Tool-App, die Bauunternehmen beim Projektmanagement, bei der Online-Suche nach Produkten und bei der Kommunikation mit ihrem Team, egal wo sie sind, unterstützt. Da Menschen in der Baubranche primär unterwegs sind, konnte Selco auf die Situation der Kunden perfekt eingehen und es ihnen ermöglichen, das, was sie brauchen, zum Zeitpunkt der Bedarfserkennung – auf der Baustelle – zu finden und sofort zu bestellen. Mit dieser mobilen All-in-One-Lösung konnte das Unternehmen nicht nur den Traffic auf der Website massiv erhöhen, sondern auch mehr Produkte online verkaufen und die Kundenzufriedenheit steigern.

4.2 Die Vertriebsprozess-Perspektive

Wie zu Anfang des Buches dargestellt, steht die moderne Vertriebsorganisation heute vor so vielen unterschiedlichen Herausforderungen wie noch nie zuvor. Einer ihrer größten Herausforderungen besteht in der Digitalisierung und Optimierung der Vertriebsprozesse. Daher ist die Vertriebsprozess-Perspektive in unserer Technologie-Betrachtung überaus wichtig, denn sie ermöglicht es, den technologischen Einsatz im Vertrieb gesamthaft und prozessorientiert zu betrachten und konkrete Potenziale darin zu entdecken.

Technologie spielt heute eine wichtige Rolle bei der Unterstützung aller Aspekte der Vertriebstätigkeiten. Denn durch die aktuellen Trends im Vertriebsbereich und insbesondere durch das veränderte Kundenverhalten werden die Prozesse im Vertrieb immer komplexer und aufwendiger, wobei man in gewissen Prozessschritten ohne technologischer Unterstützung gar nicht mehr auskommt. Dabei kann sie den gesamten Vertriebsprozess, in jedem seiner Schritte auf vielfältige Art und Weise unterstützen und optimieren. Von der Lead-Generierung und der mühsamen Akquise und bis zum komplexen Geschäftsausbau und strategischem Vertrieb: Technologie kann heute durchgehend eine wertvolle Stütze sein. Vertriebseffizienz nicht zu vergessen. Denn insbesondere hier bietet sie viel Potenzial, weil sie Abläufe beschleunigt und automatisiert, wodurch Vertriebsmitarbeiter mehr Zeit für Kundeninteraktionen haben, was zur Steigerung der Effizienz führt. Folglich steigt die Vertriebsleistung und kann mit Einsatz von Technologie auch wesentlich besser und gezielter gesteuert werden. Technologie wird zu einem wichtigen Instrument der Vertriebssteuerung. Sie bietet Vertriebsführungskräften wichtige Einsichten in Vertriebsaktivitäten und -vorgängen sowie auch in die Geschäftsentwicklung und -trends. Infolgedessen bietet sie der Führungsebene eine bessere Entscheidungsgrundlage und unterstützt den strategischen Vertriebsansatz, ohne den keine Vertriebsorganisation mehr heute bestehen kann, bzw. sollte.

Auf der Übersicht in Abb. 4.3 ist gut ersichtlich, wie Technologie die jeweiligen Schritte im Vertriebsprozess unterstützt, inklusive der wichtigsten technologischen Anwendungen, die der Markt uns heute bietet. In den folgenden Abschnitten werden die technologischen Möglichkeiten aus der Vertriebsprozess-Perspektive erläutert, das Ihnen ermöglichen sollte, relevante Bereiche für Ihren Vertriebsprozess zu identifizieren.

4.2.1 Lead-Generierung

Gleich am Anfang des Vertriebsprozesses steht die Lead-Phase, wo es um die Generierung und die Qualifizierung von Leads geht. Die Technologie hat in den letzten Jahren die klassischen Akquise-Methoden grundlegeng verändert. Anfangs im Konsumenten-Bereich und jetzt auch in den B2B-Vertriebsorganisationen, wird die digitale Lead-Generierung inzwischen zu einem fixen Bestandteil der Vertriebsaktivitäten und bietet eine große Auswahl an technologischen Möglichkeiten, um mehr, schneller und besser Leads zu generieren:

SEO: Search Engine Optimisation (Suchmaschinenoptimierung) hat das Ziel, die Position der eigenen Webseite in den Suchergebnissen der Suchmaschinen zu verbessern. Hier werden unterschiedliche Maßnahmen unternommen, um die Auffindbarkeit der Webseite zu verbessern und ihr Ranking in den Suchergebnissen zu optimieren. Es gibt zahlreiche Tools, die nicht nur eine schnelle SEO Analyse Ihrer Webseite durchführen, sondern auch konkrete Anweisungen und Verbesserungsvorschläge unterbreiten. Gute Beispiele dazu sind Ryte und Seobility.

SEA: Search Engine Advertising (Suchmaschinenwerbung) ist im Grunde Werbung in den Suchmaschinen, wie Google und Bing. Dabei wird der Zielgruppe Werbung anhand der eingegebenen Suchbegriffe – Schlüsselwörter (Keywords) – ausgespielt,

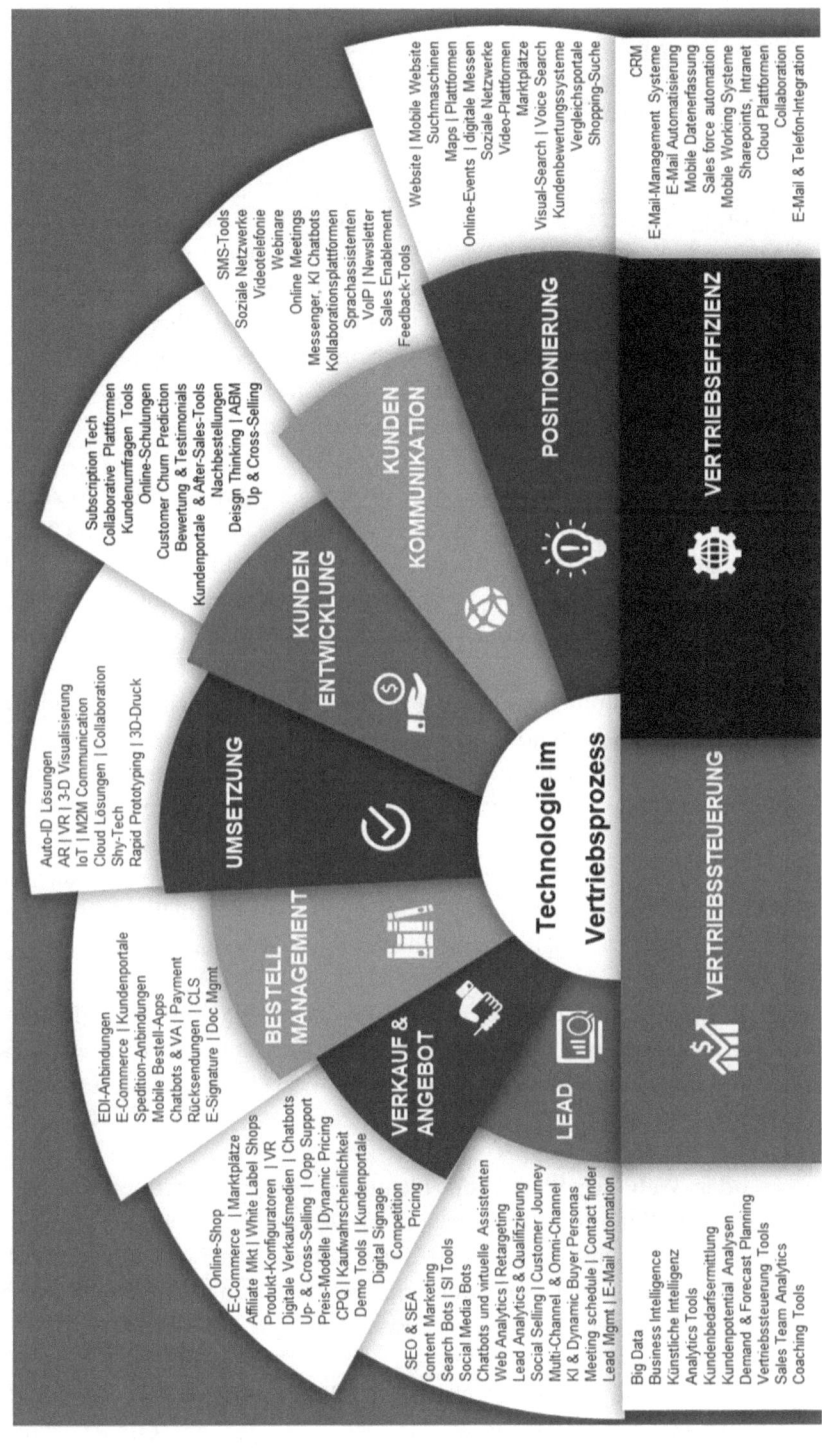

Abb. 4.3 Technologie im Vertriebsprozess

wodurch die Wirksamkeit der Werbung im Vergleich zu der traditionellen Medien-Werbung gesteigert werden kann. Klassischerweise fallen darunter Google Ads und Bing-Ads. Darüber hinaus gibt es Tools, die die Performance der SEA-Aktivitäten verbessern: Beispielsweise kann Wordstreams Ihr Google Ads Konto selbstständig optimieren.

Content Marketing ist eine Art von Marketing, das die Erstellung und die gemeinsame Nutzung von Online-Material (wie Videos, Blogs, Social Media Posts, etc.) umfasst, das nicht explizit für Ihr Unternehmen wirbt, sondern das Interesse an Ihren Produkten oder Dienstleistungen anregen soll. Mit Content Marketing können Sie Ihre Zielgruppe ohne den oft abschreckenden Werbecharakter ansprechen und Ihre Wahrnehmung im digitalen Raum verbessern. Dieses Prinzip bietet auch den kleinsten Anbietern die Möglichkeit, Awareness für ihre Marke zu schaffen und schnell zu wachsen.

Search Bots sind Programme (Roboter), die im Internet aktiv auf der Suche nach potenziellen Kunden sind. Das Einzige, was Sie tun müssen: Die Kriterien Ihrer Wunsch-kunden – Eigenschaften und Attribute – vorzudefinieren. Anschließend gehen die Bots „selbstständig" auf die Suche und scannen anhand dieser Kriterien Inhalte im Internet (Webseiten) und finden interessante Leads. Gutes Beispiel für solche Bots ist LeadFuze.

Social Media Bots sind Search Bots, die auf soziale Medien spezialisiert sind. Diese scannen die sozialen Medien nach potenziellen Kunden. Gutes Beispiel ist der LinkedIn Sales Navigator, der KI-Algorithmen verwendet, um passende Lead-Empfehlungen zu machen. Es gibt auch weitere Search Bots, die ähnlich funktionieren, wie zum Bei-spiel Seamless.AI. Diese Bots können nicht nur in Sekundenschnelle tausende von Leads identifizieren, sondern qualifizieren und priorisieren sie auch. Manche gehen über die reine Such-Funktion hinaus und können mit den Leads interagieren, ihre Profile besuchen und Beiträge liken und dem Vertrieb dadurch viel Arbeit abnehmen.

Chatbots können Besucher auf Ihrer Webseite aktiv ansprechen und sogar Inhalte der Webseite für Ihren Besucher individualisieren. Die Software kann Anpassungen in Echt-zeit anhand der Interkation des Kunden – ob mit Ihrer Webseite, mit Ihrer Werbeanzeige oder Ihrem Content – machen.

Web Analytics oder Web Tracking Tools identifizieren Besucher Ihrer Website und liefern Ihnen wertvolle Informationen. Beispielsweise lesen sie die IP Adresse des Besuchers aus und verbinden sie mit dem Unternehmensstandort und liefern Ihnen konkrete Informationen zum Lead, wie Branchenzugehörigkeit und Unternehmensname. Gute Beispiele sind Leadfeeder oder Salesviewer.

Pop-ups sind Tools, die die Aufmerksamkeit Ihrer Webseitenbesucher – in der Regel mit einem Fenster, das aufgeht – auf etwas Besonderes lenken: Ein Angebot, ein interessantes E-Book, ein aufkommendes Webinar, etc. Darüber hinaus können sie auch gleich die Kontaktdaten des Leads erfassen.

Retargeting-/RemarketingTools „verfolgen" die Besucher einer Webseite oder eines Webshops, die Interesse an einem Produkt gezeigt haben auch nachdem sie die Webseite verlassen haben. Damit lassen sich potenzielle Kunden weiterhin außerhalb der eigenen Plattform mit gezielter Werbung adressieren.

GEO-Targeting ermöglicht standortbasierte Ansprache der Zielgruppe mit standortbezogener Werbung und Angeboten. Dabei wird die IP-Adresse des Nutzers zur Ortung herangezogen.

Lead Analytics und Qualifizierung Tools messen die Interaktion der Leads mit Ihrem Unternehmen und priorisieren sie für den Vertrieb, sodass die Vertriebsmitarbeiter sich nur mit den Leads mit hoher Abschlusswahrscheinlichkeit beschäftigen. Diese Funktionen sind in modernden KI-gesteuerten CRM Systemen teilweise schon integriert.

Sales Intelligence Tools sind Datenbanken mit potenziellen Kunden, die genaue Einblicke in Strukturen und Verantwortlichkeiten innerhalb von Unternehmen bieten. Beispielsweise würden Sie dort den Einkaufsleiter eines Ihrer Wunschkunden mit Namen und Kontaktdaten finden können. Darüber hinaus können Sie gezielt nach potenziellen Unternehmen suchen: Mit Filter-Kriterien, wie Branchen, Region, Tätigkeit, Unternehmensgröße sowie auch mit Suchbegriffen. Siehe mehr im Abschn. 4.3.8.

Social Media Tools erleichtern die Aktivitäten auf den sozialen Medien, indem sie zum Beispiel automatisch Beiträge posten, Hashtags hinzufügen, Content kreieren, Aktivitäten und Interaktionen Ihrer Zielgruppe messen, sowie auch Einblicke in die Tätigkeiten Ihrer Influencer bieten.

Omnichannel-Plattformen ermöglichen eine einheitliche und stimmige Kommunikation mit potenziellen Kunden über diverse Kanäle. Sie vereinen alle Kommunikationskanäle und koordinieren effizient die gesamte Unternehmenskommunikation mit potenziellen Kunden.

Customer Journey Tools helfen Ihnen, den Kaufprozess des Kunden digital abzubilden und somit die Kundenerfahrung zu verbessern und gezielt zu steuern.

Dynamische Buyer Personas sind Zielgruppenprofile, die mit Hilfe von KI erstellt werden und sich mit jedem neuen Kunden und seinen Eigenschaften verändern: Sie sind dynamisch. Anhand dieser Profile können KI-Tools selbstständig weitere neue potenzielle Kunden identifizieren.

Meeting-Schedule-Systeme erleichtern die Terminvereinbarung mit potenziellen Kunden. Auch hier gibt es KI-Tools, die die Terminkoordination selbstständig durchführen können, bis zur Buchung von Besprechungsräumen.

Contact Finder finden in Sekundenschnelle die E-Mail-Adresse relevanter Personen bei Ihren potenziellen Kunden. Gute Beispiele sind Voilanorbert oder Hunter.io.

Lead-Management-Systeme sowie auch moderne CRM Systeme erleichtern, verbessern und automatisieren den aufwendigen Prozess der Lead-Generierung. KI-gesteuerte Systeme generieren Leads, qualifizieren sie, kommunizieren mit ihnen und ordnen sie in die richtigen Kategorien ein. Der Vertrieb muss nicht mehr nach Leads suchen, sondern beschäftigt sich fokussiert nur noch mit der Konvertierung von vorqualifizierten Leads, die eine hohe Kaufwahrscheinlichkeit aufweisen.

E-Mail-Automatisierungstools, insbesondere KI-gestützte, können die Kommunikation mit Ihren Leads zum Teil gänzlich übernehmen. Diese Tools kommunizieren mit Ihren potenziellen Kunden, beantworten ihre Fragen und wenn der Kunde einen gewissen Qualifizierungsgrad erreicht, wird er an den Vertrieb übergeben. Solche Tools können die Leads mit für sie relevanten Informationen „füttern" und sie „warm" halten, bis sie so weit sind, den nächsten Schritt im Prozess zu gehen.

Content-Targeting, auch als Contextual Advertising bekannt, ist eine Möglichkeit, Werbung in dem Moment zu schalten, wenn eine Person verschiedene Suchen im Internet durchführt. Es sind im Grunde Anzeigeschaltungen bei Google, wo Keyword-getriggerte Anzeigen geschaltet werden, die sich auf den Inhalt oder das Thema (den Kontext) der Website beziehen, die ein Nutzer gerade besucht.

4.2.2 Verkauf und Angebotslegung

In der Angebots- und Verkaufsphase kommen weitere technologische Tools ins Spiel, die die effektive Angebotslegung und den Verkauf bzw. den Kauf unterstützen und sogar gänzlich übernehmen können. Hier haben wir diverse Tools, die einerseits dem Vertrieb administrative Arbeit abnehmen und andererseits aktiv den Abschluss fördern und das hin bis zum Verkauf, ohne jeglicher Interaktion seitens der Vertriebsmitarbeiter.

Angebotskonfigurations-Systeme leiten Vertriebsmitarbeiter durch den Prozess der Preis- und Angebotskonfiguration gezielt an und stellen sicher, dass das Angebot alles Wichtige berücksichtigt und keine Fehler beinhaltet. Insbesondere im komplexen B2B-Vertrieb sind solche Tools von großem Nutzen, denn damit wird sichergestellt, dass Angebote richtig konfiguriert und keine nicht-umsetzbaren Lösungen angeboten werden. Auch unter dem Namen CPQ (Configure-Price-Quote) bekannt und inzwischen auch

KI-gestützt, bringen solche Systeme eine neue Dimension in den Vertrieb hinein, weil sie nicht nur Preise kalkulieren, sondern auch Produkt- und Konfigurationsempfehlungen unterbreiten und die Kundenspezifika bei der Zusammenstellung der Lösung berücksichtigen können.

Produkt-Konfiguratoren funktionieren ähnlich und können Kunden direkt zur Selbstbedienung zur Verfügung gestellt werden. Kunden können ihre Produkte in Ruhe und zu jeder Zeit nach Belieben konfigurieren und sich mit der Lösung ausgiebig auseinandersetzen. Damit wird einerseits dem „Selbstbedienungstrend" entgegengewirkt und andererseits auch wertvolle Vertriebsressourcen eingespart. Zusätzlich werden Fehler in den Konfigurationen, folglich auch Reklamationen vermieden und die Kundenzufriedenheit gesteigert.

Preis-Kalkulationstools sind Anwendungen, ob in CRM- oder ERP-Systemen integriert, die den Vorgang der Preiskalkulation standardisieren und vereinheitlichen, sodass Sie Ihre Margen und folglich auch die Profitabilität besser steuern können. Solche Tools können sehr komplexe und spezifische Kundenkonditionen und Rabattierungen berücksichtigen.

Up- und Cross-Selling Tools entdecken während des Kaufprozesses Potenzial für Zusatzkäufe und animieren Kunden dazu, mehr von Ihnen zu kaufen. Dies machen sie nach dem Prinzip: Kunden die A kaufen, können auch B oder C benötigen. Darüber hinaus gibt es Tools, die diese Hinweise dem Vertrieb unterbreiten, manche sogar in Echtzeit während des Kundentelefonats. Auch hier ist KI am Werken: Algorithmen hören dem Gespräch zu, werten es aus und unterbreiten live passende Empfehlungen.

Opportunity-Support-Anwendungen unterstützen Vertriebsmitarbeiter mit aktiven Empfehlungen für Geschäftsvorgänge. In der Regel sind es in CRM integrierte KI-gesteuerte Systeme, die auf Basis von Daten vergangener Transaktionen mit diesem einen Kunden oder anderer ähnlichen Transaktionen Empfehlungen unterbrieten, um die Abschlusswahrscheinlichkeit dieser Opportunity zu erhöhen, beispielsweise Preis- oder Konditionsempfehlungen. Darüber hinaus können sie den optimalen Zeitpunkt und den besten Kommunikationskanal für die Nachfassung erkennen, sowie auch relevante Informationen empfehlen, die den Kunden bei seiner Entscheidung unterstützen und den Abschluss beschleunigen.

Kaufwahrscheinlichkeit von Deals kann von KI-gesteuerten Tools anhand des Verhaltens und der Interaktionen von Kunden errechnet werden. Zudem geben diese Tools konkrete Anweisungen dem Vertrieb, um die Opportunity zu steuern und den Kaufabschluss zu fördern.

Dynamische Preismodelle kalkulieren individuelle Preise für die jeweilige Abfrage und berücksichtigen – neben den klassischen Kosten und Margen – mehrere Faktoren, wie den Zeitpunkt der Abfrage (Uhrzeit und Wochentag), der Standort, das verwendete Gerät (PC oder Mobiltelefon), die Häufigkeit der Preisabfrage und bis zu dem Wetter. Diese Systeme errechnen im Endeffekt einen für den Kunden individuellen Preis, den dieser bereit ist, zu zahlen.

Competition-Price-Monitoring Tools beobachten die Preise Ihrer Wettbewerber, ob auf den Marktplätzen, wie Idealo und Geizhals, oder direkt in den Webshops der jeweiligen Anbieter. Basicrend darauf können Sie Ihre Preisstrategie ausrichten, bzw. das System kann dies bei der Preiskalkulation automatisch mitberücksichtigen.

E-Commerce-Plattformen und -Online Shops automatisieren gesamte Verkaufs-zyklen, sodass keine Interaktion mehr mit dem Vertrieb notwendig ist. Kunde kauft selbstständig online und der Vertrieb kann sich auf die Kunden konzentrieren, die Unter-stützung im Kaufprozess benötigen, anstatt Aufträge abzuwickeln.

Marktplätze bieten Zugang zu mehr Kunden. Die bekanntesten hier sind Amazon und E-Bay. Mit einem Auftritt dort können Sie Zugang zu viel mehr Kunden bekommen als es Ihnen „von allein" möglich wäre, aber natürlich nur zu den von den Giganten bestimmten Konditionen. Inzwischen entstehen mehrere Nischen-Marktplätze, wo kleinere, lokale Anbieter sich zusammenschließen, um sich gegenseitig zu stärken. Das Aufkommen robuster Cloud-Software und von Subscription-Modellen macht es möglich, sich mit größeren Marktplätzen, sogar Amazon, zu messen.

White Label Shops sind Vertriebspartner-Portale, die in der Regel von den Herstellern ihren Händlern bereitgestellt werden. Diese Onlineshops sind vom Hersteller betrieben und mit der Marke des Vertriebspartners gebrandet. Sie greifen für gewöhnlich auf das Lager des Herstellers zu, stellen aber die von dem Vertriebspartner kalkulierten Preise dar. Davon profitieren beide Seiten: Vertriebspartner können ein größeres Produkt-portfolio anbieten, ohne in die Lagerhaltung investieren zu müssen, und Hersteller können mehr verkaufen.

Kundenportale bieten Ihren Kunden einen zentralen Zugang zu den für sie relevanten individuellen Unternehmensinformationen, wie Richtlinien, Rechnungen, Lieferungen, Bestellungen und Zahlungen. Darüber hinaus kann ein Kundenportal einen zusätzlichen Vertriebskanal bieten, sofern eine Bestellfunktionalität darin integriert wird. Er ist rund um die Uhr und an 365 Tagen im Jahr für Ihre Kunden zugänglich und unterstützt den „Selbstbedienungstrend". Kundenportale sind ein großes Thema für den B2B-Segment für die kommenden Jahre.

Digital Signage sind digitale Anzeigen, die eine zusätzliche Verkaufsfläche bieten, wo Kunden unterschiedliche Optionen – digital – in Ruhe ausprobieren können. Sie können beliebige Inhalte übertragen und können so das Produktangebot erweitern oder besser erklärbar machen, Beispiel bei den unübersichtlichen Telefontarifen.

Digitale Verkaufsmedien wie Demo Tools und Vorführung-Apps unterstützen den Verkaufsprozess indem sie ein visuelles Element hinzufügen, und erleichtern es somit dem Kunden, sich die zukünftige Lösung vorzustellen und sie auch auszuprobieren. Sie sind auch für den Vertriebsmitarbeiter eine große Stütze bei der Präsentation und der Vorführung von Lösungen und Angebotsvorstellungen.

3D-Visualisierung, AR- und VR-Anwendungen ermöglichen es den Kunden, sich die zukünftige Lösung besser vorzustellen, ob mit der Erweiterung der Realität oder sogar in dem sie den Kunden in die zukünftige Realität versetzten. Damit erleichtern sie ihnen die Entscheidungsfindung und beschleunigen den Kaufprozess. Siehe mehr in Abschn. 4.1.1, 4.1.9 und 4.1.10.

Chatbots und virtuelle Assistenten können selbstständig mit Ihren Kunden kommunizieren: Fragen beantworten, Auskünfte geben, Produkte empfehlen, Preise angeben und Bestellungen annehmen. Sie können ganze Teile des Vertriebsprozesses selbstständig übernehmen und die Vertriebsmitarbeiter bei Bedarf involvieren. Mehr dazu in Abschn. 4.1.8.

Mobile Anwendungen bieten eine hervorragende Möglichkeit für mehr Umsatz: Ob über Apps, mobil-optimierte Onlineshops, Messenger-Anwendungen oder Chatbots. Auf die Evaluierung solcher Anwendungen darf heute in einer Vertriebsorganisation nicht verzichtet werden. Siehe Abschn. 4.1.14.

4.2.3   Bestellung und Auftragsabwicklung

Im Prozess der Auftragsbearbeitung können Unternehmen durch Einsatz von Technologie viel administrativen Aufwand reduzieren, Effizienz im Prozess steigern und Vertriebsressourcen einsparen, wodurch sich die Auftragsmanagement-Kosten gezielt steuern lassen. Darüber hinaus können Prozesse in Echtzeit überwacht und wichtige Leistungskennzahlen (KPIs) laufend kontrolliert werden.

Heutzutage können Bestellungen persönlich, per Telefon, Kundeportale, Onlineshops, Messenger, Apps, EDI-Systeme, E-Mail, Chatbots, soziale Medien oder immer noch per Fax eingehen. Außerdem gibt es eine Vielzahl von Möglichkeiten, Produkte abzuholen und zurückzugeben. Dabei muss das Kundenerlebnis in seiner Qualität gleichbleibend sein, unabhängig davon wie, wo und wann Kunden kaufen. Moderne Kunden haben sich daran gewöhnt, den Fortschritt ihrer Bestellungen im Blick zu haben, wodurch ein nahtloser, einfacher und effizienter Prozess in der Auftragsverwaltung immer wichtiger wird. Diese Transparenz können Unternehmen nur bieten, wenn sie integrierte Systeme zur

Auftragsabwicklung und -verwaltung verwenden. So nimmt die Wichtigkeit der Technologie im Prozess der Bestellerfassung und -bearbeitung ständig zu, wodurch sich auch
die Bandbreite an Anwendungen ständig erweitert:

EDI-Anbindungen ermöglichen eine gänzliche Automatisierung der Bestellerfassung,
der Preis-Übermittlung, des Lieferschein- und Rechnungsaustausches zwischen den
Systemen: Des eigenen Unternehmens und der Kunden. So müssen die Vertriebsmitarbeiter keine Bestellungen mehr im System erfassen, sowie auch keine Auftragsbestätigungen und Rechnungen schicken und nicht einmal Angebote stellen, denn die
Preise werden automatisch in das ERP System des Kunden übermittelt. Auch auf der
Kundenseite wird viel Aufwand eliminiert: Der Kunde muss keine Aufträge mehr aus-
drucken und übermitteln, es reicht die Erfassung einer Einkaufsbestellung in seinem
System. All die notwendigen Daten werden automatisch übertragen.

E-Commerce Systeme und Kundenportale übertragen in der Regel die Bestellungen
direkt in das ERP-System, wo sie automatisch und ohne Interaktion des Vertriebs
bearbeitet werden.

Chatbots und Virtuelle Assistenten nehmen eigenständig Bestellungen auf, ob über
die Webseite, mobile Applikationen oder soziale Netzwerke. Inzwischen gibt es auch
virtuelle Assistenten, die mit einer intuitiven, dialogorientierten Navigation Bestellungen
von Kunden in natürlicher Sprache erfassen, ob über Smart Speaker oder per Telefon.
Immer öfters werden diese Applikationen in sozialen Plattformen integriert, sodass
Kunden ihre Lieblingsplattformen nicht mehr verlassen müssen und direkt dort ihre
Bestellung platzieren können. Siehe mehr in Abschn. 4.1.8.

Mobile Bestell-Apps verbessern die Kundenerfahrung, denn sie unterscheiden sich von
den sogenannten responsive mobilen Webseiten dadurch, dass sich auf den Mobiltelefonen installiert werden und dadurch mehrere Funktionalitäten anbieten können, weil
sie das Telefon durch die Nutzung von Kamera, Mikrofon, GPS, Sicherheitsmechanis-
men und mehr einbinden können. Viele Menschen im B2B-Bereich arbeiten aus der
Ferne, sei es bei der Leitung eines Teams, auf einer Baustelle oder bei der Reparatur von
Geräten vor Ort. Für anspruchsvolle Benutzer, die erwarten, komplexe Aufgaben direkt
von ihrem Mobilgerät aus erledigen zu können, reicht die bloße Reaktionsfähigkeit nicht
mehr aus. Gleichzeitig verbringen Einkäufer mehr Zeit mit der Arbeit an ihren mobilen
Geräten, was eine voll funktionsfähige mobile Erfahrung für jedes B2B-E-Commerce-
System noch wichtiger macht.

Anbindungen an Lieferanten und Spediteure bieten eine sinnvolle Ergänzung im
Bestellprozess und verbessern das Kundenerlebnis, indem sie Kunden über den Verlauf

ihrer Bestellung auf dem Laufenden halten, von den automatischen Benachrichtigungen über den Versandverlauf und bis zu der Möglichkeit, die Zustellung selbst zu steuern und den passenden Zeitpunkt samt Abladeort für die Lieferung auszusuchen.

Zahlungs-Systeme gibt es inzwischen in allen Ausprägungen. E-Payment-Lösungen werden primär im B2C-Segment eingesetzt und bieten eine Bandbreite an Zahlungsmöglichkeiten für Endkunden und verwalten gleichzeitig den Geldfluss für die Anbieter. Speziell für den B2B-Segment entwickelte Lösungen berücksichtigen B2B-relevante Faktoren, wie Kundenkredit, offene Rechnungen, Zahlungsmoral und Auftragsstand.

Rücksendungen gehören heute zum Alltag. Die meisten Unternehmen haben eigene Rückgaberichtlinien, die sie natürlich auch einhalten müssen. Die Auftragsbearbeitungstechnologie erleichtert die Bearbeitung solcher Rücksendungen. Sie generiert Rücksendeformulare und Rücksendeanweisungen, informiert den Kunden darüber, wie er die Ware zurückschicken und wie er seine Gründe für die Rücksendung festhalten kann. Intern verbucht sie entsprechende Gutschriften und Kosten und sendet die Ergebnisse an die Buchhaltung weiter. In einigen Fällen kann das Unternehmen die Ware an seine Lieferanten zurückschicken oder es kann die Gründe für die Rückgabe untersuchen und Korrekturmaßnahmen ergreifen. All das wird in der Auftragsabwicklungssoftware erfasst und der Vertrieb kann auf diese Informationen zugreifen, wenn der Kunde weitere Probleme hat.

Dokumenten-Management-Systeme können den Zugang, die Verwaltung und den Austausch von etlichen Unterlagen erleichtern, sowohl intern als auch extern. Darüber hinaus können KI-gesteuerte Systeme in Kombination mit der OCR-Technologie die Inhalte aus den Unterlagen auslesen und relevante Systeme damit befüllen, wodurch viel administrativer Arbeit wegfällt.

E-Signature-Anwendungen ermöglichen das Signieren von allen möglichen Dokumenten und KI-gesteuerte CLS (Contract Lifecycle Management) Systeme können den gesamten Prozess eines Vertragsabschlusses abbilden: Von der Vertragsanbahnung über die -verhandlung, -vergabe, -einhaltung und -verlängerung, inklusive der Vertragsverwaltung.

Smart Contracts basieren auf der Blockchain-Technologie und unterstützen technisch die Konzeption, die Überprüfung, die Verhandlung und die Abwicklung von Verträgen und Vereinbarungen, ohne die Notwendigkeit Dritte – Mittelsmänner – zu involvieren. Diese Technologie reduziert erheblich den Zeitaufwand im Bereich der Vertragsverwaltung, weil Verträge so vorprogrammiert werden, sich selbst auszuführen und über die Blockchain selbst zu erzwingen.

4.2.4 Umsetzung

Die Umsetzungsphase ist nicht immer fixer Teil des Vertriebsprozesses. Je nach Branche und Geschäft wird diese Phase gänzlich wegfallen. Dennoch darf sie in dieser Übersicht nicht fehlen, denn insbesondere im Vertrieb von B2B-Lösungen und Produkten ist sie von hoher Relevanz und ein wichtiger Bestandteil des Vertriebsprozesses. Mit der Berücksichtigung des starken Trends der Co-Produkt- und Lösungsentwicklung mit und für Kunden wird die Umsetzung in naher Zukunft in vielen Bereichen zum festen Bestandteil des Vertriebsprozesses und nicht nur im Technikbereich angesiedelt. Denn Kunden wollen keine Standardprodukte mehr, sondern speziell auf ihre Bedürfnisse und Prozesse angepasste Lösungen, siehe Abschn. 1.1.1.

Die technologischen Möglichkeiten werden je nach Industrie-Besonderheiten variieren, je nachdem, ob Prototypen hergestellt werden und wie die Entwicklungsprozesse gestaltet sind. Die meisten dieser Technologien wurden bei der Betrachtung aus der Technologie-Perspektive in Abschn. 4.1 detailliert beschrieben, daher wird hier nur der Vollständigkeit halber kurz auf die jeweiligen Anwendungsmöglichkeiten im Prozess der Umsetzung einer schon verkauften Lösung eingegangen, um ihren Einsatz verständlicher darzustellen:

Virtual Reality erweckt Ihre Produkte und Anwendungen zum Leben und ermöglichen es Ihren Kunden, die Lösung wortwörtlich zu *erleben*. Insbesondere im Prozess der Entwicklung und Umsetzung einer komplexen und individuellen Kundenlösung kann diese Technologie die Qualität der Entwicklung erhöhen, Zweifel an der fertigen Lösung eliminieren und den gesamten Umsetzungsprozess stark verkürzen. Siehe mehr in Abschn. 4.1.10.

3D-Visualisierung macht Prototypen in all ihren Details sichtbar und verkürzt damit ebenfalls Entwicklungsprozesse bzw. ermöglicht das frühzeitige Entdecken von Fehlern in den Konstruktionen bzw. Unstimmigkeiten in der fertigen Lösung. Siehe mehr in Abschn. 4.1.1.

Auto-ID Lösungen ermöglichen die schnelle und effiziente Erfassung von etlichen Daten beim Kunden, die im Prozess der Lösungsausarbeitung notwendig sein können. Dabei werden Barcodes und QR-Codes ausgelesen, bzw. auch RFID Technologie genutzt. Somit werden die Analyse und die Auswertung von Daten schneller und leichter für die Planung und die Umsetzung der zukünftigen Lösungen genutzt.

Shy Tech beschreibt den Einsatz von hochtechnologischen Lösungen mit minimalistischem Design dank unsichtbarer Bedienfunktionen. Daher auch der Name der „schüchternen Technologie", weil sie im Hintergrund agiert und für den Anwender nicht sichtbar ist. Der Einsatz dieser Technologie kann im Prozess der gemeinsamen

Entwicklung von innovativen Lösungen mit Kunden vom großen Nutzen sein, denn sie stellen den Nutzer und die einfache Bedienbarkeit in den Vordergrund, anstatt der Technik selbst.

Cloud-Lösungen und Collaboration-Plattformen sind im Prozess der gemeinsamen Produktentwicklung ebenfalls von hoher Relevanz, denn damit werden Vorgänge der Kommunikation und Informationsaustausches vereinfacht und beschleunigt, was auch zu kürzeren Projektzeiten führt. Siehe mehr in Abschn. 4.1.6 und 4.1.12.

IoT und M2M Communication können den im Prozess einer Lösungsentwicklung möglicherweise notwendigen Datenaustausch zwischen diversen Maschinen abdecken. Siehe mehr in Abschn. 4.1.3.

3D-Druck und Rapid Prototyping verkürzen wesentlich Entwicklungsprozesse und ermöglichen auch die schnelle Produktion von kleineren Chargen oder spezifischen Produkten, ohne große Produktionsanlagen umstellen und umbauen zu müssen. Siehe mehr in Abschn. 4.1.2.

Augmented Reality kann den kreativen Design-Prozess einer Lösung maßgeblich unterstützen. Durch schnelle Visualisierung und kollaborative Prüfung von Konstruktionsalternativen wird eine neue Dimension in der Zusammenarbeit möglich, die in einer schnelleren und für den Kunden zufriedenstellenden Fertigstellung der Lösung resultiert. Siehe mehr in Abschn. 4.1.9.

4.2.5   Kundenentwicklung

Um langfristig erfolgreich zu sein, benötigt jede Vertriebsorganisation einen fundierten Kundenentwicklungsansatz. Denn Ziel ist es, dass Kunden wiederholt und mehr kaufen. Insbesondere im B2B-Bereich ist ein durchdachter Business Development Prozess für den bestehenden Kundenstamm von hoher Wichtigkeit, denn verkaufen an bestehende Kunden ist wesentlich kosteneffizienter als die Akquise von Neukunden. Darüber hinaus wird die Kundenbindung gesteigert und das Geschäft zukunftssicherer und planbarer gemacht. Die Technologie lässt uns auch hier nicht im Stich:

Up- und Cross-Selling Tools können selbstständig während oder unmittelbar nach dem Kauf Kunden auf passende Produkte hinweisen. Hier gibt es auch KI-gesteuerte Tools, die anhand vergangener Transaktionen neues potenzielles Geschäft identifizieren und Verkaufsmitarbeiter aktiv über diese Gelegenheiten informieren, manche sogar live während des Kundentelefonats.

Nachbestellungen können von Systemen entweder gänzlich automatisch ausgelöst werden oder Kunden können darauf hingewiesen werden, dass der Vorrat zu Ende geht und die Ware nachbestellt werden soll. Solche Systeme messen automatisch den Verbrauch (Beispiel bei Druckerpatronen oder Pelletheizungen) oder rechnen den Verbrach kalkulatorisch aus (Beispiel Tierfutter) und können die Bestellung sogar selbstständig auslösen. In der Regel ist hier eine Kombination an unterschiedlichen Technologien im Einsatz: M2M, RFID, KI, etc.

Customer-Churn-Prediction-Anwendungen können das Risiko der Kundenabwanderung minimieren. Hier ist in der Regel KI-Technologie am Werken, die die sinkenden Einkaufsvolumina rechtzeitig identifiziert und Verkäufer über einen Handlungsbedarf alarmiert.

Personalisierte Empfehlungen kennen wir alle von Netflix oder Amazon, die uns dazu motivieren, mehr zu konsumieren bzw. zu kaufen. Auch hier sind es die KI-Algorithmen, die das Verhalten der Kunden analysiert und ihnen individuelle Angebote, passend zu ihren Vorlieben, unterbreitet. Damit wird die Kundenerfahrung verbessert, folglich auch die Kundenbindung und die Umsätze gesteigert.

Kundenportale und After-Sales Tools erleichtern es Ihren Kunden, Ihre Produkte nach dem Kauf richtig anzuwenden und bieten Zugang zu für Kunden wertvollen Informationen. Sie bieten außerdem einen bequemen Kommunikationskanal und auch wertvolle Einsichten in das Kundenverhalten bzw. in die Erfahrungen Ihrer Kunden mit Ihren Produkten. Darüber hinaus können sie einen interessanten Vertriebskanal darstellen.

Online-Meetings und Webinare können für effiziente und kostengünstige Schulungen für Kunden eingesetzt werden.

Collaboration Tools sind im B2B-Geschäft eine gute Möglichkeit, die Kundenbeziehung zu stärken, vor allem wenn in der Projekt-Betreuung viel Kommunikationsbedarf entsteht und viele Unterlagen und Informationen ausgetauscht werden. Siehe Abschn. 4.1.6.

Design-Thinking-Anwendungen helfen Ihnen dabei, neue Projekte mit Kunden zu entwickeln und umzusetzen, wobei individuelle Lösungen, die an die Bedürfnisse ihrer Kunden angepasst sind, entwickelt werden.

Account Based Marketing ermöglicht es Ihnen, speziell auf Schlüsselkunden zugeschnittene Marketingkommunikation zu gestalten und dadurch eine koordinierte Ansprache des gesamten Buying Centers zu konzipieren. Siehe mehr unter Abschn. 4.3.10.

Bewertungs- und Kundenumfrage-Tools und Testimonials steigern die Kundenbindung und die Kundenloyalität und generieren in Folge auch mehr Umsätze.

Subscription Technology bietet Ihnen die Möglichkeit, ein Vertriebsmodell abzubilden, das auf wiederkehrenden Einnahmen basiert und die gesamte Abwicklung von
Zahlungen unterstützt.

4.2.6 Kundenkommunikation

Die Kundenkommunikation ist eines der Dinge, die sich am meisten in den letzten
Jahren verändert hat und sie wird sich noch weiter verändern. Wie schnell das gehen
kann, hat uns die Pandemie demonstriert. Heutzutage nutzen wir neben der altbekannten
E-Mails eine Bandbreite an weiteren digitalen Kommunikationsmedien: Messenger,
Chatbots, Virtuelle Assistenten, Video, Online-Meetings, Apps, Soziale Netzwerke, die
auch im Vertrieb zunehmend wichtiger werden. Es kommt immer öfters vor, dass man
mit Kunden über den LinkedIn Chat als über E-Mail kommuniziert. Vor allem jüngere
Generationen ziehen diese Art der Kommunikation den traditionellen Kanälen wie
Telefon und E-Mail vor. LinkedIn, Instagram, Twitter, Pinterest und Facebook sind
gekommen, um zu bleiben und etablieren sich als alltägliche Kommunikationskanäle im
Vertrieb. Auch im B2B-Bereich nicht mehr wegzudenken.
   Moderne Kunden erwarten Kommunikation in Echtzeit. 90 % der Kunden bewerten
eine „sofortige" Antwort als wichtig oder sehr wichtig, wenn sie eine Frage an den
Kundenservice haben. Für 60 % der Kunden bedeutet „sofort" eine Antwort unter
10 min. (Hubspot Research 2018). Auch im B2B-Vertrieb kennen wir nur allzu gut die
Situation, wenn zehn Minuten nach dem Eingang einer E-Mail der Anruf folgt: *Haben
Sie schon meine E-Mail gesehen?* Um dieser Erwartung gerecht zu werden, müssen Vertriebsorganisationen unterschiedliche technologische Kommunikationsmöglichkeiten
ihren Kunden zur Verfügung stellen. Darüber hinaus müssen Unternehmen sich die Frage
stellen, wie sie in einer lebendigen Verbindung mit ihren Kunden bleiben, am besten bi-
direktional und nicht nur one-way.

KI-Chatbots und virtuelle Assistenten kommunizieren mit Ihren Kunden rund um die
Uhr. Nämlich dann, wenn der Kunde es will und nicht dann, wenn die Vertriebsabteilung
besetzt ist. Darüber hinaus können sie auch in der vom Kunden präferierten Sprache
kommunizieren. Siehe Abschn. 4.1.8.

Messenger- und Chat-Applikationen bieten Kunden nicht nur einen bequemen Weg
der Kommunikation, denn viele Kunden chatten heute lieber, als E-Mails zu schreiben,
Tendenz steigend.

Soziale Netzwerke ermöglichen neuartige Interaktionen und Diskussionen mit Kunden. Damit lassen sich ihre Emotionen, Stimmungen und die allgemeine Wahrnehmung der Marke gegenüber in Echtzeit überwachen und das Unternehmen kann schneller Veränderungen erkennen und darauf reagieren. Studien zeigen, dass Konsumenten dazu geneigt sind, von denjenigen Anbietern zu kaufen, mit denen sie positive Erfahrungen auf den sozialen Medien machen. Siehe Abschn. 4.1.13.

SMS-Tools ermöglichen es Ihnen, Kunden über bestimmte Vorgänge auf dem Laufenden zu halten, Beispielsweise über den Stand ihrer Bestellung.

Video-Marketingkommunikation entwickelt sich zu einem der wichtigsten Kommunikationskanäle für Unternehmen. Denn Video-Inhalte sind heute die am meisten konsumierte Form digitaler Medien. Kunden bevorzugen es, Informationen über Videos zu erhalten, im Gegensatz zu traditionellen Text- oder Bilder-Inhalten, wodurch Video-Marketing stark an Wichtigkeit gewinnt und fester Bestandteil der Unternehmenskommunikation sein soll. Siehe Abschn. 4.1.5.

Videokonferenzen und Online-Meetings sind nach der Pandemie im B2B-Vertrieb nicht mehr wegzudenken. Neben der Bequemlichkeit, spart diese Technologie Reisekosten und Zeit im Vertrieb und wird vielen Studien zufolge ihren festen Platz in der Alltagskommunikation im B2B-Bereich für immer behalten. Siehe Abschn. 4.1.5.

Webinare haben während der Pandemie einen richtigen Aufschwung erlebt und wurden auch oft überstrapaziert. Dennoch werden sie auch in der Zukunft nicht mehr wegzudenken sein und bieten eine günstige und effiziente Möglichkeit, mit Kunden zu kommunizieren. Die Durchführung von virtuelle Präsentationen, Produktvorstellungen oder Fachvorträgen über Webinar-Plattformen sind insbesondere im B2B-Bereich sinnvoll.

Newsletter ist der Klassiker in der Kundenkommunikation und auch hier bringen moderne Technologien eine neue Dimension hinein, die höchstpersonalisierte Kommunikation an und mit Kunden ermöglicht und hoffentlich bald den wenig wirksamen Massen-Mails ein Ende setzt.

Sales Enablement Tools bieten dem Vertrieb einen neuen Weg, mit Kunden im B2B-Segment zu kommunizieren, Unterlagen und wichtige Informationen auszutauschen. Siehe dazu Abschn. 4.3.3.

VoIP (Voice over IP) Telefonanlagen nehmen den Vertriebsmitarbeitern kleine, sich wiederholende und mühsame Aufgaben ab, wie das Wählen einer Nummer. Darüber hinaus lassen sich damit Anrufkampagnen mit Anruflisten einrichten, womit automatisch der nächste Kunde angewählt wird, sobald das vorherige Gespräch beendet wurde. Über die Überwachung der Qualität im Kundenservice und bis zur effizienten Steuerung der Aktivitäten im Telefonsupport bringt diese Technologie mehr Effizienz in den Kundenkommunikationsprozessen.

Podcasts haben auch während der Pandemie einen Aufschwung erlebt und sind ein toller Kommunikationskanal mit bestehenden und potenziellen Kunden.

Foren und Kundenplattformen bieten ihren Kunden eine Plattform für den gegenseitigen Austausch, wo sie voneinander lernen und sich gegenseitig unterstützen können. Es entsteht eine Community, die Ihren Kunden einen Zusatzmehrwert bietet, mit einem angenehmen Nebeneffekt, Kosten und Aufwand im Kundensupport zu reduzieren.

Kollaborationsanwendungen unterstützen nicht nur After-Sales-Prozesse, sondern sind ein tolles Werkzeug um mit Kunden zu interagieren und Projekte zu steuern. Siehe Abschn. 4.1.6.

Kundenfeedback- und Umfrage-Systeme machen es einfacher denn je, Kundenfeedback zu sammeln. Anstatt endlose Formulare auszuwerten, bekommen Sie sofortige Einsicht in Datenanalysen, sodass Sie sinnvolle Entscheidungen zur Steigerung der Kundenzufriedenheit treffen können. Außerdem erleichtern sie es auch Ihren Kunden, ihre Meinung zu äußern, indem sie den Prozess der Kundenzufriedenheitsmessung für den Kunden bequem und einfach gestalten.

4.2.7 Positionierung im digitalen Raum

Positionierung im digitalen Raum ist einer der besonders wichtigen Elemente des modernen Vertriebs. Oft wird sie in die Marketingabteilung „ausgelagert" und man betrachtet sie als eine „Marketing-Sache". In der Organisation der Zukunft gibt es keine Trennung zwischen Marketing und Verkauf mehr, denn wie dargestellt, lassen sich die Tätigkeiten nicht mehr klar trennen. Richtig organisiert, dient alles einem Zweck und die Prozesse sind abgestimmt (s. Abschn. 3.6).

Eine Website bzw. eine **mobile Website** ist heutzutage eine Voraussetzung und wird hoffentlich nicht mehr hinsichtlich ihrer Relevanz hinterfragt. So ist es verwunderlich, dass es auch im Jahr 2021 noch etliche Webseiten gibt, die immer noch so aufgebaut sind wie vor 20 Jahren und für die Nutzung auf Mobiltelefonen nicht optimiert sind. Nichts geht heute leichter, als eine moderne und kundenorientierte Webseite aufzubauen. Dafür benötigt man nicht einmal eine Agentur, denn es gibt inzwischen KI-unterstützte Systeme, die in wenigen Minuten das genau passende Design samt Inhaltsvorschlägen für Ihr Geschäft konzipieren. Eine Webseite ist heute nicht starr. Sie wird nicht einmal erstellt und ist fertig, sondern muss leben, um für Kunden und auch für Suchmaschinen Relevanz zu bieten.

Suchmaschinen-Auffindbarkeit ist wohl die zweite Voraussetzung, aber es gibt Unternehmen, die noch nicht einmal per Namenssuche auffindbar sind. Durchdachte SEO-Strategien sind heute einfach ein Muss für jedes Unternehmen, wenn es von Kunden gefunden werden will (s. Abschn. 3.5.1).

Maps, ob Google oder Bing, gehören ebenfalls zu den Pflicht-Präsenzen im digitalen Raum. Denn Kunden suchen nach Angeboten in der Nähe ihres Aufenthaltsortes bzw. empfinden es als zu mühsam, Adressen einzugeben. Stattdessen suchen sie nach Firmennamen bzw. Suchbegriffen.

Plattformen, die für Ihre Zielgruppe relevant sind, dürfen bei der Erarbeitung einer Positionierungsstrategie nicht übersehen werden, denn damit wird die Wahrscheinlichkeit erhöht, dass Kunden Sie finden (s. Abschn. 3.5.2).

Soziale Netzwerke haben sich zu wichtigen Vertriebs- und Akquisekanälen entwickelt. Eine stimmige Präsenz auf den für Ihr Geschäft relevanten Plattformen ist nicht nur für das Unternehmen notwendig, sondern auch für die einzelnen Vertriebsmitarbeiter. Denn Kunden informieren sich nicht nur über das Unternehmen, sondern auch über die jeweiligen Kontaktpersonen und bilden sich zuerst eine Meinung über Sie, bevor sie entscheiden, ob sie mit Ihnen überhaupt interagieren wollen (s. Abschn. 3.5.3 und 4.1.13).

Vergleichsportale, sofern sie für Ihr Geschäft relevant sind, gehören ebenfalls zu einer durchdachten digitalen Präsenz. Denken Sie hier auch an branchenspezifische Influencer-Portale, die insbesondere im Technologiebereich bei der Entscheidungsfindung der Kunden eine große Rolle spielen.

Kundenbewertungssysteme beeinflussen die Entscheidung von Kunden und sind eine ausgezeichnete Möglichkeit, sich als hochqualitativer Anbieter zu positionieren und die eigenen Produkte und Dienstleistungen in den Augen potenzieller Kunden aufzuwerten.

Video-Plattformen YouTube hat sich zu einer der mächtigsten Suchmaschinen entwickelt, denn Kunden konsumieren vermehrt Videoinhalte. So macht es Sinn, auch hier für eine stimmige Präsenz mit relevanten Inhalten zu sorgen. Darüber hinaus entwickelt sich die Video-Suche zu einem wichtigen SEO-Element.

Marktplätze können branchenspezifisch ebenfalls sinnvoll sein, denn sie werden in der Regel von den Suchmaschinen besser bewertet, und damit können Sie für eine bessere Auffindbarkeit sorgen.

Shopping-Suche ist für Retailer und Anbieter im Konsumentenbereich ebenfalls ein wichtiger Präsenzkanal geworden, Stichwort Google-Shopping.

Visual-Search/Bild-Suche bietet eine weitere Möglichkeit, um sich im digitalen Raum auffindbar zu machen. Denn die Suche mithilfe von Bildern gewinnt mehr und mehr an Popularität, insbesondere bei den jüngeren Generationen. 62 % der Generation Z und Millennials wünschen sich visuelle Suchfunktionen mehr als jede andere neue Technologie (ViSenze 2018).

Voice-Search re-definiert die SEO-Regeln, und während Sie womöglich noch abwarten, werden Alexa, Google und Siri Ihre Kunden zu Ihren Konkurrenten schicken, weil die Suchassistenten nicht wissen, dass Ihr Unternehmen existiert. Auch hier haben wir allfällige Trends, die die Wichtigkeit der Voice-Suche unterstreichen. Infolgedessen wird sich die Art und Weise, wie Unternehmer ihre Websites optimieren, ändern müssen. Auch hier sollten wir den Giganten nicht den Vortritt bieten.

Online-Events und digitale Messen stehen spätestens seit der COVID-19 Krise an der Tagesordnung und haben ihre Wirksamkeit bewiesen. Hier sollte man diverse Optionen als Aussteller evaluieren und auch die Organisation eigener Events in Betracht ziehen, denn die Teilnahme- und Organisationskosten stehen in keinerlei Relation zu den klassischen Messeformaten und bieten unter Umständen mehr Output für weniger Geld.

4.2.8   Vertriebseffizienz

Zu guter Letzt darf man die technologischen Möglichkeiten der Steigerung der Vertriebseffizienz nicht außer Acht lassen. Denn jede Minute administrativer Tätigkeit, die von der Technologie eingespart wird, ist eine wertvolle Minute, die der Kundeninteraktion gewidmet werden kann. Der Vertrieb erstickt in Routineaufgaben, im Suchen nach notwendigen Informationen und in der Organisation von Vertriebsaktivitäten. Dadurch sind die Kundenaktivitäten oft reaktiver Natur, anstatt strategisch und zielgerichtet, was am Ende in einer nicht zufriedenstellenden Vertriebsleistung resultiert. In der modernen Welt muss das nicht mehr sein, denn Technologie kann viele Aufgaben erleichtern und dem Vertrieb sogar Arbeit gänzlich abnehmen:

CRM-Systeme gehören zu den wichtigsten Werkzeugen im Vertrieb, denn sie zentralisieren und koordinieren alle Kundenaktivitäten und -informationen, sodass jederzeit und von überall auf wichtige Informationen zugegriffen wird. Jeder ist auf dem aktuellsten Stand, und die Vertriebsmitarbeiter wissen immer, was Priorität hat. Moderne CRM-Systeme nehmen dem Vertrieb viel administrativer Arbeit ab, insbesondere in der Datenerfassung: Die richtigen Informationen werden an richtiger Stelle abgelegt, Daten vervollständigt, Anrufe transkribiert etc. All die mühsame Datenerfassung hat sich erledigt. Kurzum gesagt, die CRM Systeme von heute sind keine Beschäftigungssysteme mehr, die wie früher eine umständliche Eingabe von Daten erforderten, sondern bringen sehr viel Effizienz in den Vertriebsalltag hinein (s. Abschn. 4.3.1).

E-Mail Management Tools entlasten den Vertrieb und steigern die Qualität der Kundenkommunikation. Sie helfen beim Sortieren, Organisieren und Beantworten großer Mengen eingehender Kunden-E-Mails. Schätzungen zufolge verschwenden wir rund vier Stunden pro Tag für das Abrufen von E-Mails. Das sind mehr als zwei Tage pro Woche, die für diese Tätigkeit verloren gehen und die uns eine gute E-Mail-Management-Software wieder „schenken" kann.

E-Mail-Automatisierungstools senden zeit- oder aktionsgesteuerte E-Mails mit relevanten Informationen an Leads oder Kunden. Ob es ein ausgelöster Workflow ist, der hilft, mit neuen Leads in Kontakt zu bleiben, oder um Autoresponder, die persönliche Geburtstagswünsche oder Weihnachtsgrüße, oder automatisierte Blog-Updates senden: Sie erhöhen Ihre Sichtbarkeit und Präsenz für Kunden.

Sales Force Automation (SFA) Tools entlasten Vertriebsmitarbeiter von der manuellen Erledigung zeitaufwendiger und repetitiver Aufgaben, indem sie Tätigkeiten im Vertrieb automatisieren (s. Abschn. 4.3.4).

Mobile-Working-Systeme ermöglichen es, zeit- und ortsunabhängig zu arbeiten und für Kunden erreichbar zu sein bzw. bieten Zugang zu relevanten Informationen außerhalb des Bürotischs. Denn Flexibilität und mobile Erreichbarkeit von Vertriebsmitarbeitern sind heutzutage eine wichtige Erfolgsvoraussetzung (s. Abschn. 4.1.14).

Mobile Datenerfassungssysteme und -technologien haben mittlerweile in den meisten Branchen Einzug genommen, mit steigender Tendenz. Auch im Vertrieb sind sie relevant, insbesondere im Außendienst, wo sie durch mobile Lösungen eine bessere Organisation sowie die Planung anfallender Aufgaben bieten. Mobile Datenerfassungsgeräte ermöglichen auch durch die Nutzung spezieller Apps die flexible und unkomplizierte Gestaltung von Arbeitsabläufen, die zur Steigerung der Kundenzufriedenheit beitragen (s. Abschn. 4.1.14).

E-Mail- und Telefon-Integrationssysteme verbinden die wichtigsten Werkzeuge im Vertrieb: Telefonie, E-Mail System und CRM und ermöglichen dadurch eine automatische bi-direktionale Synchronisation aller E-Mails in allen Bereichen: Vertrieb, Marketing und Service. Mitarbeiter können in ihrer gewohnten Umgebung arbeiten, wie beispielsweise Outlook, und die relevanten Vorgänge und Unterlagen werden automatisch an richtigen Orten im CRM erfasst, sodass eine nahtlose Nachverfolgung der Kundenaktivitäten für alle Beteiligten möglich ist. Dadurch wird die Kundenbetreuung massiv erleichtert, bei gleichzeitiger Steigerung der Servicequalität und folglich auch der Kundenzufriedenheit.

Sharepoints bieten zentralisierten Zugang zu den aktuellsten vertriebsrelevanten Informationen, womit sichergestellt wird, dass alle Mitarbeiter mit aktuellsten Unterlagen arbeiten.

Cloud-Plattformen, Collaboration-Anwendungen und Intranet erleichtern die Zusammenarbeit innerhalb der Organisation, zwischen den Mitarbeitern und mehreren Abteilungen, mit dem übergreifenden Ziel, die Effizienz in internen Abläufen zu steigern und die Kundenerfahrung zu verbessern (s. Abschn. 4.1.12).

Sales Acceleration Tools haben sich zum Ziel gesetzt, Verkaufszyklen zu verkürzen und die Produktivität im Vertrieb zu steigern, wodurch mehr Geschäft in kürzerer Zeit generiert wird. Darunter finden sich eine Unmenge an Anwendungen, die viele Teilbereiche im Vertrieb abdecken (s. Abschn. 4.3.2.)

4.2.9 Vertriebssteuerung

Vorbei sind die Zeiten der Cowboy-Verkäufer, in denen jeder Verkäufer auf eigene Faust agierte. Der Vertrieb kann heute nur mit einer guten Vertriebssteuerung funktionieren. Der Erfolg im Vertrieb basiert zukünftig auf Datennutzung, der Einhaltung von Standards und der Wirksamkeit von Strukturen und wird weniger von einzelnen Personen abhängig und stattdessen auf der Qualität der Vertriebsstrategien und -ansätze beruhen. Ein gemeinsames Erfolgsmodell, das von allen Beteiligten vertreten wird, ist eine Grundvoraussetzung für den Vertriebserfolg. Und auch hier kommt die Technologie uns zu Gute. Sie macht es möglich, ein Vertriebsteam zu vereinheitlichen und Prozesse zu standardisieren, zu überwachen und zu steuern. Sie bietet Vertriebsverantwortlichen eine Klaviatur an Werkzeugen, um den Vertrieb noch wirksamer zu steuern und strategisch orientiert zu führen:

Big-Data-Technologie steht an einer der ersten Stellen in diesem Zusammenhang, denn der Vertrieb wird mehr und mehr datengetrieben. Es stehen uns heute Unmengen an vertriebsspezifischen Daten zur Verfügung, ob im eigenen Unternehmen (Umsatzdaten, Profitabilität, Kaufverhalten, E-Commerce-Daten, Analytics etc.) oder außerhalb (Soziale Netzwerke, Plattformen, Internet, Statistiken etc.). Daten sind das zukünftige Gold der Vertriebsorganisationen, und die Verwaltung, die Analyse und die Auswertung dieser Daten werden zu einem kritischen Teil des Vertriebsprozesses. Big-Data-Technologie kann diese Unmengen an Daten bereinigen, strukturieren und integrieren. Dabei verarbeitet sie nicht nur historische Daten, sondern auch Real-time-Datenquellen (s. Abschn. 4.1.11).

Business Intelligence Tools zentralisieren diese Daten und machen sie „sichtbar" und „verdaulich". Dabei handelt es sich um Anwendungen, die große Datenströme importieren und daraus aussagekräftige Informationen generieren können, die auf den spezifischen Anwendungsfall oder das entsprechende Szenario hinweisen. Dabei werden speziell für Ihr Geschäft relevante Kennzahlen ausgewertet und überwacht.

Künstliche Intelligenz spielt in diesem Zusammenhang keine untergeordnete Rolle. Denn sie geht noch einen Schritt weiter und liefert uns einen sinnvollen Output aus den verarbeiteten Daten. Sie bietet relevante Erkenntnisse über das Verhalten von Kunden und Interessenten, entdeckt Trends, Entwicklungen und Optimierungspotenziale und bietet aussagekräftige Informationen über die Performance der gesamten Organisation und der Individuen. Darüber hinaus wird KI zukünftige Entwicklungen errechnen und faktenbasierte Prognosen ermöglichen, sodass Vertriebsverantwortliche ein besseres Entscheidungsfundament haben (Abschn. 4.1.7).

Analytics Tools bieten ebenfalls eine Unmenge an unterschiedlichen Daten-Analysemöglichkeiten, von der klassischen vergangenheitsbezogenen Umsatzauswertungen, den KI-gesteuerten Predictive Analytics, die Einblicke in die Zukunft bieten, und bis hin zu den Prescriptive Analytics, die Handlungsempfehlungen unterbreiten, um prognostizierten Entwicklungen entgegenzuwirken. Auch etliche Web-Analytics (zum Beispiel Google Analytics), die das Verhalten der Nutzer im Web (Webseiten, soziale Netzwerke) analysieren, zählen zu den vertriebsrelevanten Analytics Tools.

Kundenbedarfsermittlung und Potenzial-Analysen fallen ebenfalls in den Bereich der Analytics. Dabei handelt es sich um Anwendungen, die den Kundenbedarf ermitteln und sogar vorhersagen können. Zudem führen sie komplexe Potenzialanalysen durch, um neue Geschäftsmöglichkeiten zu ermitteln.

Demand und Forecast Planning Tools nutzen Predictive Analytics und versuchen, die Kundennachfrage zu verstehen und vorherzusagen, um Angebotsentscheidungen von Unternehmen zu optimieren. Darunter finden sich dynamische Planungsmodelle, die unzählige Faktoren in Echtzeit berücksichtigen, interner und externer Natur (s. Abschn. 4.1.11).

Vertriebssteuerungs- und Vertriebsmanagement-Tools gibt es in verschiedenen Formen. Es können kleinere Lösungen für kleine Unternehmen sein und es können komplexe Anwendungen sein, die ähnlich wie BI Tools funktionieren. In der Regel bieten alle Tools Einsichten in Vertriebszahlen und beinhalten klassische Funktionalitäten des Vertriebscontrollings.

Sales Team Analytics und Coaching Tools analysieren die Leistung der einzelnen Vertriebsmitarbeiter und ganzer Vertriebsteams und ermöglichen tiefe Einblicke in die Fähigkeiten und die Kompetenzen der gesamten Vertriebsorganisation. In der Regel sind es KI-gesteuerte Systeme, die die Interaktionen der Mitarbeiter mit Kunden analysieren und Verbesserungspotenziale sowie Weiterbildungsbedarf für ganze Teams und Individuen identifizieren.

4.3   Die Tool-Perspektive

Die dritte Perspektive beleuchtet die unterschiedlichen Typen und Arten von Vertriebstools und ihre Potenziale für den Vertrieb. Diese Tools lassen sich in unterschiedlichen Kategorien gruppieren: wie Sales Acceleraton Tools, Sales Automation, Sales Intelligence, Sales Analytics Tools und CRM (s. Abb. 4.4). Innerhalb der einzelnen Kategorien und der Anwendungen gibt es einige Überschneidungen, die sich aufgrund der jeweiligen Prozesse nicht so klar und leicht trennen lassen, daher werden sich auch hier gewisse inhaltliche Wiederholungen finden.

4.3.1   CRM

Heutzutage ist eine Vertriebsabteilung ohne ein Customer Relationship Management (CRM) System nicht mehr leistungsfähig. Auch wenn CRM-Systeme bei den Vertriebsmitarbeitern vergangenheitsbedingt unbeliebt sind, sind die modernen CRM-Anwendungen, und insbesondere die KI-gesteuerten Systeme, weit mehr als nur ein System zur Erfassung von Kundendaten. Sie können dem Vertrieb bei zahlreichen Aspekten der Vertriebstätigkeiten helfen, von der Kundenakquise bis hin zu Rechnungsstellung, Helpdesk, Dokumentenverwaltung und E-Mail-Marketing.

CRM-Systeme sind bei den Vertriebsmitarbeitern deswegen unbeliebt, weil sie mit Aufwand und mühsamer Datenerfassung verbunden werden. Das war einmal vor langer Zeit. Moderne CRM-Systeme sind keine Last mehr für Vertriebsmitarbeiter, sondern können die Effizienz und die Wirksamkeit im Vertrieb drastisch steigern und Menschen

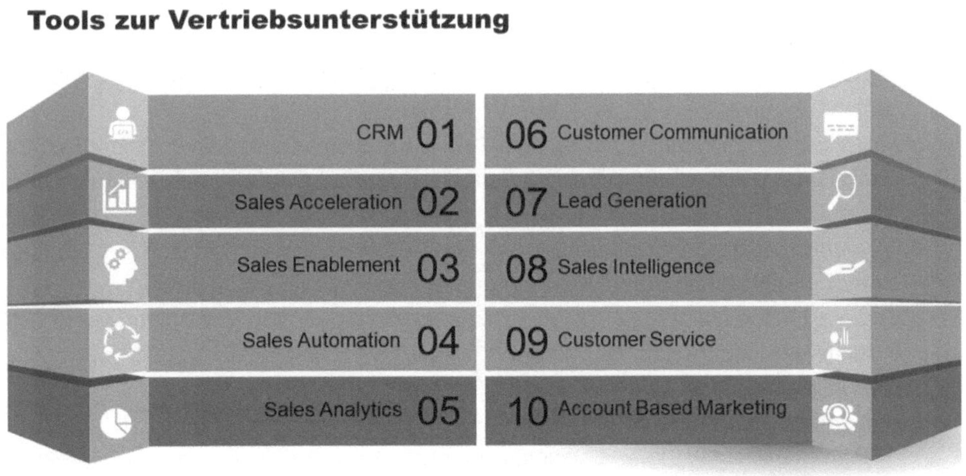

Tools zur Vertriebsunterstützung

Abb. 4.4 Tools zur Vertriebsunterstützung

im Vertrieb den Job wesentlich erleichtern, wodurch sie zunehmend an Akzeptanz gewinnen. Sie verwalten nicht nur Kundendaten und helfen, den Überblick über bestehende Kunden zu behalten, sondern tragen aktiv dazu bei, Kundenbeziehungen zu stärken und die Kundenbindung zu erhöhen. Zudem überwachen sie alle Vertriebs- und Marketingaktivitäten und können einen nicht unwesentlichen Teil davon automatisieren.

Durch den technologischen Fortschritt haben sich CRM-Systeme zu komplexen, mehrstufigen Unterstützungssystemen für den Vertrieb entwickelt und bieten unzählige Funktionen, die Vertriebsmitarbeiter bei der Optimierung ihrer Vertriebsprozesse unterstützen. Mühsame Datenerfassung gehört der Vergangenheit an, denn moderne Systeme können genau diese unbeliebten Tätigkeiten für den Vertriebsmitarbeiter erledigen und haben sich von Adressdatenbanken zu einem wertvollen und unersetzlichen Werkzeug im täglichen Vertriebsleben entwickelt.

- **Nutzen:**
  Effizienzsteigerung im Kundenmanagement, Verbesserung der Kundenbeziehungen und Steigerung der Kundenbindung.
- **Anwendungsbereiche:**
  - *Verwaltung von Kundendaten:* zentrale Aufbewahrung von Kunden- und Interessentendaten, wie Ansprechpartner, Unternehmen, Kontaktdaten, Kommunikationshistorie, Attribute, Interaktionen etc.
  - *Erfassung von Kundendaten:* automatische Datenerfassung im CRM-System, in der Regel mit KI-Funktionalität verbunden.
  - *Kundenmanagement:* Verwaltung von Kunden, Segmentierung, Kategorisierung, Zuordnung in Vertriebsgebieten, Zuständigkeiten etc.
  - *Kundenbeziehungsmanagement:* Verwaltung der Kundenbeziehung, Kommunikation, Interaktion, Termine, Berichte, Involvierte, Unterlagen etc.
  - *Deal- und Opportunities Management:* Verwaltung der Geschäftschancen (Opportunities) mit genauer Zuordnung, Detaildaten, Kaufwahrscheinlichkeit, Nachverfolgung der Kundeninteraktionen, Task-Management, Angebotslegung, Vertragsverhandlungen etc.
  - *Pipeline Management:* Verwaltung aller offenen Deals und Opportunities, Priorisierung, Abschlusswahrscheinlichkeit, Zuordnung zu den Abschlussperioden, Abschlussprognosen etc.
  - *Kunden-Analytics:* Ergebnisanalysen, Transaktionen, Profitabilität, Cross-Selling Opportunities etc. Nur mit ERP-Funktionalität oder -Integration möglich.
  - *Kunden-Einsichten:* Einsichten in Kundeninteraktionen und Verhalten; Webseitenbesuche und -aktivitäten, Newsletter, Marketing-Kampagnen, E-Mails, Unterlagen, soziale Medien etc.
  - *Kunden-Kommunikation:* Erfassung der Kundenkommunikation, z. B. E-Mail-Ablage, Aufnahme von Kundengesprächen, Transkribieren von Telefonaten, Berichten und Meeting-Minutes, Chat-Unterhaltungen, Service-Anfragen etc.

– *Sales Forecast:* Umsatzplanung auf Kunden-, Gebiets-, Verkaufsmitarbeiter-, Marktsegment-Ebene etc.
– *Vertriebsprozess-Unterstützung:* Aktive Unterstützung im Vertriebsprozess, z. B. Erinnerung an Deadlines, notwendige Interaktionen, Unterbreitung von Empfehlungen zu Konditions- oder Angebotsgestaltung, Produktempfehlungen, Konfigurationen, X-Sell Opportunities etc. Vieles davon nur mit KI-gesteuerten Systemen möglich.
– *Task-Management:* Verwaltung der täglichen Vertriebsaufgaben, z. B. Anrufe, Termine, Aktivitäten-Priorisierung etc.
– *Marketing-Aktivitäten:* Durchführung von Marketingkampagnen, Verwaltung von Marketingaktivitäten.

- **Arten:**
Heutzutage sind die meisten CRM-Lösungen SaaS-Plattformen, bei denen man pro Benutzer und Funktionalitätsausprägung in der Regel eine Monatsgebühr entrichtet. Vor-Ort-Installationen sind nur noch selten erforderlich, da die Benutzer über ihre Browser orts- und zeitunabhängig auf die Systeme zugreifen können. Je nach Funktionsumfang gibt es unterschiedliche Preiskonfigurationen, beginnend von kostenlosen Freemium-Versionen bis zu vollumfänglichen Lösungen. Manchmal reichen die kostenlosen Varianten vollkommen aus. Einige fortgeschrittene CRM-Systeme nutzen KI-Algorithmen und können viele Vertriebstätigkeiten, vor allem administrativer Natur, automatisieren.

Durch den Zugang zur Technologie hat der CRM-Markt einen Anstieg an Anbietern erlebt: Auf der einen Seite haben wir große Anbieter wie Salesforce und Microsoft Dynamics, die versuchen, ganze Ökosysteme mit App-Marktplätzen aufzubauen, und auf der anderen Seite entstehen viele neue Anbieter, die spezielle Lösungen für bestimmte Branchen oder interessante Kombinationen mit anderen unternehmensrelevanten Systemen, wie ERP und Projektmanagement, anbieten. Und das oft günstiger.

- **Worauf zu achten ist:**
Einer der größten Fehler, der gerne bei der Auswahl eines CRM-Systems begangen wird, ist sich damit zu beschäftigen, Anbieter zu prüfen und zu vergleichen sowie auch unterschiedliche Funktionalitäten auszuprobieren, anstatt sich auf die Bedürfnisse und die Prioritäten des Vertriebs zu konzentrieren. Wie in Kap. 3 dargestellt, folgt die Technologie den Anforderungen des Vertriebs, nicht umgekehrt. Und bei der Menge an CRM-Lösungen im Markt sollte man nun wirklich diesen klassischen Fehler nicht mehr begehen.

Bei der Auswahl einer CRM-Software gibt es eine Menge zu bedenken: Kundenkriterien und Attribute, Branchenspezifika, Vertriebsprozesse, Vertriebstätigkeiten, Planung, Forecast und Reporting Funktionalitäten, Datenintegration und Anbindungen an andere Systeme (ERP, Marketing, BI etc.), Cloud- oder On-Premise-Variante und DSGVO-Konformität. Darüber hinaus spielen die Datenerfassung, die Automatisierung der Prozesse, die Usability, Apps und Mobile-Anwendungen eine kritische Rolle. Jedenfalls sollte man eine ausgiebige Testphase einplanen, bevor die Entscheidung final getroffen wird. Darüber hinaus sind bei der Budgetierung nicht nur die Lizenzmodelle zu berücksichtigen, sondern auch die Erweiterungs- und Skalierungsmöglichkeiten.

- **Beispiele:**
- Salesforce, MS Dynamics, Zoho CRM, Hubspot, Spice CRM, WeClapp.

4.3.2 Sales Acceleration

Eine Vielzahl von Software-Anwendungen und -Technologien fallen unter die Kategorie von sogenannten Sales Acceleration Tools (Verkaufsbeschleuniger), die das Ziel verfolgen, sowohl Vertriebsprozesse schneller zu machen und zu verkürzen als auch die Produktivität und die Leistung in der Vertriebsorganisation zu steigern. Sales Acceleration Tools bieten Einblicke und aktuelle Informationen zu Interessenten und Kunden und versorgen den Vertrieb mit aktuellsten Marktinformationen. Vereinfacht ausgedrückt, erhalten Vertriebsmitarbeiter die Daten, die sie benötigen, um ihre Ziele schneller zu erreichen. Dabei geht es um die Beschleunigung von Vertriebsprozessen durch die Reduktion und die Automatisierung von administrativen Aufgaben und die Optimierung von Tätigkeiten im Vertrieb. Unter der Gattung solcher „digitaler Verkaufsbeschleuniger" gruppieren sich derzeit jede Menge unterschiedlicher Insellösungen, die einzelne Detailaufgaben übernehmen: Von der Datenanreicherung durch Social Media bis hin zu den gängigen Tracking-Werkzeugen und Predictive Analytics.

- **Nutzen:**
  Steigerung von Produktivität im Vertrieb durch Verkürzung und Beschleunigung von Verkaufszyklen.
- **Anwendungsbereiche:**
  - *Preis-Konfiguration:* Kalkulation und Konfiguration von Preisen und Erstellung von Angeboten.
  - *E-Mail Tracking:* Nachverfolgung von E-Mail-Aktivitäten der Kunden.
  - *Inbound Call:* Analyse der Telefonate im Call-Center und Unterstützung der Mitarbeiter, indem sie während des Gesprächs nützliche Informationen zur Verfügung stellen.
  - *Lead-Priorisierung:* Lenken der Aufmerksamkeit der Vertriebsmitarbeiter auf die Leads und Deals, die die höchste Abschlusswahrscheinlichkeit aufweisen.
  - *Vertriebscontent-Management:* Versorgung der Vertriebsmitarbeiter mit relevanten Informationen je nach Schritt im Vertriebsprozess.
  - *Real-Time Alerts:* Automatische Benachrichtigung der Vertriebsmitarbeiter über Änderungen auf der Kundenseite, z. B. Managementwechsel, Übernahmen oder andere bemerkenswerte Geschäftsereignisse.
  - *Social-Media-Automatisierung:* Unterstützung bei der Planung, Durchführung und Automatisierung von Aktivitäten in den sozialen Medien.

– *Contact Information:* Auffinden (Recherche) von Kontaktdaten (E-Mail-Adressen) von Ansprechpersonen.
– *Predictive Analytics:* Algorithmen aggregieren Marktdaten, um fundierte Vorhersagen über potenzielle Kunden oder Branchen zu treffen. Sie können dabei helfen, potenzielle Wachstumsbereiche im Markt zu identifizieren und damit Vertriebsmitarbeitern die Mühe ersparen, sich auf die Bereiche mit schlechten Aussichten zu konzentrieren.
– *Coaching:* Unterstützung von Vertriebsführungskräften bei der Führung und Coachen von Vertriebsmitarbeitern.

• **Arten:**
Es gibt viele unterschiedliche Arten von Tools, die sich in dieser Kategorie wiederfinden, je nach Anbieter und seinem eigenen Verständnis von Sales Acceleration. Die meisten dieser Anwendungen sind SaaS Plattformen, die oft eine Freemium-Variante oder eine kostenlose Testperiode anbieten. Seltener kommen integrierte Plattformen vor.

• **Worauf zu achten ist:**
Da der Markt für die Sales Acceleration Tools aus einer breiten Palette an Tools mit einer Vielzahl von Funktionen besteht, kann sich die Suche nach dem richtigen Tool für Ihre Vertriebsorganisation als eine nicht zu unterschätzende Herausforderung erweisen. Wichtig ist es, so gut wie möglich Insellösungen zu vermeiden, denn diese, auch wenn sie einen Mehrwert bieten, könnten im Endeffekt mehr Aufwand verursachen. Die Minimierung des manuellen Arbeitsaufwands durch Automatisierung ist der Schlüsselfaktor für den Einsatz solcher Tools. Es sind Lösungen vorzuziehen, die mehrere Funktionen aus den einzelnen Kategorien sowie auch Integrationsmöglichkeiten zum bestehenden CRM-System und sonstigen in Ihrer Organisation verwendeten Systemen anbieten.

• **Beispiele:**
Buffer, Hootsuite, Outreach, SalesLoft, Chorus, Aircall.

4.3.3 Sales Enablement

Beim Sales Enablement geht es darum, Ihrem Vertriebsteam das Wissen zu vermitteln und zur Verfügung zu stellen, das es benötigt, um besser Geschäfte abzuschließen. Im Grunde ist es ein Prozess, in dem Vertriebsmitarbeiter mit den notwendigen Ressourcen ausgestattet werden, um in ihrer Vertriebstätigkeit wirksamer zu sein. Diese Ressourcen können Inhalte, Werkzeuge, Wissen und Informationen umfassen, um das Produkt oder die Dienstleistung effektiv an Kunden zu verkaufen. Damit kann man mit wenigen Klicks individuelle Plattformen für einzelne Kunden kreieren, auf denen sie Zugriff auf alle für sie relevanten Informationen zeit- und ortsunabhängig bekommen. Somit werden das Versenden von E-Mails mit riesigen Anhängen sowie auch das Suchen von relevanten Unterlagen im Postfach und auf sonstigen Laufwerken obsolet.

Darüber hinaus können Vertriebsmitarbeiter mit solchen Tools in Echtzeit und über den gesamten Vertriebsprozess die Interaktionen der Kunden mit den zur Verfügung gestellten Unterlagen verfolgen und für den Verkauf relevante und interessante Erkenntnisse gewinnen. Zudem gewinnt man auch einen guten Eindruck davon, welche Verkaufsressourcen und -werkzeuge effektiv sind und kann gute Entscheidungen darüber treffen, welche Ressourcen in zukünftige Interaktionen zum Abschluss des Geschäfts einbezogen werden sollen.

- **Nutzen:**
  Organisation und Verteilung von Vertriebsinformationen und -ressourcen: Bereitstellung, Teilung und Tracking von Vertriebscontent.
- **Anwendungsbereiche:**
  – *Vertriebsinhalte für Kunden:* Bereitstellung von Informationen an Kunden und Nachverfolgung ihrer Interaktionen mit diesen Inhalten.
  – *Dokumenten-Management:* Verwaltung von Vertriebsunterlagen, zentralisierte Ablage und Aktualisierung, wodurch sichergestellt wird, dass der Vertrieb immer mit den aktuellsten Unterlagen arbeitet.
  – *Templates und E-Mail Vorlagen:* Erstellen von und Arbeiten mit standardisierten Vertriebstemplates und Vorlagen, wodurch die Qualität der Kundenkommunikation erhöht wird.
  – *Informationsaustausch mit Kunden:* Erstellung von individuellen und kundenspezifischen Informationsplattformen für Kunden, um ihnen Zugang zu den für sie relevanten Inhalten zu ermöglichen.
- **Arten:**
  Primär sind es SaaS- und Cloud-Lösungen, die zum Teil KI-unterstützt sind. In der Regel arbeiten diese Plattformen mit Subscription-Preismodellen. Viele davon sind alleinstehende Lösungen, wobei einige Anwendungen auch schon in moderne CRM-Systeme integriert sind, bzw. eine Integration mit bestehenden Systemen ermöglichen.
- **Worauf zu achten ist:**
  Bei der Auswahl ist auf die DSGVO Konformität zu achten, insbesondere wenn es um Anwendungen mit Tracking-Funktion geht: Sie müssen eine Opt-In-Out-Option für Tracking anbieten und selbstverständlich sollte man auf die Integration mit dem eigenen CRM System achten.
- **Beispiele:**
  Zendesk, Pandadoc, Sharekits, Attach, Hubspot.

4.3.4 Sales Automation

Sales Automation Tools sind Anwendungen, die es Unternehmen ermöglichen, Vertriebsprozesse zu standardisieren und zu automatisieren, von der Lead-Generierung, über die Angebotserstellung und bis zum Auftragsabschluss und der Kundenbeziehungspflege und -bindung. Studien zeigen, dass Unternehmen, die noch keine Automatisierungs-technologie verwenden, rund Dreiviertel ihrer Zeit und Ressourcen mit der Planung und der Definition von Geschäftsprozessen verbringen. Dasselbe gilt für Vertriebs-organisationen. Der Verkauf erfordert eine Reihe von mühsamen, zeitaufwendigen und sich wiederholenden Aufgaben, wie z. B. der Planung von Verkaufsterminen, dem Versenden von Folge-E-Mails und der Erfassung und Aktualisierung von Daten in CRM. Sales-Automation- Lösungen automatisieren viele dieser Aufgaben im Vertrieb, sodass sich die Vertriebsmitarbeiter auf Aktivitäten konzentrieren können, die mehr Umsatz und Ertrag bringen.

- **Nutzen:**
  Automatisierung und Standardisierung von Vertriebsprozessen und Tätigkeiten.
- **Anwendungsbereiche:**
  - *Lead-Generierung:* Automatische Recherche und Generierung von Leads.
  - *Lead-Enrichment:* Automatische Anreicherung der Leads mit relevanten Informationen, wobei Webseiten oder soziale Netzwerke nach verwertbaren Informationen durchsucht werden.
  - *Lead Assignment:* Automatische Zuordnung der Leads im Vertriebsteam, mit Berücksichtigung der Ressourcen-Auslastung und der Mitarbeiterqualifikation.
  - *Lead Scoring:* Bewertung von Leads und ihre Priorisierung für den Vertrieb.
  - *Contact- und Deal Creation:* Erstellung von Kontakten und Deals bzw. Opportunities und Zuweisung den Vertriebsmitarbeitern.
  - *E-Mail-Automatisierung:* Zeit- oder aktionsgesteuerter E-Mail-Versand und -Kommunikation mit Interessenten und Kunden, von einfachen Geburtstagsgrüßen, persönlicher Begrüßung als Kunde, individueller Ansprache als Interessent und bis zu ausgeklügelten E-Mail-Workflows mit hochpersonalisierten Vertriebsinhalten.
  - *Termin-Planung und -Koordination:* Planung von Terminen und Synchronisation mit mehreren Kalendern und Teilnehmern.
  - *Deal-Management:* Verwaltung der Vertriebspipeline und aller offenen Deals.
  - *Datenerfassung:* Automatische Erfassung von Daten, wie z. B. Unternehmens-daten, Kontaktdaten und Opportunity-Daten sowie auch aller Interaktionen zwischen Verkäufern und Kunden – E-Mails, Meetings, Anrufe, Messenger-Kommunikationen, Aktivitätsverfolgung.
  - *Kundenkommunikation:* Kommunikation mit Kunden und Interessenten, ob per E-Mail, Messenger, Chatbots oder virtuellen Assistenten.
- **Arten:**
  Einige Sales Automation Tools bieten eine durchgängige Lösung, von der auto-matisierten Lead-Recherche und dem Kontaktmanagement bis hin zur Bericht-erstattung und Ergebnisanalysen. Alternativ dazu gibt es Sales Automation Tools, die auf eine bestimmte Aufgabe oder einen Teil des Verkaufsprozesses spezialisiert sind, wie z.B. die automatisierte Planung von Besprechungen, Lead-Recherchen und mehr. Überwiegend handelt es sich dabei um SaaS-Lösungen mit Lizenzmodellen.

Viele der beschriebenen Automatisierungsfunktionalitäten sind in hochentwickelten CRM-Systemen bereits integriert und auch Sales-Automation-Anbieter verfügen über Schnittstellen zu den gängigen CRM-Lösungen.

- **Worauf zu achten ist:**
  Bei der Auswahl sollte das Ziel sein, dass diese Tools die Vertriebsprozesse vereinfachen und unterstützen, statt sie zu komplex zu gestalten. Wichtig ist es, zuerst den Vertriebsprozess technologie-unabhängig zu analysieren und gegebenenfalls zu optimieren und erst danach technologisch zu unterstützen. Entscheidend ist die richtige Evaluierung des Kaufprozesses des Kunden aus der Kundenperspektive, denn es gibt viele Automatisierungen, die zwar gut für das Unternehmen sind, aber auf der Kundenseite für Frustration sorgen und letztendlich kontraproduktiv sind (s. Abschn. 3.3.3). Auch hier ist die Integration wichtig, aber auch die gebotene Datenqualität, wenn es zum Beispiel um Datenerfassung oder Lead-Generierung geht.
- **Beispiele:**
  Zapier, PowerApps, Prospect.io, Calendly, Active Campaign.

4.3.5 Sales Analytics

Unter dem Begriff Sales Analytics summieren sich Tools und Systeme, die es Vertriebsmitarbeitern und Vertriebsleitern ermöglichen, die Leistung ihrer Vertriebsaktivitäten effektiv zu verfolgen, zu bewerten und zu verbessern. Keine Vertriebsorganisation kann heute ohne Daten erfolgreich bestehen, denn sie bilden eine wichtige Basis für die Steuerung jeglicher Vertriebsaktivitäten. Sales-Analytics-Anwendungen nutzen diese Daten, um Ergebnisse zu analysieren und Trends und zukünftige Entwicklungen im Vertrieb vorherzusagen. Sie nutzen die Technologien von Big Data, Analytics und KI und spezialisieren sich „nur" auf den Vertriebsbereich. Sales Analytics bieten Vertriebsführungskräften eine granulare Sicht auf ihre Vertriebsleistung. Dafür schlüsseln sie Verkaufsdaten in verständliche Teile auf und bieten wertvolle vertriebsrelevante Erkenntnisse, z. B. welche Produkte und Vertriebsaktivitäten am besten funktionieren und welche einer Verbesserung bedürfen. Anstatt Analysen manuell durchzuführen oder anzustoßen und sich durch ein Gewirr von Tabellenkalkulationen durchwühlen zu müssen, erhalten Führungskräfte einen systematischen Zugriff auf alle vertriebsrelevanten Kennzahlen an einer Stelle und in verständlicher visuellen Aufbereitung, wodurch sie schnellere und fundiertere Entscheidungen treffen und den Vertrieb wirksam steuern können (s. Abschn. 4.1.11).

- **Nutzen:**
  Analyse und Bewertung der Vertriebsperformance, der Vertriebsaktivitäten und -kennzahlen, mit dem Ziel, die Vertriebsleistung zu verbessern.
- **Anwendungsbereiche:**
  - *Analyse und Bewertung der Vertriebsleistung:* Ergebnis und KPI-Analysen mit nahezu unbegrenzter Anzahl von Parametern und Schnittpunkten.

- *Erkennung von Trends:* Identifikation von Mustern, Zusammenhängen und Entwicklungen.
- *Forecasting:* Verkaufsplanung und Umsatzprognosen.
- *Demand Planning:* Absatzprognosen und Bedarfsplanung.
- *Vorhersage von Ergebnissen:* Vorhersage zukünftiger Entwicklungen und Ergebnisse.
- *Customer Insights:* Einsichten in Kundenentwicklungen und -trends, detaillierte Ergebnisanalysen.
- *Verhalten-Analytics:* Einsichten in Kunden- und Interessenten-Verhalten und ihrer Interaktionen mit dem Unternehmen und auf den sozialen Plattformen.
- *Business Intelligence:* Datenanalysen und ihre Umwandlung in verwertbare Informationen, um Führungskräften zu ermöglichen, fundierte Geschäftsentscheidungen zu treffen.

- **Arten:**
Sales Analytics Systeme sind entweder alleinstehende Lösungen oder auch in CRM-Systemen integriert. Sofern sie keine ERP-Funktionalitäten oder keinen Zugriff auf ERP-Systeme haben, können sie als CRM-Funktionalität im Grunde nur Forecast-Analysen durchführen: Deal-Prognosen, Pipeline-Forcast, Opportunities sowie auch Kunden-Insights. Allerdings bieten moderne CRM-Systeme Integrationsmöglichkeiten mit ERP-Systemen und beinhalten auch schon komplexere Analytics-Funktionalitäten, unter anderem auch Business-Intelligence-Funktionen. Die Stars unter den Systemen nutzen KI-Technologie, um nicht nur in die Vergangenheit zu blicken, sondern auch fundierte Zukunftsprognosen zu ermöglichen.

- **Worauf zu achten ist:**
Es gibt eine Vielzahl von Sales-Analytics-Anwendungen, sowohl alleinstehend als auch in anderen Systemen integriert. Das Problem liegt nicht darin, eine passende Lösung zu finden, sondern sie wirklich zum eigenen Vorteil zu nutzen. Bevor man sich für eine Lösung entscheidet, sollte man wissen, was man damit erzielen will: Welche Erkenntnisse Sie benötigen, welche Ziele haben Sie und welche KPIs sind für Ihr Geschäft relevant (s. Abschn. 3.6.3)? Darüber hinaus sind das Vorhandensein bzw. die Beschaffungsmöglichkeit oder der Zugang und die Generierung von relevanten Daten von großer Wichtigkeit, denn Analytics können ohne Daten nicht funktionieren. Zuerst müssen folgende Fragen beantwortet werden: *Sind die notwendigen Daten vorhanden bzw. können sie beschaffen werden? Können die Systeme auf die Daten zugreifen? Wie ist die Qualität der Daten?*

- **Beispiele:**
Tableau, Power BI, Microsoft Cognitive Services, Click Sales, Aviso, Oracle Business Intelligence, IBM Cognos, Hotjar.

4.3.6 Customer Communication

Uns stehen heutzutage viele technologische Möglichkeiten zur Verfügung, um mit Kunden außerhalb der altbekannten Telefonleitung und per E-Mail zu kommunizieren. Und wie bereits dargestellt, erwarten moderne Kunden zudem mehrere Möglichkeiten der Kommunikation und wollen selbst entscheiden, wann und wie sie mit den Anbietern kommunizieren, Stichwort Cross- und Omni-Channel. Die unterschiedlichen Kommunikationskanäle sind aus dem einfachen Grund wichtig: Sie müssen dort sein, wo Ihre Kunden sind. Und die sind heute überall und wollen weder zeitlich noch kanalspezifisch in ihrer Kommunikation eingeschränkt werden. Eine einheitliche kanalübergreifende Kundenkommunikation ist heute Voraussetzung im Vertrieb, was dazu führt, dass auch hier Unmengen an Tools und Anbietern entstehen, die uns dabei unterstützen, Kunden unterschiedlicher Generationen unterschiedliche Kommunikationswege zu bieten.

- **Nutzen:**
  Steigerung der Effizienz und der Qualität in der Kundenkommunikation und Verbesserung der Kundenerfahrung.
- **Anwendungsbereiche:**
  - *Website Chat*: Chatlösungen, die im Hintergrund von Vertriebsmitarbeitern bedient werden.
  - *Chatbots:* Roboter, die selbstständig mit Kunden kommunizieren (s. Abschn. 4.1.8). Assistenten: Chatbots, die mit Kunden in natürlicher Sprache kommunizieren.
  - *Virtuelle Berater:* Chatbots, die Kunden bei ihrer Entscheidungsfindung oder im Kaufprozess behilflich sind.
  - *Messenger:* Text-basierte Kommunikationsapplikationen.
  - *Webinar-Lösungen:* Ermöglichen die Organisation und die Durchführung digitaler Veranstaltungen.
  - *Video-Konferenz und Onlinemeetings:* Virtuelle Kommunikation mit Kunden.
  - *E-Mail-Kommunikation:* Personalisierte und individualisierte Kommunikation.
  - *Kundenumfragen:* Durchführung von Kunden- und Marktumfragen, Kundenzufriedenheitsmessung.
  - *Call Center Tools:* Unterstützung und Automatisierung von Aktivitäten in Kundencentern.
  - *VoIP-Dienste:* (Voice over Internet Protocol) bieten kostengünstige Telefondienste über das Internet.
  - *Newsletter:* mit Kunden durch für sie relevante Informationen in Kontakt bleiben.
  - *Social-Media-Kommunikation:* Kommunikation und Interaktion in den sozialen Medien.
  - *Bewertungen und Reviews:* Erfassung und Verwaltung von Kundenbewertungen und Referenzaussagen.
  - *Multi-Language:* Kommunikation mit Kunden in mehreren Sprachen.

- **Arten:**
  Beginnend mit Chatbots, Messenger, Online und Video-Meetings und bis zur Social-Media- und Newsletter-Kommunikation, Technologie bietet uns eine sehr bunte Mischung an Anwendungen und Möglichkeiten, die Kundenkommunikation zu verbessern. Abgerundet werden diese Lösungen mit innovativen Tools der Kundenzufriedenheitsmessung und Support-Lösungen im Call Center. Und hier haben wir unterschiedliche Produkte und auch KI-unterstütze Produkte, die die Kommunikation optimieren (s. Abschn. 4.2.6). Zudem gibt es auch Plattformen und Anwendungen, die die Koordination der unterschiedlichen Kommunikationskanäle und Kunden-Touchpoints ermöglichen: Omni-Channel, Multi-Channel und Cross-Channel (s. Abschn. 3.6.1).
- **Worauf zu achten ist:**
  Bevor man sich mit unterschiedlichen Tools beschäftigt, sollten man das Verhalten der Kunden evaluieren und feststellen, welche Kommunikationskanäle sie vorziehen. Die jeweiligen Kanäle und Tools werden am Ende die daraus resultierende Kommunikationsstrategie vorgeben. Dabei sollte man in jedem Fall einen Omni-Channel-Ansatz verfolgen und Kunden mehrere Kommunikationskanäle zur Verfügung stellen, was auch die Sicherstellung einer abgestimmten und einheitlichen Kommunikation über alle Kanälen impliziert. Darüber hinaus ist auch darauf zu achten, dass die Organisation einen Überblick über alle im Vertrieb verwendeten Anwendungen behält, denn in der Regel verselbständigen sich die Kommunikationskanäle je nach Vorlieben der Vertriebsmitarbeiter. Wir wollen den Vorlieben der Kunden nachgehen und nicht denen der eigenen Organisation. Eine Abstimmung und Steuerung der Channels ist nicht nur auf der Unternehmensebene, sondern auch auf der Ebene des einzelnen Mitarbeiters wichtig. Denn solange Mitarbeiter im Namen Ihres Unternehmens kommunizieren, sollte diese Kommunikation auch die gut durchdachte Kommunikationsstrategie widerspiegeln. Man darf nicht den Fehler begehen, diese Entscheidung dem einzelnen Mitarbeiter zu überlassen.
- **Beispiele:**
  Talkdesk, conversica, surveymonkey, Microsoft Bot Framework, MailChimp, Zoom, Close, Whatsapp, WeChat, Slack, Facebook Messenger, LinkedIn Chat etc.

4.3.7   Lead-Generierung

Lead-Generation Tools sind unterschiedliche Software-Anwendungen, die den Prozess der Lead-Generierung unterstützen: von der Recherche, Suche, Erfassung, Qualifizierung und bis zur Verwaltung von Interessentendaten. Hier haben wir eine Unmenge an diversen Anwendungen, die Teilbereiche des Prozesses übernehmen, bis hin zu Tools, die vollkommen automatisch und ohne eine Interaktion seitens der Vertriebsmitarbeiter neue Leads generieren (s. Abschn. 4.2.1). Im Wesentlichen können diese Tools beide Ansätze der Lead-Generierung unterstützen: Die Outbound Lead Generation mit aktiver direkter

Ansprache potenzieller Kunden über ausgehende Kanäle (E-Mail, Anrufe, soziale Medien usw.) und die Inbound Lead Generation, mit der notwendige Voraussetzungen geschaffen werden, damit potenzielle Kunden den Weg zu Ihrer Website und sonstigen Kanälen finden (SEO, Social Media, SEA etc.).

- **Nutzen:**
  Steigerung der Effizienz und der Wirksamkeit im Prozess der Lead Generierung.
- **Anwendungsbereiche:**
  - *Search Marketing:* Steigerung des Traffics aus der organischen und der bezahlten Suche zur Generierung von mehr Leads.
  - *Social Media Lead Generation:* Lead Generierung in den sozialen Medien.
  - *On-Page Lead Generation:* Identifikation und Erfassung von Leads auf der eigenen Website.
  - *Form-Collection:* Lead-Generierung durch Ausfüllen von Formularen, wie Anmeldeformulare, Download-Formulare, Kontaktanfragen, Registrierungen etc.
  - *Leads Nurturing:* E-Mail-Automatisierung, die Leads mit relevanten Informationen versorgen und mit ihnen in Kontakt bleiben.
  - *Pop-ups:* „Plötzlich auftauchende" Elemente in einer grafischen Darstellung – meist auf Webseiten –, die den Benutzer animieren, irgendeine Aktion zu tätigen: Klicken, Anmeldung etc.
  - *Lead Management:* Verwaltung von Leads.
  - *Web-Advertising:* Werbung im digitalen Raum, Ads, Banner etc.
  - *Web-Analytics:* identifizieren Besucher auf Ihrer Webseite und bieten konkrete Informationen zum Unternehmen.
  - *Podcasts:* Mit Audio-Inhalten Leads generieren.
  - *Surveys, Quizze:* Mit Umfragen und Quizze Leads generieren.
  - *Blog:* Kommunikation von Inhalten in Textform (Artikel), wobei die Inhalte stark variieren können, von Beiträgen und eigenen Erfahrungsberichten bis hin zu Meinungen zu diversen Unternehmen, Produkten, Dienstleistungen oder auch fachspezifischen Inhalten.
  - *Vlog:* Blog in Videoform.
  - *Lead-Magnets:* Kostenlose Produkte, Informationen oder Dienstleistungen, zum Zweck der Sammlung von Kontaktdaten.
  - *Search Bots:* Programme, die anhand vordefinierter Kriterien nach Leads im Internet suchen. Es gibt auch auf soziale Medien spezialisierte Bots.
- **Arten:**
  Die meisten dieser Tools sind SaaS Tools, viele Web-Analytics Tools brauchen Anbindung an Google Analytics und auch hier kommen wir nicht ohne KI aus, wie zum Beispiel bei den Search-Bots. Hier gibt es Standardlösungen, sowie auch customized bots, die für Ihre Bedürfnisse speziell angepasst werden können.

- **Worauf zu achten ist:**
  Auch hier ist es das Wichtigste, die eigene Zielgruppe fundiert zu analysieren: *Wo ist sie und wie verhält sie sich? Welche Inhalte und Medien konsumiert sie?* Nur wenn Sie das wissen, können Sie auch mit gutem Gewissen Geld für diese Tools ausgeben. Im Grunde bestimmt Ihre Zielgruppe die Lead-Generierungstools, daher ist es wichtig, sich im Vorfeld mit der Zielgruppe zu beschäftigen, um die wirklich relevanten Tools aussuchen zu können. Integration mit bestehenden Systemen – primär CRM – ist Voraussetzung, denn die Mitarbeiter sollen sich nicht mit unzähligen Tools herumschlagen müssen. Auch die Qualität ihrer Arbeit (der generierten Leads) muss überprüft werden.
- **Beispiele:**
  LinkedIn Sales Navigator, HelloBar, 123Formbuilder, Leadfeeder, Salesviewer.

4.3.8 Sales Intelligence

Sales Intelligence Tools bieten eine breite Palette an Anwendungen, die Vertriebsmitarbeiter dabei unterstützen, Neukunden zu finden und sich über sie zu informieren. Diese Tools bieten alle möglichen Informationen und Daten über potenzielle Kunden: Organisationscharts, Kontaktinformationen, Umsatzentwicklung, Mitarbeiteranzahl, Software im Einsatz etc. Ihr Ziel ist es, die Vertriebsmitarbeiter bei der Qualifizierung ihrer Leads zu unterstützen und den zeitintensiven und manuellen Prozess der Recherche und der Sammlung von Informationen zu erleichtern bzw. gänzlich abzunehmen. Auch wenn diese Tools eine Quelle an Unternehmensdaten darstellen, sind sie mehr als nur Datenbanken mit Telefonnummern und E-Mail-Kontakten. Sie bieten kontextuelle Informationen zu relevanten Personen in den jeweiligen Unternehmen. Zudem liefern sie wertvolle Details über die Aktivitäten der jeweiligen Personen in den sozialen Netzwerken, verfolgen ihre digitalen Fußabdrücke und alarmieren den Vertrieb über Personalveränderungen in der Organisation.

- **Nutzen:**
  Optimierung der Recherche und der Informationsbeschaffung im Vertrieb.
- **Anwendungsbereiche:**
  - *Personen:* Auffindbarkeit von Kontaktinformationen von relevanten Ansprechpersonen.
  - *Buying Center:* Identifikation des Buying Centers bei potenziellen Kunden.
  - *Rollen und Verantwortlichkeiten:* Identifikation von richtigen Rollen und Personen im Kaufprozess.
  - *Unternehmensdaten:* Daten zum Unternehmen, wie Standorte, Umsatzentwicklung, Mitarbeiteranzahl etc.
  - *Organisationsstrukturen:* Abteilungen, Organigramme, Hierarchien etc.

- **Arten:**
  Der Markt der Sales Intelligence Tools ist noch jung und relativ unübersichtlich. Die meisten der Anbieter bieten im Grunde Zugang zu Datenbanken, die Informationen über potenzielle Kunden enthalten. Einige bieten die Möglichkeit, ein Kundenprofil zu erstellen, und liefern entsprechende Lead-Empfehlungen anhand des erstellten Profils. In der Regel sind es SaaS-Lösungen, die auf Subskriptionsmodellen beruhen.
- **Worauf zu achten ist:**
  Die Relevanz und die Qualität von Daten sind bei der Nutzung solcher Tools entscheidend, insbesondere für lokale und Nischen-Märkte. Viele dieser Datenbanken besitzen sehr gute Daten, aber nur in bestimmten geografischen Regionen. Die DSGVO erschwert es diesen Anbietern, relevante Kontaktinformationen für den europäischen Markt zur Verfügung zu stellen. Viele bieten allerdings die Möglichkeit, ihre Lösungen zu testen, sodass Sie sich im Vorfeld über die Datenqualität informieren können.
- **Beispiele:**
  D&B Hoovers, Datanyze, Apollo.

4.3.9   Customer Service

Customer Service Tools helfen bei der Automatisierung und der Optimierung von Prozessen in der Kundenbetreuung. Diese Tools schaffen eine zentrale Plattform für alle Prozesse im Zusammenhang mit Kundenservice. Sie vereinheitlichen damit den Kundenservice und schaffen einen zentralen Kundenkommunikationspunkt. Ticketing-Prozesse, Reklamationen und Anfragen werden zentral bearbeitet, mit dem Ziel, Prozesse zu standardisieren, zu optimieren und möglichst zu automatisieren. Der Anspruch dieser Lösungen liegt darin, mit automatisierten Prozessen einerseits Kunden die Möglichkeit zu bieten, auf bequemen Wegen und zur beliebigen Zeiten mit Ihrem Unternehmen zu interagieren und andererseits Ihnen live Einsichten über wichtige Kundenvorgänge zu bieten. Zudem kann man mit Zugang zu Serviceportalen Kunden die Möglichkeit bieten, sich selbst zu bedienen, Bestellungen zu platzieren, Reklamationen einzureichen und Vorgänge selbst zu steuern. Dies resultiert nicht nur in einer höheren Kundenzufriedenheit, sondern auch in der Automatisierung der internen Prozesse. Dadurch werden die Bearbeitungszeit minimiert und Fehlerquoten durch den Wegfall von manuellen Prozessen reduziert. Weitere hilfreiche Anwendungsbereiche dieser Lösungen sind in den Portalen integrierte Kundenumfragen, sodass Sie bequem Kundenmeinungen abfragen können. Zudem bieten KI-gesteuerte Customer Service Tools die Möglichkeit, die Kundenzufriedenheit zu messen, ohne Kunden überhaupt involvieren zu müssen, beispielsweise mit Analysen, die während Kundentelefonaten automatisch durchgeführt werden.

- **Nutzen:**
  Optimierung von Prozessen im Customer-Service, Verbesserung der Kundenerfahrung und Steigerung der Kundenzufriedenheit und -bindung.

- **Anwendungsbereiche:**
  - *Helpdesk:* zentrale Anlaufstelle für Support- und Serviceanfragen von Usern und Anwendern, meist im Software- oder Hardware-Bereich eingesetzt, mit dem Fokus auf Automatisierung bestimmter Aufgaben, etwa die Zuweisung von Tickets, die Beantwortung gängiger Fragen oder die Kategorisierung von Problemen.
  - *Call Center/Call Back:* Eine große Bandbreite an technologischer Unterstützung im telefonischen Kundensupport, von der automatischen Anrufer-Identifikation (Voice Recognition) und der Zuordnung zu den richtigen Mitarbeitern und bis hin zur automatisierten Leistungsüberwachung der Mitarbeiter und der Messung der Qualität des Customer-Service.
  - *Innendienst:* Optimierung von Prozessen in Kundenbetreuung und Verkauf. Bereitstellung von Kundeninformationen während des Kundengesprächs: von vergangenen Bestellungen, Anfragen und Kommunikation bis hin zu ihrer Interaktion mit der Webseite und den Aktivitäten in den sozialen Netzwerken. Darüber hinaus gibt es KI-unterstützte Systeme, die in Echtzeit passende Produkte empfehlen und Up- und Cross-Selling-Möglichkeiten identifizieren können.
  - *Kommunikation:* Diverse integrierte Kundenkommunikationsmittel – auch in Echtzeit – im Service-Bereich.
  - *Kundenfeedback und -umfragen:* Einholen von Kundenmeinungen und Feedback, Durchführung von Umfragen und Marktscreening.
  - *Kundenzufriedenheitsmessung:* Automatische Messung der Kundenzufriedenheit (NPS – Net Promoter Score), beispielsweise mit KI-Lösungen, die Emotionen und das Gesagte im Telefonat auswerten.
  - *Incident Management:* Störungsmanagement, das typischerweise den gesamten organisatorischen und technischen Prozess der Reaktion auf Störungen (in der Regel im IT-Bereich) umfasst.
  - *Self-Service/Wissensmanagement:* Bereitstellung von Informationen an Kunden zur Selbstbedienung und zur beliebigen Konsumation.
  - *Kundenportale:* Bieten Kunden Zugang zu wichtigen Kennzahlen, Unterlagen, Vereinbarungen, Verträgen und anderen Informationen wie vertriebsrelevante Informationen. Zudem bieten sie die Möglichkeit, diverse Aktivitäten selbst durchführen zu können, wie Bestellungen zu platzieren, Supportanfragen einzureichen, Bestellungen nachzuverfolgen und offene Rechnungen einzusehen.
  - *Customer Communities/Foren:* Zentrale Kommunikation- und Austauschplattformen für Kunden, untereinander und mit dem Unternehmen, die wichtige Einblicke in die Kundeninteraktionen, Meinungen und Wahrnehmungen Ihrer Marke bieten.
- **Arten:**
  Abhängig von den unterschiedlichen Anwendungen gibt es hier eine riesige Bandbreite an Systemen: Telefonie-Software, Call Center Software, Chat-Software, Bots und Messenger, Feedback-Systeme, Kundenportale. KI unterstützt diese Systeme mit Emotionsanalysen, Voice-Analysen, Inhaltsanalysen und Conversational AI.

- **Worauf zu achten ist:**
  Die Kundenerfahrung steht hier im Vordergrund, denn Sie wollen diese erleichtern und nicht komplizierter gestalten. Oft passiert hier nämlich das Gegenteil: Kunden drehen Schleifen in Telefonleitungen, kommen nicht durch und können die von den Unternehmen in mühsamer Arbeit vordefinierten Prozesse nicht verstehen und lehnen sie ab. Das passiert, wenn die Automatisierung und die Kosteneffizienz in den Vordergrund gestellt werden, anstatt sich in den Kunden hineinzuversetzen. Die Prozesse sollen in erster Linie aus der Kundenperspektive gestaltet werden und erst in zweiter Linie aus der Kosten- und Effizienz-Perspektive eigener Prozesse. Denn man kann sich auch leicht „zu Tode automatisieren", indem man Prozesse sehr effizient und automatisiert gestaltet, die die Kunden aber nicht nutzen wollen. Achten Sie auf die Fähigkeiten der Reporting-Funktionalitäten, denn Sie benötigen umfassende Möglichkeiten, die Wirksamkeit der Prozesse zu monitoren und bei Bedarf in Echtzeit eingreifen zu können.
- **Beispiele:**
  Helpjuice, Ondewo, Nicereply, sprich.digital, Freshdesk, Jira, Salesforce Service Cloud, ManageEngine ServiceDesk Plus, ServiceNow, Zendesk.

4.3.10 Account-based Marketing

Account-based Marketing (ABM) Tools bieten die Möglichkeit, skalierbare und hochpersonalisierte Marketingkampagnen für Key Accounts zu erstellen. Dabei wird die Wirksamkeit dieser Kampagnen anhand einer Reihe von Schlüsselindikatoren gemessen, mit der Möglichkeit, den direkten Umsatzbeitrag nachzuvollziehen. Mit dem ABM-Ansatz konzentriert man sich auf relevante Kunden und Interessenten mit sehr zielgerichteten und personalisierten Kampagnen, wobei die Zielausrichtung und die Marketingbotschaft auf den spezifischen Attributen des jeweiligen Accounts basieren. Es werden alle Rollen im Buying Center mit auf ihre Bedürfnisse zugeschnittenen Informationen adressiert und das in enger Abstimmung zwischen Marketing und Vertrieb. Mit dem Aufkommen von ABM-Tools ist endlich Schluss mit den üblichen Massen-Mails, die nur für einen bestimmten Teil der Abonnenten relevant und bekanntlich wenig wirksam sind. ABM ermöglicht es, sehr zielgerichtete Kundenkampagnen zu gestalten, die Kunden speziell bei ihren Bedürfnissen ansprechen. Im Grunde lassen sich mit einer ABM-Software personalisierte Kundenerlebnisse für jeden Kunden gestalten, indem man maßgeschneiderte Prozesse und individuelle Customer Journeys abbildet, wodurch die Kaufwahrscheinlichkeit essenziell gesteigert wird.

- **Nutzen:**
  Steigerung der Kaufwahrscheinlichkeit und der Kundenzufriedenheit durch individualisierte Kundenansprache und Kampagnen.

- **Anwendungsbereiche:**
  - *Personalisiertes Marketing:* Auf individuelle Kundenbedürfnisse orientiertes Marketing.
  - *Bessere Kundenerlebnisse:* Kunden werden nur mit den Inhalten adressiert, die sie wirklich interessieren, womit auch die Kundenerfahrung verbessert wird.
  - *Individuelle Kundenansprache:* Höchstpersönliche und individualisierte Ansprache auf der Unternehmens- und Ansprechpartner-Ebene, mit der Berücksichtigung der individuellen Interessen im Buying Center.
  - *Account-Marketing:* Speziell auf diesen Account abgestimmte Marketingstrategie, insbesondere im Key-Account-Bereich relevant.
  - *Erfolgsbemessung im Marketing:* Erfolgsbemessung der Marketing-Kampagnen und ROI-Rechnungen.
  - *Steigerung der Conversion:* Durch die gezielte Ansprache wird die Conversion-Rate stark erhöht.
  - *Tracking der Kundeninteraktion:* Einsichten in die Interaktionen der Kunden mit dem Unternehmen, der Webseite und den Kampagnen.
  - *Integration von Vertriebs- und Marketingprozessen:* Marketing- und Vertriebsprozesse werden abgestimmt und zielorientiert an Kunden ausgerichtet.
  - *Akquise von Neu-Accounts:* Gezielte Key-Account-Akquise unter Einbindung des gesamten Buying Centers.
- **Arten:**
  Account-basiertes Marketing ist eine der schwieriger zu definierenden Kategorien: Einige Anbieter spezialisieren sich auf Kundenakquise und bieten spezielle Möglichkeiten, Marketing- und Akquise-Kampagnen gezielt an den Interessentenbedürfnissen auszurichten. Andere wiederum fokussieren sich auf den Geschäftsausbau mit den bestehenden Key Accounts. Auch hier gibt es Tools, die mit den gängigsten CRM-Lösungen integriert sind. So, wie bei den meisten der modernden Vertriebstools, handelt es sich auch hier überwiegend um SaaS-Lösungen mit Abo-Preismodellen.
- **Worauf zu achten ist:**
  Bei der Auswahl von ABM Software sollten Sie den langfristigen Ansatz befolgen und das Tool anhand Ihrer Ziele und Ihrer Geschäftssituation aussuchen. Überlegen Sie, wo Sie den Fokus im ABM-Ansatz legen wollen: Auf bestehende oder auf neue Accounts? Zudem ist es wichtig, dass Ihre Kundendaten gut gepflegt sind und die nötige Qualität bieten. Denn dies ist eine Voraussetzung, damit ABM-Tools auch wirksam sind. Achten Sie auch auf die DSGVO-Konformität der Lösungen und auch auf eine gute mehrstufige Integration mit dem CRM System.
- **Beispiele:**
  Insideview, Engagio, Demandbase.

Literatur

Cisco (2020) Cisco annual internet report (2018–2023) https://www.cisco.com/c/en/us/solutions/collateral/executive-perspectives/annual-internet-report/white-paper-c11-741490.html. Zugegriffen: 20. Jan. 2021

DerStandard (2001) Internet wird kein Massenmedium. https://www.derstandard.at/story/496477/internet-wird-kein-massenmedium. Zugegriffen: 21. Jan. 2021

Gartner (o.J.) Gartner glossary. Descriptive analytics. https://www.gartner.com/en/information-technology/glossary/descriptive-analytics. Zugegriffen: 22. Juli 2020

Hubspot (2018) Live chat exposes a fatal flaw in your go-to-market. https://blog.hubspot.com/sales/live-chat-go-to-market-flaw. Zugegriffen: 21. Jan. 2021

Rainsberger L (2021) KI – Die neue Intelligenz im Vertrieb. Springer Gabler, Wiesbaden

ViSenze, BUSINESS WIRE (2018) New research from ViSenze finds 62 percent of generation Z and millennial consumers want visual search capabilities, more than any other new technology. https://www.businesswire.com/news/home/20180829005092/en/New-Research-ViSenze-Finds-62-Percent-Generation#.W4eYrWp5Mrc.linkedin. 11.01.2021

Ausblick: Es gibt keinen Weg zurück

5

Zusammenfassung

Die Vertriebswelt hat sich zweifelsohne verändert und wird auch weiterhin in ständiger Veränderung bleiben. Denn die Triebkräfte der Digitalisierung verstärken sich gegenseitig und treiben den Wandel unbeirrt voran, womit sie die Entwicklung einer agilen Transformationsfähigkeit in den Organisationen erfordern. Denn die Transformation ist nichts, was *einmal* umgesetzt wird. Sie wird zu einer Kerntätigkeit im Vertrieb der Zukunft, demzufolge müssen Transformationsprozesse zum festen Bestandteil von Vertriebsprozessen werden. Um relevant zu bleiben, müssen Unternehmen Kompetenzen entwickeln, um immer wieder und immer schneller auf die Veränderungen in den Kundenbedürfnissen und -erwartungen zu reagieren, wozu ein kontinuierlicher Prozess der Veränderung notwendig ist. Und um ganz vorne zu sein, müssen Organisationen noch einen Schritt weitergehen und lernen, Kundenbedürfnisse zu antizipieren.

Perpetuum Mobile, unmöglich? Geht doch!

Was in der Natur gar nicht vorkommt und wonach Wissenschaftler unermüdlich seit ewigen Zeiten suchen, macht die Digitalisierung möglich: das Perpetuum Mobile. Seit Jahrhunderten versuchen Erfinder, eine Maschine zu bauen, die sich immerfort selbst bewegt. Der Begriff kommt aus dem Lateinischem und bedeutet wortwörtlich „dauerhaft beweglich", was impliziert, dass die Maschine, einmal in Bewegung gesetzt, für immer in Bewegung bleibt. Nach den Gesetzen der Physik kann jedoch ein Perpetuum Mobile nicht funktionieren. Zwar vermag eine Maschine die Energie immer in eine andere Form (etwa Bewegung) zu überführen, kann sie aber niemals selbst erzeugen. Dieses Prinzip gilt physikalisch in der Umsetzung als unmöglich, kann aber von der Digitalisierung verwirklicht werden. Denn unsere moderne Geschäftswelt ist die Verkörperung des lang-gesuchten Perpetuum Mobile.

Jemand hat die Digitalisierungsmaschine in Bewegung gesetzt, wir wissen zwar nicht wer, wann und warum, aber was wir inzwischen mit Sicherheit sagen können: Sie läuft und macht keine Anstalten, zum Stillstand zu kommen. Im Gegenteil, anstatt an Energie zu verlieren, gewinnt sie zunehmend an Kraft und nimmt noch mehr Fahrt auf. Wir haben nicht nur ein „einfaches" Perpetuum Mobile erschaffen, sondern ein *Perpetuum Mobile Celer*. Das *rasante* Perpetuum Mobile, das nicht nur in Bewegung bleibt, sondern zunehmend an Geschwindigkeit gewinnt. Und weil wir nicht wissen, wer die Maschine wann und warum zum Laufen brachte, wissen wir auch nicht, wie wir sie zum Stillstand bringen. Und ob es ausreicht, den „Stecker zu ziehen" zweifele ich persönlich an.

Wussten Sie, dass erst ...

- 2001 Wikipedia online ging?
- 2004 Facebook gegründet wurde?
- 2005 das erste Video auf YouTube uploaded wurde?
- 2007 das erste iPhone erschien?
- 2009 WhatsApp und Uber gegründet wurden?
- 2010 das erste Foto auf Instagram gepostet wurde?

Unsere moderne Geschäftswelt befindet sich im digitalen Perpetuum Mobile Celer, und zwar mit keiner Aussicht auf ein Ende. Wir wissen nicht, wohin das alles führt. Wir sind heute nicht einmal im Stande, das Wetter für die kommenden Tage präzise vorherzu-sagen, trotz der ganzen uns zur Verfügung stehenden Technologie, geschweige denn ihrer Entwicklung. Wir haben alle – Experten inklusive – in Wirklichkeit keine Ahnung, was passieren wird. Das Beste, was wir tun können, ist, der Aufforderung „*Make an educated guess*" von Geroge Clooney nachzugehen und möglichst intelligente Vermutungen anzu-stellen. Experten würden sagen: fundierte und möglichst mit Fakten und Prognosen untermauerte Annahmen über die zukünftigen Entwicklungen zu treffen. Aber in Wirk-lichkeit ist es ein Ratespiel. Zwar ein hochqualifiziertes Spiel, aber immer noch mit einem äußerst ungewissen Ausgang.

Making educated guesses

Wir alle müssen lernen, möglichst intelligent zu raten. Denn die Zukunft kann niemand mit Sicherheit vorhersagen, und insbesondere in unserer Perpetuum Mobile Celer Welt ist es in Wirklichkeit ein Ding der Unmöglichkeit. Denn die Geschwindigkeit, mit der sich die Veränderungen vollziehen, können wir Menschen mit unserem Gehirn nur schwer begreifen. Die Ausbreitung der Pandemie hat es uns bewiesen. Denn auch die Experten und die Mathematiker haben das wahre Ausmaß der Ausbreitung und ihre Geschwindigkeit sowie auch die Virusmutationen nicht wirklich vorhersehen können. Wir können Modelle nur aufgrund vergangener Erfahrungen anstellen. Künstliche

Intelligenz ist uns Menschen bei dieser Aufgabe weit überlegen. Und auch wenn sie im Gegensatz zu uns Menschen weit mehr unterschiedliche Faktoren bei ihren Analysen berücksichtigen kann, in Wirklichkeit sind es auch Muster und Zusammenhänge vergangener Geschehnisse, die sie auf die Zukunft umlegt. Sie macht es zwar viel besser als wir, weil sie Muster und Trends schneller erkennt und viel mehr Korrelationen herstellt, aber auch sie kann nicht wirklich in die Zukunft blicken.

▶ Wir müssen lernen, mithilfe der Technologie, besser und schneller zu *erraten,* was unsere Kunden wollen und wollen werden – wovon sie vielleicht noch gar nichts wissen und sich gar nicht vorstellen können – und den schnellsten und bequemsten Weg zu ermitteln, ihnen das auch zu bieten.

Wie das geht, habe ich mit diesem Buch hoffentlich teilweise aufklären können.

Stillstand ist keine Option
Das Perpetuum-Mobile-Celer-Prinzip lässt keinen einzigen Bereich der Geschäftswelt aus, es ist zutiefst darin integriert. Wie wir gesehen haben, die Treiber der Digitalisierung treiben sich untereinander an: Kunde, Markt, Technologie. Und es ist nicht davon auszugehen, dass die Triebkraft irgendwie plötzlich aufgibt. Wir müssen sogar annehmen, dass die Schubkraft stärker wird, dass die Veränderungen noch schneller und radikaler geschehen. Denn der Digitalisierungsgeist hat nicht vor, aufzuhören und vermutlich hat er noch nicht einmal richtig begonnen, wenn man sich den Stand der Digitalisierung im Mittelstand ansieht.

Wie viele Studien brauchen wir noch, um endlich zu erkennen, dass Stillstand und Verweigerung der Realität keine Optionen sind? Wenn Ihr Vertrieb in derselben Weise funktioniert wie vor drei Jahren, machen Sie mit ziemlicher Sicherheit etwas falsch. Und wer nach dem Lesen dieses Buches immer noch zögert, ist womöglich in einer Verantwortungsposition im Vertrieb fehl am Platz. Unternehmen können zwar die potenziellen Chancen des Vertriebswandels ignorieren, aber sie können die Gefahren nicht vermeiden, wenn sie nicht mit dem Wandel mitgehen. Die Kluft zwischen den Kompetenzführern und Nachzüglern wird immer größer und bald nicht mehr einzuholen sein.

▶ Wir *können* die Veränderungen im Vertriebsbereich nicht aufhalten, so *dürfen* wir sie nicht ignorieren und *müssen* verstehen, *wie* wir mit den Veränderungen *mitgehen:* Mittendrin, ganz vorne, weit voraus oder hinterher? Oder sehen Sie sonstige Optionen? Außer natürlich auf dem Friedhof der vormals großartigen Unternehmen zu landen.

Dabei dürfen wir uns nicht von der Vertriebsoptimierung in die Irre führen lassen. Denn die Optimierung von bestehenden Prozessen und Ansätzen bringt uns nicht unbedingt anhaltend weiter, oder zumindest nicht weit genug. Man kann an der einen oder anderen Schraube drehen und hier und dort mit Technologie den einen oder anderen Prozess optimieren. Aber am Ende des Tages machen wir nichts anderes, als Prozesse und Modelle aus der Vergangenheit zu verbessern, ohne sie im Kern zu hinterfragen. Mit Optimierung und Effizienzsteigerung kommen wir zwar schneller, aber unter Umständen am falschen Ort an. Optimierung und Effizienz haben ihre Berechtigung, aber man muss die Weisheit haben zu wissen, wann optimiert und wann transformiert werden muss.

Nicht schneller, sondern anders

Der transformative Ansatz steht im Gegensatz zu den herkömmlichen Versuchen, sich durch kontinuierliche Optimierungen zu verbessern. Optimierungsmaßnahmen und Effizienzsteigerung sind dann notwendig, wenn wir zwar auf dem richtigen Weg sind, aber nicht schnell genug vorankommen, wie zum Beispiel im Falle eines Marktwachstums. Im Falle einer Marktveränderung müssen wir den transformatieren Ansatz nutzen. Denn eine Veränderung im Außen impliziert an sich auch einen Veränderungsbedarf im Innen. Und um mit dem Ausmaß der aktuellen Veränderungen Schritt halten zu können, müssen wir andere Wege gehen, andere Ansätze erarbeiten und andere Denkweisen entwickeln. Denn der Weg, der uns bis hierher geführt hat, ist nicht unbedingt derselbe, der uns an den Ort führt, wo wir in der Zukunft sein wollen. Das heißt nicht, dass der Weg falsch war, wir müssen nur sichergehen, dass er immer noch der richtige ist. Und neue Wege müssen per se nicht besser als alte sein. Sie müssen *anders sein,* weil andere neue Bedingungen in der Regel auch andere neue Wege erfordern. Die Bedingungen haben sich so radikal verändert, und das aktuelle Ausmaß der Transformation in der Geschäftswelt ist in den meisten Branchen und für die meisten Unternehmen einfach zu disruptiv, als dass inkrementelle Veränderungen auf Dauer effektiv sein könnten.

Radikal erfordert radikal

Auch wenn es radikal klingt, radikale Veränderungen im Außen bedürfen auch radikale Veränderungen im Innen. Und womit haben wir es zu tun, wenn nicht mit radikalen Veränderungen? Ich höre immer wieder, dass man den Menschen und den Mitarbeitern die Angst nehmen muss. Es geht nicht um die Angst, sondern um die Unwissenheit, die diese Angst schafft. *Damit* müssen wir aufräumen, und zwar radikal. Denn wenn auch der letzte Mitarbeiter verstanden hat, wie radikal sich die Welt im Außen verändert, wird er auch eine radikale Veränderung nicht nur akzeptieren, sondern auch freiwillig vorantreiben. Das ist die Mission der Berater und der Führungskräfte dieser Welt. Wir müssen die Kluften zwischen Wissen und Unwissen, Traditionell und Innovativ, veraltet und State-of-the-art, Businesskompetenz und Technologiekompetenz überwinden. Also, *Kluften schließen* ist das Motto und nach vorne schauen, denn es gibt keinen Weg zurück. Auch wenn wir als Menschen gerne in die Vergangenheit blicken – *was früher alles besser war* – vorankommen werden wir dadurch sicherlich nicht.

Transformation für immer oder immer wieder transformieren?

Und zu guter Letzt darf ich Ihnen auch den letzten Krümel Hoffnung nehmen, dass die Transformation irgendwann zu Ende ist. Perpetuum Mobile heißt *für immer* in

Bewegung. Also müssen wir lernen, uns immer wieder zu transformieren und das, was wir tun, immer wieder neu zu hinterfragen.

Überall und stets geschieht etwas Neues und der durch die Digitalisierung mehr oder weniger sofort mögliche Zugang zu diesen Entwicklungen beschleunigt ungemein ihre Ausbreitung, sodass wir das Ausmaß ihrer Auswirkungen nur schwer einschätzen können. Demzufolge müssen wir immer auf dem aktuellen Stand sein. Dies ist eine Kernaufgabe der zukünftigen Vertriebsorganisationen. Damit nicht genug, denn es reicht nicht nur zu wissen, was aktuell ist und was geschieht, sondern man muss auf dem aktuellsten Stand *sein*. Es wird viel von *Agilität* gesprochen, ich darf anregen, über *Agile Transformation* nachzudenken.

Nur flexibel und schnell zu sein, reicht in der Zukunft einfach nicht mehr aus. Die Fähigkeit, sich schnell zu transformieren und dabei an Kraft nicht zu verlieren, wird grundlegend für den Vertriebserfolg sein. Denn wir werden es uns nicht leisten können, den Vertrieb für ein paar Tage oder Wochen lahm zu legen, beispielsweise wegen einer Systemumstellung oder eines neuen IT-Projekts. Es ist allgemein bekannt, dass solche Momente die Momente sind, wo der Wettbewerb angreifen kann. Viele Organisationen entwickeln gezielte Angriffsstrategien, wenn sie wissen, dass die Konkurrenz gerade „mit sich selbst beschäftigt" ist. Diese Selbstbeschäftigung können wir uns in der Zukunft einfach nicht mehr leisten und müssen lernen, uns permanent zu transformieren, ohne dabei zum Stillstand zu kommen und in die Selbstbeschäftigung zu verfallen.

▶ Transformation ist nichts, was einmal gemacht, ad acta gelegt werden kann. Sie muss zu einer Kerntätigkeit der Vertriebsorganisation werden, folglich müssen Unternehmen *Agile Transformation* lernen und leben.

Infolgedessen ist das 7 W-Transformationsmodell nicht einfach nur ein Werkzeug, mit dem Sie jetzt schnell den Vertrieb auf den Vordermann bringen und sich dann zurücklehnen. Dieser Transformationsansatz kann und soll Sie für immer auf dem Weg Ihrer Organisation zum Erfolg begleiten und bietet ein Gerüst dafür, neue notwendige Veränderungen zu erkennen, zu konzipieren und umzusetzen. Denn wir werden die Entscheidungen von gestern mit den Erkenntnissen von heute immer wieder neu validieren müssen, anstatt an denen festzuhalten. Demzufolge müssen zumindest einmal im Jahr und die zumindest für Ihr Geschäft wichtigen Bereiche des 7 W-Modells revidiert und gegebenenfalls angepasst werden,

Denn das Perpetuum-Mobile-Celer-Prinzip erfordert die Fähigkeit, sich in einer sich schnell veränderten Umgebung zurechtzufinden. Immer wieder und immer schneller müssen wir lernen, den Vertrieb an neue Kundenbedürfnisse und -erwartungen anzupassen, denn sie sind im Wandel und werden für immer im Wandel bleiben. Das war auch früher nicht viel anders. Nur dass der Wandel sich heute in so einer Geschwindigkeit vollzieht, mit der eine organische Entwicklung der Organisation nicht mehr mithalten kann. Und dahin wird es wohl keinen Weg zurück mehr geben.

Schlusswort: Wie komme ich eigentlich dazu ..?

„Wie kommen Sie, als Frau, zu diesen technologischen Themen?" wurde ich von der Moderatorin im Vorbereitungsgespräch bei einem öffentlichen Auftritt gefragt. Die Frage traf mich eher doch unvorbereitet, da ich das selbst nie hinterfragt hatte. Erst da wurde mir bewusst, dass es Menschen immer noch wundert, wie man sich als Frau mit technologischen und auch Vertriebsthemen beschäftigen kann. Künstliche Intelligenz, Digitalisierung, Technologien und auch der Vertrieb und die Unternehmensberatung werden immer noch als überwiegende Männer-Domänen wahrgenommen. Anscheinend wollen dies Vorurteile ihren festen Platz in unserer Gesellschaft nicht freiwillig räumen und bieten eine gute Erklärung dafür, warum es immer noch wenig Frauen in den STEM-Bereichen (Science, Technology, Engineering, Mathematics) bzw. MINT-Berufen gibt – oder, falls es sie doch gibt, sind sie zumindest in den Communities nicht so gut sichtbar.

Aber der Digitalisierungsgeist verändert auch hier die Regeln. Er ist zwar ein spielerischer Geist und kann manches Chaos produzieren, aber er ist auch fair. Er schafft für uns alle dieselben Voraussetzungen. Er definiert die Spielregeln neu, denn es ist ihm egal, ob man Mann oder Frau, jung oder alt, reich oder arm, Inländer oder Ausländer, Einzelunternehmer oder Großkonzern ist. Alle haben dieselben Voraussetzungen und allen öffnen sich dieselben Chancen. Denken Sie an die Influencer, YouTube Stars, Start-ups … Hätten wir je gedacht, dass man so schnell so berühmt werden kann und dass man als junger Mensch in so jungen Jahren „so leicht" so viel Geld verdienen kann? Erfolg war in der Vergangenheit mit harter Arbeit, Disziplin und Beharrlichkeit verbunden. Nicht, dass dies heute keine Voraussetzung mehr wäre oder unwichtig ist, aber es kommen neue Faktoren hinzu: Technologie verstehen, Trends und Entwicklungen erkennen und den Mut haben, Chancen zu ergreifen. Heute reicht oft ein PC mit einer Internetverbindung, um erfolgreich ein Geschäft aufzubauen. Was nicht unbedingt sein muss, aber worauf ich hinaus möchte: Im digitalen Raum haben wir im Grunde alle dieselben Möglichkeiten, uns zu positionieren und unsere Produkte zu vermarkten. Das Einzige, was uns im Weg stehen kann, sind wir selbst, unsere Glaubenssätze und Ein-

L. Rainsberger, *Digitale Transformation im Vertrieb,* Edition Sales Excellence, https://doi.org/10.1007/978-3-658-33671-4

stellungen. Und genau daran habe ich versucht, mit diesem Buch zu rütteln. Ich hoffe, mit Erfolg, sodass Sie den Mut fassen, Ihr Unternehmen, Ihre Organisation und sich selbst wahrlich zu transformieren.

Denn wahre Transformation beginnt mit und bei sich selbst.
Herzlichst Ihre
Livia Rainsberger